MATLAB 图像处理与识别

# 基于 MATLAB 和遗传算法的图像处理

鱼　滨　　张善文　编著
郭　竟　　谢泽奇

U0377984

西安电子科技大学出版社

# 内 容 简 介

本书系统介绍了 MATLAB 环境下遗传算法的功能特点及其在图像处理中的应用。全书共分为 7 章。第一章至第三章介绍遗传算法的基础知识,包括遗传算法的基本原理,编码、选择、交叉、变异,适应度函数,控制参数选择,约束条件处理,模式定理,改进的遗传算法,早熟收敛问题及其防止,小生境技术等。第四章介绍图像处理的基础知识,第五章介绍 MATLAB 遗传算法工具箱及其使用方法。第六章和第七章举例介绍多种基于遗传算法的图像分割、恢复、增强、拼接等方法,并给出了程序代码。

本书取材新颖,内容丰富,理例结合,图文并茂,注重应用。书中包含大量的实例和对应的程序代码,便于自学、应用和举一反三。

本书可作为高等院校计算机、自动化、信息、管理、控制与系统工程等专业本科生或研究生的教学参考书,也可供其他专业的师生以及科研和工程技术人员自学或参考。

**图书在版编目(CIP)数据**

**基于 MATLAB 和遗传算法的图像处理**/鱼滨等编著. —西安:西安电子科技大学出版社,2015.9
MATLAB 图像处理与识别
ISBN 978 - 7 - 5606 - 3635 - 1

Ⅰ. ① 基…　Ⅱ. ① 鱼…　Ⅲ. ① Matlab 软件　Ⅳ. ① TP317

**中国版本图书馆 CIP 数据核字(2015)第 210490 号**

策划编辑　戚文艳
责任编辑　戚文艳　蓝　芳　武文娇
出版发行　西安电子科技大学出版社(西安市太白南路 2 号)
电　　话　(029)88242885　88201467　　邮　　编　710071
网　　址　www. xduph. com　　　　　　电子邮箱　xdupfxb001@163. com
经　　销　新华书店
印刷单位　陕西华沐印刷科技有限责任公司
版　　次　2015 年 9 月第 1 版　2015 年 9 月第 1 次印刷
开　　本　787 毫米×1092 毫米　1/16　印张　18
字　　数　426 千字
印　　数　1～3000 册
定　　价　33.00 元
ISBN 978 - 7 - 5606 - 3635 - 1/TP

**XDUP　3927001 - 1**

# 前　言

人类传递信息的主要媒介是语言和图像。据统计，在人类接收的各种信息中视觉（即图像）信息占 80％，所以图像信息及其处理就显得十分重要。如今的信息化社会，图像是人类获取信息的最重要的来源之一。随着计算机技术的快速发展，图像处理技术与计算机技术不断融合，产生了一系列图像处理软件，这些软件的广泛应用为图像技术的发展提供了强大的支持。MATLAB 已成为国际公认的最优秀的科技应用软件之一，它具有编程简单、数据可视化功能强、可操作性强等特点，而且配有功能强大、专业函数丰富的图像处理工具箱，是进行图像处理方面工作必备的软件工具。图像处理是对图像进行分析、加工和处理，使其满足视觉、心理以及其他要求的实际应用技术，是计算机视觉领域内重要的研究内容。在对实际图像的获取、扫描、传输、特征提取、图像分割等过程中，可能造成计算机视觉实用化水平无法快速提高。要使误差达到最小，则需要对这些图像进行处理，其中涉及大量的优化计算。把 GA 应用到图像处理的最重要的一点是利用 GA 的全局搜索算法，快速取得函数最优解，从而得到较好的处理效果。本书将全面、系统地讲述应用在MATLAB 环境下将 GA 应用于图像处理中，对图像进行压缩、增强、恢复，从图像中提取有效信息等。

本书内容围绕 GA 在图像处理中的应用，通过详实、丰富的实例讲解，引导读者逐步学会利用 GA 编写 MATLAB 程序解决图像处理中的实际问题。

本书的主要特点概括如下：

（1）内容由浅入深。本书循序渐进地讲述 GA 的基础知识及其在图像处理中的应用，层次结构简洁明了，适合初学者学习 GA 和应用 GA 进行图像处理。

（2）实例丰富，实用性强。本书打破了图像处理类图书理论多、算法多、实例少的惯例，重在 MATLAB 下的 GA 在图像处理中的实现及应用，重在实例。

（3）语言简洁精练，可读性强。本书以简洁、通俗的语言来说明图像处理的基本理论，避免过于复杂的数学推导，提高了可读性和可用性。在实例的程序代码中，对关键的代码进行点睛式的注释，让读者在程序中快速有效地掌握 GA 的应用。

很多专家和学者为本书提供了基于 GA 的图像处理方面的资料和应用程序代码，西安电子科技大学出版社戚文艳编辑为本书的出版做了大量辛勤工作，在此一并表示感谢。正是多方面的支持才使本书得以呈献给读者。

需要特别指出，虽然作者竭尽所能，精心策划章节结构和内容编排，尽可能简明而准确地表述其意，但限于水平和资料，书中不足之处在所难免，恳请读者不吝指正。

作　者
2015 年 6 月

# 目　　录

# 第一章 绪 论

遗传算法(Genetic Algorithm,GA)是一类借鉴生物界的进化规律(适者生存、优胜劣汰遗传机制)演化而来的随机化搜索方法,也是计算机科学、人工智能领域中用于解决最优化问题的一种搜索启发式算法。该方法能够生成有效的解决方案来优化搜索问题。目前,GA已经在图像校准、图像恢复、图像边缘特征提取、图像分割、图像压缩、三维重建优化以及图像检索等图像处理领域取得了成功应用,基于GA的图像处理新方法还在不断涌现。本章首先介绍GA的发展、基本原理和基本概念,描述GA的主要特点及其应用,最后介绍图像处理的基础知识。

## 1.1 遗传算法基础

GA是一种典型的启发式算法,是借鉴Darwin的自然选择学说和模拟自然界的生物进化过程的一种计算模型。下面介绍GA的基础知识。

### 1.1.1 遗传算法的由来和发展

随着人工智能应用领域的不断拓展,传统的基于符号处理机制的人工智能方法在知识表示、处理模式信息及解决参数组合爆炸等方面所碰到的问题已变得越来越突出,这些问题使一些学者对人工智能及其可能性提出了质疑和批判。众所周知,在人工智能领域中,有不少问题需要在复杂而庞大的搜索空间中寻找最优解或准优解,如货郎担问题和规划问题等组合优化问题。在求解此类问题时,若不能利用问题的固有知识来缩小搜索空间,则会产生搜索的组合爆炸。因此,研究能在搜索过程中自动获得和积累有关搜索空间的知识,并能自适应地控制搜索过程,从而得到最优解或准优解的通用搜索算法一直是令人瞩目的课题。GA就是在这种背景下产生并经实践证明特别有效的算法。

Darwin的进化学说指出,生命体在自然环境下,经过长期进化后,强壮个体能够适应环境、繁殖后代进而生存下来。在后代个体中,大部分与自己的上一代有着相似的性状,这种现象称为遗传;个别个体与自己的上一代有着迥异的差距,这种现象称为变异。个体遗传和变异的产生都是为了更好地适应不断变化的自然环境,以便于更好地生存下去。只有那些适应性强的个体才能在不断变化的自然环境中存活下来,并通过遗传机制将好的适应性特性传递给其后代。在这种遗传过程或适应环境过程中,个体可能发生变异,变异后可能具有更强的环境适应能力。这样,在进化过程中,生物群体将逐渐地产生适应生态环境的优良群体。受到Darwin的生物进化中适者生存、不适者淘汰的规律的启发,GA设计了一种迭代思想,当得到了一个初始解,而这个解与人们想要的精确的解相差很大时,把这个解通过某种方法一步一步地向精确解逼近,就像对高次方程求根一样,而每次迭代得到的解都比上一次得到的解更加接近于精确解。

GA 自从 20 世纪 60 年代被提出以来就得到了广泛应用，特别在函数优化、生产调度、模式识别、神经网络、自适应控制等领域，GA 更是发挥了重大的作用，大大提高了求解搜索问题的效率。GA 是近年来迅速发展起来的一种全新的随机搜索与优化算法，其基本思想是基于 Darwin 的进化论和 Mendel 的遗传学说。该算法由美国密执安大学教授 Holland 及其学生于 1975 年创建。此后，GA 的研究引起了国内外学者的密切关注。80 年代，GA 迎来了兴盛发展时期，无论是理论研究还是应用研究都成了十分热门的课题。1985 年，在美国召开了第一届 GA 国际会议 (International Conference on Genetic Algorithms，ICGA)，并且成立国际 GA 学会 (International Society of Genetic Algorithms，ISGA)，以后每两年举行一次。1989 年，Holland 的学生 D. E. Goldberg 出版了专著《搜索、优化和机器学习中的 GA》。该书总结了 GA 研究的主要成果，对 GA 及其应用作了全面而系统的论述。同年，美国斯坦福大学 Koza 教授基于自然选择原则创造性地提出了用层次化的计算机程序来表达问题的遗传程序设计 (Genetic Programming，GP) 方法，成功地解决了许多实际问题。在欧洲，从 1990 年开始隔年举办一次 Parallel Problem Solving from Nature 学术会议，其中 GA 是会议的主要内容之一。此外，以 GA 的理论基础为中心的学术会议还有 Foundations of Genetic Algorithms，该会议也是从 1990 年开始隔年召开一次。这些国际会议论文集中反映了 GA 近些年来的最新发展和动向。1991 年，L. Davis 出版了《GA 手册》，其中包括了 GA 在工程技术和社会生活中的大量应用实例。

当前，科学技术正进入多学科互相交叉、互相渗透、互相影响的时代。生命科学与工程科学的交叉、渗透和相互促进就是近代科学技术发展中的一个相互交叉的典型例子。GA 的不断发展正体现了科学发展的这一特点和趋势。GA 也是当前"软计算"领域的一个重要研究课题，把 GA 与计算机程序结合起来的思想出现在 GA 应用中。Holland 把产生式语言和 GA 结合起来实现了分类系统。还有一些 GA 应用领域的研究者将类似于 GA 的遗传操作施加于树结构的程序上。遗传程序设计是借鉴生物界的自然选择和遗传机制，在 GA 的基础上发展起来的搜索算法，已成为进化计算的一个新分支。在标准 GA 中，由定长字符串 (即问题的可行解) 组成的群体借助于复制、交叉、变异等遗传操作不断进化找到问题的最优解或准优解。遗传程序设计运用 GA 的思想，常采用树的结构来表示计算机程序，由此解决实际问题。对于许多问题，包括人工智能和机器学习上的问题都可看作是需要编写一个计算机程序，即对特定输入产生特定输出的程序，实现程序归纳。所以说遗传程序设计提供了实现程序归纳的方法。近年来，遗传程序设计运用 GA 的思想自动生成计算机程序解决了许多问题，如预测、分类、符号回归和图像处理等。作为一种新技术，遗传程序设计与 GA 并驾齐驱。1992 年，Koza 发表了专著《遗传程序设计——基于自然选择法则的计算机程序设计》。1994 年，他又出版了《遗传程序设计 (第二册)——可重用程序的自动发现》，深化了遗传程序设计的研究，使遗传程序设计自动化展现了新局面。有关 GA 的学术论文也不断在国际杂志《Artificial Intelligence》、《Machine Learning》、《Information Science》、《Parallel Computing》、《Genetic Programming and Evolvable Machines》、《IEEE Transactions on Neural Networks》、《IEEE Transactions on Signal Processing》和《电子学报》等国内外杂志上发表。

目前，关于 GA 理论的研究仍在持续，越来越多不同领域的研究人员致力于 GA 与其他科学相结合的研究和应用中。本书主要介绍 GA 及其在图像处理中的应用，并给出具体的步骤和基于 MATLAB 的程序代码，以便于初学者学习、仿真和应用 GA 解决实际问题。

## 1.1.2　生物遗传与 GA 原理

GA 是模拟生物在自然环境下的遗传和进化过程而形成的一种自适应全局优化概率搜索算法。GA 是一种群体优化算法，即从多个初始解开始进行优化，每个解称为一个染色体(DNA)，各个 DNA 之间通过竞争、合作、变异，不断进化，得到最优解。

### 1.　生物遗传

遗传是一种生物从其亲代继承特性和性状的现象。生物的遗传物质的主要载体是 DNA，其中基因是最主要的遗传物质，是控制生物性状的遗传物质的功能单位和结合单位。生物体父代与子代之间通过 DNA 来传递遗传信息。DNA 可以分成很多片段。对传递遗传信息来说，并不是每一段 DNA 都是有用的，其中有用的那些片段称为基因。基因在 DNA 中的位置为基因座。同一基因座的全部基因为等位基因。等位基因和基因座决定了 DNA 的特征，也决定了生物个体的特性。从 DNA 的表现形式看，有两种相应的表示模式：基因型和表现型。表现型是指生物个体表现出来的性状，而基因型则是指与表现密切相关的基因组成。同一基因型的生物个体在不同的环境条件下有不同的表现型。因此，表现型是基因型与环境相互作用的结果。生物的主要遗传方式是复制，是后代通过繁殖的方式从上一代获得与之基本一样的性状，使得它们之间有着相同的基因。但在复制过程中，由于受一些因素的影响，基因可能发生了变化，导致了后代与上一代在性状上产生差异，这也就是变异的原因之一。在进化算法中，可以复制字符串得到与之一样的表现型个体，也可以改变其中的字符获得与之完全不同的表现型个体。利用字符能够简单、明确地模仿遗传学中的基因。由一组字符可以构成一个字符串，它是 DNA 的最简单表示方法，字符排列方式不同就构成了不同的字符串，字符串所起的作用正是基因的作用。在 GA 中，DNA 对应的是一系列符号序列；在标准 GA 中，DNA 通常用 0、1 组成的位字符串表示，串上各个位置对应基因座，各位置上的取值对应等位基因。一定数量的基因个体组成基因种群，该集合内的个体数目称为种群的大小。种群中个体的数目称为种群的规模。生物在其延续生存的过程中，逐渐适应其生存环境，使得其品质不断得到改良，这种生命现象称为进化。度量某个物种对于生存环境的适应程度，即各个体对环境的适应程度称为适应度。对生存环境适应程度较高的物种将获得更多的繁殖机会，而对生存环境适应程度较低的物种，其繁殖机会相对较少，甚至会逐渐灭绝。

在生物进化过程中，涉及如下 6 种基本操作过程：

(1) 选择。决定以一定的概率从种群中选择若干个体的操作(实现优胜劣汰)。

(2) 复制。细胞在分裂时，遗传物质的 DNA 通过复制而转移到新产生的细胞中，新的细胞就继承了旧细胞的基因。

(3) 交叉，又称基因重组。在两个 DNA 的某一相同位置处 DNA 被切断，其前后两串分别交叉组合形成两个新的 DNA。

(4) 变异。在细胞进行复制时可能以很小的概率产生某些复制差错，从而使 DNA 发生某种变异，产生出新的 DNA，这些新的 DNA 表现出新的性状。

(5) 编码。编码指表现型到基因型的映射。

(6) 解码。解码指从基因型到表现型的映射。

### 2. GA 的基本原理

GA 是模拟生物进化过程的计算模型，是自然遗传学与计算机科学相互结合、相互渗透而形成的新的计算方法，是一种借鉴生物界自然选择和自然遗传机制的随机化搜索算法。GA 采纳了自然进化模型、自适应全局优化概率搜索算法。GA 从本质上讲是一个群体迭代过程，从一个任意初始（解）群体出发，根据优胜劣汰的原则，通过竞争、选择、繁殖、变异等类似生物遗传进化的作用，从而产生具有新性能、性能更为优良的下一代群体，即在每一代，根据问题域中个体的适应度高低进行选择，并借助遗传算子进行组合交叉和主客观变异，产生出代表新的解集的种群，逐代实现"适者生存和优胜劣汰"，演化产生出越来越好的解，直到满足优化准则为止。最后得到的末代个体经解码，生成近似最优解。

## 1.1.3　GA 与传统方法比较

一个简单的求函数最大值的优化问题（求函数最小值也类似），一般可描述为带约束条件的一个数学规划模型

$$\begin{cases} \max \quad f(X) \\ \text{s.t. } X \in R, \quad R \subseteq U \end{cases} \tag{1.1}$$

式中，$X = [x_1, x_2, \cdots, x_n]'$ 为决策变量，$f(X)$ 为目标函数，$U$ 为基本空间，$R$ 是 $U$ 的一个子集。

满足约束条件的解称为可行解，集合 $R$ 表示由所有满足约束条件的解所组成的一个集合，称为可行解集。它们之间的关系如图 1.1 所示。

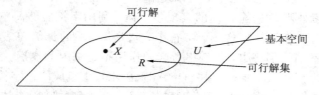

图 1.1　最优化问题的可行解及可行解集合

对于式（1.1）的最优化问题，目标函数和约束条件种类繁多，有线性的、非线性的、连续的、离散的、单峰值的、多峰值的等。随着对 GA 研究的不断深入，人们逐渐认识到在很多复杂情况下要想完全精确地求出其最优解一般是不可能的，也是不现实的，因而求出其近似最优解或满意解是人们主要研究的问题之一。

求最优解或近似最优解的传统方法主要有解析法、随机法和穷举法。解析法主要包括爬山法和间接法以及 GA；随机法主要包括导向随机方法和盲目随机方法；而穷举法包括完全穷举法、回溯法、动态规划法和限界剪枝法。对于求解此类问题，GA 与一般传统方法有着本质的区别，这些区别包括：

（1）GA 与启发式算法的区别。启发式算法是指通过寻求一种能产生可行解的启发式规则，找到问题的最优解或一个近似最优解。该方法求解问题的效率较高，但它对每一个优化问题必须找出其特有的启发式规则，而该规则一般无通用性，因此该法可能不适合其他问题。GA 采用的不是确定性规则，而是强调利用概率转换规则来引导搜索过程。

（2）GA 与爬山法的区别。爬山法是直接法、梯度法和 Hessian 法的通称。该方法首先在最优解可能存在的范围内选择一个初始点，然后通过分析目标函数的特性，由初始点移

到一个新的点，再继续这个过程。爬山法的搜索过程是确定的，通过产生一系列的点收敛
到最优解（有时是局部最优解），而 GA 的搜索过程是随机的，它产生一系列随机种群序列。
二者的主要区别归纳如下：

① 爬山法的初始点仅有一个，由决策者给出；而 GA 的初始点有多个，是随机产生的。

② 通过分析目标函数的特性可知，爬山法由上一点产生一个新的点；而 GA 通过遗传
操作，在当前的种群中经过交叉、变异和选择产生下一代种群。

对同一优化问题，GA 所使用的机时比爬山法所花费的机时要多，但 GA 能够处理一
些爬山法所不能解决的复杂的优化问题。

（3）GA 与穷举法的区别。穷举法是对解空间内的所有可行解进行搜索，但通常的穷
举法并不是完全穷举法，即不是对所有解进行尝试，而是有选择地尝试，如动态规划法、
限界剪枝法。对于一些特定问题，穷举法也可能表现出很好的性能。在一般情况下，完全
穷举法简单易行，但求解效率太低；动态规划法、限界剪枝法则鲁棒性不强。相比较而言，
GA 具有较高的搜索能力和极强的鲁棒性。

（4）GA 与盲目随机法的区别。与上述搜索方法相比，盲目随机搜索法有所改进，但它
的搜索效率仍然不高。一般而言，只有解在搜索空间中形成紧致分布时，它的搜索才有效；
而 GA 作为导向随机搜索方法，是对一个被编码的参数空间进行高效搜索。图 1.2 为传统
算法和 GA 对比示意图。

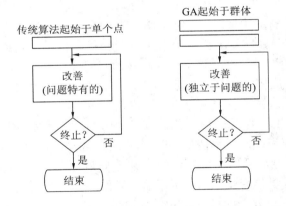

图 1.2 传统算法和 GA 对比示意图

经过上面的探讨，可以看到 GA 与更多的传统方法和优化方法在本质上有着不同之
处，主要归纳为如下 4 点：

（1）GA 搜索种群中的点是并行的，而不是单点。

（2）GA 并不需要辅助信息或知识，只需设计搜索方向的目标函数与对应的适应度。

（3）GA 使用概率变换规则，而不是确定的变换规则。

（4）GA 使用编码参数集，而不是自身的参数集（除了在实值个体中使用）。

## 1.1.4 GA 的特点和优缺点

### 1. GA 的特点

（1）GA 是一类随机优化算法，但它不是简单的随机搜索，而是有效利用已有的信息

来搜索那些有希望改善解质量的串。类似于自然进化，GA 通过作用于 DNA 上的基因，寻找好的 DNA 来求解问题。与自然界相似，GA 对待求解问题本身一无所知，它所需要的仅是对算法所产生的每个个体进行评价，并基于适应度值来改变个体的字符串，使适用性好的字符串比适应性差的字符串有更多的繁殖机会。

（2）GA 利用简单的编码技术和繁殖机制来表现复杂的现象，提供了一种求解复杂系统优化问题的通用框架，它不依赖于问题具体的领域，对问题的种类有很强的鲁棒性，能够解决非常困难的问题。特别是由于它不受搜索空间的限制性假设的约束，不必要求诸如连续、导数存在和单峰等假设，以及其固有的并行性，在最优化、机器学习和并行处理方面等得到越来越广泛的应用。

（3）GA 的本质是并行性。

① GA 从问题解的串集开始搜索，而不是从单个解开始。这是 GA 与传统优化算法的极大区别。传统优化算法是从单个初始值迭代求最优解，容易误入局部最优解。GA 从串集开始搜索，覆盖面大，利于全局择优。

② GA 内含并行性。采用种群方式组织搜索，可同时搜索空间的多个区域，并相互交流信息，能以较小的计算获得较大的收益。

（4）GA 基本上不用搜索空间的知识或其他辅助信息，仅用适应度函数值来评价，在此基础上进行遗传操作。适应度函数不仅不受连续可微的约束，而且其定义域可以任意设定。这一特点使得 GA 的应用范围得到极大扩展。

（5）GA 不是采用确定性规则，而是采用概率的变迁规则来指导它的搜索方向，具有自组织、自适应和自学习性。GA 在利用进化过程获得的信息自行组织搜索时，适应度大的个体具有较高的生存概率，并获得更适应环境的基因结构。

（6）GA 能够直接应用。对于给定问题，GA 可以产生许多潜在解，而最终解可以直接由使用者指定，所以 GA 通用性高，应用范围广。

（7）GA 擅长解决的问题是全局最优化问题。例如，解决时间表安排问题就是它的一个特长，很多安排时间表的软件都使用 GA。GA 还经常被用于解决实际工程问题。跟传统的爬山算法相比，GA 能够跳出局部最优而找到全局最优点。GA 允许使用非常复杂的适应度函数，并可以对变量的变化范围加以限制。而如果是传统的爬山算法，对变量范围进行限制意味着需要处理更复杂的求解过程。

**2. GA 在解决优化问题过程中的特点**

解决函数（或目标）的优化解问题的方法主要有解析法和数值计算法。利用解析法来求解函数优化问题，需要先对目标函数和约束函数求导，再利用函数极值的条件求出函数的极值点，最后将极值点作为函数优化问题的解。由于解析法需要利用函数导数的解析表达式，因此只适用于解决简单的函数优化问题。数值计算法主要有线性规划中的单纯形法、非线性规划中的坐标轮换法、梯度法、拟牛顿法、共轭梯度法、序列二次规划法和几何规划与动态规划中的一些方法。这些数值计算方法大部分需要利用函数的导数信息。因此，这类方法只能应用于函数连续、可导的优化问题，所以其应用领域受到一定的限制。另外，由于数值计算类优化方法大多利用导数信息来搜索优化方向，因而不可避免地会收敛于局部优化解。GA 只需函数值的信息，不需要设计空间或函数的连续，因而适合于求解各类函数优化问题。GA 能在设计空间的较大范围内寻优，因而更有可能获得全局优化解。与其他数值计算方法相比，GA 的特点归纳如下：

（1）GA 在适应度函数选择不当的情况下有可能收敛于局部最优，而不能达到全局最优。

（2）初始种群中的个体数目很重要。若初始种群数目过多，算法会占用大量系统资源；若初始种群数目过少，算法很可能忽略掉最优解。

（3）对于每个解，一般根据实际情况进行编码，这样有利于编写变异函数和适应度函数。

（4）在已编码的 GA 中，每次变异的编码长度直接影响 GA 的效率。若变异代码长度过长，变异的多样性会受到限制；若变异代码过短，变异的效率会非常低下，选择适当的变异长度是提高效率的关键。

（5）交叉概率和变异概率的选取对 GA 的影响非常大。它直接影响着待优化问题的收敛速度和最终解的质量。对于任何一个具体的优化问题，调节 GA 的参数可能会有利于更好、更快地收敛，这些参数包括个体数目、交叉概率和变异概率。例如，太大的变异率会导致丢失最优解，而过小的变异率会导致算法过早地收敛于局部最优点。对于这些参数的选择，现在还没有实用的上下限。对于交叉概率和变异概率的在线调节也并非易事。近 10 年来已出现一些在线调节交叉概率和变异概率的自适应算法。已有的研究表明，与基于传统启发式知识的控制算法相比，采用模糊逻辑控制的方法调节交叉概率和变异概率具有更优越的性能。

（6）对于动态数据，用 GA 求最优解比较困难，因为 DNA 种群很可能过早地收敛，而对以后变化了的数据不再产生变化。对于这个问题，研究者提出了一些方法增加基因的多样性，从而防止过早地收敛。其中一种是所谓的触发式超级变异，就是当 DNA 群体的质量下降（彼此的区别减少）时增加变异概率；另一种叫随机外来 DNA，是偶尔加入一些全新的随机生成的 DNA 个体，从而增加 DNA 的多样性。

（7）选择操作很重要，但交叉和变异的重要性存在争议。一种观点认为交叉比变异更重要，因为变异只是保证不丢失某些可能的解；而另一种观点则认为交叉过程的作用只不过是在种群中推广变异过程所造成的更新，对于初期的种群来说，交叉几乎等效于一个非常大的变异率，而这么大的变异很可能影响进化过程。

（8）GA 很快就能找到良好的解，即使是在很复杂的解空间中。

（9）GA 并不一定总是最好的优化策略，优化问题要具体情况具体分析。所以在使用 GA 的同时，也可以尝试与其他算法相结合，互相补充。

（10）GA 不能解决那些"大海捞针"的问题，即没有一个确切的适应度函数表征个体好坏的问题，使得算法的进化失去导向。

（11）适应度函数对于 GA 的速度和效果很重要。

### 3. 与传统的搜索算法相比较，GA 的特点

（1）GA 以编码形式工作，把问题的参数集表示成个体，并以编码的形式运行，而不是对参数本身进行求解。GA 进行优化操作的对象是所有优化变量的编码，不是直接对优化变量本身进行搜索寻优。

（2）GA 的每一步是从解空间中的一个解群向另一个解群搜索，而不是从一个解点向另一个解点探索，可以并行搜索多个峰值而不是一个点。GA 具有运算并行性，它可以在

复杂的搜索空间内同时评价多个点，这样有利于在多值空间寻找全局最优解。

（3）GA在搜索过程中只利用目标函数值，而不需要目标函数导数或其他任何辅助信息。

（4）在解空间的搜索转移过程中，GA采用概率性转移规则，而不是确定性转移规则。

（5）GA与进化策略、进化程序设计被认为是进化算法的3个主要算法。由于GA的并行性，使得GA与计算机的结合显示出了巨大的优越性。GA强调个体的运算；进化策略强调个体水平的行为变化；进化程序设计强调种类水平的行为变化。可以认为进化策略和进化程序设计都是GA功能的扩展和补充。

GA的这些特点决定了它较为适合于维数高、总体很大、环境复杂、问题结构不十分清楚的情况，机器学习就属于这类情况。一般的学习系统要求具有随时间推移逐步调整有关参数或改变自身结构以更加适应其环境、更好地实现目标的能力。由于其多样性与复杂性，通常难以建立完善的理论以指导整个学习过程，从而使传统寻优技术的应用受到限制，而这恰好能使GA发挥其长处。

**4. GA的优点**

（1）GA的最大优点是算法基本结构比较简单，并且对搜索空间（目标函数的性质）不加任何限制（不要求连续性、可微性，不限于单峰等）。GA直接对结构对象进行操作，不存在求导和函数连续性的限定；具有内在的隐并行性和更好的全局寻优能力；采用概率化的寻优方法，能自动获取和指导优化的搜索空间，自适应地调整搜索方向，不需要确定的规则。正因为如此，目前许多学科的研究人员都开始探索采用这种技术来解决各自学科中长期未能很好解决的优化问题。这些问题的特点是目标函数或约束条件大都是非线性、不可微的，甚至是不连续的，传统的数学寻优方法无法有效地求解得到满意解，而GA却可以给人们带来令人满意的结果。

（2）GA搜索时使用评价函数启发，过程简单。GA对所求解的优化问题没有太多的数学要求。由于GA的进化特性，搜索过程中不需要问题的内在性质，对于任意形式的目标函数和约束，无论是线性的还是非线性的，离散的还是连续的，都可处理。

（3）GA使用概率机制进行迭代，具有随机性。搜索从群体出发，具有潜在的并行性。进化算子的各态历经性使得GA能够非常有效地进行概率意义的全局搜索。

（4）GA具有可扩展性，容易与其他算法结合。GA对于各种特殊问题可以提供极大的灵活性来混合构造领域独立的启发式，从而保证算法的有效性。

**5. GA的缺点**

（1）编码不规范和编码表示的不准确性。GA的编程实现比较复杂，首先需要对问题进行编码，找到最优解之后还需要对问题进行解码。目前尚无一套完善的编码准则作为指导思想，在解决实际问题时需要不断尝试各种编码方法，这样很容易造成一些误差。有些实际优化问题的约束条件很复杂，仅仅依靠GA编码很难把它们表述出来。

（2）三个算子的实现有许多参数，并且这些参数的选择严重影响解的品质，而目前这些参数的选择大部分是依靠经验。

（3）GA容易出现过早收敛。

（4）GA没能及时利用网络的反馈信息，导致GA的搜索速度比较慢，要得到较精确的解需要较多的训练时间。

（5）单一的 GA 编码不能全面地将优化问题的约束表示出来。考虑约束的一个方法是对不可行解采用阈值，由此使得运算时间增长。

（6）GA 对初始种群的选择有一定的依赖性，可结合一些启发算法进行改进。

（7）GA 对算法的精度、可信度、计算复杂性等方面，还没有有效的定量分析方法。

GA 作为一种非确定性的、拟自然算法，为复杂系统的优化提供了一种新的思路，并且实践证明了它的显著效果。在现在研究中，GA 已经不能很好地解决大规模计算量问题，它很容易陷入"早熟"。常用混合 GA、合作型协同进化算法等来替代，这些算法都是 GA 的衍生算法。尽管 GA 在很多领域具有广泛的应用价值，但它仍存在一些问题，如 GA 很多机制和现象还缺少理论的指导，这都需要对 GA 做进一步的研究。

## 1.1.5　GA 中的一些术语

由于 GA 是自然遗传学和计算机科学相互结合渗透而成的新的计算方法，因此 GA 中经常使用自然进化中有关的一些基本用语。了解这些用语对于讨论和应用 GA 是十分必要的。本节将介绍 GA 的一些基本术语，主要包括：个体、种群、代、父辈和子辈、多样性、适应度函数、适应度值和最佳适应度值。

（1）个体。一个个体可以是施加适应度函数的任意一点。个体的适应度函数值就是它的得分或评价。例如，对于适应度函数 $f(x_1, x_2, x_3) = (2x_1 + 1)^2 + (3x_2 + 4)^2 + (x_3 - 2)^2$，则向量[2，−3，1]是一个个体，向量的维数是问题中变量的个数。个体[2，−3，1]的适应度值（得分）是 $f[2, -3, 1] = 51$。

个体有时又称为基因组或 DNA 组，个体的向量项称为基因。

（2）种群与代。所谓种群，是指由个体组成的一个数组或矩阵。例如，若个体的长度是100，适应度函数中变量的个数为 3，可以将这个种群表示为一个 $100 \times 3$ 的矩阵。相同的个体在种群中可以出现不止一次。例如，个体[2，−3，1]就可以在数组的行中出现多次。每一次迭代，GA 都对当前种群执行一系列的计算，产生一个新的种群。通常把每一个后继的种群称为新的一代。

（3）父辈和子辈。为了生成下一代，GA 在当前种群中选择某些个体，称为父辈，并且使用它们来生成下一代中的个体，称为子辈。在典型情况下，该算法更可能选择那些具有较大适应度值的父辈。

（4）多样性。多样性或差异涉及一个种群的各个个体之间的平均距离。若平均距离大，则种群具有高的多样性；否则，其多样性低。多样性是 GA 必不可少的本质属性，这是因为它能使 GA 搜索一个比较大的解的空间区域。

（5）适应度函数。所谓适应度函数，就是想要优化的函数。对于标准优化算法而言，这个函数称为目标函数。GA 总是试图寻找适应度函数的最小值。可以将适应度函数编写为MATLAB 中的一个 M 文件，作为输入参数传递给 GA 函数。

（6）适应度值和最佳适应度值。个体的适应度值就是该个体的适应度函数的值。由于该工具箱总是查找适应度函数的最小值，所以一个种群的最佳适应度值就是该种群中任何个体的最小适应度值。

表 1.1 为自然遗传学和人工 GA 中所使用的基础用语的对应关系。

**表 1.1　自然遗传学和人工 GA 中基础用语对照表**

| 自然遗传学 | 人工 GA |
| --- | --- |
| DNA(chromosome) | 解的编码(数据、数组、位串) |
| 基因(gene) | 解中每一分量的特征(特性、个性、探测器、位) |
| 等位基因(allele) | 特性值 |
| 基因座(locus) | 串中位置 |
| 基因型(genotype) | 结构 |
| 表现型(phenotype) | 参数集、解码结构、候选解 |
| 个体(individual) | 解 |
| 适者生存 | 在算法停止时,最优目标值的解有最大的可能被留住 |
| 适应性(fitness) | 适应函数值 |
| 群体(population) | 选定的一组解(其中解的个数为群体的规模) |
| 种群(reproduction) | 根据适应函数值选取的一组解 |
| 交配(crossover) | 通过交配原则产生一组新解的过程 |
| 变异(mutation) | 编码的某一个分量发生变化的过程 |

## 1.1.6　GA 的研究方向

GA 是多学科结合与渗透的产物,它已经发展成一种自组织、自适应的综合技术,其研究方向主要有下面几个方面。

(1)基础理论。GA 的数学理论还不完善。在 GA 中,群体规模和遗传算子的控制参数的选取非常困难,但它们又是必不可少的实验参数。在这方面,已有一些具有指导性的实验结果。GA 还有一个过早收敛的问题,如何阻止过早收敛也是人们研究的问题之一。

(2)分布、并行 GA。在操作上 GA 具有高度的并行性,许多研究人员探索在并行机和分布式系统上高效执行 GA 的策略。对分布 GA 的研究表明,只要通过保持多个群体和恰当控制群体间的相互作用来模拟并发执行过程,即使不使用并行计算机,也能提高算法的执行效率。GA 的并行性主要从三个方面考虑,即个体适应度评价的并行性、整个群体各个个体适应度评价的并行性及子代群体产生过程的并行性。GA 的并行性研究不仅对 GA 本身的发展,而且对于新一代智能计算机体系结构的研究都是十分重要的。

(3)基于 GA 的机器学习。把 GA 从离散的搜索空间的优化搜索算法扩展到具有独特的规则生成功能的崭新的机器学习算法,对于突破人工智能中知识获取和知识优化精炼的瓶颈带来了希望。

(4)分类系统。分类系统属于基于 GA 的机器学习中的一类,包括一个简单的基于串规则的并行生成子系统、规则评价子系统和 GA 子系统。分类系统被人们越来越多地应用在科学、工程和经济领域中,是目前 GA 研究中一个十分活跃的方向。

(5)遗传神经网络。遗传神经网络包括连接级、网络结构和学习规则的进化。GA 与神经网络相结合,成功地用于从时间序列分析来进行财政预算。在这些系统中,训练信号是模糊的,数据是有噪声的,一般很难正确给出每个执行的定量评价,若采用 GA 学习,就能克服这些困难，显著提高系统性能。Muhlenbein 分析了多层感知网络的局限性，并指出了下一代神经网络将是遗传神经网络。

（6）GA 与进化规划和进化策略等进化计算理论结合。GA 是模拟自然进化过程产生的鲁棒的三种典型进化算法之一（其余两种是进化规划和进化策略）。进化规划和进化策略几乎是与 GA 同时独立发展起来的。与 GA 一样，它们也是模拟自然界生物进化机制的智能计算方法，即与 GA 具有相同之处，也有各自的特点。

（7）GA 与人工生命。所谓人工生命，是用计算机模拟自然界丰富多彩的生命现象，其中生物的自适应、进化和免疫等现象是人工生命的重要研究对象，而 GA 在这方面将会发挥一定的作用。近几年来，通过计算机模拟，再现各种生命现象以达到对生命更深刻理解的人工生命的研究正在兴起。已有不少学者对用 GA 生态系统的演变、食物链的维持以及免疫系统的进化等作了生动的模拟。但实现人工生命的手段很多，GA 在实现人工生命中的基本地位和能力究竟如何，这是值得研究的课题。

（8）与其他理论的结合。随着 GA 应用领域的扩展，GA 正日益与神经网络、模糊推理以及混沌理论等其他智能计算方法相互渗透和结合，这对开拓 21 世纪新的智能计算技术具有重要的意义。

## 1.1.7 MATLAB 与 GA 工具箱

MATLAB 是矩阵实验室（Matrix Laboratory）之意，是一种功能强、效率高、便于进行科学和工程计算的交互式软件包，是一个语言编程型（M 语言）开发平台，它提供了其他工具所需的集成环境。其中包括一般数值分析、矩阵运算、数字信号处理、建模和系统控制与优化等应用程序，并集应用程序和图形于便捷的集成环境中。在此环境下求解问题的 MATLAB 语言表述形式和其数学表达形式相同，不需要按传统的方法编程。

MATLAB 是一种开放式软件，经过一定的程序可以将开发的优秀应用程序集加入到 MATLAB 工具的行列中。这样许多领域前沿的研究者都可以将自己的成果集成到 MATLAB 中，被全人类继承和利用。采用 MATLAB 工具箱可以很简单地解决复杂问题。现在，MATLAB 中含有诸多的面向不同应用领域的工具箱，如信号处理工具箱、图像处理工具箱、通信工具箱、系统辨识工具箱、优化工具箱、鲁棒控制工具箱、非线性控制工具箱以及 GA 工具箱等，而且工具箱还在不断地扩展之中。GA 工具箱功能很强大，含有丰富的图片处理功能，且拥有 GA 和直接搜索功能，为解决 GA 中的问题提供了简洁、方便的操作。该工具箱不仅具有简单、易用、易于修改的特点，且为解决许多传统的优化方法难以解决的参数优化、非线性、多峰值之类的复杂问题提供了有效的途径，为 GA 研究和应用提供了很好的应用前景。

## 1.1.8 基于 GA 的应用

GA 提供了一种求解复杂系统优化问题的通用框架，它不依赖于问题的具体领域，对问题的种类有很强的鲁棒性，所以广泛应用于许多学科。目前，GA 已被人们广泛应用于组合优化、机器学习、信号处理、自适应控制和人工生命等领域。它是现代有关智能计算中的一项重要技术。近十年来，GA 得到了迅速发展，其主要表现为已被成功地应用于不同领域，解决了许多实际问题。目前，GA 在经济管理、交通运输、工业设计、生物技术和生物学、化学和化学工程、计算机自动设计、计算机辅助设计、物理学和数据分析、动态处理、建模与模拟、医学与医学工程、微电子学、模式识别、人工智能、生产调度、机器人学、开矿工程、电信学、售货服务系统、军事（雷达目标识别、军舰的操作与作战策略中的导航、导弹躲避和跟踪）、物流系统设计、制造系统控制、系统优化设计、汽车设计（包括材料选择、多目标汽车组件设计、减轻重量等）、机电系统设计、分布计算机网络的拓扑结构、电路设计（此类用途的 GA 叫作进化电路）、电子游戏设计（如计算平衡解决方案）、机器智能设计和机器人学习、模糊控制系统的训练、移动通信优化结构、时间表安排（如为一个大学安排不冲突的课程时间表）、旅行推销员问题、神经网络的训练（也叫做神经进化）等领域都得到了应用，成为求解全局优化问题的有力工具之一。

# 1.2　图像处理基础

人类传递信息的主要媒介是语言和图像。据统计，在人类接受的各种信息中视觉（即图像）信息占 80%，所以图像信息及其处理就显得十分重要。利用数字图像处理能够对图像进行压缩、增强、恢复或从图像中提取有效信息等。本节简单介绍数字图像处理的基本概念和图像处理算法的应用实例。

## 1.2.1　像素和分辨率

图像作为人类感知世界的视觉基础，是人类获取、表达和传递信息的重要手段。"图"是物体投射或反射光的分布，"像"是人的视觉系统对图的接受在大脑中形成的印象或反映。因此，图像是客观和主观的结合。像素和分辨率是描述图像信息的两个最基本、最重要的概念。下面介绍这两个概念和它们之间的联系。

### 1. 像素

数字图像是指由被称作像素的小块区域组成的二维矩阵。将物理图像行列划分后，每个小块区域称为像素。一个像素不是一个点或一个方块，而是一个抽象的采样。像素可是长方形或方形的。每个像素包括两个属性：位置和亮度（或色彩）。一幅图像中的像素可在任何尺度上看起来都不像分离的点或方块；但在一般情况下，像素采用点或方块显示。每个像素可有各自的颜色值，可采用三原色显示，可分成红、绿、蓝三种子像素（RGB 颜色空间），或青、品红、黄和黑（CMYK 颜色空间，印刷行业以及打印机中常见）。

单色图像的每个像素有自己的灰度，其中 0 通常表示黑色，而最大值通常表示白色。例如，在一个 8 位图像中，最大的无符号数是 255，这就是白色的值。在彩色图像中，每个像素可用它的色调、饱和度、亮度来表示，但是通常用红绿蓝强度来表示。

在计算机中，按照颜色和灰度的多少可以将图像分为二值图像、灰度图像、彩色图像和索引图像四种基本类型。目前，大多数图像处理软件都支持这四种类型的图像。

（1）二值图像（黑白图像）：是指图像的每个像素只能是黑或白，没有中间的过渡。二值图像的像素值为 0、1。二值图像通常用于文字、线条图的扫描识别和掩模图像的存储。

（2）灰度图像：指各像素信息由一个量化的灰度级来描述的图像，没有彩色信息。灰度取值范围为 0～255，"0"表示纯黑色，"255"表示纯白色，中间的数字表示黑白之间的过渡色。在某些软件中，灰度图像也可以用双精度数据类型表示，像素的值域为[0，1]，0 代表黑色，1代表白色，0到1之间的小数表示不同的灰度等级。二值图像可以看成是灰度图像的一个特例。

（3）彩色图像：指每个像素的信息由RGB三原色构成的图像，其中RGB是由不同的灰度级来描述的。

彩色图像中的一个像素所能表达的不同颜色数取决于比特每像素（BPP，bit per pixel）。这个最大数可通过取2的色彩深度次幂来得到。常见的取值有：

①8 bpp：256色，亦称为"8位色"；

②16 bpp：$2^{16}$＝65 536色，称为高彩色，亦称为"16位色"；

③24 bpp：$2^{24}$＝16 777 216色，称为真彩色，通常的记法为"1670万色"，亦称为"24位色"；

④32 bpp：$2^{24}＋2^8$，计算机领域较常见的32位色并不是表示$2^{32}$种颜色，而是在24位色的基础上增加了8位（$2^8$＝256级）的灰度（亦称"灰阶"），因此，32位色的色彩总数和24位色是相同的，32位色也称为真彩色或全彩色；

⑤48 bpp：$2^{48}$＝281 474 976 710 656色，用于很多专业的扫描仪。

256色或更少的色彩的图像经常以块或平面格式存储于显存中，其中显存中的每个像素是到一个称为调色板的颜色数组的索引值。这些模式因而有时被称为索引模式。虽然每次只有256色，但是，这256种可选自一个通常是16兆色的调色板，所以可有多种组合。改变调色板中的色彩值可得到一种动画效果，视窗95和视窗98的标志可能是这类动画最著名的例子。对于超过8位的深度，这些数位就是三个分量（红绿蓝）各自的数位的总和。一个16位的深度通常分为5位红色，5位蓝色和6位绿色（眼睛对于绿色更为敏感）。24位的深度一般是每个分量8位。在Windows系统中，32位深度也是可选的，这意味着24位的像素有8位额外的数位来描述透明度。

（4）索引图像：该图像的文件结构比较复杂，除了存放图像的二维矩阵外，还包括一个称之为颜色索引矩阵MAP的二维数组。MAP的大小由存放图像的矩阵元素值域决定，如矩阵元素值域为[0，255]，则MAP矩阵的大小为256×3，用MAP＝[RGB]表示。MAP中每一行的三个元素分别指定该行对应颜色的红、绿、蓝单色值，MAP中每一行对应图像矩阵像素的一个灰度值，如某一像素的灰度值为64，则该像素就与MAP中的第64行建立了映射关系，该像素在屏幕上的实际颜色由第64行的[RGB]组合决定，即图像在屏幕上显示时，每一像素的颜色由存放在矩阵中该像素的灰度值作为索引通过检索颜色索引矩阵MAP得到。索引图像的数据类型一般为8位无符号整形（unsigned int 8），相应索引矩阵MAP的大小为256×3，因此一般索引图像只能同时显示256种颜色，但通过改变索引矩阵，颜色的类型可以调整。索引图像的数据类型也可采用双精度浮点型（double）。索引图像一般用于存放色彩要求比较简单的图像，如Windows中色彩构成比较简单的壁纸多采用索引图像存放，如果图像的色彩比较复杂，就要用到RGB真彩色图像。

**2. 色彩图像与灰度图像的转换**

经过采集过程获取的一般都是彩色图像，并以JPG或BMP的格式进行存储。以BMP格式的图像为例进行分析，假设采集获取的一幅彩色图像的像素为1280×960，那么其在硬盘上的存储空间需要1280×960×3，即3 686 400个字节，其占用的存储空间比灰度图像大很多，所以为节省空间并减小计算量，一般要将彩色图像转化为灰度图像，只选择三个颜色分量进行图像的色彩区分，具体的转换公式为 $Y = R \times 0.299 + G \times 0.587 + B \times 0.114$，这个过程就是对获取的彩色图像的灰度化处理过程。

### 3. 分辨率

分辨率多用于图像的清晰度，以描述图像的细节分辨能力，同样适用于数字图像、胶卷图像及其他类型图像。分辨率越高代表图像质量越好，越能表现出更多的信息细节；但信息越多，文件也就会越大。像素数目大的数码相机，能够输出高分辨率的图像。因此，相机制造商在广告上多使用像素数目代表分辨率。不过，相机是测量仪器而不是显示设备。镜头对图像质量极为重要，只以像素数目代表分辨率是误导。美国、日本和国际标准都认为不应使用这一定义。个人计算机里的图像，可使用图像处理软件（如 Adobe Photoshop、PhotoImpact）调整大小、编修照片等。

### 4. 像素与分辨率的联系

分辨率是数码影像中的一个重要概念，是指在单位长度中，所表达或获取的像素数量。像素是组成数码图像的最小单位，如对一幅标有 1024×768 像素的图像而言，就表明这幅图像的长边有 1024 个像素，宽边有 768 个像素，1024×768＝786 432，即为一幅将近80 万像素的图像。对一幅标有 2272×1704 的图像而言，就表明这幅图像的长边有 2272 个像素，宽边有 1704 个像素，共有 2272×1704＝3 871 488 个像素，即为一幅将近 400 万像素的图像。通常，"分辨率"被表示成每一个方向上的像素数量，比如 640×480 等。对计算机显示屏等，分辨率用像素数目衡量；对数字文件印刷而言，分辨率通常用每英寸所含点或像素来衡量。照片是一个个采样点的集合，所以单位面积内的像素越多代表分辨率越高，所显示的图像就会接近于真实物体。因为多数计算机显示器的分辨率可通过计算机的操作系统来调节，因此显示器的像素分辨率不是一个绝对的衡量标准。现代液晶显示器设计有一个原始分辨率，它代表像素和三元素组之间的完美匹配。阴极射线管也用（红，绿，蓝）荧光三元素组，但是它们与图像像素并不重合，因此与像素无法比较。对于该显示器，原始分辨率能够产生最精细的图像。但是因为用户可调整分辨率，所以显示器必须能够显示其他分辨率。非原始分辨率必须通过在液晶屏幕上拟合重新采样来实现，要使用插值算法。这经常会使屏幕看起来破碎或模糊。例如，原始分辨率为 1280×1024 的显示器在分辨率为 1280×1024 时看起来最好，也可通过用几个物理三元素组来表示一个像素以显示800×600，但可能无法完全显示 1600×1200 的分辨率，因为物理三元素组不够。

当一个图像文件显示在屏幕上时，每个像素的数位对于光栅文本和对于显示器不同。有些光栅图像文件格式（光栅图像指图像由点阵组成，是把图像用一个光栅分成若干个小块或点，然后识别、存储）相对于其他格式有更大的色彩深度。例如 GIF 格式，其最大深度为 8 位（256 色），而 TIFF 文件可处理 48 位色深。没有任何显示器可显示 48 位色彩，人眼只能分辨约 1000 种颜色，CRT 可显示到 32 位色，而 LCD 由于自身的局限性最多只能显示 24 位色，中低端的 LCD 只能显示 16 位色甚至 12 位色，但如前所述，超过 1000 种颜色后人眼无从分辨，因此 12 位色或 16 位色对于人眼区别不大。所以 48 位这个深度通常用于特殊专业应用，例如胶片扫描仪和打印机。这种文件在屏幕上采用 24 位深度绘制。

兆像素（Mega Pixels，MP）指有"一百万个像素"，通常用于表达数码相机的分辨率。例如，一个相机可使用 2048×1536 像素的分辨率，称为有"3.1 兆像素/310 万像素"（2048×

1536＝3 145 728，通常只计算前两个位作有效数字）。数码相机使用感光电子器件，或为耦合电荷设备（CCD）或 CMOS 传感器，它们记录每个像素的灰度级别。在多数数码相机中，CCD 采用某种排列的有色滤波器，在 Bayer 滤波器拼合中带有红绿蓝区域，使得感光像素可记录单个基色的灰度。相机对相邻像素的色彩信息进行插值，这个过程称为解拼，然后创建最后的图像。这样，一个数码相机中的 x 兆像素的图像最后的彩色分辨率最后可能只有同样图像在扫描仪中的分辨率的四分之一。所以一幅蓝色或红色的物体的图像倾向于比灰色的物体要模糊。绿色物体似乎不那么模糊，因为绿色被分配了更多的像素（因为眼睛对于绿色的敏感性强）。Foveon X3 CCD 采用三层图像传感器在每个像素点探测红绿蓝强度。这个结构消除了解拼的需要，因而消除了相关的图像走样，例如，高对比度的边的色彩模糊。十亿像素图像是一种极高清分辨率的图像，相对于一般 1000 万像素的数码相机，差距高达 100 倍以上。十亿像素图像通常只用在人造卫星等特定用途上。

## 1.2.2　图像处理算法及其应用实例

　　图像处理是对图像进行分析、加工和处理，使其满足视觉、心理以及其他要求的技术。图像处理是信号处理在图像域上的一个应用。数字图像即是模拟图像经过截取、采样、量化过程后形成的数字化表示。目前大多数图像以数字形式存储，因而一般情况下图像处理指数字图像处理。图像处理是信号处理的子类，大多数用于一维信号处理的概念都有其在二维图像处理领域的延伸。从一维信号处理扩展来的概念和处理有分辨率、动态范围、带宽、滤波器设计、微分算子、边缘检测、调制、降噪；同时图像处理也具有自身一些新的概念，如连通性、旋转不变性。图像处理与计算机科学、人工智能等领域也有密切的关系。

　　**1. 用于二维（或更高维）图像处理的基本方法**

　　全局运算：对全幅图像所有像素做相同的处理。

　　点运算：输出图像每个像素的灰度值只依赖于对应输入图像像素的灰度值。

　　局部运算：输出图像每个像素的灰度值依赖于对应输入图像该像素邻域的灰度值。

　　几何变换：包括放大、缩小、旋转等。

　　颜色处理：颜色空间的转化、亮度以及对比度的调节、颜色修正等。

　　彩色变换：单波段彩色变换、多波段彩色运算、HIS。

　　对比度变换：线性变换、非线性变换。

　　多光谱变换：K-L 变换、K-T 变换。

　　图像运算：压缩、插值运算、比值运算、分形算法。

　　图像合成：多个图像的加、减、组合、拼接。

　　降噪：各种针对二维图像的去噪滤波器或信号处理。

　　空间滤波：图像卷积运算、平滑、锐化。

　　图像增强：将原来不清晰的图像变得清晰或强调某些感兴趣的特征，抑制不感兴趣的特征，使之改善图像质量、丰富信息量、加强图像判读和识别效果。

　　边缘检测：进行边缘或其他局部特征提取。

　　图像分割：依据不同标准把二维图像分割成不同区域。

　　**2. 用于二维（或更高维）图像处理的基本概念**

　　图像制作：与计算机图像学有一定交叉。

　　图像配准：比较或集成不同条件下获取的图像。

　　图像数字水印：研究图像域的数据隐藏、加密或认证。

　　腐蚀算法：用 3×3 的结构元素，扫描图像的每一个像素，用结构元素与其覆盖的二值图像做"与"操作。若都为 1，结果图像的该像素为 1；否则为 0，使二值图像减小一圈。

　　膨胀算法：用 3×3 的结构元素，扫描图像的每一个像素，用结构元素与其覆盖的二值图像做"或"操作。若都为 0，结果图像的该像素为 0；否则为 1，使二值图像扩大一圈。

　　数字图像：指由被称作像素的小块区域组成的二维矩阵。将物理图像行列划分后，每个小块区域称为像素。

　　数字图像处理：指将一幅图像转变为另一幅图像。

　　数字图像分析：指将一幅图像转换为一种非图像的表示。但现在数字图像处理通常又包括数字图像分析，如天气预报，视频统计等。

　　计算机图形学：用计算机将由概念或数学描述所表示的物体图像(非实物)进行处理和显示的过程。例如，机械图、建筑图等，通过建筑图统计水泥、钢筋用量等。

　　计算机视觉：用计算机技术发展能够理解自然景物的系统，如机器人足球等。

　　图像传递系统：包括图像采集、压缩、编码、存储、通信和显示 6 个部分。在实际应用中每个部分都可能导致图像品质变差，使图像传递的信息无法被正常读取和识别。例如，在采集图像过程中由于光照环境或物体表面反光等原因造成图像整体光照不均，或图像采集系统在采集过程中由于机械设备的缘故不可避免地引入了采集噪声，或图像显示设备的局限性造成图像显示层次感降低或颜色减少等。因此，研究快速、有效的图像增强算法成为推动图像分析和图像理解领域发展的关键内容之一。

　　数字图像处理系统：由图像数字化设备(扫描仪、数码相机、摄像机与图像采集卡等)、图像处理计算机(PC、工作站和存储设备等)和图像输出设备(打印机、绘图仪等)组成。

### 3. 数字图像处理算法应用实例

　　数字图像处理 40 多年来迅速发展成一门独立的有强大生命力的学科，已逐步涉及人类生活和社会生产的各个方面，如摄影及印刷、卫星图像处理、医学图像处理、面孔识别、特征识别、显微图像处理；在相关相近领域的应用包括：分类、特征提取、模式识别、投影、多尺度信号分析、离散余弦变换等。事实上，图像处理的数学算法已经发展到令人叹为观止的地步。Scriptol 列出了如下几种神奇的图像处理算法：

　　(1) 像素图生成向量图。数字时代早期的图片的分辨率很低，尤其是一些电子游戏的图片，放大后就是一个个像素方块。Depixelizing 算法可让低分辨率的像素图转化为高质量的向量图，如图 1.3 所示。

(a) 像素图　　　　　　　　　　　　　　　(b) 向量图

图 1.3　像素图生成向量图

（2）黑白图片着色。让老照片自动变成彩色的算法，如图 1.4 所示。

(a)黑白图      (b)色彩图

图 1.4 黑白图着色

（3）消除图像中的阴影。不留痕迹地去掉照片上某件东西的阴影的算法，如图 1.5 所示。

(a)有阴影图      (b)去阴影图

图 1.5 去掉阴影不留痕迹

（4）HDR 照片。所谓"HDR 照片"，就是扩大亮部与暗部的对比效果，亮的地方变得非常亮，暗的地方变得非常暗，亮暗部的细节都很明显，如图 1.6 所示。

(a)原图      (b)亮度增强图

图 1.6 对比度增强

实现 HDR 的软件有很多，如 G′MIC（全功能的图像处理框架），它是 GIMP 图像编辑软件的一个插件，代码全部开源。

（5）消除图像中杂物。"消除杂物"就是在照片上划出一块区域，然后用背景自动填补。Resynthesizer 可做到这一点，它是 GIMP 的一个插件，如图 1.7 所示。

(a)原图      (b)消除杂物图

图 1.7 消除杂物

(6) 自动合成照片。根据一张草图，选择原始照片，然后把它们合成在一起，生成新照片，如图 1.8 所示。这是清华大学的科研成果。

(a) 原始图          (b) 合成图

图 1.8 图像合成

### 1.2.3 GA 在图像处理中的应用

图像处理是对图像信息进行加工处理以满足人们的视觉心理和实际应用要求的过程，是计算机视觉内非常关键的分析目标。在图像扫描、特征搜集、图像分割等过程中可能产生部分误差，造成计算机视觉实用化水平无法快速提高。要使这些误差达到最小，就需要对图像进行处理，其中涉及大量的优化计算。把 GA 应用到图像处理最重要的一点是，利用了 GA 的全局搜索特点，取得函数最优解，从而快速得到较好的处理效果。目前 GA 已在图像处理中的各种阶段得到了普遍应用。

(1) 基于 GA 的图像变换。图像变换是图像增强、恢复、编码压缩和分析描述等的基础。常采用的图像变换方法有沃尔什-哈达玛、哈尔变换、离散余弦变换、傅立叶变换和小波变换等。GA 应用于图像变换主要是构造适应度函数，即在改变像素的空间位置或估算新空间位置上的像素值中，GA 能够进行并行统计，有效减少调整运算所需要的时间，能够有效解决问题。

(2) 基于 GA 的图像降噪。降噪方法主要有维纳滤波、中值滤波、混合滤波、小波降噪等。GA 能够在具体降噪过程内得到滤波器的合理参数。

(3) 基于 GA 的图像增强。图像增强涉及图像降噪、图像特征提取、目标轮廓抽取、黑白图像假彩色生成技术等。利用 GA 能够得到一个合理参数实现图像的自适应增强。

(4) 基于 GA 的图像恢复。图像恢复实际就是图像的优化，利用合适的算法可以使得图像复原到最佳的效果。GA 利用适应度来衡量种群中各个 DNA 可能达到或接近最优解的程度，较大可能遗传到下一代的只能是适应度高的 DNA。对于图像复原问题，适应度函数的确定涉及需复原图像的退化模型，准确的模型可以最大程度地恢复原始图像。GA 往往能够从灰度图像调整过程内得到合理利用，通常把 DNA 编码变作将不同灰度值当作基础的二维矩阵。

(5) 基于 GA 的图像分割。利用 GA 能够在图像分割中得到合适的分割阈值。有学者把 GA 与神经网络算法有机统一对图像进行调整，也就是在神经元网络内借鉴 GA 开展相应的调整，同时有效借助遗传参数，根据不同的级别开展相应的调整。有学者在图像分割手段中合理采纳 GA 方法，GA 能够有效地保证图像分割效率和图像处理的时效性。在不同分割手段中采纳 GA 方法能够有效地保证工作效率，找到合理分割阈值为现阶段非常关键的分析热点。

（6）基于 GA 的图像融合。图像融合技术主要应用于军事、遥感、医学图像处理、自动目标识别以及计算机视觉等领域。经典的融合方法有基于色彩的空间变换（如 IHS 变换、Lab 变换、YUV 变换）、基于统计方法的主成分分析、Brovey 变换以及基于多尺度分析融合方法的金字塔分解和小波变换。基于 GA 的图像融合，主要是结合图像融合技术，为其构造的函数提供最佳匹配的快速搜索，从而加快图像寻优速度。

（7）基于 GA 的图像识别。基于 GA 的图像识别是通过对采集到的图像进行分析研究，提取图像的分类特征，再用 GA 对提取的特征进行优化，大大降低特征空间的维数，从而提高图像的分类效果和识别率。

GA 在图像处理中的应用基本上还处于理论性仿真阶段，实际系统中的应用还比较少。如何针对图像处理方面的特点选择适用图像分析和处理的 GA 结构或合适的参数是今后进一步研究的内容。随着 GA 及其交叉学科的理论研究的深入，GA 将以其特有的算法特点使其在图像处理问题中的应用越来越广。广泛的数学方法和强大的计算机模拟工具的出现，必将使 GA 研究得到更大进展，使 GA 在图像处理中的应用更加实用。

## 1.2.4　常见图像处理软件

图像处理主要针对图像的像素级表示进行操作。根据处理的目的和要求不同，需要采取不同的处理技术，主要包括：对图像进行增强以改善图像视觉质量；对退化的图像进行恢复以消除各种干扰的影响；根据对场景不同的投影重建目标图像以获取某种特性的空间分布信息；对图像进行压缩编码以减少表达图像的数据量，从而有利于图像的存储及传输；在图像中加入数字水印或信息隐藏以保护图像的所有权等。在计算机中，按照颜色和灰度成分可以将图像分为二值图像、灰度图像、索引图像和真彩色 RGB 图像 4 种基本类型。大多数图像处理软件都支持这四种类型图像。下面简单介绍一些常用的图像处理软件。

### 1. Adobe Photoshop

软件特点：知名度以及使用率最高的图像处理软件。

软件优势：使用业界标准的 Adobe Photoshop CS 软件可更加快速地获取更好的效果，同时为图形和 Web 设计、摄影及视频提供必不可少的新功能。

与同行软件的比较：Adobe 的确给设计师们带来了很大的惊喜，Photoshop CS 新增了许多强有力的功能，特别是对于摄影师来讲，这次它大大突破了以往 Photoshop 系列产品更注重平面设计的局限性，对数码暗房的支持功能有了极大的加强和突破。

### 2. Adobe Illustrator

软件特点：专业矢量绘图工具，功能强大，界面友好。

软件优势：无论使用者是生产印刷出版线稿的设计者、专业插画家、生产多媒体图像的艺术家，还是互联网页或在线内容的制作者，都会发现 Illustrator 不仅仅是一个艺术产品工具，它也适合大部分小型设计和大型的复杂项目。

与同行软件的比较：功能极其强大，操作相当专业。与 Adobe 公司其他软件如 Photoshop、Primiere 及 Indesign 等软件可以良好的兼容，在专业领域优势比较明显。

### 3. CorelDRAW

软件特点：界面设计友好，空间广阔，操作精微细致，兼容性佳。

软件优势：具有非凡的设计能力，可广泛地应用于商标设计、标志制作、模型绘制、插图描画、排版及分色输出等诸多领域。市场领先的文件兼容性以及高质量的内容可帮助使用者将创意变为专业作品。从与众不同的徽标和标志到引人注目的营销材料以及令人赏心悦目的 Web 图形，应有尽有。

与同行软件的比较：功能强大，兼容性极好，可生成各种与其他软件相兼容的格式，操作较 Illustrator 简单，在国内中小型广告设计公司应用率极高。

### 4. 可牛影像

软件特点：可牛影像是新一代的图片处理软件，独有美白祛痘、瘦脸瘦身、明星场景、多照片叠加等功能，更有 50 余种照片特效，数秒即可制作出影楼级的专业照片。

软件优势：图片编辑、人像美容、场景日历制作、水印饰品添加、各种艺术字体添加、动感闪图制作、摇头娃娃制作、多图拼接，人能想到的功能，应有尽有，而且简单易用。

与同行软件的比较：制作场景日历、动感闪图、摇头娃娃等都是传统图像处理软件所没有的。有了可牛影像，不需要再像 photoshop 那样，需要专业的技能才能处理照片。

### 5. 光影魔术手

软件特点："nEO iMAGING"（光影魔术手）是一个对数码照片画质进行改善及效果处理的软件。该软件简单、易用，不需要任何专业的图像技术，就可以制作出专业胶片摄影的色彩效果。

软件优势：模拟反转片的效果，令照片反差更鲜明，色彩更亮丽；模拟反转负冲的效果，色彩诡异而新奇；模拟多类黑白胶片的效果，在反差、对比方面，和数码相片完全不同。

与同行软件的比较：是一个照片画质改善和个性化处理的软件，简单、易用，每个人都能制作精美相框、艺术照、专业胶片效果，而且完全免费。

### 6. ACDSee

软件特点：不论使用者拍摄的相片是什么类型——家人与朋友的，或是作为业余爱好而拍摄的艺术照——使用者都需要相片管理软件来轻松快捷地整理以及查看、修正和共享这些相片。

软件优势：该软件可以从任何存储设备快速"获取相片"，还可以使用受密码保护的"隐私文件夹"这项新功能来存储机密信息。

与同行软件的比较：具有强大的电子邮件选项、幻灯放映、CD/DVD 刻录功能，还有让共享相片变得轻而易举的网络相册工具。使用红眼消除、色偏消除、曝光调整以及相片修复等工具可快速修正功能来改善相片。

### 7. Macromedia Flash

软件特点：一个可视化的网页设计和网站管理工具，支持最新的 Web 技术，包含 HTML 检查、HTML 格式控制、HTML 格式化选项等。

软件优势：除了新的视频和动画特性，还提供了新的绘图效果和更好的脚本支持，同时也集成了流行的视频辑和编码工具，还提供软件允许用户测试移动手机中的 Flash 内容等新功能。

与同行软件的比较：在编辑上可以选择可视化方式或用户喜欢的源码编辑方式。

### 8. Ulead GIF Animator

软件特点：友立公司出版的动画 GIF 制作软件，内建的 Plugin 有许多现成的特效可以立即套用，可将 AVI 文件转成动画 GIF 文件，而且还能将动画 GIF 图片最佳化，能将用户放在网页上的动画 GIF 图档"减肥"，以便让人能够更快速地浏览网页。

软件优势：这是一个很方便的 GIF 动画制作软件，由 Ulead Systems. Inc 创作。Ulead GIF Animator 不但可以把一系列图片保存为 GIF 动画格式，还能产生二十多种 2D 或 3D 的动态效果，足以满足使用者制作网页动画的要求。

与同行软件的比较：与其他图形文件格式不同的是，一个 GIF 文件中可以储存多幅图片，这时，GIF 将其中存储的图片像播放幻灯片一样轮流显示，这样就形成了一段动画。

### 9. 大头贴制作系统 V5. 25

软件特点：大头贴制作系统就是本着简易操作的宗旨来开发的一套制作贴纸相的软件，用户只要简单地点一下鼠标就可以轻松制作出贴纸照片来。

软件优势：本软件不但能够打印出标准的大头贴，而且还支持将大头贴照片输出到屏幕保护程序以及将大头贴保存到硬盘，让用户每时每刻都能看到自己亲手制作的大头贴。

与同行软件的比较：轻松简单的操作，轻松点几下鼠标，就可以轻松做出满意的大头贴，完全是傻瓜程式系统制作大头贴。

### 10. MATLAB

MATLAB 语言是一种高效率的用于科学工程计算的高级语言，它的语法规则简单，更贴近人的思维方式，通俗易懂、易学。尤其是 MATLAB 软件有着丰富的图像处理工具箱供各专业应用。MATLAB 是一种开放式软件，经过编程可以将开发的应用程序集加入到 MATLAB 工具的行列。这样，许多领域前沿的研究者和科学家都可以将自己的成果集成到 MATLAB 中，被全人类继承和利用。因此 MATLAB 中含有诸多面向不同应用领域的工具箱。

MATLAB 处理图像一般使用工具箱中的 M 文件或自己编写的 M 文件。系统会自动执行程序，实现其功能。也可以使用程序界面 GUI，MATLAB 自带一个界面编辑器，与 VC 有些类似，读者可以设计一个界面，在界面中可以做一些按键等，实现对程序的控制。但一般在输入命令界面中还需要带上参数，在执行时选择不同的图像，实现同样的效果，比如输入 im(需要转换的图片)实现对应的功能。

# 第二章　遗传算法基础

遗传算法(GA)的理论依据是模式定理和积木块假设。模式定理保证了较优模式(GA的较优解)的样本呈指数级增长,从而满足了寻找最优解的必要条件。而积木块假设指出,GA 具备寻找到全局最优解的能力,即具有低阶、短距、高平均适应度的模式(积木块),在遗传算子作用下,相互结合生成高阶、长距、高平均适应度的模式,最终生成全局最优解。为了分析包含在种群内的很多模式的增长和消失,本章介绍与 GA 相关的模式理论。

## 2.1　遗传算法的理论基础

简单 GA 处理过程是非常直观的。由二进制编码构造 $n$ 个字符串的随机种群,利用一些趋向最优的字符串进行配对和交换部分子串、随机变异某一位值,得到最优解。特别地,GA 以这种简单方式直接操纵字符串种群。下面给出一些基本概念,介绍复制、交叉和变异算子对包含在种群内的模式的作用。

### 2.1.1　模式及模式定理

模式是指种群个体基因串中的相似样板,它用来描述基因串中某些特征位相同的结构。在二进制编码中,模式是基于三值字符集{0,1,∗}的字符串,符号"∗"代表 0 或 1 任意字符。

#### 1. 模式概念

**定义 2.1**　模式是可行域中某些特定位取固定值的所有编码的集合,即基因串中的相似样本称为"模式"。

模式表示基因串中某些特征位相同的结构,因此模式也可能解释为相同的构形,是一个串的子集。在二进制编码中,人们把基于三值字符集{0,1,∗}所产生的,能描述具有某些结构相似性的 0、1 字符串集的字符串称作模式,符号"∗"代表 0 或 1。例如,∗1∗ 表示四个元的子集{010 011 110 111}。对于二进制编码串,当串长为 $L$ 时,共有 $3^L$ 个不同的模式;串长 $L=3$,则其模式共有{∗∗∗ ∗∗1 ∗∗0 ∗1∗ ∗0∗ 1∗∗ 0∗∗ ∗10 ∗00 011 ∗11 ∗00 ∗10 0∗1 ∗1∗ 10∗ 01∗ 00∗ 111 110 101 011 001 010 100 000}共 27 个,即 $1+2\times3+2^2\times3+2^3=3^3=27$。

在模式定义中不关心位附加符号"∗",或认为此位是在特定位置与 0 或 1 匹配的随机符号。例如,以长度为 5 的串为例,模式 ∗0001 描述了在 2、3、4、5 位置具有形式"0001"的所有字符串(如 00001,10001)。所有模式的生成是不相同的,有些模式比较特殊,如模式 011∗1∗ 比模式 0∗∗∗∗∗ 的相似性程度高。有些模式跨越整个字符串的长度,如模式 1∗∗∗1 比模式 1∗1∗∗∗ 跨越的长度长。为了量化这些概念,引入模式阶数和模式定义距两个概念。由此可见,模式的概念提供了一种简洁的用于描述在某些位置上具有结构相似性的 0、1 字符串集合的方法。

引入模式后，可以看到一个串实际上隐含着多个模式（长度为 $n$ 的串隐含着 $2^n$ 个模式），一个模式可以隐含在多个串中，不同串之间通过模式而相互联系。例如，对于种群中的一个个体，父个体 011 要通过变异变为子个体 001，其可能影响的模式为 $2^3$，即被处理的模式总数为 8 个，$8＝1×2^3$。GA 中串的运算实际上是模式的运算。若各个串的每一位按等概率生成 0 或 1，则模式为 $n$ 的种群模式种类总数的期望值为 $2^n$。种群最多可以同时处理 $2^n$ 个模式，若只考虑种群中的各个串，则仅能得到 $n$ 条信息，然而当把适应度值与各个串结合考虑，发掘串群体的相似点，就可得到大量的信息来帮助指导搜索，相似点的大量信息包含在规模不大的种群中。通过分析模式在遗传操作下的变化，就可以了解什么性质被延续，什么性质被丢弃，从而把握 GA 的实质，这正是模式定理所揭示的内容。

**定义 2.2** 模式 $H$ 中确定位置的个数称作该模式的阶数，记作 $O(H)$。如模式 $011*1*$ 的阶数为 4，而模式 $0*****$ 的阶数为 1。

模式的阶数用来反映不同模式间确定性的差异，模式阶数越高，模式的确定性就越高，所匹配的样本数就越少。在遗传操作中，即使阶数相同的模式，也会有不同的性质，而模式的定义距就反映了这种性质的差异。

显然，一个模式的阶数越高，其样本数就越少，因而确定性越高。

**定义 2.3** 模式 $H$ 中第一个确定位置和最后一个确定位置之间的距离称作该模式的定义距，记作 $\delta(H)$。如模式 $011*1*$ 的定义距为 4，而模式 $0*****$ 的定义距为 0。

模式的阶数和定义距描述了模式的基本性质。

不失一般性，考虑由二值字符集 $V＝\{0,1\}$ 构成的字符串。为了表示方便，以大写字母表示字符串，小写字母和下标表示个体的特征。如七个字符构成的字符串 $A＝0111000$ 可以表示为 $A＝[a_1\ a_2\ a_3\ a_4\ a_5\ a_6\ a_7]$。其中，每一个 $a_i$ 表示一个二值特征或检测器（对应自然界分类，有时称为 $a_i$ 的基因），每一个特征的可能取值为 0 或 1（有时称为 $a_i$ 的等位基因值。如在给定的字符串 0111000 中，$a_1＝0$、$a_2＝1$、$a_3＝1$ 等）。也有可能检测器不像字符串 $A$ 中那样按顺序存放的。例如，$A'＝[a_2\ a_6\ a_4\ a_3\ a_7\ a_1\ a_5]$。

除了种群、字符串、位的位置和等位基因的表示符号外，还需要方便地表示包含在个体字符串和种群中的模式的记号。考虑由三个字符 $\{0,1,*\}$ 构成的模式 $H$。定义在长度为 $l$ 的二值字符串上的模式或相似性有 $3^l$ 个。一般情况下，定义在大小为 $k$ 的字符集上有 $(k+1)^l$ 个模式。因为每一个字符串有 $2^l$ 个模式，所以在具有 $n$ 个个体的字符串种群中有 $n·2^l$ 个模式。这些统计量为 GA 提供了一些感性认识：GA 能够处理巨大信息量。但要真正理解将要学习的 GA，还需要区分模式的不同类型之间的差别。

模式及其性质对于字符串相似性的详细讨论和分类是很有趣的符号设计方案。而且它们对分析作用于一个种群内积木块上的选择、交叉和变异的三个遗传算子的运行效果提供了一个基本方法。下面分析每个算子作用在一个字符串种群模式上的效果和三个算子共同作用在一个字符串种群模式上的效果。

**2. 模式选择算子**

在选择算子作用下，与某一模式所匹配的样本数的增减依赖于模式的平均适应度值与群体平均适应度值之比，平均适应度值高于群体平均适应度值的模式将呈指数级增长；而平均适应度值低于群体平均适应度值的模式将呈指数级减少。特别容易确定在复制作用下种群内的模式期望数的变化情况。假设，在给定时间 $t$ 步上，包含在一个种群 $A(t)$ 内特定模式 $H$ 上有 $m$ 个样本，令 $m=m(H, t)$（不同模式 $H$ 在不同时间 $t$ 可能有不同数目的样本）。在复制作用下，字符串按照它的适应度值大小进行复制，或更准确地说，字符串 $A_i$ 以选择概率 $p_i = f_i / \sum f_i$ 进行复制。从种群 $A(t)$ 选择一个大小为 $n$ 的无重叠种群用于复制后，希望得到种群在时间 $t+1$ 时模式 $H$ 的样本数，表示为 $m(H, t+1)$，有

$$m(H, t+1) = m(H, t) \cdot n \cdot \frac{f(H)}{\sum f_j} \tag{2.1}$$

式中，$f(H)$ 为在时间 $t$ 时表示模式 $H$ 的字符串的平均适应度。若将整个种群的平均适应度记为 $\overline{f} = \sum f_j / n$，则 $m(H, t+1)$ 为

$$m(H, t+1) = m(H, t) \frac{f(H)}{\overline{f}} \tag{2.2}$$

由式（2.2）可以看出，特定模式随着它的平均适应度与种群平均适应度的比率增长。或者说，适应度值大于种群平均适应度的模式在下一代将增加一定数目的样本，而适应度值小于种群平均适应度的模式在下一代将减少一定数目的样本。利用包含在给定种群 $A$ 内的任意一个模式 $H$ 进行并行实验，可以观测到这种预期效果。也就是说，在复制算子的单独作用下，在一个种群内的所有模式按照它们的模式平均适应度值增长或消失。现在，观察当简单算子作用于一个种群内的 $n$ 个字符串时模式的变化情况。在模式数目上的复制效果表现得很清楚：高于平均适应度的模式增长；而低于平均适应度的模式消失。

从模式的不同表示式中，研究关于模式增长（或消失）的数学表达式。假设一个给定模式 $H$ 的平均适应度高出种群平均适应度的部分为 $c\overline{f}$，而 $c$ 为常数，得到模式数的不同表示式：

$$m(H, t+1) = m(H, t) \frac{(\overline{f} + c\overline{f})}{\overline{f}} = (1+c) \cdot m(H, t) \tag{2.3}$$

当从 $t=0$ 开始且 $c$ 为常数，则

$$m(H, t) = m(H, 0) \cdot (1+c)^t \tag{2.4}$$

经济类读者可能认为式（2.4）是混合利润方程，而数学类读者可能认为式（2.4）是几何方程或指数形式的离散型方程。由式（2.4）可以看出，在复制作用下，高于平均适应度的模式呈指数级增长；而低于平均适应度的模式呈指数级减少。特别在复制作用下，模式数能够在下一代同时指数级地增长和减少。利用 $n$ 个简单复制算子，按照同样的规则，很多不同的模式同时表现出来。但仅在复制作用下，并不能扩大搜索空间，即不能对搜索空间中的新的区域进行搜索。若只复制不变的原始结构，就不能得到新的搜索点。这就是引入交叉算子的原因，交叉是字符串之间的随机交换信息。利用交叉能够产生新的结构，这种新结构对上述的单独复制作用下的分配策略破坏最小。这样使得包含在种群内的很多模式的模式比例呈指数级增长或减少。

**3. 模式交叉算子**

为了研究交叉对模式的影响，考虑一个长度为 7 的一个特定字符串和包含这个字符串的两个典型模式：

$$A = 0111000 \rightarrow H_1 = *1****0; \quad H_2 = ***10**$$

可以看出，字符串 $A$ 隐含两个模式 $H_1$ 和 $H_2$。观察模式 $A$ 上的交叉效果，首先调用简单的交叉运算：随机配对、随机选择交叉点，在选择配对的两个字符串的子串上，从字符串开始到交叉点处交换子串。假设，$A$ 被选中进行配对和交叉。在这个长度为 7 的字符串中，掷一个骰子来选择交叉点（在长度为 7 的字符串中有 6 个交叉点）。假设骰子为 3 点，即交叉发生在位置 3 和位置 4 之间。在下面的例子中很容易观察到两个模式的交叉效果，以分隔符"|"表示交叉位置，即

$$A = 011|1000 \rightarrow H_1 = *1*|***0; \quad H_2 = ***|10**$$

除非 $A$ 的配对与 $A$ 在模式的确定位相同（这种可能性暂且不考虑），否则，模式将遭到破坏。模式 $H_1$ 将遭到破坏，因为位置 2 的"1"和位置 7 的"0"可能被不同的子代代替（因为它们在交叉点的两边）。在相同情况下，模式 $H_2$ 却依然存在，因为位置 4 的"1"和位置 5 的"0"都将一块传入子代。尽管在例子中利用的是指定的交叉点，但是有一点可以看出，$H_1$ 遭到破坏的概率比 $H_2$ 大，因为等概率交叉的交叉点很可能落在确定位的两端。现在定量讨论如下：注意到模式 $H_1$ 的定义距为 5，若交叉点在 $l-1=7-1=6$ 个可能点随机均匀选择，$H_1$ 遭到破坏的概率为 $p_d = \delta(H_1)/(l-1) = 5/6$，生存的概率为 $p_s = 1 - p_d = 1/6$。而模式 $H_2$ 的定义距为 1，交叉点选择在位置 4 与 5 之间时 $H_2$ 遭到破坏，因此 $H_2$ 遭到破坏的概率为 $p_d = 1/6$，则生存的概率为 $p_s = 1 - p_d = 5/6$。

一般来说，可以计算出任意模式在交叉作用下的生存概率下限。因为当交叉点落在定义距之外时，模式才能生存。在简单交叉算子作用下，模式的生存概率为 $p_s = 1 - \delta(H)/(l-1)$，因为只有当交叉点选择在定义距之内的 $l-1$ 个可能位置时，模式可能遭到破坏。若交叉本身随机进行，可以假设在给定配对中，交叉概率为 $p_c$，则模式的生存概率为

$$p_s \geqslant 1 - \frac{p_c \cdot \delta(H)}{l-1} \tag{2.5}$$

当 $p_c = 1.0$ 时，就还原为原来的表达式。

考虑模式在复制和交叉共同作用下的变化。当只考虑复制时，注意力放在计算下一代的特定模式 $H$ 的期望数。假设复制和交叉算子的作用相互独立，则

$$m(H, t+1) \geqslant m(H, t) \frac{f(H)}{\bar{f}} \left[ 1 - p_c \cdot \frac{\delta(H)}{l-1} \right] \tag{2.6}$$

式中，$M[H(t+1)]$ 是 $t+1$ 次迭代群体中模式 $H$ 的期望的个数；$M[H(t)]$ 是 $t$ 次迭代模式 $H$ 的期望的个数；$f(H)$ 是群体中模式 $H$ 的平均适应度值，其计算

$$f(H) = \frac{\sum\limits_{\langle i, x_t^i \in H \rangle} f_i}{M[H(t+1)]} \tag{2.7}$$

式中，$f_i$ 是第 $i$ 个个体的适应度值。

与前面的仅在复制作用下的表达式比较，将仅在复制作用下的模式期望数乘以在交叉概率 $p_s$ 作用下的生存概率，就可以得到在复制和交叉共同作用下模式的期望数。算子的作用是很明显的，模式的增长或消失依赖于一个或多个因素。在复制和交叉两个算子的共同作用下，模式的增长或消失依赖于两个因素：① 模式的平均适应度是否高于种群平均适应度；② 模式是否具有短定义距。显然，那些平均适应度高于种群平均适应度、具有短定义

距的模式将呈指数级增长。

### 4. 模式变异算子

变异是指以概率 $p_m$ 随机改变某一位的值。为了使模式 $H$ 生存，则必须使模式的所有确定位置必须保持不变，因为每一位不变的概率为 $1-p_m$，而且每一次变异在统计意义上相互独立。当有 $O(H)$ 个固定位时，每一个固定位在模式生存内，该模式才能生存。则模式的生存概率为 $1-p_m$ 的 $O(H)$ 次方，即得到在变异作用下，模式的生存概率为 $(1-p_m)^{O(H)}$。对于较小的 $p_m(p_m \ll 1)$，模式的生存概率近似表示为 $1-O(H) \cdot p_m$。

综上所述，模式 $H$ 在遗传算子复制、交叉和变异的共同作用下，遗传到子代的期望样本数为

$$M[H(t+1)] \geqslant M[H(t)] \frac{f(H(t))}{f(t)} \left[1 - \frac{p_c d(H)}{L-1}\right] (1-p_m)^{O(H)} \qquad (2.8)$$

式中，$d(H)$ 是模式 $H$ 的长度；$O(H)$ 是模式 $H$ 的阶；$L$ 是每个个体编码后的长度；$f(t)$ 是整个群体的平均适应度值 $s$。

当误差项 $\{p_m d(H)/(L-1)\}(1-p_m)^{O(H)}$ 很小时，若 $f(H)$ 大于 $f(t)$，则 $M[H(t+1)]$ 增加。

由式 (2.8) 可以看出，增加了变异作用，对式 (2.6) 的结论影响不大。

### 5. 模式定理

**定理 2.1（模式定理）**　在遗传算子选择、交叉和变异的作用下，具有阶数低、定义距短、平均适应度值高于群体平均适应度的模式在子代中将以指数级增长。

模式定理保证了较优模式（GA 的较优解）的数目呈指数增长，为解释 GA 机理提供了数学基础。式 (2.8) 的省略的误差项表示由交叉和变异引起模式 $H$ 的破坏效应，是负效应，而模式定理强调选择的作用，只对二进制编码适用，而对其他编码形式不适合。一个模式 $H$ 是指编码空间（即描述解空间区域）的编码的子集，一个模式的变化受到诸多因素的影响，如适应性函数、编码长度、群体规模、交叉率、变异率等。随着逐步迭代的模式进化可使 GA 达到最优解（即使染色体可以获得较高的适应度值）。尽管 GA 仅作用于 $N$ 个编码组成的种群，但这 $N$ 个编码实际上包含 $O(N^3)$ 个模式的信息，这一性质被称为 GA 的隐含并行性。

模式定理阐述了 GA 的理论基础。它提供了一种解释 GA 机理的数学工具，蕴涵着发展编码策略和遗传操作的一些准则，保证了较优模式的样本数呈指数级增长，满足了寻找全局最优解的必要条件，从而给出了 GA 的理论基础。它说明了模式的增加规律，同时也给 GA 的应用提供了指导作用。但近十多年的研究，特别是实数编码 GA 的广泛应用表明，上述理论与事实不符。在推导模式定理时，Holland 仅考虑了遗传算子的破坏作用，并未考虑算子的构造作用，模式定理也不能解释 GA 的早熟现象。模式定理现正受到研究者们的质疑，一些新的理论正随着研究的深入而不断产生。有学者指出了其不严格和不足之处，并提出了新的理想浓度模型，对模式定理进行了修正。通过测试黎曼函数和相应的理论分析，定量分析了代码串在 GA 运行中模板的变化趋势，指出了模式定理中的错误，并提出了新的模式定理，建立了全新的 GA 模板理论分析数学方法。

模式定理存在以下缺点：

（1）模式定理只对二进制编码适用。

（2）模式定理只是指出具备什么条件的积木块会在遗传过程中按指数增长或衰减，无法据此推断算法的收敛性。

（3）没有解决算法设计中控制参数选取问题。

## 2.1.2　一个实例

下面通过实例来验证模式定理的正确性。观察 GA 对模式的处理情况，而不是对种群内个体字符串的处理情况。

求函数 $f(x)=x^2$ 的最大值，$x$ 被编码为 5 位无符号整型。

表 2.1(a)给出了模式处理结果。除了给出最初的信息外，还给出了三个模式的运行情况，三个模式表示为：$H_1=1****$、$H_2=*10**$ 和 $H_3=1***0$。首先观察 $H_1$ 在遗传操作下的变化。在选择阶段，各串按照其适应度在种群中所占的比例进行复制。查看表 2.1 中的第一列，串 2 和串 4 都是 $H_1$ 的样本，复制后 $H_1$ 的样本增至 3（在表 2.1(c)中配对列的字符串 2、3、4）。分析这个数与模式定理的预测值是否一致。由模式定理得，理论上应有子代数为 $m \cdot f(H)/\overline{f}$。计算模式平均值 $f(H_1)$，得$(576+361)/2=468.5$，而 $\overline{f}=293$，在 $t$ 时 $m(H_1,t)=2$，则 $H_1$ 在 $t+1$ 时在遗传算子作用下应有 $2\times468.5/293=3.20$ 个样本，与实际相符。进一步可以看到，由于 $H_1$ 的定义距为 0，交叉操作对 $H_1$ 的样本没有任何影响。而对于变异操作，在变异概率 $p_m=0.001$ 的情况下，$H_1$ 的 3 个样本遭破坏的概率为 $3\times0.001=0.003$，可以认为不发生变异。事实上，模式 $H_1$ 的样本数与模式定理所预测的指数级增长一致。

**表 2.1(a)　模式处理结果**

| 串号 | 初始种群<br>（随机生成） | $x$ 值<br>（无符号整形） | $f(x)=x^2$ | 选择概率<br>$f_1\sum f$ | 期望数<br>$f_i/\overline{f}$ | 实际个数<br>（赌轮） |
|---|---|---|---|---|---|---|
| 1 | 01101 | 13 | 169 | 0.14 | 0.58 | 1 |
| 2 | 11000 | 24 | 576 | 0.49 | 1.97 | 2 |
| 3 | 01000 | 8 | 64 | 0.06 | 0.22 | 0 |
| 4 | 10011 | 19 | 361 | 0.31 | 1.23 | 1 |
| 总和 |  |  | 1170 | 1.00 | 4.0 |  |
| 平均值 |  |  | <u>293</u> | 0.25 | 1.0 |  |
| 最大值 |  |  | <u>576</u> | 0.49 | 2.0 |  |

**表 2.1(b)　模式处理前的模式**

| | | 复　制　前 | |
|---|---|---|---|
| | | 串表示 | 模式适应度平均值 |
| $H_1$ | $1****$ | 2，4 | 469 |
| $H_2$ | $*10**$ | 2，3 | 320 |
| $H_3$ | $1***0$ | 2 | 576 |

**表 2.1(c)　模式处理过程模式的变换**

| 复制后配对<br>（显示交叉点） | 配对<br>（随机选择） | 交叉点<br>（随机选择） | 新种群 | $x$ 值 | $f(x) = x^2$ |
|---|---|---|---|---|---|
| 0 1 1 \| 0 1 | 2 | 4 | 01100 | 12 | 144 |
| 1 1 0 \| 0 0 | 1 | 4 | 11001 | 25 | 625 |
| 1 1 \| 0 0 0 | 4 | 2 | 11011 | 27 | 729 |
| 1 0 \| 0 1 1 | 3 | 2 | 10000 | 16 | 256 |
| 总和 | | | | | 1754 |
| 平均值 | | | | | 439 |
| 最大值 | | | | | 729 |

**表 2.1(d)　模式复制和三个算子处理后模式的变换**

| 复制后 | | | 三个算子作用后 | | |
|---|---|---|---|---|---|
| 期望数 | 实际数 | 串表示 | 期望数 | 实际数 | 串表示 |
| 3.20 | 3 | 2, 3, 4 | 3.20 | 3 | 2, 3, 4 |
| 2.18 | 2 | 2, 3 | 1.64 | 2 | 2, 3 |
| 1.97 | 2 | 2, 3 | 0.0 | 1 | 4 |

到此说明模式定理成立，但是 $H_1$ 太特殊，只有一个固定点。对于长定义距如何呢？例如，$H_2 = *10**$ 和 $H_3 = 1***0$。$H_2$ 的初始样本数为 2，模式平均值为 320，种群平均值为 293，在选择算子作用下，样本数仍为 2，与模式定理所预测的 $m(H_2) = 2 \times 320/293 = 2.18$ 一致。$H_3$ 的初始样本数为 1，模式平均值为 576，种群平均值为 293，在选择算子作用下，样本数为 2，与模式定理所预测的 $m(H_3) = 1 \times 576/293 = 1.97$ 一致。在交叉作用下情况有些不同。注意短定义距模式，如 $H_2$ 在交叉作用下，两个样本都得以保留。因为 $H_2$ 的定义距短，希望交叉能够阻止这个过程的可能性仅 $1/4(l-1=5-1=4)$。结果是 $H_2$ 的生存概率很高。$H_2$ 的实际期望数为 $m(H_2, t+1) = 2.18 \times 0.75 = 1.64$ 与 $H_2$ 的实际样本数 2 一致。对于 $H_3$，似乎与模式定理不相符，因为 $H_3$ 具有长定义距($\delta(H_3) = 4$)，交叉操作常常破坏这种模式。

通过上面实例的计算结果证实了模式定理的正确性。短定义距、低阶模式依赖模式的平均适应度，样本数呈指数级增长或减小。

## 2.1.3　有效模式数论

Holland 在最早提出 GA 理论和模型时就阐述了它所包含的固有的并行性，其适应系统的逻辑理论是后来明确形成的 GA 理论基础。

GA 实质上是模式的运算，对长度为 $l$、规模为 $n$ 的二进制编码字符串群体，每代都处理了 $n$ 个个体。但由于每个个体编码串隐含有多种不同的模式，所以算法实质上处理了更多的模式。

一个应用非常广泛的计算有效模式处理数的方法是 Holland 提出的。在长度为 $l$、规模为 $n$ 的字符串种群上，需要处理的模式数在 $2^l \sim n \cdot 2^l$ 之间。在进化过程中，正如模式定理所表明的，并非所有的模式都以高概率处理。由于交叉和变异算子的作用，一些定义距较长的模式可能被破坏掉，而另一些定义距较短的模式却能够生存下来。下面计算那些有效模式处理数的下界——产生期望的样本数指数级增长的模式。

这里估算定义距在 $l_s-1$ 以下的模式个数（其中 $l_s<l$ 为一常数），假设群体中的某一个体 $A$ 和某一模式 $H$ 如下所示

$$A = a_1 a_2 \cdots a_i \left| \begin{array}{cccc} a_{i+1} a_{i+2} \cdots a_{i+l_s} \end{array} \right| a_{i+l_s+1} a_{i+l_s+2} \cdots a_l$$

$$H = *\ *\ *\ \cdots\ * \left| \begin{array}{cccc} s_1 & s_2 & \cdots & s_{l_s} \end{array} \right| *\ *\ *\ *\ *\ *$$
$$\longleftarrow\quad l_s\quad \longrightarrow$$

可以得出，定义距小于等于 $l_s$ 的模式共有 $2^{l_s-1}$ 种，而上述选定部分可移动 $l-l_s+1$ 次，因此与一个个体所对应的模式数应该为 $(l-l_s+1) \cdot 2^{l_s-1}$。这样，在群体的全部个体中所隐含的模式数应该为 $n \cdot (l-l_s+1) \cdot 2^{l_s-1}$。为了更准确些，取群体的规模数为 $n=2^{l_s/2}$，以期望所有阶不低于 $l_s/2$ 的模式不再重复。由于模式数是呈二项式分布的，则阶数高于 $l_s/2$ 和低于 $l_s/2$ 的模式数大致相等，各占一半。由此仅计算那些阶高于 $l_s/2$ 的模式，则有关模式数的下界 $n_s$ 约为：

$$n_s \geqslant \frac{n \cdot (l-l_s+1) \cdot 2^{l_s-1}}{2} \approx \frac{l-l_s+1}{4}, \text{ 即 } n_s = cn^3 = O(n^3) \tag{2.9}$$

由式（2.9）可知，GA 所处理的有效模式总数约与群体的立方成正比。这说明虽然进化过程中每一代只处理了 $n$ 个个体，而且高阶、长定义距的模式会因交叉和变异算子而遭到破坏，但实际上却并行处理了与 $n$ 的立方成正比例的模式数。简单地说，这个估计意味着，尽管 GA 在每一代只处理 $n$ 个结构，但却有大约 $n^3$ 个模式。这就是包含在处理过程内部的 Holland 称为 GA 的隐含并行性。通过这种隐含并行性，可快速地搜索出一些比较好的模式。这个结论很重要。

尽管在每一代，执行的运算与种群大小成比例，但在无特殊记录或记忆力的情况下，并行处理的有效模式为 $n^3$，而不是种群本身。

考虑由长度为 $l$ 的字符串所构成的规模为 $n$ 的种群。只考虑那些生存概率大于 $p_s$ 的模式（其中 $p_s$ 为一常数），即在单点交叉和小概率变异情况下，那些消失的模式概率为 $\varepsilon < 1-p_s$。因此，考虑那些定义距 $l_s < \varepsilon(l-1)+1$ 的模式。

对于固定模式长度，能够估计那些由字符串构成的最初随机种群的不同模式处理数的下界。现在，首先计算长度为 $l_s$ 或小于 $l_s$ 的模式数，然后乘以适当的种群规模，均匀选择期望的模式，长度为 $l_s/2$ 的模式不多于 1 次。

假设想计算长度为 $l_s=5$ 的隐含在下面长度 $l=10$ 的字符串的模式：1 0 1 1 1 0 0 0 1 0。首先，计算前 5 个位置的模式数，$\boxed{1\,0\,1\,1\,1}\,0\,0\,0\,1\,0$，则第 5 位是固定的，计算下列模式的个数：$\boxed{\%\ \%\ \%\ \%\ 1}\ *\ *\ *\ *\ *$。其中，"$*$"为无关符，"$\%$"既可以代表确定值（1 或 0），也可以代表无关符（$*$）。因为 $l_s-1=4$ 位置能够确定，或代表无关符，显然，这样的模式数为 $2^{(l_s-1)}=16$。为了计算整个串的这类模式数，简单地将模板向一个方向滑动一位：1 $\boxed{0\,1\,1\,1\,0}$ 0 0 1 0，执行操作 $l-l_s+1$ 次，估计出定义距小于等于 $l_s$ 的模式数为 $2^{(l_s-1)} \cdot (l-l_s+1)$。对于种群数为 $n$，则此类模式总数为 $n \cdot 2^{(l_s-1)} \cdot (l-l_s+1)$。可以看出，这个结论在种群规模较大的情况下存在着重复计数问题。为了更精确一些，选取种群数为 $n=2^{(l_s-1)}$，由此希望阶数大于或等于 $l_s/2$ 的模式最多重复计数一次。另外，考虑到模

式数目的分布为二项式分布，则阶数大于 $l_s/2$ 的模式与低于 $l_s/2$ 的模式的数目大致相等，各占一半。若只考虑高阶的部分，则估计模式数的下界为

$$n_s \geqslant n(l-l_s+1)2^{(l_s-2)} \tag{2.10}$$

该估算与以前以 1/2 为因数的过高估计不同。而且，当限制种群规模为 $n=2^{l_s/2}$ 时，则

$$n_s = \frac{(l-l_s+1)n^3}{4} \tag{2.11}$$

记 $c=(l-l_s+1)/4$，则 $n_s=cn^3$。由此得有效处理模式数与 $n^3$ 成正比（$n$ 为种群规模），即为 $n_s=cn^3=O(n^3)$。因此，尽管具有高阶、长定义距的模式在交叉和变异算子作用下遭到破坏，GA 在处理相对数目小的字符串时，仍然要处理大量的模式。

## 2.1.4　积木块假设

积木块假设：低阶、短距、高平均适应度的模式（积木块）在遗传算子的作用下相互结合，能生成高阶、长距、高平均适应度的模式（积木块），在遗传操作作用下相互结合，最终可生成全局最优解。满足这个假设的条件有两个：

（1）表现型相近的个体基因型类似；

（2）遗传因子间相关性较低。积木块假设指出，GA 具备寻找全局最优解的能力，即积木块在遗传算子作用下，能生成低阶、短距、高平均适应度的模式，最终生成全局最优解。

模式定理清楚地刻画了 GA 性能。短定义距、低阶以及高适应度的模式被采样、重组、重采样，形成潜在的高适应度字符串。在某种程度上，应用这些特定模式（积木块）能够简化所研究的问题，通过各种可能的组合，而不是构建高适应度字符串，从过去采样的最佳部分方案中构造适应度越来越高的字符串。因为短定义距、低阶以及高适应度的模式在GA 运行中能够起到重要角色，所以给它们一个特殊的名字——积木块。正如搭积木一样，这些短定义距、低阶以及高适应度的模式（积木块）在 GA 操作下相互拼搭、结合，产生适应度高的字符串，从而找到更优的可行解。通过大量的实践证据表明积木块组合可以形成较好的字符串。多年来的应用实例表明，积木块假设在许多领域都获得了成功。例如，平滑多峰问题、带干扰多峰问题以及组合优化问题等。

积木块假设说明了 GA 求解各类问题的基本思想，但遗憾的是上述结论并没有得到严格的数学证明，至今还没有一种方法可用来判别"对于一个给定的问题，积木块假设是否成立"，正因为如此它才被称为假设而非定理。目前大量的应用实例都表明，积木块假设在许多领域都获得了成功，尽管大量证据并不等于理论证明，但至少可以肯定，对常见问题GA 是适用和有效的。1980 年，密歇根大学的 Bethke 博士论文"作为函数优化器的 GA"，首次应用 Walsh 函数进行 GA 的模式处理，采用 Walsh 函数的离散形式有效地计算模式的平均适应度，从而对 GA 的优化过程的特征进行分析。这使得在一些特定的适应度函数和编码方式下，可以判定积木块通过相互组合是否会产生最优解或接近最优。Walsh 函数是由周期的正交方波函数所组成的集合。这些函数的跳跃不连续点至多是可数多个，而且这些函数在正交区间内分段取常数值。Walsh 函数在定义范围内仅取 +1 和 -1 两个值。Walsh 函数系是非正弦函数系，但它与三角函数有相类似的性质，Walsh 函数也分为奇函数和偶函数。

Holland 把 Bethke 方法推广到当种群非均匀分布时的模式平均适应度分析上。Bethke

和 Holland 的 Walsh 模式转换方法的理论太深。下面从图解上直观地理解隐含在积木块处理中的规则。根据实例：求函数 $f(x) = x^2$ 的最大值，$x$ 被编码为 5 位无符号整型，研究当这些编码混合在一起时，积木块看起来像什么？如何才能由它们得到最优解？考虑一个简单模式 $H_1 = 1****$，一位固定的模式看起来像什么？答案如图 2.1(a) 所示的阴影区域，即高阶位位置覆盖了有效区域上半部分。类似地，模式 $H_2 = 0****$ 覆盖了有效区域下半部分。其他一位例子证明了这种说法。例如，模式 $H_3 = ****1$ 时，如图 2.1(b) 所示。这个模式覆盖了解码为奇数(00001=1，00011=3，00101=5 等)的一半区域。模式 $H_4 = ***0*$ 也覆盖了一半区域，如图 2.1(c) 所示。似乎一位模式覆盖一半区域，但是交迭频率依赖于固定位的位置。

考虑模式 $H_5 = 10***$，如图 2.1(d) 所示。这个模式覆盖少于上半区域的四分之一。其他的二位模式可能基本相似。对于熟悉傅立叶变换的读者来说，建议研究不同模式的周期。事实上，这是允许进行 Walsh 函数分析的周期。

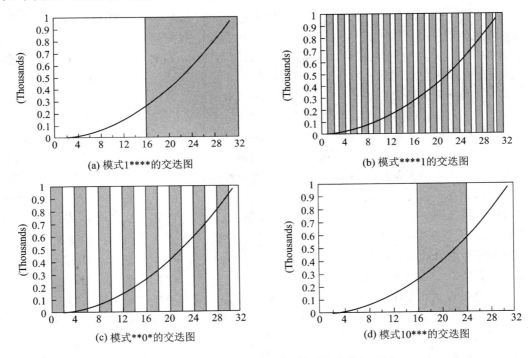

(a) 模式1****的交迭图

(b) 模式****1的交迭图

(c) 模式**0*的交迭图

(d) 模式10***的交迭图

图 2.1 在函数 $f(x) = x^2$ 上不同模式的交迭图

类似于调谐分析通过检测傅立叶变换系数的相对大小来确定物理性质，Walsh 函数分析是通过 Walsh 系数的相对大小来确定 GA 的静态性能。虽然这些转换方法是 GA 在特殊案例分析中强有力的数学工具。但是，对于任意编码和任意函数结果的一般性总结，已经证明是困难的。Bethke 采用此方法已经产生了一些能使简单三个算子的 GA 误入歧途的测试情况，称这些编码函数组合为 GA -欺骗。由这些结果得知，GA -欺骗的函数和编码有包含孤立最佳点的趋势，即最好的点可能被最坏的点包围。实际情况是，在现实世界中遇到的函数均不含此情况，函数编码组合中常存在着某些规则性，它们都可以由重组积木块进行开拓。此外，需要说明，若不采用搜索技术，很难找到最优解。不管怎样，简单 GA 依赖于为寻找最佳解点的积木块的组合。若这些积木块的组合因所使用的编码和函数本身而被弄错，那么问题要达到最优解可能需要较长时间。

## 2.2　遗传算法的基本知识

GA 具有的强有力的搜索和优化能力使得它被广泛地应用到许多领域。但在不同的应用领域，人们发现使用 GA 时经常遇到很多需要解决的问题，如确定编码方案、适应度函数标定、选择遗传操作方式及相关控制参数、停止准则确定等。下面给出利用 GA 解决优化问题时涉及的主要内容。

### 2.2.1　编码

#### 1. 编码及其发展

GA 不能直接处理问题空间的参数，必须把它们转换成遗传空间中由基因按一定结构组成的染色体或个体。这一转换操作称为编码。在 GA 中如何描述问题的可行解？把一个问题的可行解从其解空间转换到 GA 所能处理的搜索空间，这种转换方法称为编码。而由 GA 解空间向问题空间的转换称为解码（或称译码）。

GA 的编码是解的遗传表示，它是应用 GA 求解问题的第一步，编码的好坏直接影响选择、交叉、变异等遗传运算。GA 对被优化的参数（用个体表）进行编码，并以编码方式运算。对参数编码的目的是把一个优化问题变成一个组合问题。根据不同的实际问题，GA 的搜索空间可以分为连续空间和离散空间，分别称为连续 GA 和离散 GA（即标准 GA）。在离散 GA 中，个体编码常用的方法是有限长二进制编码，传统的二进制编码是 0、1 字符构成的固定长度串。二进制编码有利于 GA 建立数学模型，并便于诸如模式定理、收敛性分析、欺骗问题等理论分析和计算机处理。二进制编码的一个缺点是汉明悬崖（Hamming Cliff），即在某些相邻整数的二进制代码之间有很大的汉明距离，使得 GA 的交叉和突变都难以跨越。为克服此问题而提出的格雷码（Gray Code），使相邻整数之间汉明距离都为 1。然而汉明距离在整数之间的差并非单调增加，引入了另一层次的隐悬崖。二进制编码不利于人们的习惯表达，在连续 GA 中，个体的编码有整数编码和实数编码。从提高系统精度考虑，使用实数编码更适合连续问题的数据优化、加速搜索，更容易开发与其他技术的混合方法。但使用实数编码缺少理论支持，并且原有遗传算子不再适用，需要开发新的遗传算子。

对于函数优化问题，可以利用实数编码和二进制编码。两者各有优缺点，二进制编码具有稳定性高、种群多样性大等优点，但是需要的存储空间大，需要解码过程并且难以理解；而实数编码直接用实数表示基因，容易理解并且不要解码过程，但是容易过早收敛，从而陷入局部最优。

De Jong 依据模式定理，提出了较为客观明确的编码准则：有意义的积木块编码规则，即所定编码应当易于生成与所求问题相关的短距和低阶的积木块；最小字符集编码规则，即所定编码应采用最小字符集以使问题得到自然地表示或描述。近来一些学者从理论上证明了推导最小字符集编码规则时存在的错误，指出大符号集编码可提供更多的模式。研究了二进制编码和十进制编码在搜索能力和保持群体稳定性上的差异，结果表明二进制编码比十进制编码搜索能力强，但不能保持群体稳定性。

Holland 在运用模式定理分析编码机制时，建议使用二进制编码。但二进制编码不能直接反映问题的固有结构，精度不高、个体长度大、占用计算机内存多。Gray 编码可将二进制编码通过一个变换进行转换得到，其目的是克服 Hamming 悬崖的缺点。动态编码 GA 是当算法收敛到某局部最优时增加搜索的精度，从而使得在全局最优点附近可以进行更精确的搜索。增加精度的办法是在保持串长不变的前提下减小搜索区域。对于问题的变量是实向量的情形，可以直接采用实数进行编码，这样可以直接在解的表现型上进行遗传操作，从而便于引入与问题领域相关的启发式信息以增加算法的搜索能力。复数编码的 GA 是为了描述和解决二维问题，基因用复数 $x+yi$ 表示。该方法还可以推广到多维问题的描述中。多维实数编码 GA，使无效交叉发生的可能性大大降低，同时其合理的编码长度也有助于算法在短时间内获得高精度的全局最优解。

针对二进制编码的 GA 进行函数优化时精度不高的缺点，Schraldolph 等提出了动态参数编码。为了取得较高精度，让 GA 从很粗糙的精度开始收敛，当 GA 找到一个区域后，就将搜索限制在这个区域，重新编码，重新启动，重复这一过程，直到达到要求的精度为止。

**2. 编码方式**

针对一个具体应用问题，如何设计一种完美的编码方案一直是 GA 的应用难点之一，也是 GA 的一个重要研究方向。由于 GA 应用的广泛性，迄今为止人们已经提出了许多种不同的编码方式，总的来说，可以分为三大类：二进制编码、符号编码和浮点数编码。下面对一些编码方式作简单介绍。

1）二进制编码

二进制编码是 GA 中最主要的一种编码方式，它使用的编码符号集是由二进制符号 0 和 1 所组成的二值符号集{0，1}，它所构成的个体基因型是一个二进制编码符号串。二进制编码符号串的长度与问题所要求的求解精度有关。

二进制编码的优点：

（1）编码、解码操作简单易行。

（2）交叉、变异等遗传操作便于实现。

（3）符合最小字符集编码原则。

（4）便于利用模式定理对算法进行理论分析，因为模式定理是以二进制编码为基础的。

二进制编码的缺点：

（1）二进制编码存在着连续函数离散化时的映射误差。个体编码串的长度较短时，可能达不到精度的要求；而个体编码串的长度较大时，虽然能提高编码精度，但却会使 GA 的搜索空间急剧扩大。

（2）它不能直接反映出所求问题的本身结构特征，这样也就不便于开发针对问题的专门知识的遗传运算算子，很难满足积木块编码原则。

2）格雷码编码

二进制编码不便于反映所求问题的结构特征，对于一些连续函数的优化问题等，也由于遗传运算的随机特性而使得其局部搜索能力较差。为了改进这个特性，人们提出用格雷码（Gray Code）对个体进行编码。格雷码指连续的两个整数所对应的编码之间仅有一个码位是不同的，其余码位都完全相同。格雷码是二进制编码的一种变形。表 2.2 为十进制

0～15 的二进制码与相应的格雷码。

格雷码的主要优点是：

(1) 便于提高 GA 的局部搜索能力。

(2) 交叉、变异等遗传操作便于实现。

(3) 符合最小字符集编码原则。

(4) 便于利用模式定理对算法进行理论分析。

**表 2.2　二进制码和格雷码对照表**

| 十进制数 | 二进制码 | 格雷码 |
| --- | --- | --- |
| 0 | 0000 | 0000 |
| 1 | 0001 | 0001 |
| 2 | 0010 | 0011 |
| 3 | 0011 | 0010 |
| 4 | 0100 | 0110 |
| 5 | 0101 | 0111 |
| 6 | 0110 | 0101 |
| 7 | 0111 | 0100 |
| 8 | 1000 | 1100 |
| 9 | 1001 | 1101 |
| 10 | 1010 | 1111 |
| 11 | 1011 | 1110 |
| 12 | 1100 | 1010 |
| 13 | 1101 | 1011 |
| 14 | 1110 | 1001 |
| 15 | 1111 | 1000 |

3）浮点数编码

对于一些多维、高精度要求的连续函数优化问题，使用二进制编码来表示个体时将会有一些不利之处。人们在一些经典优化算法的研究中所总结出的一些宝贵经验也就无法在这里加以利用，也不便于处理非平凡约束条件。为了克服二进制编码的缺点，人们提出了个体的浮点数编码。所谓浮点数编码，是指个体的每个基因值用某一范围内的一个浮点数来表示，个体的编码长度等于其决策变量的个数。因为这种编码方式使用的是决策变量的真实值，所以浮点数编码也叫做真值编码。

浮点数编码有以下几个优点：

(1) 适合于在 GA 中表示范围较大的数。

(2) 适合于精度要求较高的 GA。

(3) 便于较大空间的遗传搜索。

(4) 改善了 GA 的计算复杂性，提高了运算效率。

(5) 便于 GA 与经典优化方法的混合使用。

（6）便于设计针对问题的专门知识的知识型遗传算子。

（7）便于处理复杂的决策变量约束条件。

4）多参数级联编码

一般常见的优化问题中往往含有多个决策变量。对这种含有多个变量的个体进行编码的方法就称为多参数编码方式。多参数编码的一种最常用和最基本的方法是：将各个参数分别以某种编码方式进行编码，然后再将它们的编码按照一定顺序连接在一起就组成了表示全部参数的个体编码。这种编码方式称为多参数级联编码方式。

在进行多参数级联编码时，每个参数的编码方式可以是二进制编码、格雷码、浮点数编码或符号编码等编码中的一种，每个参数可以具有不同的上下界，也可以有不同的编码长度或编码精度。

5）多参数交叉编码

多参数交叉编码的基本思想是：将各个参数中起主要作用的码位集中在一起，这样它们就不易于被遗传算子破坏掉。在进行多参数交叉编码时，可先对各个参数进行分组编码，然后取各个参数编码串中的最高位连接在一起，以它们作为个体编码串的前 $N$ 位编码，再取各个参数编码串中的次高位连接在一起，以它们作为个体编码串的第二组 $N$ 位编码，依次类推，最后取各个参数编码串中的最后一位连接在一起，以它们作为个体编码串的最后几位。这样组成的长度为 $M \times N$ 位的编码串就是一个交叉编码串。

其他常用的编码技术有一维染色体制编码、二维染色体制编码、可变染色体长度编码和树结构体编码。

**3. 编码方式评估策略**

目前尚无一套既严格又完整的指导理论及评价标准来帮助人们设计编码方案，必须具体问题具体分析，采用不同的编码方式。评估编码方式策略常采用以下 3 个规范：

（1）完备性：问题空间中的所有点（候选解）都能作为 GA 空间中的点（染色体）表现。

（2）健全性：GA 空间中的染色体能对应所有问题空间中的候选解。

（3）非冗余性：染色体和候选解一一对应。

需要强调的是，严格满足上述规范的编码方式与提高 GA 的效率并无直接关系。在有些场合，允许生成致死基因的编码，虽然会导致冗余的搜索，但总的计算量可能反而减少，从而可以更有效地找出最优解。上述的 3 个策略虽然具有普遍意义，但是缺乏具体的指导思想，特别是满足这些规范的编码设计不一定能有效地提高 GA 的搜索效率。相比之下，De Jong 提出了较为客观明确的编码评估准则，包括前文提到的有意义积木块编码规则和最小字符集编码规则。其中，规则 1 基于模式定理和积木块假设，规则 2 提供了一种更为实用的编码原则。

目前的几种常用的编码技术有二进制编码、浮点数编码、字符编码、变长编码等。而二进制编码是目前 GA 中最常用的编码方式。即由二进制字符集{0,1}产生通常的 0、1 字符串来表示问题空间的候选解。由于二进制编码简单易行、符合最小字符集编码原则和便于用模式定理进行分析，所以在本书中的实例中大多数都是以二进制编码和浮点数编码为主。

有学者归纳出一个好的编码方式应具有的 9 个特征：

（1）完整性：分布在所有问题域的解都可能被构造出来。

（2）封闭性：每个基因编码对应一个可接受的个体，封闭性保证系统不产生无效的个体。

（3）紧致性：若两种基因编码 $g_1$ 和 $g_2$ 都被解码成相同的个体，若 $g_1$ 比 $g_2$ 占的空间小，就认为 $g_1$ 比 $g_2$ 紧致。

（4）可扩展性：对于具体的问题，编码的大小确定了解码的时间，两者存在一定的函数关系，若增加一种表现型，作为基因的编码大小也相应增加。

（5）多重性：多个基因解码成一个表现型，即从基因型到相应的表现型空间是多对一的关系，这是基因的多重性。若相同的基因型被解码成不同的表现型，这是表现型的多重性。

（6）个体可塑性：决定表现型与相应给定基因是受环境影响的。

（7）模块性：若表现型的构成中有多个重复的结构，在基因型编码中这种重复应避免。

（8）冗余性：冗余性能够提高可靠性和鲁棒性。

（9）复杂性：包括基因型的结构复杂性、解码复杂性、计算时空复杂性（基因解码、适应度值、再生等）。

以上特性有时可能是相矛盾的。

## 2.2.2　初始群体生成

产生初始群体的方法通常有两类：

（1）当对问题的解无任何先验知识时，采用完全随机的方法（如标准 GA）。即随机产生 $N$ 个初始串结构数据，每个串结构数据称为一个个体，$N$ 个个体构成了一个群体。GA 以这 $N$ 个串结构作为初始点开始迭代。设置进化代数计数器对 $t$ 初始化为 0；设置最大进化代数 $T$；随机生成 $M$ 个个体作为初始群体 $P(0)$。

（2）对于具有某些先验知识的情况，可首先将先验知识转变为必须满足的一组要求，然后再在满足要求的解中随机选取染色体，这样可使 GA 更快达到最优解。

GA 中初始群体中的个体是随机产生的。一般来讲，初始群体的设定可采取 2 个策略：

（1）根据问题固有知识，设法把握最优解所占空间在整个问题空间中的分布范围。然后，在此分布范围内设定初始群体。

（2）先随机生成一定数目的个体，然后从中挑出最好的个体加到初始群体中。这种过程不断迭代，直到初始群体中个体数达到了预先确定的规模。

## 2.2.3　遗传算子

选择、交叉和变异是 GA 的三个算子。选择算子体现"适者生存"原理，通过适应度值选择优质个体而抛弃劣质个体；交叉算子能使个体之间的遗传物质进行交换从而产生更好的个体；变异算子能恢复个体失去的或未开发的遗传物质，以防止个体在形成最优解过程中过早收敛。下面分别介绍 GA 的三个算子（选择、交叉和变异）的主要研究内容。

**1. 选择**

选择又称复制，是群体中选择生命力强的个体产生新的群体的过程。选择操作建立在对个体的适应度进行评价的基础之上，其主要目的是为了避免有用遗传信息的丢失，提高全局收敛性和计算效率。GA 中的选择操作是用来确定如何从父代群体中按某种方法选取哪些个体遗传到下一代群体中的一种遗传运算，是用来确定重组或交叉个体，以及被选个体将产生多少个子代个体的。选择操作的策略与编码方式无关。根据每个个体的适应度值大小选择，适应度较高的个体被遗传到下一代群体中的概率较大；适应度较低的个体被遗传到下一代群体中的概率较小。这样就可以使得群体中个体的适应度值不断接近最优解。选择算子确定的好坏，直接影响到 GA 的计算结果。选择算子确定不当会造成群体中相似度值相近的个体增加，使得子代个体与父代个体相近，导致进化停滞不前，或使适应度值偏大的个体误导群体的发展方向，使遗传失去多样性，产生早熟问题。

GA 中普遍用到的选择方法有适应度比例、精华选择、重组选择、最佳个体保留、均分选择、期望值、线性排序、比例选择、排序选择、联赛选择、排挤方法等。相关 GA 的专业书籍中有详细的介绍和比对。常用的三种方法为：

（1）适应度比例是 GA 最基本、简单、方便，也是最常用的选择方法，也叫轮盘赌或蒙特卡罗选择，是指每个个体进入下一代的概率等于其自身适应度与整个种群适应度的比值，个体适应度越高，被选中的概率越大。

（2）最优保存：首先按照轮盘赌方法进行选择，同时将当前群体中适应度最高的个体结构完整地复制到子代中，这么做能够确保 GA 结束时的最优解是所有曾经出现过的历代适应度最高的个体。

（3）随机联赛：采用 PK 的方法，在群体中随机选择 $N$ 个个体进行适应度的 PK，将其中适应度最高的个体遗传到子代中。若子代需要 $M$ 个个体，则对上述步骤重复 $M$ 遍。

表 2.3 列举了一些选择操作算子。

#### 表 2.3　选择操作算子

| 序号 | 名　　称 | 特　　点 | 备　注 |
|---|---|---|---|
| 1 | 轮盘赌选择 | 选择误差较大 | GA 成员 |
| 2 | 随机竞争选择 | 比轮盘选择较好 | |
| 3 | 最佳保留选择 | 保证迭代终止结果为历代最高适应度个体 | |
| 4 | 无回放随机选择 | 降低选择误差，复制数小于 $f/(f+1)$，操作不方便 | |
| 5 | 确定性选择 | 选择误差更小，操作简易 | |
| 6 | 柔性分段复制 | 有效防止基因缺失，但需要选择参数 | |
| 7 | 自适应柔性分段式动态群体选择 | 群体自适应变化，提高搜索效率 | |
| 8 | 无回放式余数随机选择 | 误差最小 | 应用较广 |
| 9 | 均匀排序 | 与适应度大小差异程度正负无关 | |
| 10 | 稳态复制 | 保留父代中一些高适应度的串 | |
| 11 | 随机联赛选择 | | |
| 12 | 复制评价 | | |
| 13 | 最优保存策略 | 全局收敛，提高搜索效率，但不宜于非线性强的问题 | |
| 14 | 排挤选择 | 提高群体的多样性 | |
| 15 | 最优保存策略 | 保证全局收敛 | |

下面介绍几种常用的选择算子：

(1) 轮盘赌选择。轮盘赌选择方法（又称为比例选择）是经典 GA 中常采用的一种回放式随机采样方式。每个个体就像圆盘中的一个扇形部分，扇面的角度和个体的适应度值成正比，随机拨动圆盘，当圆盘停止转动时指针所在扇面对应的个体被选中，轮盘赌式的选择方法由此得名。某染色体被选的概率 $p_c$，$p_c = f(x_i)/\sum f(x_i)$，其中 $x_i$ 为种群中第 $i$ 个染色体，$f(x_i)$ 为第 $i$ 个个体的适应度值，$\sum f(x_i)$ 种群中所有个体的适应度之和。由于群体规模有限和随机操作等原因，使得个体实际被选中的次数与它应该被选中的期望值 $n \cdot f(x_i)/\sum_{i=1}^{n} f(x_i)$ 之间可能存在着一定的误差，因此这种选择方法的选择误差比较大，有时甚至连适应度较高的个体也选不上。

下面给出轮盘赌选择方法的具体计算步骤：

① 计算各染色体适应度值。

② 累计所有染色体适应度值，记录中间累加值 S_mid 和最后累加值 sum $= \sum f(x_i)$。

③ 产生一个随机数 N，$0 < N < sum$。

④ 选择对应中间累加值 S_mid 的第一个染色体进入交换集。

⑤ 重复③和④，直到获得足够的染色体。

例：具有一组 10 个个体的染色体的二进制编码、适应度值和 $p_c$ 累计值。染色体 $l_i$ 的适应度和所占的比例如表 2.4。表 2.4 中个体适应度是由某种算法计算得到的。适应度越大代表这个个体越好。为了能够符合优胜劣汰的原则，个体适应度按照比例转化为选择概率，进而得到累积概率。

**表 2.4　个体及其编码、适应度值、选择概率**

| 个体 | 染色体 $l_i$ | 适应度 $\sum h_i = 92$ | 选择概率 $p_i = \dfrac{h_i}{\sum_{i=1}^{10} h_i}$ | 累计概率 $T_i = \sum_{j=1}^{i} p_i$ |
|---|---|---|---|---|
| 1 | 0011000000 | 8 | 0.086 954 | 0.086 957 |
| 2 | 0101111001 | 5 | 0.054 348 | 0.141 304 |
| 3 | 0000000101 | 2 | 0.021 739 | 0.163 043 |
| 4 | 1001110100 | 10 | 0.108 696 | 0.271 739 |
| 5 | 1010101010 | 7 | 0.076 087 | 0.347 826 |
| 6 | 1110010110 | 12 | 0.130 435 | 0.478 261 |
| 7 | 1001011011 | 5 | 0.054 348 | 0.532 609 |
| 8 | 1100000001 | 19 | 0.206 522 | 0.739 130 |
| 9 | 1001110100 | 10 | 0.108 696 | 0.847 826 |
| 10 | 0100101001 | 14 | 0.152 174 | 1.000 000 |

将轮盘分成 10 个（即种群个体数目）扇区（见图 2.2），并进行 10 次选择，从而产生 10 个[0，1]之间的随机数，图 2.2 的尖头表示被选中的染色体。

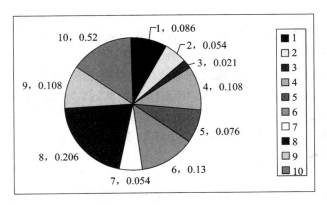

图 2.2 轮盘赌选择示意图

图 2.2 中，1 到 10 代表染色体个体序号，扇区大小表示染色体选择概率的大小。假设产生的随机数序列为 0.070 221、0.545 929、0.784 567、0.446 93、0.507 893、0.291 198、0.716 34、0.272 901、0.371 435、0.854 641。将随机数序列与计算获得的累积概率比较，则依次序号为 1、8、9、6、7、5、8、4、6、10 的个体被选中。显然，适应度高的个体被选中的概率大，在第一次生存竞争中，序号为 2 和 3 的个体被淘汰，代之以适应度高的个体 8 和 6，这个过程被称为复制。

（2）随机竞争选择。随机竞争选择与轮盘赌选择基本一样。在随机竞争选择中，每次按轮盘赌选择机制选取一对个体，然后让这两个个体进行竞争，适应度高的被选中，如此反复，直到选满为止。

（3）最佳保留选择。首先按轮盘赌选择方法执行 GA 的选择操作，然后将当前群体中适应度最高的个体结构完整地复制到下一代群体中。其主要优点是能保证 GA 终止时得到的最后结果是历代出现过的最高适应度的个体。

（4）无回放随机选择。这种选择操作方法也叫做期望值选择方法，它的基本思想是：根据每个个体在下一代群体中的生存期望值来进行随机选择运算。其具体操作过程是：

① 计算群体中每个个体在下一代群体中的生存期望数目 $N$。

② 若某一个体被选中参与交叉运算，则它在下一代中的生存期望数目减去 0.5；若某一个体未被选中参与交叉运算，则它在下一代中的生存期望数目减去 1.0。

③ 随着选择过程的进行，若某一个体的生存期望数目小于 0 时，则该个体就不再有机会被选中。

该选择操作方法能够降低一些选择误差，但操作不太方便。

（5）确定式选择。该选择方法的基本思想是按照一种确定的方式来进行选择操作。具体操作过程为：

① 计算群体中各个个体在下一代群体中的期望生存数目 $N$。

② 用 $N$ 的整数部分确定各个对应个体在下一代群体中的生存数目。

③ 用 $N$ 的小数部分对个体进行降序排序，顺序取前 $M$ 个个体加入到下一代群体中；至此可完全确定出下一代群体中 $M$ 个个体。

（6）无回放余数随机选择。无回放余数随机选择算法的选择操作可确保适应度比平均适应度大的一些个体能够被遗传到下一代群体中，所以它的选择误差比较小。

（7）均匀排序。前面介绍的选择操作方法的选择依据主要是各个个体适应度的具体数值，一般要求它取非负值，这就使得人们在选择操作之前必须先对负的适应度进行变换处理。而排序（Ranking）选择算法的主要着眼点是个体适应度之间的大小关系，对个体适应度是否取正值或负值以及个体适应度之间的数值差异程度并无特别要求。

排序选择方法的思想是：对群体中的所有个体按其适应度大小进行排序，基于这个排序分配各个个体被选中的概率。其具体操作过程是：

① 对群体中的所有个体按其适应度大小进行降序排序。

② 根据具体求解问题，设计一个概率分配表，将各个概率值按上述排列次序分配给各个个体。

③ 以各个个体所分配到的概率值作为其能够被遗传到下一代的概率，基于这些概率值用比例选择的方法来产生下一代群体。例如，表 2.5 为进行排序选择时所设计的一个概率分配表。由该表可以看出，各个个体被选中的概率只与其排列序号所对应的概率值有关，即只与个体适应度之间的大小次序有关，而与其适应度的具体数值无直接关系。

### 表 2.5　概率分配表

| 个体排列序号 | 适应度 | 选择概率 |
|---|---|---|
| 1 | 108 | 0.25 |
| 2 | 90 | 0.19 |
| 3 | 88 | 0.17 |
| 4 | 55 | 0.15 |
| 5 | 51 | 0.10 |
| 6 | 10 | 0.08 |
| 7 | −10 | 0.03 |
| 8 | −50 | 0.03 |

该方法的实施必须根据对所研究问题的分析和理解情况预先分配表，这个过程无规律可循。另一方面，虽然依据个体适应度之间的大小次序给各个个体分配了一个选中概率，但由于具体选中哪一个个体仍是使用了随机性较强的比例选择方法，因此排序选择方法仍具有较大的选择误差。

（8）最优保存策略。在 GA 中，通过对个体进行交叉、变异等遗传操作而不断产生出新的个体。虽然随着群体的进化过程会产生出越来越多的优良个体，但由于选择、交叉、变异等操作的随机性，它们也有可能破坏当前群体中适应度最好的个体。而这却不是希望发生的，因为它会降低群体的平均适应度，并且对 GA 的运行效率、收敛性都有不利的影响。所以，希望适应度最好的个体要尽量保留到下一代群体中。为达到这个目的，可以使用最优保存策略进化模型来进行优胜劣汰操作，即当前群体中适应度最高的个体不参与交叉运算和变异运算，而是用它来替换掉本代群体中经过交叉、变异等操作后所产生的适应度最低的个体。

最优保存策略的具体操作过程是：

① 找出当前群体中适应度最高的个体和适应度最低的个体。

② 若当前群体中最佳个体的适应度比上一代最好个体的适应度还要高，则以当前群

体中的最佳个体替代原来最好的个体。

③ 用迄今为止的最好个体替换掉当前群体中的最差个体。

最优保存策略可视为选择操作的一部分。该策略的实施可保证迄今为止所得到的最优个体不会被交叉、变异等遗传运算所破坏，它是 GA 收敛性的一个重要保证条件。但另一方面，它也容易使得某个局部最优个体不易被淘汰反而快速扩散，从而使得算法的全局搜索能力不强。所以该方法一般要与其他一些选择操作方法配合起来使用，方可有良好的结果。

（9）随机联赛选择。该方法也是一种基于个体适应度之间大小关系的选择方法。其基本思想是每次选取几个个体中适应度最高的一个个体遗传到下一代群体中。在联赛选择操作中，只有个体适应度之间的大小比较运算，而无个体适应度之间的算术运算，所以它对个体适应度是取正值还是取负值无特别要求。联赛选择中，每次进行适应度大小比较的个体数目称为联赛规模。一般情况下，联赛规模 $N$ 的取值为 2。

联赛选择的具体操作过程是：

① 从群体中随机选取 $N$ 个个体进行适应度大小的比较，将其中适应度高的个体遗传到下一代群体中。

② 将上述过程重复 $M$ 次，就可以得到下一代群体中的 $M$ 个个体。

（10）排挤选择。De Jong 提出了排挤选择方法，采用该方法使得新生成的子代将替代或排挤相似的旧父代个体，提高群体的多样性。在采用覆盖群体模式的情况下（代沟为 0.1），该方法描述为：

① 设定排挤参数 CF。

② 从群体中随机地挑选 CF 个个体组成个体集（新的个体不包括在内）。

③ 从这个集中淘汰一个个体，该个体与新个体的海明距离最短。

以上介绍的选择方法是常用的方法。大量事实证明，改进选择方法可以提高 GA 的性能，而选择过程不是唯一的。每种方法对于 GA 的在线和离线性能的影响各不相同。在具体使用时，应根据问题求解特点采用较合适的方法或将几种方法结合使用。

**2. 交叉**

在生物的自然进化过程中，两个同源染色体通过交配而重组，形成新的染色体，从而生出新的、强壮的物种。交配重组是生物遗传和进化过程中的一个主要环节。模仿这个环节，GA 中使用交叉算子来产生新的个体。

交叉又称交配或重组，是两个个体之间随机交换信息的一种操作，是按较大的概率从群体中选择两个个体，交换两个个体的某个或某些位。交叉（或称重组）算子是 GA 区别于其他优化算法的本质特征，在 GA 中起关键作用，是产生新个体的最主要方法，它决定了 GA 的全局搜索能力，直接影响着算法的最终实现和性能，在一定程度上决定着 GA 的发展前景。交叉算子的设计包括如何确定交叉点位置和如何进行部分基因交换两个方面的内容。

常用的交叉算子有：一点交叉、二点交叉、均匀交叉、多点交叉、启发式交叉、顺序交叉、混合交叉等。实际应用中，研究者们设计了各种新的交叉策略，并收到了良好的性能。有学者提出了各种新的改进交叉策略来克服近亲繁殖引起的早熟现象；采用自适应的调整方法对生产调度问题进行测试；采用每个基因位交叉概率自适应变化的新的交叉操作；采用异位交叉算子极大地提高算法的收敛速度，而且不易陷入局部最优解；采用佳点集 GA 来改善 GA 的速度和精度，并有效避免早熟现象。有学者对多维连续空间的 GA 的交叉多样性进行了分析，通过建立相应的数学模型，解释了在多维连续空间和大规模群体中使用均匀交叉算子是如何探索新的解空间区域。

在 GA 中，在交叉运算之前还必须先对群体中的个体进行配对。目前常用的配对算法策略是随机配对，即将群体中的 $M$ 个个体以随机的方式组成 $\lceil M/2 \rceil$ 对配对个体组，其中 $\lceil X \rceil$ 表示不大于 $X$ 的最大整数。交叉操作是在这些配对个体组中的两个个体之间进行的。表 2.6 列举了一些交叉操作。

**表 2.6　交 叉 操 作**

| 序号 | 名　称 | 特　点 | 适用编码 |
|---|---|---|---|
| 1 | 单点交叉 | 标准 GA 成员 | 符号 |
| 2 | 两点交叉 | 使用较多 | 符号 |
| 3 | 均匀交叉 | 每一位以相同概率交叉 | 符号 |
| 4 | 多点交叉 | 交叉点大于 2 | 符号 |
| 5 | 部分匹配交叉 | | 序号 |
| 6 | 顺序交叉 | | 序号 |
| 7 | 循环交叉 | | 序号 |
| 8 | 启发式交叉 | 应用领域知识 | 序号 |
| 9 | 基于位置交换 | | 序号 |
| 10 | 算术交换 | | 序号 |

交叉算子的设计和实现与具体问题密切相关，并要考虑编码设计，主要应包括交叉点的位置和如何交换部分基因。下面介绍几种适合于二进制编码个体或浮点数编码个体的交叉算子。

（1）单点交叉。单点交叉又称为简单交叉，它是指在个体编码串中只随机设置一个交叉点，然后在该点相互交换两个配对个体的部分染色体。单点交叉的具体执行过程如下：

① 对个体进行两两随机配对，若群体大小为 $M$，则共有 $\lceil M/2 \rceil$ 对相互配对的个体组。

② 对每一对相互配对的个体，随机设置某一基因座之后的位置为交叉点，若染色体的长度为 $N$，则共有 $N$ 减 1 个可能的交叉点位置。

③ 对每一对相互配对的个体，依设定的交叉概率在其交叉点处相互交换两个个体的部分染色体，从而产生出两个新的个体。下面为单点交叉运算的示例。

交叉点

（2）两点交叉与多点交叉。两点交叉是指在个体编码串中随机设置两个交叉点，然后再进行部分基因交换。两点交叉的具体操作过程为：

① 相互配对的两个个体编码串中随机设置两个交叉点。

② 交换两个个体在所设定的两个交叉点之间的部分染色体。

下面为双点交叉运算的示例。

将单点交叉与两点交叉的概念加以推广，可得到多点交叉（Multi-point Crossover）的概念。多点交叉是指在个体编码串中随机设置多个交叉点，然后进行基因交换。多点交叉又称为广义交叉，其操作过程与单点交叉和两点交叉相类似。下面为有三个交叉点时的交叉操作示例。

需要说明，一般情况下不使用多点交叉算子，因为它有可能破坏一些好的模式。事实上，随着交叉点数的增多，个体的结构被破坏的可能性也逐渐增大，这样就很难有效地保存较好的模式，从而影响 GA 的性能。

（3）均匀交叉。均匀交叉（也称为一致交叉）是指两个配对个体的每个基因座上的基因都以相同的交叉概率进行交换，从而形成两个新的个体。均匀交叉实际上可归属于多点交叉的范围，其具体运算可通过设置一屏蔽字来确定新个体的各个基因如何由哪一个父代个体来提供。均匀交叉的主要操作过程如下：

① 随机产生一个与个体编码串长度等长的屏蔽字 $W = \omega_1 \omega_2 \cdots \omega_i \cdots \omega_L$，其中 $L$ 为个体编码串长度。

② 由下述规则从 A、B 两个父代个体中产生出两个新的子代个体 A′、B′。

a. 若 $\omega_i = 0$，则 A′ 在第 $i$ 个基因座上的基因值继承 A 的对应基因值，B′ 在第 $i$ 个基因值继承 B 的对应基因值；

b. 若 $\omega_i = 1$，则 A′ 在第 $i$ 个基因座上的基因值继承 B 的对应基因值，B′ 在第 $i$ 个基因值继承 A 的对应基因值。

下面为均匀交叉操作的示例。

（4）算术交叉。算术交叉是指由两个个体的线性组合而产生出两个新的个体。为了能够进行线性组合运算，算术交叉的操作对象一般是由浮点数编码所表示的个体。

假设在两个个体 $X_A^t$、$X_B^t$ 之间进行算术交叉，则交叉运算后所产生的两个新个体为：

$$\begin{cases} X_A^{t+1} = \alpha X_B^t + (1-\alpha)X_A^t \\ X_B^{t+1} = \alpha X_A^t + (1-\alpha)X_B^t \end{cases} \tag{2.12}$$

其中，$\alpha$ 为一个参数，$\alpha$ 可以是一个常数（此时所进行的交叉运算称为均匀算术交叉），也可以是一个由进化代数所决定的变量（此时所进行的交叉运算称为非均匀算术交叉）。

算术交叉的主要操作过程为：

① 确定两个个体进行线性组合时的系数 $\alpha$。

② 根据式(2.12)生成两个新个体。

③ GA 的收敛性主要取决于其核心操作交叉算子的收敛性。

由交叉算子的搜索能力可以得出结论：只在交叉算子的作用下，随着演化代数的增加，模式内部的各基因将趋于独立，并且只要组成模式的各基因都存在，则该模式一定能被搜索到，此时模式的极限概率等于组成该模式各基因的初始概率(也就是基因的极限概率)的乘积，并且与模式的定义长度无关，从而说明了交叉算子能使群体分布扩充的特性。

### 3. 变异

在生物的遗传和自然进化过程中，其细胞分裂、复制环节有可能会因为某些偶然因素的影响而产生一些复制差错，这样会导致生物的某些基因发生某种变异，从而产生出新的染色体(个体)，表现出新的生物性状。GA 模仿了生物遗传和进化过程中的变异环节，引入变异算子来产生新的个体。变异是传统 GA 中一个必不可少的步骤，因其局部搜索能力而作为辅助算子，能维持群体多样性，防止出现早熟现象。变异是随机改变某个个体遗传信息的一种操作。

GA 中所谓的变异运算，是指将个体染色体编码串中的某些基因座上的基因值用该基因座的其他等位基因来替换，从而形成一个新的个体。变异是以较小的概率对个体编码串上的某个或某些位值进行改变，在二进制编码中将"0"变为"1"，"1"变为"0"，进而生成新个体。变异修改个体的适应度值。从遗传运算过程中产生新个体的能力方面来说，变异本身是一种随机算法，但与选择和交叉算子结合后，能够避免由于选择和交叉运算而造成的某些信息丢失，保证 GA 的有效性。

交叉运算是产生新个体的主要方法，是保证整个 GA 全局搜索能力的最主要部分，它决定了 GA 的全局搜索能力；而变异运算只是产生新个体的辅助方法，其主要作用在于增强 GA 的局部搜索能力，同时一定程度上防止算法过早陷入局部点，避免早熟现象。交叉算子与变异算子相互配合，共同完成对搜索空间的全局搜索和局部搜索，从而使得 GA 能够以良好的搜索性能完成最优化问题的寻优过程。变异方法相比于交叉方法，其在 GA 中的作用不高。变异方法并不是技术指标参数优化中非常重要的操作。变异在某些特定 GA 算法中可以不需要。

在 GA 中使用变异算子主要有两个目的：

(1) 改善 GA 的局部搜索能力。GA 使用交叉算子已经从全局的角度出发找到了一些较好的个体编码结构，它们已接近或有助于接近问题最优解。但仅使用交叉算子无法对搜索空间的细节进行局部搜索。这时若再使用变异算子来调整个体编码串中的部分基因值，就可以从局部的角度出发使个体更加逼近最优解，从而提高了 GA 的局部搜索能力。

(2) 维持群体的多样性，防止出现早熟现象。变异算子用新的基因值替换原有基因值，从而可以改变个体编码串的结构，维持群体的多样性，这样有利于防止出现早熟现象。变异算子使得 GA 在接近最优解邻域时能加速向最优解收敛，并可以维持群体多样性，避免早熟收敛。

常见的变异有：基本位突变、有效基因突变、自适应有效基因突变、概率自调整突变、均匀突变、非均匀突变、边界变异、高斯近似突变、零突变等。对于二值编码和格雷码，对于每一个变异点,采用取反的方式变异,即"0-1"的取反变异。变异方法中的变异概率,人们设定为0.7/染色体长度。如MACD中的染色体长度为19,则变异概率参数人们就设定为0.7/19＝0.0368。相关研究表明,0.7/染色体长度,可以使得整个染色体中的每一个元素的变异概率接近于0.5。

Potts总结了3种变异技术:管理变异、变化的变异概率和单值运算。有学者通过引入 $i$ 位改进子空间的概念,采用模糊推理技术来确定选取突变概率的一般性原则;有学者通过连续GA的理论分析,提出随时间变化的变异技术,即根据群体的平均适应度值的高低确定变异变化率。表2.7介绍一些变异算子及其特点。

**表2.7 变异算子**

| 序号 | 名称 | 特点 | 适用编码 |
|---|---|---|---|
| 1 | 基本位突变 | 标准GA成员 | 符号 |
| 2 | 有效基因突变 | 避免有效基因缺失 | 符号 |
| 3 | 自适应有效基因突变 | 最低有效基因个数自适应变化 | 符号 |
| 4 | 概率自调整突变 | 由两个串的相似性确定突变概率 | 符号 |
| 5 | 均匀突变 | 每一个实数元素以相同的概率在域内变动 | 实数 |
| 6 | 非均匀突变 | 使整个矢量在解空间轻微变动 | 实数 |
| 7 | 边界变异 | 适用于最优点位于或接近于可行解的边界时的一类带约束条件问题 | 实数 |
| 8 | 高斯近似突变 | 提高对重点搜索区域的局部搜索性能力 | 实数 |
| 9 | 零突变 | | 实数 |

下面介绍几种常用的变异操作,它们适合于二进制编码的个体和浮点数编码的个体。

(1)基本位变异。基本位变异操作是指对个体编码串中以变异概率、随机指定的某一位或某几位基因座上的值做变异运算,其具体操作过程如下:

① 对个体的每一个基因座,以变异概率指定其为变异点。

② 对每一个指定的变异点,对其基因值做取反运算或用其他等位基因值来代替,从而产生出新一代的个体。

(2)均匀变异。均匀变异操作是指分别用符合某一范围内均匀分布的随机数,以某一较小的概率来替换个体编码串中各个基因座上的原有基因值。均匀变异的具体操作过程是:

① 依次指定个体编码串中的每个基因座为变异点。

② 对每一个变异点,以变异概率从对应基因的取值范围内取一随机数来替代原有值。

均匀变异操作特别适合应用于GA的初级运行阶段,它使得搜索点可以在整个搜索空间内自由地移动,从而可以增加群体的多样性,使算法处理更多的模式。

(3)边界变异。边界变异操作是上述均匀变异操作的一个变形GA。在进行边界变异操作时,随机地取基因座的两个对应边界基因值之一去替代原有基因值。当变量的取值范围特别宽,并且无其他约束条件时,边界变异会带来不好的作用,但它特别适用于最优点位于或接近于可行解的边界时的一类问题。

(4)非均匀变异。均匀变异操作取某一范围内均匀分布的随机数来替换原有基因值,可使得个体在搜索空间内自由移动，但另一方面，它却不便于对某一重点区域进行局部搜索。为改进这个性能，人们不是取均匀分布的随机数去替换原有的基因值，而是对原有的基因值作一随机扰动，以扰动后的结果作为变异后的新基因值。对每个基因座都以相同的概率进行变异运算之后，相当于整个解向量在解空间中作了一个轻微的变动。这种变异操作方法就称为非均匀变异。

（5）高斯变异。高斯变异是改进 GA 对重点搜索区域的局部搜索性能的另一种变异操作方法。所谓高斯变异操作，是指进行变异操作时用符合均值为 $\overline{P}$、方差为 $P^2$ 的正态分布的一个随机数来替换原有的基因值。由正态分布的特性可知，高斯变异也是重点搜索原个体附近某个局部区域。高斯变异的具体操作过程与均匀变异相类似。

## 2.2.4 适应度

适应度是根据目标函数确定的用于区分群体中个体好坏的标准，是算法演化过程的驱动力，也是进行自然选择的唯一依据。在 GA 中使用适应度来度量群体中各个个体在优化计算中能达到或接近于或有助于找到最优解的优良程度。适应度较高的个体遗传到下一代的概率就较大；反之，适应度较低的个体遗传到下一代的概率就相对小一些。度量个体适应度的函数称为适应度函数。

### 1. 适应度评价

评价个体适应度的一般过程为：

（1）对个体编码串进行解码处理后，可得到个体的表现型。

（2）由个体的表现型计算出对应个体的目标函数值。

（3）根据最优化问题的类型，由目标函数值按一定的转换规则求出个体的适应度。

在具体应用中，适应度函数的设计要结合求解问题本身的要求。适应度函数设计直接影响到 GA 的性能。

在设计适应度函数时还要考虑 GA 在选择操作时可能出现的两个欺骗问题：

（1）在遗传进化的初期，通常会产生一些超常的个体，若按照比例选择法，这些超常个体会因竞争力突出而控制选择过程，影响算法的全局优化性能。

（2）在遗传进化的后期，即算法接近收敛时，由于种群中个体适应度差异较小时，继续优化的潜能降低，可能获得某个局部最优解。

若适应度函数设计不当，有可能造成这两种问题的出现。所以适应度函数的设计是 GA 设计的一个重要方面。

适应度函数是用来区分群体中个体好坏的标准，是自然选择的唯一标准，选择的好坏直接影响算法的优劣。引入适应度值调节和资源共享策略可以加快收敛速度和跳出局部最优点。对适应度值进行调节就是通过变换改变原适应度值间的比例关系，常用的比例变换有线性变换、乘幂变换和指数变换等。

### 2. 适应度函数设计

由于 GA 中的适应度函数要比较排序并在此基础上计算选择概率，所以适应度函数的值要取正值。由此可见，在不少场合，将目标函数映射为求最大值形式且函数值非负的适应度函数是必要的。设计适应度函数应满足以下条件：

（1）单值、连续、非负、最大化。这个条件很容易理解和实现。

（2）合理、一致性。要求适应度值反映对应解的优劣程度，这个条件的达成往往比较难以衡量。

（3）计算量小。适应函数设计应尽可能简单，这样可以减少计算时间和空间上的复杂性，降低计算成本。

（4）通用性强。适应度对某类具体问题，应尽可能通用，最好无需使用者改变适应度函数中的参数。

**3. 适应度函数确定**

适应度函数值必须非负。根据情况对适应度函数进行适当处理。由解空间中某一点的目标函数值 $f(x)$ 到搜索空间中对应个体的适应度函数值 $\text{Fit}(f(x))$ 的转换方法基本上有以下三种：

（1）直接将待解的目标函数 $f(x)$ 转化为适应度函数 $\text{Fit}(f(x))$，令

$$\text{Fit}(f(x)) = \begin{cases} f(x), & \text{若目标函数为最大化问题} \\ -f(x), & \text{若目标函数为最小化问题} \end{cases} \tag{2.13}$$

这种适应度函数简单直观，但存在两个问题：① 可能不满足常用的轮盘赌选择中概率非负的要求；② 某些待求解的函数在函数值分布上相差很大，由此得到的平均适应度可能不利于体现种群的平均性能，从而影响算法的性能。

（2）对于目标函数求最小值的问题，做下列转换

$$\text{Fit}(f(t)) = \begin{cases} c_{\max} - f(x), & \text{若 } f(x) < c_{\max} \\ 0, & \text{其他} \end{cases} \tag{2.14}$$

式中，$c_{\max}$ 为 $f(x)$ 的最大值估计。

对于目标函数求最大值的问题，做下列转换

$$\text{Fit}(f(x)) = \begin{cases} f(x) - c_{\min}, & \text{若 } f(x) > c_{\min} \\ 0, & \text{其他} \end{cases} \tag{2.15}$$

式中，$c_{\min}$ 为 $f(x)$ 的最小值估计。

这种方法是第一种方法的改进，称为"界限构造法"，但这种方法有时存在界限值 $c_{\max}$ 和 $c_{\min}$ 初值或估计精确等问题。很多情况下可以设置一个合适的输入值。

（3）若目标函数为最小值问题，令

$$\text{Fit}(f(t)) = \frac{1}{1 + c + f(x)}, \quad c \geqslant 0, \ c + f(x) \geqslant 0 \tag{2.16a}$$

若目标函数为最大值问题，令

$$\text{Fit}(f(t)) = \frac{1}{1 + c - f(x)}, \quad c \geqslant 0, \ c - f(x) \geqslant 0 \tag{2.16b}$$

式中，$c$ 为目标函数界限的保守估计值。

这种方法与方法 2 相似，$c$ 为目标函数界限的保守估计值。

**4. 适应度尺度变换**

在 GA 中，各个个体被遗传到下一代的群体中的概率是由该个体的适应度来确定的。应用实践表明，如何确定适应度对 GA 的性能有较大的影响。

应用 GA 处理小规模群体时常常会出现一些不利于优化的现象和结果。在遗传初期，

会出现一些超常个体。若按照比例选择策略，这些异常个体可能在群体中占据很大比例，控制选择过程，导致早熟收敛。此外，进化过程中虽然群体中个体多样性仍然存在，但由于群体中的平均适应度已接近最佳个体适应度，个体间竞争减弱，最佳个体和其他个体处于几乎相等的机会，使目标的优化过程趋于随机漫游。针对早熟收敛现象，应设法降低某些异常个体的竞争力，缩小其相应的适应度函数；对于随机漫游现象，应设法提高个体的竞争力，放大相应的适应度函数值。有时在 GA 运行的不同阶段，还需要对个体的适应度进行适当的扩大或缩小。这种对个体适应度所做的扩大或缩小变换就称为适应度尺度变换。常用的尺度变换方法有：线性尺度变换、乘幂尺度变换、指数尺度变换和 $\sigma$ 截断。

（1）线性尺度变换。其计算公式为

$$F' = aF + b \tag{2.17}$$

式中，$F$ 为原适应度；$F'$ 为尺度变换后的新适应度；$a$ 和 $b$ 为系数。

式（2.17）中的 $a$ 和 $b$ 的确定直接影响到这个尺度变换的大小，所以对其选取有一定的要求，要满足两个条件：（1）适应度的平均值 $F_{avg}$ 要等于定标后的适应度平均值 $F'_{avg}$，以保证适应度为平均值的个体在下一代的期望复制数为 1，即 $F'_{avg} = F_{avg}$；（2）变换后的适应度最大值应等于原适应度平均值的指定倍数，以控制适应度最大的个体在下一代中的复制数，即

$$F'_{avg} = C \cdot F_{avg} \tag{2.18}$$

式中，$C$ 为最佳个体的期望复制数量。试验表明，指定倍数可在 1.0～2.0 范围内。对于群体规模大小为 50～100 个个体的情况，一般取 $C=1.2～2$。这个条件是为了保证群体中最好的个体能够期望复制 $C$ 倍到新一代群体中。系数 $a$、$b$ 可按线性比例确定：

$$\begin{cases} a = \dfrac{(C-1) \cdot F_{avg}}{F_{max} - F_{avg}} \\ b = \dfrac{(F_{max} - C \cdot F_{avg}) \cdot F_{avg}}{F_{max} - F_{avg}} \end{cases} \tag{2.19}$$

使用线性尺度变换时，变换了适应度之间的差距，保持了种群内的多样性，并且计算简单，易于实现。如图 2.3 所示，群体中少数几个优良个体的适应度按比例缩小，同时几个较差个体的适应度也按比例扩大。

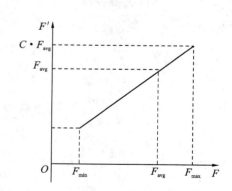

图 2.3　线性尺度变换的正常情况

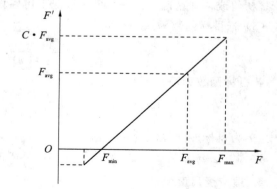

图 2.4　线性尺度变换的异常情况

若种群内某些个体适应度远低于平均值时，有可能出现变换后适应度值为负的情况，如图 2.4 所示，考虑到要保证最小适应度非负的条件，进行如下的变换

$$\begin{cases} a = \dfrac{F_{avg}}{F_{avg} - F_{min}} \\ b = \dfrac{-F_{min} \cdot F_{avg}}{F_{avg} - F_{min}} \end{cases} \qquad (2.20)$$

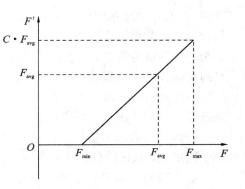

图 2.5 为利用式(2.20)变换后的结果。

（2）乘幂尺度变换。乘幂尺度变换时，新的适应度是原适应度的某个指定乘幂。乘幂尺度变换的公式为

$$F' = F^k \qquad (2.21)$$

式中，幂指数 $k$ 与所求解的问题有关，且在算法的执行过程中需要不断对其进行修正才能使尺度变换满足一定的伸缩要求。

图 2.5　适应度出现负值时的调整

此方法是 Gilleis 提出的。在机器视觉中 $k$ 最佳值是 1.005。但 $k$ 值一般依赖于具体问题，需要在试验中调整。

（3）指数尺度变换。指数尺度变换时，新的适应度是原适应度的指数。指数尺度变换的公式为

$$F' = \exp(-\beta F) \qquad (2.22)$$

系数 $\beta$ 决定了选择的强制性，$\beta$ 越小，原有适应度较高的个体的新适应度就越与其他个体的新适应度相差较大，即越增加了选择该个体的强制性。

此方法的基本思想是源于模拟退火过程。

（4）$\sigma$ 截断。此方法由 Forrest 提出，主要利用群体方差信息来对适应度进行预处理，计算公式为

$$F' = F - (F' - c\sigma) \qquad (2.23)$$

式中，常数 $c$ 需适当选取。

## 2.2.5　约束条件

在 GA 中需要对约束条件进行处理，但目前尚无处理各种约束条件的通用方法，一般都是根据具体问题选择下列三种方法之一，即搜索空间限定法、可行解变换法和罚函数法。

搜索空间限定法的基本思想是，对 GA 的搜索空间的大小加以限制，使得搜索空间中表示一个个体的点与解空间中表示一个可行解的点有一一对应的关系。对一些比较简单的约束条件，通过适当编码使搜索空间与解空间一一对应，限定搜索空间能够提高 GA 的效率。在使用搜索空间限定法时必须保证交叉、变异之后的新个体在解空间中有对应解。

可行解变换法的基本思想是，在个体基因型到个体表现型的变换中，增加使其满足约束条件的处理过程，即寻找个体基因型与个体表现型的多对一变换关系，扩大了搜索空间，使进化过程中所产生的个体总能通过这个变换而转化成解空间中满足约束条件的一个可行解。对个体的编码方式、交叉运算、变异运算等无特殊要求，但运行效率下降。

约束条件通常划分为两类：相等关系和不相等关系。因为相等关系可以包含在一个系统模型——黑匣子中，所以人们只研究不相等关系的约束。首先，不相等关系的约束是很

普遍的。GA 利用系统模型生成一组要测试的参数：目标函数和约束条件。简单运行模型，估计目标函数值，检测是否一些约束条件不满足。若约束条件满足，参数组被分配对应目标函数值的适应度值；若约束条件不满足，上述方法行不通，则没有适应度值。除了很多对约束条件要求比较高的实际问题以外，这种处理方法是非常好的。但寻找可行点几乎与搜索最优点一样困难。人们经常想从不可行方案中得到一些信息，也许可以根据不满足约束条件的程度，划分它们的适应度等级。这个过程在罚函数法中进行。

罚函数法的基本思想是，对在解空间中无对应可行解的个体，计算其适应度时，除以一个罚函数，从而降低该个体的适应度，使该个体被遗传到下一代群体中的概率减小。如何确定合理的罚函数是这种处理方法难点之所在。在考虑罚函数时，既要度量解对约束条件不满足的程度，又要考虑计算效率。

在惩罚函数中，对于所有不满足约束的点结合一个代价或惩罚参数，就可以把优化中的约束问题转换成非约束问题。代价包含在目标函数估计中。例如，最小化形式的原始约束问题为：

最小化函数为 $g(x)$，约束条件：$b_i(x) \geqslant 0$，$i=1, 2, \cdots, n$。其中，$x$ 为 $n$ 维向量。将其转换为非约束形式为：

最小化函数为 $g(x)+r \cdot \sum_{i=1}^{n} \Phi[b_i(x)]$ 其中，$\Phi$ 为惩罚函数；$r$ 为惩罚系数。

存在许多可供选择的惩罚函数 $\Phi$。在本书中，对于所有违犯约束 $i$，$\Phi[b_i(x)]=b_i^2(x)$。在一定条件下，当惩罚系数 $r$ 趋近于无穷时，非约束方法聚集为约束方法。实际上，在 GA 中，一般针对每一个约束条件规定 $r$ 值，以便使中度违犯约束产生一定操作代价比例的惩罚。

## 2.2.6　参数设置

GA 的参数设置包括群体规模、迭代次数、交叉概率和变异概率等。目前如何合理设置 GA 参数还缺少相应的理论指导。由于参数设置关系到 GA 的精度、可靠性和计算时间等诸多因素，并且影响到遗传结果的质量和系统性能。因此，参数设置的研究受到重视。在标准的 GA 中采用经验进行估计，这将带来很大的盲目性，从而影响算法的全局最优性和收敛性。

当采用自然数编码时，从理论上可以证明 GA 的最优群体规模的存在性，并给出相应的计算方法。但在大多数情况下，群体规模的大小很难估算。在理论上，不同的求解过程应该有不同的最佳群体规模。若群体规模太小，则群体中的模式缺少使得 GA 受到搜索空间的限制；若群体规模太大，则搜索和优化需要花费大量的时间。

迭代次数的设置分为固定和不固定两种。固定迭代次数有利于 GA 的运行，但不利于产生最优解。不固定迭代次数通过对个体解的判断自动进行迭代，有利于产生最优解，并且解决了参数选择的困难，但容易增加 GA 的处理时间，尤其是在 GA 发散时。最佳群体规模和迭代次数的设置研究目前很少有报道。通常，群体规模和迭代次数的设置是根据经验或实验进行的。

由于交叉概率 $p_c$ 和变异概率 $p_m$ 关系到 GA 的收敛性和群体中个体的多样性，对它们的设置备受重视。特别，$p_c$ 的大小直接影响算法的收敛性，$p_c$ 越大，新个体产生的速度就越快。但 $p_c$ 过大时遗传模式被破坏的可能性也就越大，使得具有高适应度的个体结构很快就会被破坏；但若 $p_c$ 过小，会使搜索的过程缓慢，以至于停滞不前。

传统的 $p_c$ 和 $p_m$ 是由静态人工设置。现在有人提出动态参数设置方法，以减少人工选择参数的困难和盲目性。Srinivas 等提出用自适应交叉概率和变异概率来维持群体的多样性和保证 GA 的收敛性。探索问题是指在寻找全局最优解时能探索新的解空间区域；开发问题是指在探索到最优解区域时能收敛到最优解，两者的平衡由 $p_c$ 和 $p_m$ 值决定。$p_c$ 和 $p_m$ 值增加，则以开发为代价提高探索过程。增加探索过程也就增加了个体的变化，但却降低了个体适应度值。这样有利于探索各种解空间，保证解的全局性，但不利于群体收敛到最优解；而 $p_c$ 和 $p_m$ 值降低，则以探索为代价提高开发过程。增加开发过程即增加个体适应度值，减少个体的变化，有助于群体收敛到最优解，但不能保证全局最优解。因此由算法自动设置 $p_c$ 和 $p_m$ 是必要的。有学者提出了多种设置 $p_c$ 和 $p_m$ 的方法，如自适应算子概率，即用自适应机制把算子概率的选择与算子产生的个体适应性结合，高适应度值被分配高算子概率，由父辈解之间的 Hamming 距离来决定 $p_m$ 的设置，这是一个变化的参数设置。

## 2.3 简 单 GA

Holland 创建的简单 GA(Simple GA，SGA)或称为标准 GA(Standard GA，SGA)是一种概率搜索算法，它利用某种编码技术作用于称为染色体的数串，其基本思想是模拟由这些串组成的个体进化过程。该算法通过有组织地随机进行信息交换，重新组合那些适应度好的串。在每一代中，利用上一代串结构中适应度值大的位和段来生成一个新的串的群体。作为额外增添，有时需要在串结构中尝试用新的位和段来替代原来的部分。

SGA 是一种群体型操作，该操作以群体中的所有个体为对象，只使用基本选择、交叉和变异遗传算子。它们构成了所谓的遗传操作，使 GA 具有了其他传统方法没有的特点。SGA 的数学模型可表示为：

$$SGA = (C, E, P_0, M, \Phi, \Gamma, \Psi, T) \tag{2.24}$$

式中：$C$：个体的编码方式；$E$：个体适应度评价函数；$P_0$：初始种群；$M$：种群大小；$\Phi$：选择算子；$\Gamma$：交叉算子；$\Psi$：变异算子；$T$：遗传运算终止条件。

SGA 一般以二进制串编码表示染色体作为问题的可能解，其每一位称为该染色体的基因。SGA 随机产生多个染色体组成初始种群 $p(0)$，借助各个体的适应度值 $f(b)$ 作为评价指标，反复使用遗传算子产生新的种群 $p(t)$，同时搜索最优解，从而使问题的可能解不断改进并趋向于全局最优。SGA 的基本结构描述如下：

    { 初始化种群 p(0)；t=0；
    计算每个个体的适应度值；执行选择操作；
    while (不满足停机准则) do
    { 执行杂交；执行变异；执行选择产生群体 p(t+1)；t=t+1；}
    输出结果；}

图 2.6 和图 2.7 分别为 SGA 基本流程图和流程示意图。

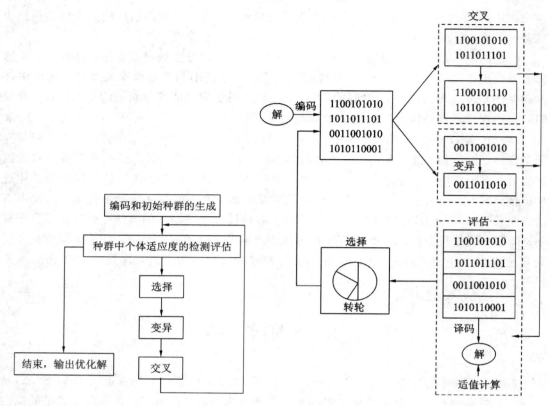

图 2.6　SGA 的基本流程图　　　　　　图 2.7　SGA 的流程示意图

从 SGA 的基本流程图和流程示意图可以看出，GA 的进化操作过程简单，容易理解，它给其他各种改进的 GA 提供了一个基本框架。

表 2.8 为初始种群和它的适应度值。表中，1 到 4 代表染色体个体序号。假设产生的随机数序列为 0.545 929、0.784 567、0.271 435、0.554 641。将随机数序列与计算获得的累积概率比较，则依次序号为 2、1、4、2 个体被选中。显然，适应度高的个体被选中的概率大，在第一次生存竞争中，序号为 3 的个体被淘汰，代之以适应度高的个体 2，这个过程被称为复制。

表 2.8　初始种群和它的适应度值

| 编号 | 初始种群（随机） | $x$ 值 | 适应度 $f(x)=x^2$ | 选择概率 $f_i/\sum f_i$ | $f_i/\overline{f_i}$ | 实际选择数目 |
|---|---|---|---|---|---|---|
| 1 | 01101 | 13 | 169 | 0.14 | 0.58 | 1 |
| 2 | 11000 | 24 | 576 | 0.49 | 1.97 | 2 |
| 3 | 01000 | 8 | 64 | 0.06 | 0.22 | 0 |
| 4 | 10011 | 19 | 361 | 0.31 | 1.23 | 1 |
| 和 | | | 1170 | 1.00 | 4.00 | 4 |
| 平均 | | | 293 | 0.25 | 1.00 | 1 |
| 最大 | | | 576 | 0.49 | 1.97 | 2 |

复制后重要的遗传操作是交叉，这里仅以单点交叉为例。任意挑选经过选择操作后种群中的两个个体(该两个个体应是不同的)作为交叉对象，随机产生一个交叉点位置，将交叉点位置之右的部分基因进行交叉，如表 2.9 所示。

**表 2.9　染色体的交换操作**

| 复制后交换种群集 | 交换配对(随机选择) | 交换位置(随机选择) | 新种群 | $x$ 值(无符号整数) | $f(x)=x^2$ |
|---|---|---|---|---|---|
| 0110\|1 | 2 | 4 | 01100 | 12 | 144 |
| 1100\|0 | 1 | 4 | 11001 | 25 | 625 |
| 11\|000 | 4 | 2 | 11011 | 27 | 729 |
| 10\|011 | 3 | 2 | 10000 | 16 | 256 |
| 和 | | | | | 1754 |
| 平均 | | | | | 439 |
| 最大 | | | | | 729 |

如果只考虑交叉操作实现进化机制，在多数情况下是不行的，这与生物界近亲繁殖影响进化过程类似。因为种群的个体数是有限的，经过若干代交叉操作，源于一代较好祖先的子个体逐渐充斥整个种群，这样就会出现所谓早熟或过早收敛现象，所以最后获得的个体并非真正意义上的最优种群。为避免这种现象，有必要在进化过程中加入具有新遗传基因的个体，解决方法是模仿生物变异的遗传操作。对于二进制基因码组成的个体种群，实现基因码的小概率翻转，即可达此目的(第四位由 1 翻转为 0)：10011→10001。

变异总是小概率的，即只有个别个体发生变异。其翻转的位置及翻转个数可以是随机的，有时也可以是固定的。

# 2.4　GA 的实现过程

GA 的操作对象是一群二进制串(称为染色体或个体，即种群)，每一个染色体都对应问题的一个解。从初始种群出发，采用基于适应度函数的选择策略在当前种群中选择个体，使用交叉和变异来产生下一代种群。这样一代一代地不断繁衍进化，使群体进化到搜索空间中越来越好的区域，求得问题的最优解。

## 2.4.1　一般 GA 的流程

一个完整 GA 的流程可以用图 2.8 来描述。

由图 2.8 可得，使用上述三种遗传算子(选择、交叉、变异)的 GA 的主要运算过程如下：

(1) 对 GA 的运行参数进行赋值。参数包括种群规模、变量个数、交叉概率、变异概率以及遗传运算的终止进化代数。

(2) 建立区域描述器。根据具体问题的求解变量的约束条件，设置变量的取值范围。

(3) 在步骤 2 的变量取值范围内，编码解空间中的解 $x$，作为 GA 的表现型形式。从表现型到基因型的映射称为编码。GA在进行搜索之前先将解空间的解数据表示成遗传空间

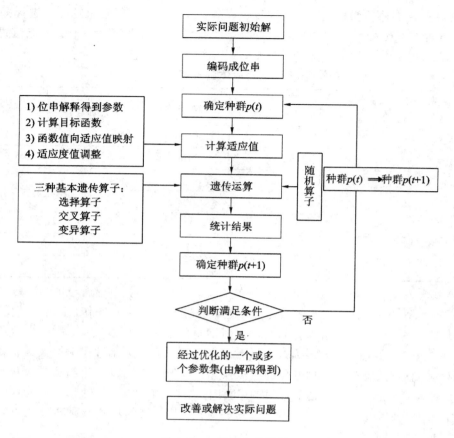

图 2.8　一般 GA 的流程

的基因型串结构数据，这些串结构数据的不同组合就构成了不同的点。

（4）初始群体的生成。随机产生 $N$ 个初始串结构数据，每个串结构数据称为一个个体，$N$ 个个体构成了一个群体。GA 以这 $N$ 个串结构作为初始点开始迭代。设置进化代数计数器 $t \to 0$；设置最大进化代数 $T$；随机生成 $M$ 个个体作为初始群体 $p(0)$。

（5）适应度值评价检测。将随机产生的初始群体代入适应度函数计算其适应度值。适应度函数表明个体或解的优劣性。对于不同的问题，适应度函数的定义方式不同。计算群体 $p(t)$ 中各个个体的适应度。

（6）选择。将选择算子作用于群体。执行比例选择算子进行选择操作。

（7）交叉。将交叉算子作用于群体。按交叉概率执行交叉操作。

（8）变异。将变异算子作用于群体。按变异概率执行离散变异操作。群体 $p(t)$ 经过选择、交叉、变异运算后得到下一代群体 $p(t+1)$。

（9）计算步骤 6 后的得到局部最优解中每个个体的适应度值，并执行最优个体保存策略。

（10）终止条件判断。判断是否满足遗传运算的终止进化代数，若 $t \leqslant T$，则 $t \to t+1$，转到步骤（5）；若 $t > T$，则以进化过程中所得到的具有最大适应度的个体作为最优解输出，终止运算。输出运算结果。

## 2.4.2 GA 的运行过程

利用 GA 解决实际问题之前,首先需要设计和选择该问题的编码、三个操作算子及控制参数等,一般需要设置的参数见表 2.10。

**表 2.10 GA 参数的选择**

| | |
|---|---|
| 编码 | 编码方式(Population Type) |
| 种群参数 | 种群规模(Population Size) |
| | 初始种群的个体取值范围(Initial Range) |
| 选择操作 | 个体选择概率分配策略(对应 Fitness Scaling) |
| | 个体选择方法(Selection Function) |
| 最佳个体保存 | 优良个体保存数量(Elite Count) |
| 交叉操作 | 交叉概率(Crossover Fraction) |
| | 交叉方式(Crossover Function) |
| 变异操作 | 变异方式(Mutation Function) |
| 停止参数 | 最大迭代步数(Generations) |
| | 最大运行时间限制(Time Limit) |
| | 最小适应度限制(Fitness Limit) |
| | 停滞代数(Stall Generations) |
| | 停滞时间限制(Stall Time Limit) |

应用 GA 解决实际优化问题时通常需要预先解决以下问题,如确定编码和解码方案、适应度函数标定、选择遗传操作方式及相关控制参数、确定停止准则等。本节将以函数优化问题作为背景,介绍 GA 的一般实现过程。

**1. 问题描述**

大部分函数优化问题都可以写成求函数的最大值或最小值的数学模型。为了不失一般性,可以将所有求最优值的情况都转换成求最大值的形式。例如,求函数 $f(x)$ 的最大值 $\max f(x)$ 形式(若是求函数 $f(x)$ 的最小值,可以将其转换成 $g(x)=-f(x)$,然后求 $g(x)$ 的最大值 $\max g(x)$)。其中,$x$ 可能是一个变量,也可能是一个由 $k$ 个变量组成的向量,$x=[x_1, x_2, \cdots, x_k]$,每个 $x_i$,$i=1, 2, \cdots, k$,其定义域为 $D_i=[a_i, b_i]$。一般规定 $f(x)$ 在其定义域内只取正值,若不满足,可以将其转换成以下形式,$g(x)=f(x)+C$,其中 $C$ 是一个正常数。

**2. 染色体编码、解码**

在进行搜索之前,先将解空间的解数据表示成遗传空间的基因型串结构数据,这些串结构数据的不同组合就构成了不同的点。群体内个体的数量 $N$ 就是群体规模。群体内每个染色体必须以某种编码形式表示。编码的内容可以表示染色体的某些特征,随着求解问题的不同,它所表示的内容也是不同。通常染色体表示被优化的参数,每个初始个体就表示着问题的初始解。

(1) 编码:个体们或当前近似解被编码为由字母组成的串,即染色体(个体),使基因

(Gene，染色体值)能在(表现)域决策变量上被唯一地描述。尽管有二进制、整数、实值等被使用，在 GA 表现型上最常用的是二进制字母{0，1}。一般 GA 使用固定长度的二进制符号串来表示群体中的个体，其等位基因是由二值字符集{0，1}所组成。初始群体中各个个体的基因可用均匀分布的随机数来生成。例如：$X=100111001000101101$ 就可表示一个个体，该个体的染色体长度是 $n=18$。若一个问题具有两个变量 $X_1$ 和 $X_2$，它们的染色体结构能用下面方法描述：

$$X_1 = 1011010011 \text{ 和 } X_2 = 010111010100101$$

其中，$X_1$ 被编码为 10 位，$X_2$ 被编码为 15 位。

位数的多少能够反应精确度水平或个体决策变量的范围，是一个不含人们试图解决问题的信息的染色体串。这只是表现值的染色体编码，任何意义均可应用于表现型。总之，搜索过程将在决策变量的编码中而不是它们自身中操作，当然除了在实值基因被使用的地方。

设某一参数的取值范围为 $[U_1，U_2]$，人们用长度为 $k$ 的二进制编码符号来表示该参数，则它总共产生 $2^k$ 种不同的编码，可使参数编码时的对应关系为

$$000000\cdots0000 = 0 \longrightarrow U_1$$
$$000000\cdots0001 = 1 \longrightarrow U_1 + \delta$$
$$000000\cdots0010 = 2 \longrightarrow U_1 + 2\delta$$
$$\vdots \qquad\qquad \vdots$$
$$111111\cdots1111 = 2^k - 1 \longrightarrow U_2$$

其中，$\delta = \dfrac{U_2 - U_1}{2^k - 1}$。

(2) 解码：假设某一个体的编码为 $b_k b_{k-1} b_{k-2} \cdots b_2 b_1$，则对应的解码公式为

$$X = U_1 + \left( \sum_{i=1}^{k} b_i \cdot 2^{i-1} \right) \cdot \frac{U_2 - U_1}{2^k - 1} \tag{2.25}$$

例如：设有参数 $X \in [2，4]$，现用 5 位二进制编码对 $X$ 进行编码，得 $2^5 = 32$ 个二进制串(染色体)：

$$00000, 00001, 00010, 00011, 00100, 00101, 00110, 00111$$
$$01000, 01001, 01010, 01011, 01100, 01101, 01110, 01111$$
$$10000, 10001, 10010, 10011, 10100, 10101, 10110, 10111$$
$$11000, 11001, 11010, 11011, 11100, 11101, 11110, 11111$$

对于任一二进制串，只要代入公式(2.2)，就可得到对应的解码，如 $x_{22} = 10101$，它对应的十进制为 $\sum\limits_{i=1}^{5} b_i \cdot 2^{i-1} = 1 + 0 \times 2 + 1 \times 2^2 + 0 \times 2^3 + 1 \times 2^4 = 21$，则对应参数 $X$ 的值为 $2 + 21 \times \dfrac{4-2}{2^5 - 1} = 3.3548$。

### 3. 个体适应度的检测评估

GA 在搜索进化过程中一般不需要其他外部信息，仅用适应度来评估个体或解的优劣，并作为以后遗传操作的依据。依据与个体适应度成正比的概率来决定当前群体中各个个体遗传到下一代群体中的机会多少。为了正确估计这个概率，要求所有个体的适应度必须为非负数。对于不同问题，适应度的定义方式也不同，需要预先确定好由目标函数值到

个体适应度之间的转换规律。特别是要预先确定好当目标函数值为负数时的处理方法，可选取一个适当大的正数 $C$，使个体的适应度为目标函数值加上正数 $C$。按照一定的选择策略选择合适的个体，选择体现"适者生存"的原理。根据群体中每个个体的适应性值，从中选择具有最好的 $M$ 个个体作为重新繁殖的下一代群体。

**4. 遗传算子**

一般 GA 使用下列三种遗传算子进行运算操作：

（1）选择或复制：是为了从当前个体中选出优良的个体，使它们有机会作为父辈为下代繁殖子孙。个体适应度越高，被选择的机会就越多。在决策变量域的染色体表现型被编码后，就可以估计种群的个体成员的特性或适应度。通过特征目标函数来估计个体在问题域中的特性。在自然世界中，这就是个体在现行环境中的生存能力。因此，目标函数建立的基础是在整个繁殖过程中选择成对的个体进行交配。

选择运算常使用比例选择算子或轮盘赌方法：

（1）比例选择算子是利用比例于各个个体适应度的概率决定其子孙的保留可能性。若设种群数为 $M$，个体的适应度为 $f_i$，则个体被 $i$ 选取的概率为 $p_i = f_i / \sum_{k=1}^{M} f_k$。当个体选择的概率给定后，产生[0, 1]之间的均匀随机数来决定哪个个体参加交配。若个体的选择概率大，则能被多次选中，它的遗传基因就会在种群中扩大；若个体的选择概率小，则被淘汰。

（2）轮盘赌方法是将染色体分布在一个圆盘上，每个染色体占据一定的扇形区域，扇形区域的面积大小和染色体的适应度大小成正比。若轮盘中心装一个可以转动的指针的话，旋转指针，指针停下来时会指向某一个区域，则该区域对应的染色体被选中。显然适应度高的染色体由于所占的扇形区域大，因此被选中的几率高，可能被选中多次，而适应度低的可能一次也选不中，从而被淘汰。算法实现时采用随机数方法，先将每个染色体的适应度除以所有染色体适应度的和，再累加，使它们根据适应度的大小分布于 0～1 之间，适应度大的占的区域大，然后随机生成一个 0～1 之间的随机数，随机数落到哪个区域，对应的染色体就被选中。重复操作，选出群体规模规定数目的染色体。这个操作就是"优胜劣汰，适者生存"，但没有产生新个体。

（3）交叉。交叉是模拟有性繁殖，由两个染色体共同作用产生后代。

交叉操作是 GA 中的特色操作，将群体内的各个个体随机搭配成对，对每对个体，按交叉概率交换它们之间的部分染色体。以事先给定的交叉概率 $p_c$ 在选择出的 $M$ 个个体中任意选择两个个体进行交叉运算或重组运算，产生两个新的个体，重复此过程直到所有要求交叉的个体交叉完毕。交叉是两个染色体之间随机交换信息的一种机制。在再生（复制）期间，每个个体均被计算适应度值，它来自没有加工的原始特性度量，由目标函数给出。这个值用来在选择中偏向更加适合的个体。相对整个种群，适应度高的个体具有高的选中参加交配的概率，而适应度低的个体具有较低的选中概率。

一般 GA 采用二进制编码，得到的染色体为二进制位串，随机生成一个小于位串长度的随机整数，交换该整数代表的两个染色体交叉点位置后的那部分位串。参与交叉的染色体是轮盘赌选出来的个体，并且还要根据选择概率来确定是否进行交叉，即生成 0～1 之间随机数，若随机数小于规定的交叉概率则进行交叉；否则直接进入交叉操作。这个操作是产生新个体的主要方法，不过基因都来自父辈个体。特别，SGA 采用单点交叉，即只有一个交叉点位置，任意挑选经过选择操作后种群中两个个体作为交叉对象，随机产生一个交叉点位置，两个个体在交叉点位置互换部分基因码，形成两个子个体，见下面单点交叉示例。

父个体1 | 110 | 11 ——单点交叉——→ 110 | 00 | 子个体1
父个体2 | 011 | 00 ——单点交叉——→ 011 | 11 | 子个体2

交叉算子并不是必须在种群的所有串中执行。

（4）变异。首先在群体中随机选择个体，对选中的个体以一定的概率随机地改变串结构数据中某个位的值。同生物界一样，GA 中变异发生的概率很低，通常在 $0.001 \sim 0.01$ 之间取值。根据需要可以事先给定的变异概率 $p_m$，在 $M$ 个个体中选择若干个体，并按一定的策略对选中的个体进行变异运算。变异运算增加了 GA 找到最优解的能力。

变异能根据一些概率准则引起个体基因表现型发生变化，在二进制表现型中，变异引起单个位的状态变化，即 0 变 1，或 1 变 0。如，在 [11011] 中变异第四位，1 变 0，产生新串为 10000000。一般 GA 变异采用位点变异。对于二进制位串，0 变为 1，1 变为 0 就是变异。采用概率确定变异位，对每一位生成一个 0～1 之间的随机数，判断是否小于规定的变异概率：若小于变异概率，则参与变异；否则该位不变。这个操作能够使个体不同于父辈而具有自己独立的特征基因。变异的作用主要用于跳出局部极值。

一般 GA 的变异运算采用基本位变异算子或均匀变异算子。为了避免问题过早收敛，对于二进制的基因码组成的个体种群，实现基因码的小概率翻转，即 0 变为 1，而 1 变为 0，下面所示为一位变异示例。

11011 ——变异——→ 11001

变异通常被认为是一后台算子，以确保研究问题空间的特殊子空间的概率永不为零。变异具有阻止局部最优收敛的作用。

（5）终止条件判断：判断是否收敛条件或固定迭代次数。若满足，则以进化过程中所得到的具有最大适应度的个体作为最优解输出。若不满足条件则重新进行进化过程。每一次进化过程就产生新一代的群体。群体内个体所表示的解经过进化最终达到最优解。

在重组和变异后，若需要，这些个体串随后被解码、进行目标函数评估、计算每个个体的适应度值，个体根据适应度被选择参加交配，并且这个过程继续直到产生子代。在这种方法中，种群中个体的平均性能希望是提高的，好的个体被保存并且相互产生下一代，而适应度低的个体则消失。当一些判定条件满足后，GA 则终止。例如一定的遗传代数、种群的均差或当遇到搜索空间的特殊点。

**5. 一般 GA 的运行参数及其设置**

一般 GA 有下列 4 个运行参数需要预先设定，即 $M$，$T$，$p_c$，$p_m$。Schaffer 建议的最优参数范围是：$M$ 为群体大小，即群体中所含个体的数量，一般取为 20～100；$T$ 为 GA 的终止进化代数，一般取为 100～500；$p_c$ 为交叉概率，一般取为 0.4～0.9；$p_m$ 为变异概率，一般取为 0.001～0.01。

## 2.4.3 利用 GA 求解一个简单问题

下面通过一个简单例子介绍利用 GA 如何解决实际优化问题。

假设目标函数及约束条件为

$$\max f(x_1,x_2)=21.5+x_1\sin(4\pi x_1)+x_2\sin(20\pi x_2)\Big\}$$
$$满足-3.0\leqslant x_1\leqslant12.1,4.1\leqslant x_2\leqslant5.8 \tag{2.26}$$

图 2.9 为函数 $f(x_1,x_2)$ 的图像。由图 2.9 可见，该函数有多个局部极值点。

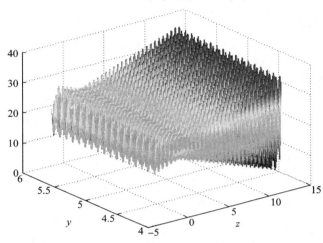

图 2.9　目标函数的图像

下面介绍利用 GA 求解上述优化问题的具体过程：

第一步，建立优化模型。式(2.26)已给出了问题的数学模型。

第二步，确定决策变量和约束条件。式(2.26)给出决策变量为 $x_1$，$x_2$，约束条件为 $-3.0\leqslant x_1\leqslant12.1,4.1\leqslant x_2\leqslant5.8$。

第三步，确定编码方式。编码即将变量转换成二进制串，串的长度取决于所要求解的精度。例如，变量 $x$ 的区间是 $[a,b]$，若设要求的精度是小数点后 4 位，则每个变量应该被分成至少 $(b-a)\times10^4$ 个部分。对一个变量的二进制串位数(用 $m$ 表示)，$m$ 可由下式计算

$$2^{m-1}<(b-a)\times10^4\leqslant2^m-1 \tag{2.27}$$

第四步，确定解码方法。从二进制串返回为一个实际值，可用下面的公式来实现

$$x=a+\text{decimal(substring)}\times\frac{b-a}{2^m-1} \tag{2.28}$$

式中，decimal(substring)代表变量 $x$ 的十进位值。

变量 $x_1$ 和 $x_2$ 的区间分别为 $[-3.0,12.1]$ 和 $[4.1,5.8]$，不妨设上述要求的精度为小数点后 4 位，则目标函数的两个变量 $x_1$ 和 $x_2$ 可以转换为下面的串：

$$(12.1-(-3.0))\times10\,000=151\,000,2^{17}<151\,000\leqslant2^{18},m_1=18$$
$$(5.8-4.1)\times10\,000=17\,000,\qquad2^{14}<17\,000\leqslant2^{15},m_2=15$$
$$m=m_1+m_2=18+15=33$$

则一个染色体串有 33 位，如下示例。

对应的变量 $x_1$ 和 $x_2$ 的真实值如表 2.10 所示。

表 2.10　染色体二进制与十进制比较

|  | 二进制数 | 十进制数 |
|---|---|---|
| $x_1$ | 000001010100101001 | 5417 |
| $x_2$ | 101111011111110 | 24318 |

$$x_1 = -3.0 + 5417 \times \frac{12.1 - (-3.0)}{2^{18} - 1} = -2.687\ 969$$

$$x_2 = 4.1 + 24\ 318 \times \frac{5.8 - 4.1}{2^{15} - 1} = 5.361\ 653$$

随机生成的初始种群(由 10 个个体组成)为

$$U_1 = [000001010100101001101111011111110]$$
$$U_2 = [001110101110011000000010101001000]$$
$$U_3 = [111000111000001000010101001000110]$$
$$U_4 = [100110110100101101000000010111001]$$
$$U_5 = [000010111101100010001110001101000]$$
$$U_6 = [111110101011011000000010110011001]$$
$$U_7 = [110100010011111000100110011101101]$$
$$U_8 = [0\ 010110101000011000101100110011100]$$
$$U_9 = [111110001011110001110100011101]$$
$$U_{10} = [111101001110101010000010101101010]$$

对应的十进制的实际值为：

$$U_1 = [x_1, x_2] = [-3.687\ 969, 5.361\ 653];$$
$$U_2 = [x_1, x_2] = [0.474\ 101, 4.170\ 144]$$
$$U_3 = [x_1, x_2] = [10.419\ 457, 4.661\ 461]$$
$$U_4 = [x_1, x_2] = [6.159\ 951, 4.109\ 598]$$
$$U_5 = [x_1, x_2] = [-3.301\ 286, 4.477\ 282]$$
$$U_6 = [x_1, x_2] = [11.788\ 084, 4.174\ 346]$$
$$U_7 = [x_1, x_2] = [9.342\ 067, 5.121\ 702]$$
$$U_8 = [x_1, x_2] = [-0.330\ 256, 4.694\ 977]$$
$$U_9 = [x_1, x_2] = [11.671\ 267, 4.873\ 501]$$
$$U_{10} = [x_1, x_2] = [11.446\ 273, 4.171\ 908]$$

第五步，确定个体评价方法。对一个染色体串的适应度评价由下列步骤组成：

(1) 将染色体串进行反编码，转换成真实值。在本例中，意味着将二进制串转为实际值

$$x^k = (x_1^k, x_2^k), \quad k = 1, 2, \cdots \tag{2.29}$$

(2) 评价目标函数 $f(x^k)$。将目标函数值转换为适应度。对于极大值问题，适应度就等于目标函数值

$$\text{eval}(U_k) = f(x^k), \quad k = 1, 2, \cdots \tag{2.30}$$

在 GA 中，通过染色体的适应度对其进行评价。上述染色体的适应度值计算如下：

$$\text{eval}(U_1) = f(-3.687\ 969,\ 5.361\ 653) = 19.805\ 119$$
$$\text{eval}(U_2) = f(0.474\ 101,\ 4.170\ 144) = 17.370\ 896$$
$$\text{eval}(U_3) = f(10.419\ 457,\ 4.661\ 461) = 9.590\ 546$$
$$\text{eval}(U_4) = f(6.159\ 951,\ 4.109\ 598) = 29.406\ 122$$
$$\text{eval}(U_5) = f(-3.301\ 286,\ 4.477\ 282) = 15.686\ 091$$
$$\text{eval}(U_6) = f(11.788\ 084,\ 4.174\ 346) = 11.900\ 541$$
$$\text{eval}(U_7) = f(9.342\ 067,\ 5.121\ 702) = 17.958\ 717$$
$$\text{eval}(U_8) = f(-0.330\ 256,\ 4.694\ 977) = 19.763\ 190$$
$$\text{eval}(U_9) = f(11.671\ 267,\ 4.873\ 501) = 26.401\ 669$$
$$\text{eval}(U_{10}) = f(11.446\ 273,\ 4.171\ 908) = 10.252\ 480$$

由以上数据可以看出，上述染色体中最健壮的是 $U_4$，最虚弱的是 $U_3$。

第六步，设计遗传算子和确定 GA 的运行参数。

(1) 选择运算使用轮盘选择算子。为基础的概率分配来选择新的种群。其步骤如下：

① 计算各染色体 $U_k$ 的适应度值 $\text{eval}(U_k)$：
$$\text{eval}(U_5) = f(x),\ k = 1,\ 2,\ \cdots \tag{2.31}$$

② 计算群体的适应度值总和：
$$F = \sum_{k=1}^{\text{pop-size}} \text{eval}(U_k) \tag{2.32}$$

③ 计算对应于每个染色体 $U_k$ 的选择概率 $P_k$：
$$P_k = \frac{\text{eval}(U_k)}{F} \tag{2.33}$$

④ 计算每个染色体 $U_k$ 的累计概率 $Q_k$：
$$Q_k = \sum_{j=1}^{k} P_j,\ j = 1,\ 2,\ \cdots \tag{2.34}$$

在实际工作中，要选择新种群的一个染色体，可按以下步骤完成：

生成一个 $[0,1]$ 间的随机数 $r$。若 $r \geqslant Q_1$，就选择染色体 $U_1$；否则选择第 $k$ 个染色体 $U_k(2 \leqslant k \leqslant \text{pop-size})$ 使得 $Q_{k-1} \leqslant r \leqslant Q_k$。则本例中种群的适应度总和为
$$F = \sum_{k=1}^{10} \text{eval}(U_k) = 178.135\ 373$$

对应于每个染色体 $U_k(k=1,\ 2,\ \cdots,\ 10)$ 的选择概率 $P_k$ 计算如下

$P_1 = 0.111\ 180$  $P_2 = 0.097\ 515$  $P_3 = 0.053\ 839$  $P_4 = 0.165\ 077$  $P_5 = 0.088\ 057$

$P_6 = 0.066\ 806$  $P_7 = 0.100\ 815$  $P_8 = 0.110\ 945$  $P_9 = 0.148\ 211$  $P_{10} = 0.057\ 554$

对应于每个染色体 $U_k(k=1,\ 2,\ \cdots,\ 10)$ 的累计概率 $Q_k$ 如下：

$Q_1 = 0.111\ 180$  $Q_2 = 0.208\ 695$  $Q_3 = 0.262\ 534$  $Q_4 = 0.427\ 611$  $Q_5 = 0.515\ 668$

$Q_6 = 0.582\ 475$  $Q_7 = 0.683\ 290$  $Q_8 = 0.794\ 234$  $Q_9 = 0.942\ 446$  $Q_{10} = 1.000\ 000$

现在，转动轮盘 10 次，每次选择一个新种群中的染色体。假设这 10 次中生成的 $[0,1]$ 间的随机数如下：

|  |  |  |  |  |
|---|---|---|---|---|
| 0.301 431 | 0.322 062 | 0.766 503 | 0.881 893 | 0.350 871 |
| 0.583 392 | 0.177 618 | 0.343 242 | 0.032 685 | 0.197 577 |

第一个随机数 $r_1 = 0.301\ 431$ 大于 $Q_3$ 小于 $Q_4$，这样染色体 $U_4$ 被选中；第二个随机数

$r_2 = 0.322\ 062$ 也大于 $Q_3$ 小于 $Q_4$，于是染色体 $U_4$ 被再次选中。最终，新的种群由下列染色体组成：

$$U_1 = [100110110100\ 1\ 01101000000010111001] \qquad (U_4)$$
$$U_2 = [100110110100\ 1\ 01101000000010111001] \qquad (U_4)$$
$$U_3 = [0010110101000011000101100110011001100] \qquad (U_8)$$
$$U_4 = [111110001011101100011101000111111101] \qquad (U_9)$$
$$U_5 = [100110110100101101000000010111001] \qquad (U_4)$$
$$U_6 = [110100010011111000100110011101101] \qquad (U_7)$$
$$U_7 = [0011101011\ 100110000000\ 10101001000] \qquad (U_2)$$
$$U_8 = [100110101011\ 010000\ 00010111001] \qquad (U_4)$$
$$U_9 = [000001010\ 100101001101111011111110] \qquad (U_1)$$
$$U_{10} = [0011101011100110000000010101001000] \qquad (U_2)$$

（2）交叉运算使用单点交叉算子。随机选择一个染色体串的节点，然后交换两个父辈节点右端部分来产生子辈。假设两个父辈染色体如下所示，节点随机选择在染色体串的第 17 位基因。

↓

$$U_1 = [100110110100101101000000010111001]$$
$$U_2 = [0010110101000011000101100110011001100]$$

假设交叉概率为 $P_0 = 25\%$，即在平均水平上有 25% 的染色体进行了交叉。假设随机数为

| | | | | |
|---|---|---|---|---|
| 0.625 721 | 0.266 823 | 0.288 644 | 0.295 114 | 0.163 274 |
| 0.567 461 | 0.085 940 | 0.392 865 | 0.770 714 | 0.548 656 |

上面说明染色体 $U_5$ 和 $U_7$ 被选中做交叉的父辈。在这里随机选择一个 $[1, 32]$ 间的整数（因为 33 是整个染色体串的长度）作为交叉点。假设生成的整数 pos 为 1，那么两个染色体从第一位分割，新的子辈在第一位右端的部分互换而生成，即

$$U_5 = [100110110100101101000000010111001]$$
$$U_5^* = [101110101110011000000010101001000]$$
$$U_7 = [001110101110011000000010101001000]$$
$$U_7^* = [000110110100101101000000010111001]$$

（3）变异运算使用基本位变异算子。假设染色体 $U_1$ 的第十八位基因被选作变异。若该位基因是 1，变异后就为 0。则染色体在变异后将是

$$U_1 = [100110110100101101000000010111001]$$

⇓

$$U_1^* = [100110110100101101000000000010111001]$$

将变异概率设为 $p_m = 0.01$，即希望在平均水平上，种群内所有基因的 1% 要进行变异。在本例中，共有 $33 \times 10 = 330$ 个基因，希望在每一代中有 33 个变异的基因。每个基因变异的概率是相等的。因此，要生成一个位于 $[0, 1]$ 间的随机数系列 $r_k (k = 1, 2, \cdots, 330)$。假设表 2.11 中列出的基因将进行变异。

**表 2.11　基因变异示例**

| 基因位置 | 染色体位置 | 基因位数 | 随机数 |
|---|---|---|---|
| 105 | 4 | 6 | 0.009 857 |
| 164 | 5 | 32 | 0.003 113 |
| 199 | 7 | 1 | 0.000 946 |
| 329 | 10 | 32 | 0.001 282 |

在变异完成后，得到了最终的下一代种群为

$U_1^*=[10011011010010110100000010111001]$, $U_2^*=[10011011010010110100000010111001]$

$U_3^*=[00101101010000110001011001100110]$, $U_4^*=[11111100101110110001110100011110]$

$U_5^*=[10111010111001100000010101001010]$, $U_6^*=[11010001001111000100110011101101]$

$U_7^*=[10011011010010110100000010111001]$, $U_8^*=[10011011010010110100000010111001]$

$U_9^*=[00000101010010100110111011111110]$, $U_{10}^*=[00111010111001100000010101001010]$

相对应的变量$[x_1, x_2]$的十进制值和适应度值为

$f(6.159\,951, 4.109\,598)=29.406\,122$, $f(6.159\,951, 4.109\,598)=29.406\,122$

$f(-0.330\,256, 4.694\,977)=19.763\,190$, $f(11.907\,206, 4.873\,501)=5.702\,781$

$f(8.024\,130, 4.170\,248)=19.91\,025$, $f(9.342\,067, 5.11\,702)=17.958\,717$

$f(6.159\,951, 4.109\,598)=29.406\,122$, $f(6.159\,951, 4.109\,598)=29.406\,122$

$f(-3.687\,969, 5.361\,653)=19.805\,119$, $f(0.474\,101, 4.170\,248)=17.370\,896$

到此，完成了 GA 的一代的运算过程。下面介绍第二代以后的操作过程。

第七步，第二代以后的操作过程。

设计终止代数为 1000。在第 491 代得到了最佳的染色体：

$$U^*=[11111000000011\ 1000111101001010110]$$

个体随着进化过程的进行，群体中适应度较低的一些个体被逐渐淘汰，而适应度较高的一些个体会越来越多，并且更加集中在 $U^*$ 附近，最终就可搜索到问题的最优点 $U^*$。$U^*$ 对应的十进制为（$x_1^*=11.631\,407$，$x_2^*=5.724\,824$），得适应度值为：

$\text{eval}(U^*)=f(11.631\,407, 5.724\,824)=38.818\,208$，即目标函数的最大值为 $f(x_1^*, x_2^*)=38.818\,208$。

SGA 中采用传统的比例选择，会使高于群体平均值的模式在下一代中获得较多的取样，随着迭代一次一次地进行，某些模式在种群中占据了优势；而一般 GA 就会强化这种优势，使搜索范围迅速变窄，表现为收敛向一些相同的串遗传漂移，而迅速收敛的种群达到的未必是全局最优，从而产生所谓早熟现象，其根源是发生了有效基因缺失。Rudolph 证明了 SGA 不能以概率收敛到全局最优解，所以在应用 SGA 解决具体实际问题时，必须对其进行改进，如保护优秀个体、采用单亲遗传算子、选择合适的适应度函数等。

# 第三章　遗传算法中的主要问题及其改进

　　遗传算法(GA)是采用简单的编码技术来表示各种复杂的结构，它通过对一组编码表示进行简单的遗传操作和优胜劣汰的自然选择来指导学习和确定搜索的方向。在应用 GA 解决具体问题时，参数选择比较重要。衡量参数设置恰当与否，要依据多次运行的收敛情况和解的质量来判断。若调整参数难以有效地提高遗传算法的性能，则往往需要借助对基本 GA 的改进。可以从多方面改进 GA，如适应度比例的调整，引入自适应交叉率和变异率，尝试其他的遗传操作，甚至采用混合方法。本章介绍 GA 的主要问题以及 GA 的一些改进算法。

## 3.1　GA 的主要问题

　　与其他优化算法相比，GA 涉及的问题较多。下面简单介绍 GA 运行过程中涉及的一些主要问题。

### 3.1.1　欺骗和竞争问题

　　GA 运行过程根据个体的选择、交叉和变异，将阶数低、长度短、平均适应度高于群体平均适应度的模式重组成高阶模式的趋势，找到最优解。若一个问题的个体编码满足高阶积木块条件，那么用 GA 求解效率较高；否则用 GA 求解效率较低。低阶积木块错误地引导搜索过程，使 GA 不能发现高阶积木块，最终导致算法发散，找不到最优解，这一现象称为欺骗问题。在 GA 中，将所有妨碍评价值高的个体生成高阶积木块从而影响 GA 正常工作的问题统称为欺骗问题。欺骗问题实际就是要预测用 GA 求解给定问题的难易程度。

　　目前 GA 的欺骗问题研究主要集中在以下 3 个方面：

　　(1) 设计欺骗函数。

　　(2) 理解欺骗函数对 GA 的影响。

　　(3) 修改 GA 以解决欺骗函数的影响。

　　下面给出有关欺骗问题的概念。

　　**定义 3.1(竞争模式)**　若模式 $H$ 和 $H'$ 中，"＊"的位置完全一致，但任一确定位的编码均不同，则称 $H$ 和 $H'$ 互为竞争模式。

　　**定义 3.2(欺骗性)**　假设目标函数 $f(x)$ 的最大值对应的 $x$ 的集合为 $X^*$，$H$ 为一包含 $X^*$ 的 $m$ 阶模式。$H$ 的竞争模式为 $H'$，而且 $f(H) > f(H')$，则称 $f$ 为 $m$ 阶欺骗。

　　**定义 3.3(最小欺骗性)**　在欺骗问题中，为了造成骗局所需设置的最小的问题规模(即阶数)，假定 $f(x)$ 的最大值对应的 $x$ 集合为 $x^*$，$H$ 为包含 $x^*$ 的 $m$ 阶模式，$H$ 的竞争模式为 $H'$，而且 $f(H) < f(H')$，则称 $f$ 为 $m$ 阶欺骗。

**例 3.1**　对于一个三位二进制编码的模式，若 $f(111)$ 为最大值，下列 12 个不等式中任意一个不等式成立，则存在欺骗问题。

模式阶数为 1 时：$f(**1)<f(**0)$，$f(*1*)<f(*0*)$，$f(1**)<f(0**)$

模式阶数为 2 时：$f(*11)<f(*00)$，$f(1*1)<f(0*0)$，$f(11*)<f(00*)$

$f(*11)<f(*01)$，$f(1*1)<f(0*1)$，$f(11*)<f(01*)$

$f(*11)<f(*10)$，$f(1*1)<f(1*0)$，$f(11*)<f(10*)$

造成上述欺骗问题的主要原因是编码不当或适应度函数选择不当。若它们均是单调关系，则不会存在欺骗性问题。但是对于一个非线性问题，难于实现其单调性。

Goldberg 利用适应度函数的非单调性来研究欺骗性问题。考虑一个两位二进制最大化问题，假定"11"对应最优解，若 $H(0*)>H(1*)$，则欺骗性存在。以前有人将适应度函数的非单调问题与欺骗问题同等看待，认为 GA 只有在单调问题中才有效。但是，若单调问题不使用 GA 或不使用概率搜索，一般的搜索法可能是适用的，没有 GA 存在的必要。即使是单调的，只有存在需要高机能交叉操作(非单调且非欺骗问题)，才能使 GA 的存在有意义，这是交叉操作成为 GA 本质作用的一个证明。

研究欺骗问题的主要思想是在最大程度上违背积木块假设。该方法优于由平均的低阶积木块生成局部最优点积木块的方法。

下面简要说明最小欺骗问题。这里的"最小"是指问题规模采用两位。GA 的欺骗问题一般不是 GA-难(偏离全局最优解)问题。假设有一个由 4 个阶数为 2，2 个确定位置的模式构成的集合，每个模式具有如图 3.1 所示的适应度。

| * | * | * | 0 | * | * | * | * | * | 0 | $f_{00}$ |
|---|---|---|---|---|---|---|---|---|---|---|
| * | * | * | 0 | * | * | * | * | * | 1 | $f_{01}$ |
| * | * | * | 1 | * | * | * | * | * | 0 | $f_{10}$ |
| * | * | * | 1 | * | * | * | * | * | 1 | $f_{11}$ |
|   |   |   |   | $\mid\leftarrow\delta(H)\rightarrow\mid$ |   |   |   |   |   |   |

图 3.1　每个模式的适应度

上面的适应度为模式的平均值，并假设为常量(当只考虑期望性能时，这个限制不影响结果)。不妨假设 $f_{11}$ 为全局最优值，则 $f_{11}>f_{00}$，$f_{11}>f_{01}$，$f_{11}>f_{10}$。

因为在 Hamming 二维空间中，旋转或映射与问题不相关，所以假设 $f_{11}$ 为全局最优值不影响问题结论的普遍性。

现在，设法引入迷惑简单 GA 的条件。为此，假设有一个问题：具有一个或两个局部最优的一阶模式比具有全局最优的一阶模式好。数值上，满足下面一个或两个条件：

$$f(0*)>f(1*),\quad f(*0)>f(*1)$$

在上式中，不考虑所有的等位基因，只考虑两个定义位置，适应度等于包含在列出的类似子集内的所有字符串适应度的平均值，则：

$$\frac{f(00)+f(01)}{2}>\frac{f(10)+f(11)}{2},\quad \frac{f(00)+f(10)}{2}>\frac{f(01)+f(11)}{2}$$

上面两个表达式不能同时包含在两位问题内(否则点 11 就不是全局最优值)。不失一般性，假设第一个成立，由此通过一个全局最优条件($f_{11}$ 为全局最优值)和一个"欺骗"条件

$(f(0*)>f(1*))$，就确定了一个欺骗问题。

为了使问题更直观，将上述适应度进行归一化处理：$r=\dfrac{f_{11}}{f_{00}}$，$c=\dfrac{f_{01}}{f_{00}}$，$c'=\dfrac{f_{10}}{f_{00}}$。

归一化全局条件为 $r>c$，$r>1$，$r>c'$，归一化"欺骗"条件为 $r<1+c+c'$。

由上面条件可得 $c'<1$，$c'<c$。

由此得到两类欺骗问题：

类型 1：$f_{01}>f_{00}$（$c>1$）；

类型 2：$f_{00}>f_{01}$（$c\leq1$）。

按 Holland 的模式定理，最小欺骗问题将给 GA 造成很大困难，GA 甚至找不到最优解。但 Goldberg 实验的结果却是：类型 1 能够快速找到最优解；类型 2 找到或找不到两种情况都可能出现。

GA 中欺骗性问题的产生与适应度函数的确定和调整，与基因编码方式的选取相关。采用合适的编码方式或调整适应度函数可以化解和避免欺骗问题。下面以合适的编码方式为例来说明。

**例 3.2**　对于一个两位编码的适应度函数 $f(x)=4+\dfrac{11}{6}x-4x^2+\dfrac{7}{6}x^3$，采用二进制编码，计算个体的函数值（见表 3.1a），则存在第二类欺骗问题，采用格雷编码，计算个体的函数值（见表 3.1b），则第二类欺骗问题就转换为第一类欺骗问题。

**表 3.1a　二进制编码及函数值**

| 编码 | 对应整数解 | 函数值 |
| --- | --- | --- |
| 00 | 0 | 4 |
| 01 | 1 | 3 |
| 10 | 2 | 1 |
| 11 | 3 | 5 |

**表 3.1b　格雷编码及函数值**

| 编码 | 对应整数解 | 函数值 |
| --- | --- | --- |
| 00 | 0 | 4 |
| 01 | 1 | 3 |
| 11 | 2 | 1 |
| 10 | 3 | 5 |

采用适当的适应度函数调整方法，设：

$$g(x)：g(00)=2^7=128，g(01)=2^0=1，g(10)=g(11)=2^5=32$$

若适应度函数 $f(x)=g(x)$，则：

$$f(0*)=\frac{f(00)+f(01)}{2}=64.5，\quad f(1*)=\frac{f(10)+f(11)}{2}=32$$

故存在欺骗问题。

若用适应度函数的调整方法，$f(x)=\lg g(x)$，则：

$$f(00)=7，f(01)=0，f(11)=f(10)=5$$

得 $f(0*)=3.5$，$f(1*)=5$，故不会产生欺骗问题。

基因型与表现型之间的关系是进化计算中的一个基本关系，在其复杂的非线性关系中突出的两个特点是"一因多果"和"一果多因"。表现型的变化是对象遗传结构和当时环境条件交互作用所致的结果，非线性效果很明显，甚至相差很大的遗传结构可能会导致类似的结果。这样在研究基因型-表现型相互关系及其在进化过程中的规律时就必须充分利用非线性系统工具、随机过程中的统计测度理论，以及具有动态属性的动力学机制。适应度状态图描述了适应度和基因型间的关系。自适应状态图则勾画了适应度与表现型之间的关系。算子在进化计算中占有重要的地位，与之相应的操作也反映了动态机制。因此，进化机制体系可归纳为：

$$进化计算＝进化算子＋进化操作＋进化策略＋进化计算理论$$

其中，进化算子可以有多种形式，进化策略可容纳较复杂的非线性动力学机制。

进化计算作为完整的体系，应包括最优性、统计分析、选择策略和相应判据等内容。

### 3.1.2　参数调节、终止条件判断、邻近交叉和收敛问题

**1. 参数调节**

应用 GA 时需要给定一组控制参数，如种群规模、交叉概率、变异概率、最大进化代数等。控制参数选取的不同，会对算法的性能产生较大的影响。要得到算法的最优性能，必须确定最优的参数设置。对于任何一个具体的优化问题，调节 GA 的参数有利于更好更快地收敛，这些参数包括个体数目、交叉率和变异率。例如，太大的变异率会导致丢失最优解；而过小的变异率会导致算法过早地收敛于局部最优点。对于这些参数的选择，现在还没有适用的上下限选择方法。GA 擅长解决的问题是全局最优化问题。例如，解决时间表安排问题，很多安排时间表的软件都使用 GA，GA 还经常被用于解决实际工程问题。GA 能够跳出局部最优而找到全局最优点。GA 允许使用非常复杂的适应度函数（或叫作目标函数），并可以对变量的变化范围加以限制。在实际应用中，对这些参数的选择有以下建议：

（1）种群规模：一般来说，较大数目的初始种群可以同时处理更多的解，因而更加容易找到全局最优解。但是实践表明，巨大的种群规模并不能提高算法的性能，因为每次再生的迭代时间会加长，一般种群规模设为 20～100，好的种群规模与编码方案也有关系。

（2）交叉概率：交叉概率的选择决定了交叉操作的频率，频率越高可以越快地收敛到最有可能的最优解区域，因此通常选择较大的交叉率，一般为 0.6～0.9，但不要设为 1，因为太高的交叉概率会导致过早收敛。

（3）变异概率：变异概率相反，通常很小，一般设为 0.005～0.025。若设为 1，则退化成随机搜索，这样极其不稳定，设为 1 容易陷入局部最优点而导致早熟现象。

（4）最大进化代数：最大进化代数作为一种模拟终止条件，一般视具体情况而定，计算量小的问题取 100～500 即可，而计算量大的问题可能取到 10 000 等。

为了提高群体的多样性，增强算法维持全局搜索的能力，同时保护优良的个体，需要随适应度值自适应地改变交叉概率和变异概率，主要有如下四种策略：

（1）变异概率随进化代数呈指数递减，其作用是当群体逐渐收敛时减小对已有个体的破坏，加快收敛。

（2）根据各操作算子在进化过程中的作用，动态调整各操作算子的权重。

（3）根据交叉个体间的海明距离，动态调整变异概率，变异概率随个体间的海明距离的减少而增加。

（4）根据群体的某些统计特性，对个体基因串的不同码位赋予不同的控制参数。

**2. 终止条件判断**

终止条件决定了 GA 停止进化的时间。该条件将 GA 进化过程中的进化代数或种群评

价指标作为它的判断依据。一般采用三种停止条件：

（1）当迭代次数达到决策者预期的目标时将停止进化。

（2）当演算时间达到规定时间时将终止进化。

（3）当目标函数或适应度函数始终不能达到最优时不得不终止循环。

一般采用第一种停止条件进行迭代，设定好算法后，提前将迭代的次数设置好。对于小规模的选址实例，迭代次数设定为 80 次即可。

**3. 防止邻近交叉遗传**

邻近交叉与自然界的生物系统一样，会产生不良后代。因此，需要在选择过程中加入双亲资格判断程序。从转轮法得到的双亲要经过一个比较，若相同，则再次进入选择过程。当选择失败次数超过一个阈值时，就从一个双亲个体周围选择另一个体，然后进入交叉操作。

**4. 收敛问题**

GA 的收敛判断不同于传统的数学规划方法，它是一种启发式搜索，没有严格的数学收敛依据。目前采用的收敛依据，如根据迭代的次数和每代解群中数字串中的数目，或质量来判断，即当连续几次迭代过程中最好的解没有变化。或根据解群中最好的解的适应度值与其平均适应度值之差对平均值的比来确定。

**定理 3.1（遗传定理）**　通过选择和交叉操作的作用，GA 能够收敛到全局最优解的充分必要条件是种群中至少包含一对全局最优解的高位基因及其互补基因。

遗传定理说明了若种群中包含全局最优解的高位基因及其互补基因，则通过选择、交叉操作，使 GA 能够找到最优解。有学者证明了积木块假设是成立的，同时给出了积木块假设成立的充分条件是种群中至少包含一个全局最优解的基因及其互补基因。若初始种群中不包含最优解，那么在进化过程中，在最优解的基因被全部淘汰掉之前，通过交叉操作必然可能产生最优解；否则，交叉操作将失效，产生最优解或最优解的基因只能依靠变异操作完成。若最优解的基因被选择的概率较小，则最优解的基因将在进化过程中很容易被淘汰；若变异的作用较小，则此时的算法可能发生早熟收敛现象。

## 3.1.3　GA -难问题

各种研究结果表明，GA -难问题一般得到在最优解周围一些适应度较差的解。这种情况很难发挥交叉操作的局部搜索作用（即利用这些较差的解产生最优解的概率很小）。若种群中组成最优解所在的区间内的高位基因或其互补基因缺失，则不能由此代种群通过交叉操作在其子代中得到最优解，而且在以后的进化过程中也不能通过交叉产生最优解。最优解基因的缺失可能是由于在种群初始化时该基因不存在，也可能是在进化过程中丢失了。丢失原因是含有该基因的个体被选择的概率太小，在未形成包含该基因的高适应度个体前被淘汰。此时，种群重新出现该基因只能依靠变异作用，而变异作用有限。另外，导致 GA -难问题现象发生的情况有两种：

（1）种群中高适应度个体不具有组成最优解的基因，或具有组成最优解基因的个体被选择概率较小，则此代种群中的个体通过交叉产生最优解的概率也较小。

（2）种群通过交叉操作虽然没有产生最优解，但以较大概率产生了具有最优解基因的个体，它有利于在以后的进化中通过交叉产生最优解。若此时具有最优解的基因个体被选择的概率较小，则不利于后代产生最优解，因为在进化过程中可能发生最优解基因丢失。

以上任意一种情况发生都将产生 GA-难问题。对于大多数的具有 GA 欺骗性问题，在足够大的种群规模下 GA 仍能获得全局最优解。但是严重的欺骗问题使得发现全局最优解的概率将大幅度减小，同时搜索效率也大大降低。

### 3.1.4　早熟收敛现象及其防止

GA 早熟收敛是 GA 的主要弊病之一，是 GA 应用的最大障碍，也是一直困扰 GA 研究者和开发人员的难题。其原因有很多，其中最有可能的是对选择方法的安排。提高变异概率能尽量避免由此导致的早熟收敛的出现。本节主要分析 GA 的本质属性，这对找到发生早熟现象的原因有重要的理论意义和实践价值。

**1．早熟收敛现象**

早熟收敛即非成熟收敛，又称为过早收敛，指没有迭代完指定的代数，所有个体都趋于同一个体，丧失了生物多样性，再迭代就没有任何意义了，无法获取最优解。

在 GA 处理过程的每个环节都有可能导入早熟收敛因素。GA 早熟收敛产生的主要原因是，在迭代过程中未得到最优解或满意解，群体就失去了多样性。具体表现在以下几个方面：

（1）在进化初始阶段，生成了具有很高适应度的个体 X。

（2）在基于适应度比例的选择下，其他个体被淘汰，大部分个体与 X 一致。

（3）两个基因型相同的个体进行交叉却没有生成新个体。

（4）通过变异所生成的个体适应度高但数量少，被淘汰的概率较大，即变异的作用不明显。

（5）群体中的大部分个体都处于与 X 一致的状态。

（6）在没有完全达到用户目标的情况下，程序却判断为已经寻求到最优解而结束 GA 的循环。

**2．早熟收敛产生的主要原因**

对一个个体来说，在遗传操作中只能产生整数个后代。在有限群体中，模板的样本不能以任意精度反映所要求的比例，这是产生取样误差的根本原因；又由于随机选择的误差，可能导致模板样品数量与理论预测值有很大差别。随着这种偏差的积累，一些有用的模板将会从群体中消失。遗传学家认为当群体很小时，选择不会起作用，这时有利基因可能被淘汰，有害基因可能被保留。引起群体结构发生变化的主要因素是随机波动，也称为遗传漂移。它也是产生早熟收敛的一个主要原因。对此可以采用增大群体容量的方法来减缓遗传漂移，但这样做可能导致算法效率降低。

早熟收敛产生的主要原因有以下几点：

（1）所求解的问题是 GA 欺骗问题。当解决的问题对于标准 GA 来说比较困难时，GA 就会偏离寻优方向，得不到最优解。

（2）遗传算法的终止判据是人为设定其迭代次数，可能会造成未成熟就终止。

（3）理论上考虑的选择、交叉、变异操作都是绝对精确的，它们之间相互协调，能搜索到整个解空间，但在具体实现时很难达到这个要求。

① 选择操作是根据当前群体中个体适应度值所决定的概率进行的。当群体中存在个别超常个体（即该个体的适应度远高于其他个体）时，该个体在选择算子的作用下，将会多被选中，强者越强，弱者越弱，下一代很快被该个体控制。

② 交叉和变异操作发生的概率 $p_c$ 与 $p_m$ 控制了算法的局部搜索能力，因此算法对这两个参数非常敏感。不同的参数值会有不同的结果。

（4）GA 处理的群体规模对遗传算法的优化性能也有较大影响。若群体太小，不能体现生物多样性，没有交叉优势；群体太大，计算时间太长，计算效率会降低。群体有限，因而存在随机误差，主要包括取样误差和选择误差。取样误差是指所选择的有限群体不能代表整个群体产生的误差。当表示有效模板串的数量不充分或所选串不是相似子集的代表时，GA 就会发生上述类似情况。小群体中的取样误差妨碍模板的正确传播，因而阻碍模板原理所预测的期望性能产生。选择误差是指不能按期望的概率进行个体选择。

种群早熟收敛现象的外在表现是，种群中的个体所包含的基因型减少，使种群中个体趋于一致。如果种群不是朝着最优解的方向收敛，那么种群将收敛到局部最优解。因为已经发生了早熟收敛的种群不能通过交叉操作生成新个体。若依靠变异的作用产生新基因型的能力有限，这时就发生了早熟现象。早熟现象发生的原因是由于解空间中具有多个吸收态，当变异操作用较小时，种群主要依靠选择和交叉操作，选择和交叉操作将引导种群向着某一个吸收态收敛。若包含收敛于最优解的吸收态的概率较小，则种群发生早熟现象的概率较大。当且仅当种群中具有最优解的基因，通过交叉操作才有可能搜索到最优解。若种群收敛到某个吸收态，则通过交叉产生包含最优解状态的概率近似等于 0。若此时变异的概率很小，则得到最优解的概率仍然很小。在理论上，只要有变异存在，GA 必然不收敛，从而不会收敛到最优解。但在 GA 的实践中，交叉概率通常取 0.6～0.95，变异概率取 0.001～0.01，变异使种群发生显著改变的概率极小，此时交叉算子在 GA 中起相对核心的作用。若种群发生准早熟收敛现象，则使种群从某个吸收态中跳出来的变异操作起核心作用。标准 GA 的马氏链是非周期和不可约的，所以其种群序列 $\{X(t), t \geqslant 0\}$ 从一个状态出发，将以概率 1 在有限步内达到 $H$ 中的任一状态（因为有变异操作存在）。但是，从理论上讲，必须在 $t \rightarrow \infty$ 时采用精英保留策略的 GA 依概率收敛到全局最优解，即 $\lim\limits_{t \rightarrow \infty} p(x^* \in X(t)) = 1$。遗传搜索效率和时间的复杂性与遗传操作的搜索性有关。在实际应用中，有限步迭代内找到全局最优解，即必须在种群发生早熟现象之前，通过选择与交叉操作的全局搜索来发现最优解。

下面分析发生早熟现象的原因：

设包含最优解的状态为 $j$，当种群 $X(t_1)$ 处于某个状态 $i(i \neq j)$ 时，$p_{ij}(t_1) \leqslant \alpha$（$\alpha$ 为一个较小的正数），即此时种群 $X(t_1)$ 收敛于状态 $j$ 的概率较小。若 $t_1 > t_2$ 时，均有 $p_{ij}(t_2) \leqslant \alpha$，则时刻 $t_1$ 的种群 $X(t_1)$ 将发生准早熟收敛现象；在 $t_2 > t_1$ 时，种群 $X(t_2)$ 发生了早熟现象。

### 3. 防止早熟现象

分析了早熟收敛产生的原因后，下面解决如何防止该现象发生，即如何维持群体多样性以保证在寻找到最优解或满意解之前，不会发生早熟收敛现象。解决方法主要有：

1）重新启动法

重新启动法是实际应用中最早出现的方法之一。在 GA 搜索中碰到早熟收敛问题而不能继续时，则随机选择一组初始值重新进行 GA 操作。假设每次执行 GA 后陷入不成熟收敛的概率为 $Q(0 \leqslant Q < 1)$，那么做 $n$ 次独立的 GA 操作后，可避免早熟收敛的概率为 $F(n) = 1 - Q^n$，随着 $n$ 的增大，$F(n)$ 将趋于 1。但是，对于 $Q$ 较大的情况，如果优化对象很复杂以及每次执行时间很长，则不适合采用该办法。

2）匹配策略

为了维持群体的多样性，我们通过有目的地选择配对个体。一般情况下，在物种的形成过程中要考虑配对策略，以防止对根本不相似的个体进行配对。因为在生物界，不同种族之间一般是不会交叉的，这是因为它们的基因结构不同，会发生互斥作用，同时交叉后会使种族失去其优良特性。因此，配对受到限制，即大多数是同种或近种配对，以使一个种族的优良特性得以保存和发扬。然而，这里所说的匹配策略是有不同的目的。其目的是，由不同的父辈产生的个体比其父辈更具有多样性，Goldberg 的共享函数就是一种间接匹配策略。该策略对生物种内的相互匹配或至少对占统治地位的物种内的相互匹配有一定限制。Eshelman 提出了一种可以更直接地防止相似个体交配的方法——防止乱伦机制。参与交配的个体是随机配对的，但只有当参与配对的个体间的海明距离超过一定阈值时，才允许它们进行交配。最初的阈值可采用初始群体海明距离的期望，随着迭代过程的发展，阈值可以逐步减小。尽管 Eshelman 的方法并不能明显地阻止同辈或相似父辈之间进行交配，但只要个体相似，它就有一定的影响。匹配策略是对具有一定差异的个体进行配对，这在某种程度上可以维持群体的多样性。但它同时也具有一定的副作用，即交叉操作会使较多的模板遭到破坏，只有较少的共享模板得以保留。

3）重组策略

重组策略就是使用交叉算子。在某种程度上，交叉操作试图产生与其父辈不同的个体，从而使产生的群体更具有多样性。能使交叉操作更具有活力的最简单的方法是增加其使用的频率和使用动态改变适应度函数，如共享函数方法。另一种方法是把交叉点选在个体具有不同值的位上。只要父辈个体至少有两位不同，所产生的子代个体就会与其父辈不相同。维持群体多样性的基本的方法是，使用具有破坏性的交叉算子，如均匀交叉算子。该算子试图交叉近一半的不同位，因而保留的模板比单点或两点交叉所保留的模板要少得多。总之，重组策略主要是从使用频率和交叉点两方面考虑，来维持群体的多样性。这对采用随机选择配对个体进行交叉操作可能有特定的意义，但对成比例选择的方式，其效果则不一定明显。

4）替代策略

匹配策略和重组策略分别在选择、交叉阶段，通过某种策略来维持群体的多样性，而替代策略是在选择、交叉产生的个体中，选择哪一个个体进入新一代群体。De Jong 采用排挤模式，即用新产生的个体去替换父辈中类似的个体。有学者也采用类似的方法，仅把与父辈各个个体均不相似的新个体添加到群体中。这种替换策略仅从维持群体的多样性出发，存在一定的负面影响，即交叉操作会破坏较多模板，但这种影响比前两种策略的要少。

5）尺度变换

在应用比例选择时，遗传算法的早期群体出现适应度远大于群体平均适应度的个体会在群体中过多地复制，而导致早熟收敛，且在遗传算法的后期群体平均适应度与最优实验值太过接近时，会导致停滞现象。这个问题通过对适应度函数进行尺度变换来处理。常用的尺度变换方法有：线性尺度变换、乘幂尺度变换、指数尺度变换和$\sigma$截断。其中，指数尺度变换既可以让较好的个体保持更多的复制机会，又限制了其复制数目以免其很快控制整个群体，从而提高了相近个体之间的竞争性。指数尺度变换系数决定了选择的强制性，其值越小，选择强制就越趋向于那些适应度高的个体，因此指数尺度变换较为常用。

### 3.1.5　种群的多样性

传统GA的目标是使种群逐渐收敛，最终获得一个满意解。这样会使种群失去多样性，而种群的多样性恰恰是有效探索整个可行空间的必要条件。传统进化算法在进化后期会失去对环境变化的适应能力，这是进化算法在动态环境中所面临的主要挑战。近些年来，许多学者使用了各种方法来解决这个问题，这些方法大体上可以分成四种：

（1）采取修改某些GA算子的策略，使GA能够适应环境的变化。

（2）始终避免种群收敛，保持种群的多样性。因为一个发散的种群能够更容易地适应环境变化。

（3）GA中引入某种记忆策略，使之能够重用以前的进化信息。这类方法适用于周期变化的环境。

（4）采用多种群策略，将整个种群分成若干个小种群，其中一部分用于追踪当前的极值点，另一部分继续搜索整个空间，以发现新的极值点。

各种动态遗传算子与传统遗传算子相比，更能够保持种群的多样性。因为种群多样性是GA能够适应复杂环境变化的必要条件。

### 3.1.6　三个遗传算子对收敛性的影响

采用不同的操作算子对GA的收敛性影响可能很大。简单分析如下：

（1）选择操作对收敛性的影响。选择操作的目的是保证每代种群的多样性，降低个体之间的相似度，使高适应度的父代个体能够直接进入子代，使进化后的较优个体进入子代，解决标准GA中经过若干代后种群内个体高度相似的缺点，使种群可以收敛到全局最优解。本方法对于复杂的多峰、多谷函数求最值具有较好的效果。

（2）交叉操作对收敛性的影响。交叉操作作用于个体对产生新个体，需要在解空间中进行有效搜索。渐变种群的交叉操作的目的是保证种群中个体不至于更新很快，保证高适应度值的个体不被很快破坏掉。突变种群的交叉操作能够保证交叉的有效性，从而不会使搜索停滞不前，而造成算法的不收敛或陷入局部最优解。

（3）变异操作对收敛性的影响。变异操作的目的是对种群模式扰动，有利于增加种群的多样性。渐变种群的变异保证了最佳个体渐进达到局部最优解，增强个体的局部搜索能力。突变种群的变异保证了新模式的产生，保证了种群的多样性，从而最终达到全局最优解。

### 3.1.7　GA性能评估

实现GA涉及五个要素：参数编码、初始群体的设定、适应度函数的设计、遗传操作设计和控制参数设定。每个要素对应不同的环境，存在各种相应的设计策略和方法。不同的策略和方法决定了各自的GA具有不同的性能或特征。因此，评估GA的性能对于研究和应用 GA 十分重要。目前，GA 的评估指标一般采用适应度值。特别在没有具体要求的情况下，一般采用各代中最优个体的适应度值和群体的平均适应度值。以此为依据，De Jong 提出了两个用于定量分析 GA 的测度，即在线性能测度和离线性能测度，得到两个评估准则。

**1. 在线性能评估准则**

**定义 3.4**　设 $X_e(s)$ 为环境 $e$ 下策略 $s$ 的在线性能，$f_e(t)$ 为时刻 $t$ 或第 $t$ 代中相应于环境 $e$ 的目标函数或平均适应度函数，则 $X_e(s)$ 可以表示为

$$X_e(s) = \frac{1}{T} \sum_{t=1}^{T} f_e(t) \tag{3.1}$$

式(3.1)表明，在线性能可以用从第一代到当前的优化进程的平均值来表示。

**2. 离线性能评估准则**

**定义 3.5**　设 $X_e^*(s)$ 为环境 $e$ 下策略 $s$ 的离线性能，则有：

$$X_e^*(s) = \frac{1}{T} \sum_{t=1}^{T} f^*(t) \tag{3.2}$$

式(3.2)中，$f^*(t) = \text{best}\{f_e(1), f_e(2), \cdots, f_e(t)\}$。

式(3.2)表明，离线性能是特定时刻或特定代的最佳性能的累积平均。具体来说，在进化过程中，每进化一代统计到目前为止各代中的最佳适应度或最佳平均适应度，并计算对进化代数的平均值。

De Jong 指出，离线性能用于测量算法的收敛性。在应用中，优化问题的求解可以得到模拟，在一定的优化进程停止准则下，当前最好的解可以被保存和利用。而在线性能用于测量算法的动态性能。在应用时，优化问题的求解必须通过真实的实验在线实现，并且迅速得到较好的优化结果。但是，从 GA 的运行机理可知，在遗传算子的作用下，群体的平均适应度呈现增长的趋势，使得定义 3.4 和定义 3.5 中的 $f_e(t)$ 和 $f_e^*(t)$ 相差不大，它们所反映的性质也基本一样。

下面以最优化方法的收敛速度和收敛准则来讨论 GA 的性能。

一般优化问题可描述为求 $x = (x_1, x_2, \cdots, x_n)^{\mathrm{T}}$，使 $f(x)$ 达到最小(或最大值)。最优化方法通常为采用迭代法求它的最优解。其基本思想为，给定一个初始点 $x_0$，按照某一迭代规则产生一个点列 $\{x_i\}$，当 $\{x_i\}$ 为有穷点列时，其最后一个点是最优化问题的最优解。当 $\{x_i\}$ 是无穷点列时，它有极限点，且其极限点是最优化问题的最优解。一个好的优化算法是当 $x_i$ 能稳定地接近全局极小点(或极大点)的邻域时，迅速收敛于 $x^*$，当满足给定的收敛准则时，迭代终止。

假设一个算法产生的迭代点列 $\{x_i\}$ 在某种范数意义下收敛，即

$$\lim_{i \to \infty} \| x_i - x^* \| = 0 \tag{3.3}$$

式(3.3)中，$x_{i+1} = x_i + \alpha_i$，$\alpha_i$ 为步长因子。

若存在实数 $\alpha > 0$ 及一个与迭代次数无关的常数 $q > 0$，使得

$$\lim_{i \to \infty} \frac{\| x_{i+1} - x^* \|}{\| x_i - x^* \|} = q \tag{3.4}$$

则称此算法产生的迭代点列 $\{x_i\}$ 具有 $q - \alpha$ 阶收敛速度($\alpha$ 为迭代步长因子)。因为式(3.4)

中 $\|x_{i+1}-x_i\|$ 是 $\|x_i-x^*\|$ 的一个估计，所以在实际应用中，一般用 $\|x_{i+1}-x_i\|$ 代替 $\|x_i-x^*\|$，作为迭代终止判决条件。

(1) 当 $\alpha=1$，$q>0$ 时，称 $\{x_i\}$ 具有 $q$ 线性收敛速度。

(2) 当 $1<\alpha<2$，$q>0$ 或 $\alpha=1$，$q=0$ 时，称 $\{x_i\}$ 具有 $q$ 超线性收敛速度。

(3) 当 $\alpha=2$ 时，称 $\{x_i\}$ 具有 $q$ 二阶收敛速度。

超线性收敛速度和二阶收敛速度的迭代算法具有较快的收敛速度。

关于算法的终止准则，实际应用中可以使用各种不同的方法进行确定。Himmeblau 提出了下面的终止准则：

当 $\|x_i\|>\varepsilon$ 和 $|f(x_i)|>\varepsilon$ 时，采用：

$$\frac{\|x_{i+1}-x_i\|}{\|x_i\|}\leqslant\varepsilon \quad 或 \quad \frac{|f(x_{i+1})-f(x_i)|}{|f(x_i)|}\leqslant\varepsilon \tag{3.5a}$$

否则采用：

$$|x_{i+1}-x_i|<\varepsilon \quad 或 \quad |f(x_{i+1})-f(x_i)|<\varepsilon \tag{3.5b}$$

式(3.5a)和式(3.5b) $\varepsilon$ 为根据实际问题要求精度给出的适当小的正数。

根据 Himmeblau 提出的终止准则，实际中可以用各代适应度函数的均值之差来衡量 GA 的收敛特性。定义收敛性测量函数为

$$C_e(s)=\frac{1}{T}\sum_{t=1}^{T}[f_e(t+1)-f_e(t)] \tag{3.6}$$

式(3.6)中，$f_e(t)$ 为时刻 $t$ 或第 $t$ 代中相应于环境 $e$ 的目标函数或平均适应度函数。

从优化问题中寻找最优解或最优解组的角度考虑，可以定义部分在线特性：

$$f_n(s)=\frac{1}{T}\sum_{t=1}^{T}f_e'(t) \tag{3.7}$$

式(3.7)中，$f_e'(t)$ 为群体中对应于最优解或最优解组的个体适应度的均值。

## 3.2 改进的 GA

尽管 GA 有许多优点，但目前存在的问题依然很多，其中 GA 的早熟收敛现象是迄今为止最难解决的一个问题。实际上，自从 1975 年 J. H. Holland 系统提出 GA 的完整结构和理论以来，众多学者一直致力于改进 GA，分别从参数编码、初始群体设定、适应度函数标定、遗传操作算子、控制参数的选择以及 GA 结构等方面，提出了很多改进的 GA。本节介绍一些简单的改进 GA。

### 3.2.1 改进 GA 的一般思路

改进 GA 的基本途径概括为以下几个方面：

(1) 改进 GA 的组成成分或使用技术，如选用优化控制参数、适合问题特性的编码技术等。

(2) 采用混合 GA 或并行算法。

(3) 采用动态自适应技术，在进化过程中调整算法控制参数和编码精度。

(4) 采用非标准的遗传操作算子。

对一般 GA 的改进思路归纳如下。

**1. 对编码方式改进**

二进制编码的优点在于编码、解码操作简单，交叉、变异等操作便于实现；缺点在于精度要求较高时，个体编码串较长，使算法的搜索空间急剧扩大，GA 的性能降低。格雷编码克服了二进制编码的不连续问题，浮点数编码改善了 GA 的计算复杂性问题。

**2. 三个遗传算子改进方法**

（1）选择算子改进：有学者通过不同的父代种群来构造子代种群。方法如下，父代的部分最佳个体及经过渐变进化的优秀个体可以直接进入下一代；部分次优个体和突变进化后的优秀个体可以进入下一代。这样的种群构造方式不仅保证保留了优秀个体，同时保证了各代种群的多样性，降低了种群之间的相似性，提高了交叉操作的效率。

（2）交叉算子改进：遗传算法的收敛性主要取决于交叉算子的收敛性，交叉算子的设计是国内外学者研究的一个热点。有学者将种群分为渐变种群和突变种群。为了使渐变种群能够达到局部最优，依据交叉概率 $P_c$ 对渐变种群做两点交叉操作，以减小其改变量，使其在最优解邻域内做局部搜索；对于突变种群为保证其能在整体范围内寻优，可以采用再次随机产生新个体的方法，使其以大概率与突变种群的个体做交叉操作，通过不断引入新个体，使种群做较大的改变。

（3）变异算子改进：有学者在变异操作时让渐变种群以变异概率做较少的基本位变异，且控制变异区有较小的权重，避免串值的改变量太大而导致接近最优点的个体遗漏；对于突变种群，允许多个基因位以变异概率同时变异且变异位不受限制。

**3. 对控制参数的改进**

GA 的运行需要对很多参数进行控制，参数的不同可能导致收敛的速度与效率不同。有学者提出了一种自适应 GA，即交叉和变异概率 $P_c$ 和 $P_m$ 能够随适应度自动改变，当种群的各个个体适应度趋于一致或趋于局部最优时，使二者增加，而当种群适应度比较分散时，使二者减小，同时对适应度值高于群体平均适应度值的个体，采用较低的 $P_c$ 和 $P_m$，使性能优良的个体进入下一代，而低于平均适应度值的个体，采用较高的 $P_c$ 和 $P_m$，使性能较差的个体被淘汰。

**4. 对 GA 群体构成策略的改进**

GA 个体分布的特点为，在进化初期个体随机分布于解空间。在进化过程中，虽然个体的多样性依然存在，但往往会出现群体的平均适应度接近最佳个体适应度，此时个体间的竞争力减弱，最佳个体和其他大多数个体在选择过程中有几乎相等的选择机会，从而使有目标的优化过程趋于无目标的随机漫游过程。不同的 GA 群体构成策略收敛速度不同，可采用的方法如下。

（1）全部换上新个体。

（2）保留父代最佳个体。

（3）按照一定比例更新父代群体中的部分个体，该方法的极端方式是每代只删去一个最不适合的个体。

（4）从父代和子代中挑选最好的若干个个体构成。

其中，方法（1）全局搜索性能最好，收敛速度最慢；方法（4）收敛最快，但全局性能最差；方法(2)和(3)介于方法(1)和(4)两者之间。

近年来，应用 Markov 链对 GA 建模和分析，证明了简单 GA 不能收敛至全局最佳值。Gerefnsetett 提出的保留最佳个体法，采用比例选择法，即方法(2)，选择、变异概率为[0，1]时，该方法最终以概率 1 收敛到全局最优。尽管通过 Markov 可以证明该方法可收敛到全局最优，但收敛的时间可能很长，限制了它的应用。通常，采用将其他策略与最佳个体算法结合使用。

**5. 对执行策略改进**

由改进执行策略得到的改进 GA 的主要方法有：

(1) 改进 GA 的组成成分或使用技术，如选用优化控制参数、适合问题特性的编码技术等。

(2) 混合 GA，如 GA 与最速下降法相结合的混合 GA；GA 与模拟退火法相结合的混合 GA。

(3) 采用动态自适应技术，在进化过程中调整算法控制参数和编码粒度，得到改进 GA。

(4) 采用非标准的遗传操作算子，得到改进 GA。

(5) 采用并行算法或自适应技术，得到并行 GA 或自适应 GA。

(6) 采用小生境技术，得到基于小生境技术的 GA。

下面详细介绍几种改进的 GA。

## 3.2.2　改进 GA 之一

Rudolph 证明了 SGA 不能以概率收敛到全局最优解，所以在应用 SGA 解决具体实际问题时，需要对 GA 进行改进，如保护优秀个体、采用单亲遗传算子、选择合适的适应度函数等。有学者在这些方面改进的基础上，提出了一种用标记淘汰算子取代原有变异算子的思想，给出了基于综合如下 4 个改进措施的改进型 GA。

(1) 保护优秀个体。将每一代种群中的最佳个体(适应度值最大的个体)保留下来，不参加交叉和变异过程，使之直接进入下一代，这样可以防止优秀的个体由于选择、交叉或变异中的偶然因素而被破坏。已有人证明，采用最优个体保护措施后，SGA 最终能以概率收敛到全局最优解。

(2) 采用单亲交叉算子。单亲交叉算子是通过在一条染色体上进行基因换位或基因移位操作来繁殖后代的方法。例如，对于一个 $n$ 位二进制编码的种群进行两点基因换位，随机产生两个[1，$n$]之间的整数，将这两个所对应位上的 0 和 1 值进行交换。

(3) 选择适当的适应度函数。在 GA 中，选择过程是根据解的适应度值进行的。调整解的适应度函数和其目标函数间的关系可以控制 GA 的迭代收敛速率。有学者指出，解的适应函数和其目标函数应存在相同或相反的极值特性，且解的适应函数应为其目标函数的严格单调函数。解决实际问题时，应根据具体的情况选择和设计适当的适应度函数。

(4) 标记淘汰算子取代原有变异算子。在进行演化计算时，要将每一代种群竞争下来的最优个体与算法终止准则匹配，判别是否已经达到全局最优解。因此，每进行一轮遗传算子操作后，真正有用的只是保留下来的当前最优个体，而应对所有其它适应度值较小的个体设置淘汰标记，禁止其重复参与竞争，但仍允许其参加本轮的交叉和变异操作，用来提供下一代新的个体和指导下一代的搜索。对于包含约束条件的寻优问题，还应在计算适应度值之前将不满足约束条件的个体也设置上淘汰标记。这样，每一次新的竞争前，在全局范围内随机产生未参与竞争的新的个体以替代已经淘汰的个体进入下一代竞争，可达到提高收敛速度的目的，同时也增加了整个种群的多样性，实际上也起到了变异算子的作用，故可用其取代原有的变异算子。

　　每一种改进的 GA 都有各自的优缺点，如保护优秀个体可以增强算法的稳定性和收敛性，但同时可能使 GA 陷入局部极值范围。又如单亲交叉算子只在一个个体上操作，能够减小程序设计的复杂度，且算法与种群的多样性无关，可以不考虑初始种群的多样性，但不能有效地避免劣质个体重复繁衍，尤其对于适应度值计算量较大的优化问题，其搜索速率较低。综合运用上述 4 种改进措施，能够优势互补，特别是设置淘汰标记的方法，它在全局范围内随机产生新的个体，这样就可以跳出局部极值的范围，弥补保护优秀个体法的不足；同时因它对劣质个体和不满足约束条件的个体进行淘汰标记，禁止其重复竞争，从而也有效地弥补了单亲算子的不足。从数学角度讲，允许父辈中的优良者进入下一轮的竞争环境确保了最优解的迭代稳定性，而将相似个体中的较弱者淘汰出局避免了重复繁衍和近亲交叉，使解群在解空间的覆盖域扩大，增强了搜寻全局最优解的能力。选择适当的适应度函数也是十分必要的，它能够在此基础上更进一步提高算法的搜索效率。改进 GA 的基本结构如下：

```
｛初始化种群 p(0)；t＝0；
    计算每个个体的适应度值；
    执行选择操作；
    while（不满足停机准则）do
｛执行单亲交叉算子；
/ * 逐个检查当前种群各个体的淘汰标记，直到当前种群中不再包含有曾被淘汰过的个体 * /
    while（ 检查未标有淘汰标记的个体数小于种群数）do
｛if（该个体未标有淘汰标记）
  ｛计算该个体的适应度值；
      检查下一个个体的淘汰标记；
      ｝
      else
      全局范围内随机产生新的个体来代替该已淘汰的个体；
｝
    执行选择产生群体 p(t＋1)；t＝t＋1；
    保护当前最优个体；
    对适应度值小于当前最优个体适应度值的所有个体标上淘汰标记；
｝
输出结果；
```

### 3.2.3　改进 GA 之二

　　一般 GA 把变异作为一种辅助手段，认为变异只是一个背景机制，这一观点与生物学中的实际观察相符。但作为设计人工求解优化问题的方法时受到理论与实践两方面的挑战。从微观角度来讲，变异随时都有可能发生，若突变向不好的方向进行，其"修复系统"

立刻就能对其进行修复。为此，下面介绍一种改进 GA。该方法在选择算子与交叉算子中考虑不同的变异行为，且动态改进变异算子，使 GA 能快速达到全局最优。具体介绍如下：

### 1. 选择操作

如轮盘赌选择法在种群中出现个别或极少数适应度相当高的个体时，可能导致这些个体在群体中迅速繁殖，经过少数迭代后占满了种群的位置。这样，GA 的求解过程就结束，即收敛。但这样很有可能使收敛到局部最优解，即出现早熟现象。为了从根本上避免早熟现象且加快收敛速度，采用基于高频精英变异的锦标赛选择法。其操作思想描述如下：

假设竞赛规模为 2，首先选取种群中第 1 和第 2 个个体 X 和 Y，如 X＝100101、Y＝011110。从第 1 位开始比较适应度值 fitness 的大小，即当个体 X 与 Y 的第 1 位分别是 1 和 0 时，若 fitness(X)＞fitness(Y)，则把 Y 的第 1 位由 0 高频变异为 1，即 X＝110101、Y＝101110。此时，若 fitness(X)＜fitness(Y)，则把 Y 的第 1 位由 1 高频变异为 0。如此下去，最终选择出新一组中的一个个体，其中较高位（如第 1 至 L/3 位，其中 L 为个体长度）变异率为 0.8，其他位变异率为 0.95，依据较高位的个体即使适应度低也有可能在附近变异成适应度更高的个体。然后，选取种群中第 2 和第 3 个个体应用上述方法选择出新一组中的第 2 个个体，重复进行这个过程，进行剩余个体的选择。这种算子在选择个体上就可以有方向性且极大地加快算法的收敛速度。

### 2. 交叉操作

所有交叉操作的一个共同特征是：不破坏两个父个体之间的公共串模式，继续搜索空间时允许保留好的模式。在交叉时，可实行单点交叉或多点交叉。单点交叉能够搜索到的空间十分有限。多点交叉的破坏性可以促进解空间的搜索，而不会促进过早地收敛，因此搜索更加健壮。实际中，采取多点交叉的同时考虑父个体间的多样性。当两个父个体的汉明距离较低时，可能导致交叉操作无效。另外，由于交叉点随机产生，可能会导致交叉后新个体无变化。例如，两父个体分别为 01100101 和 01011010，若交叉点取值为第 2 位，则交叉后的两个新个体与父个体相同，交叉操作无效。因此，可采取交叉概率与汉明距离成正比的策略：两父个体相似度高时交叉概率减小以避免无效操作，在这种情况下进行交叉，首先保持具有高适应度的父个体不变，然后对低适应度个体或者交叉点左右具有相同子串的个体采取变异操作以增大它们之间的汉明距离，从而提高交叉操作的有效性。

### 3. 变异操作

单靠变异不能在求解中得到很好的效果。但它能保证在算法过程中不会产生无法进化的单一群体。当所有的个体一样时，交叉无法产生新的个体，这时只能靠变异产生新的个体，即变异增加了全局优化的特质。有学者引用一种自适应快速收敛变异法：对每一个体采取从高位到低位逐位变异的策略。在寻优的早期主要是全局搜索，此时各变量二进制的高位采用高变异率，低位采用低变异率。在寻优过程中不断调整各位的变异率，即高位变异率逐渐降低，低位变异率逐渐增加。到寻优后期，主要是局部优化，全局优化次之，此时各个位的变异率与早期相反，即低位变异率要比高位变异率大。在变异过程中采用概率精英保留策略，也就是每位变异后若适应度值增加，则以高概率保留；否则放弃此位变异。实验证明，这种变异策略在种群规模较小时能获得较满意的进化能力。

根据以上分析，得到一种改进 GA，其步骤如下。

（1）采用二进制编码，随机产生一个个体，通过逐位高频精英变异，提高其适应度。

（2）利用上述较优父个体产生种群。

（3）进行基于高频精英变异的锦标赛选择。

（4）进行改进的交叉运算。

（5）进行自适应变异运算。

（6）判断是否达到最大的遗传代数，若达到，结束；否则转到步骤（3）。

为验证改进算法的效率，将经典 GA 和本节中的加速收敛改进 GA 进行比较，其中 SGA 采用的遗传操作及相应参数分别为比例选择、单点交叉（交叉概率 0.85）及基本位变异（变异概率 0.05），种群规模为 100，进化代数为 100。两者都采用保留个体精英的方法。目标函数为

$$f(x, y) = 0.5 - \frac{(\sin \sqrt{x^2 + y^2})^2 - 0.5}{[1 + 0.001(x^2 + y^2)]^2}$$

该函数有无限个局部极大点，其中只有一个（0，0）为全局最大，最大值为 1。自变量的取值范围为 $-100 < x, y < 100$。该函数最大值峰周围有一个圈脊，它们的取值均为 0.990 283，因此很容易停滞在局部极大值，见图 3.2。

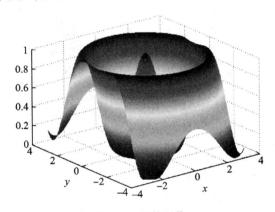

图 3.2　函数图像

改进后 GA 的种群规模为 20，进化代数为 60。对两种算法进行 100 次随机仿真，试验结果如表 3.2 所示。

**表 3.2　SGA 和改进 GA 的运行结果**

| 方法 | 最好解 | 最差解 | 平均收敛代数 | 成功率（%） |
|---|---|---|---|---|
| SGA | 1 | 1.000 026 | 36 | 87 |
| 改进 GA | 1 | 1 | 11 | 100 |

## 3.2.4　改进 GA 之三

在上面介绍的改进 GA 中，通常改进 GA 算法中的交叉操作，是随机取两个个体进行单点交叉操作（也可采用多点交叉、树交叉、部分匹配交叉等），即在以高适应度模式为祖先的"家族"中取一点。实践表明，这种取法具有片面性。经验得知，SGA 在任何情况下都可能搜索不到全局最优解；而通过改进 GA，即在选择算子作用前（或后）保留当前最优解，

则能保证收敛到全局最优解。尽管改进的 GA 被证明最终能收敛到最优解，但收敛到最优解所需的时间可能很长。另外，早熟问题是 GA 中不可忽视的现象，其具体表现为：

（1）群体中所有的个体都陷于同一极值而停止进化。

（2）接近最优解的个体总是被淘汰，进化过程不收敛。对此可以采用两种方法来解决。

① 动态确定变异概率，既可防止优良基因因为变异而遭破坏，又可在陷于局优解时为种群引入新的基因。

② 改进选择方式，即放弃赌轮选择，以避免早期的高适应度个体迅速占据种群和后期的种群中因个体的适应度相差不大而导致的种群停止进化。这是因为轮盘赌选择方式会使每一个个体都获得复制一份的机会，体现不出好的个体的竞争力，不容易体现 GA 的优胜劣汰的原则。鉴于此，有学者采用一种基于种群的按个体适应度大小排序的选择算法来代替赌轮选择方法。其过程描述如下。

First（　　）

｛将种群中的个体按适应度大小进行排序；｝

while　种群还没有扫描完

do　｛排在前面的个体复制两份；中间的复制一份；后面的不复制；｝

在解决过早收敛问题时，一般采用限制优良个体竞争力的（高适应度个体的复制份数）方法。这样可能降低算法的进化速度和性能，增大算法的时间复杂度。种群的基因多样性可以减小陷入局优解的概率，而加快种群进化速度又可以提高算法的整体性能。为了解决这一对矛盾，采取一种在不破坏种群基因多样性的前提下加快种群进化速度的方法。该方法为：在随机选择出父本和母本以后，按照交叉方法（单点、多点和一致交叉）进行 $n$ 次交叉，产生 $2n$ 个个体，再从这 $2n$ 个个体中挑选出最优的两个个体加入新的种群中。这样既保存了父本和母本的基因，又在进化的过程中大大地提高了种群中个体的平均性能。

基于以上分析，改进 GA 的步骤归纳如下。

（1）在初始种群中，首先对所有的个体按其适应度大小进行排序，然后计算个体的支持度和置信度。

（2）按一定的比例复制（即将当前种群中适应度最高的两个个体结构完整地复制到待配种群中）。

（3）按个体所处的位置确定其变异概率并变异；按优良个体复制 4 份，劣质个体不复制的原则复制个体。

（4）从复制组中随机选择两个个体，对这两个个体进行多次交叉，从所得的结果中选择一个最优个体存入新种群。

（5）若满足结束条件，则停止；否则，跳转至第（1）步，直至找到所有符合条件的规则。

该改进算法的优点是在各代的每一次演化过程中，子代总是保留了父代中最好的个体，以在"高适应度模式为祖先的家族方向"搜索出更好的样本，从而保证最终能够搜索到全局最优解。

## 3.2.5　改进 GA 之四

针对 GA 中早熟收敛和容易陷入局部收敛的问题，有学者将整个搜索空间划分为满意域、禁忌域和未知域，再基于一些优化搜索空间、GA 算子的改进策略，提出了一种改进

GA。该方法能够有效减少搜索空间，避免算法早熟，使得算法的全局搜索能力和局部搜索能力比其他 GA 均得到了较大的提高。改进 GA 的思想是：

（1）通过满意域的不断扩大来寻求最优解。

（2）通过限制优势个体子代的数目来避免算法早熟收敛。

为了避免 GA 出现早熟收敛现象，在空间搜索时，在进化每一代种群中，进化个体不要出现重复，当子代个体进化个体数量小于种群规模时，可能会出现近亲繁殖，算法应从有效搜索空间中再选择一定个体补充以确保种群数量。这时搜索空间要及时更新有效域和禁忌域，即算法要有效利用有效域和禁忌域。

**定义 3.6**　在 GA 的搜索空间 $S$ 中，由每代中最优个体所组成的集合 $S_b$ 称为满意域；由每代中最差个体组成的集合 $S_\omega$ 称为禁忌域；由满意域和禁忌域之外的个体所组成的集合称为未知域 $S_\mu$，则 $S_\mu = S - S_b - S_\omega$。

在遗传过程中，有效域和禁忌域的划分是动态变化的。在初始代数时，所有个体组成集合 $S$，而 $S_b$、$S_\omega$ 中的个体为 0，在进化过程中满意域 $S_b$ 和禁忌域 $S_\omega$ 将会扩大。

算法实现时在整个种群中进行全局搜索，对于全局种群空间 $S$，个体一般采用基本的适应度值计算法，个体被选中的概率如下。

$$P(x_i) = \frac{F(x_i)}{\sum_{i=1}^{ps} F(x_i)} \tag{3.8}$$

式(3.8)中，$ps$ 是每代的种群值，$F(x_i)$ 的 $\max F(x(t))$ 为全局搜索中的最优个体才可能被选中。

当全局搜索进行到一定程度时，转入较优个体产生的新种群再进行局部搜索，即按上述优化搜索方法在未知域 $S_u$ 和满意域 $S_b$ 中进行局部搜索。根据最优进化个体的基因型确定原搜索空间的子区域，并在其上进一步搜索，以提高算法获取最优解的能力。如此进行下去，直到获取满意解。局部搜索阶段由于各种群是在子搜索区域上进化的，对相同规模的进化种群来讲，子搜索区域内的点被采样的概率比整个搜索区域内的点要大得多，这样在子搜索区域找到最优解的概率就很大，所以在子区域中搜索更易找到最优解。

改进 GA 的选择算子采用前面所述的全局与局部的选择个体策略。算法实现的终止条件采用以下之一。

（1）若算法达到用户指定的代数，则终止算法。

（2）若产生的某代群体中的最差个体和最佳个体适应度的差值不大于某个数，可终止算法。

（3）若最优个体连续保持一定代数，可终止算法。算法的实现流程图如图 3.3 所示。

为了提高 GA 的自适应度，可以采用线性交叉，如两个父个体 parent1，parent2 产生一个子个体：offspring＝parent1＋$\alpha$(parent2－parent1)。在选择 $\alpha$ 的过程中，近亲交叉回避的原则采用上述全局和局部搜索方法。

实践表明，若优秀的个体与较差的个体都具有相同的交叉概率，则不利于优秀基因的保留和较差基因的淘汰。采用自适应的交叉概率，不同的个体采用不同的 $P_c$ 值，对于适应度值高于群体平均适应度值的个体，采用较低的交叉概率，使它得以保护进入到下一代；低于平均适应度的个体，取较高的交叉概率，使之被淘汰。自适应交叉概率定义为

$$P_c = \begin{cases} \dfrac{(P_{c1} - 0.6)(f_{\max} - f)}{\overline{f} - f} & 若\overline{f} \geqslant f \\ P_{c1} & 若\overline{f} < f \end{cases} \qquad (3.9)$$

式(3.9)中，$P_{c1} = 0.9$，$f_{\max}$ 为群体中的最大适应度值，$\overline{f}$ 为每代群体的平均适应度值，$f$ 是进入交叉配对个体的适应度值。

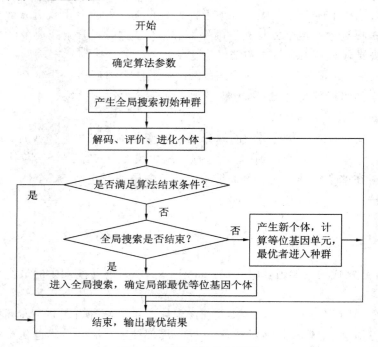

图 3.3　改进 GA 的流程图

可以看出，当个体适应度等于平均值时，其交叉概率为 0.6；当个体适应度值小于平均值时，交叉概率为 0.9。这样，优秀个体有较大概率保留到下一代，差的个体有较大概率进行交叉操作。$P_{c1}$ 的值可以根据需要进行修改，以达到更好地保留最优个体的效果。

设计变异算子时，可采用换位变异或按位突变的方法。换位变异可以对来自满意域 $S_b$ 的个体，首先随机选取个体的两个基因位，然后将这两个基因位上的基因值进行交换；按位突变可以对来自未知域 $S_\mu$ 的个体，主要是针对父代的最优个体的固定等位基因单元位突变。为了解决算法的早熟问题，需要设计较好的变异算子。采用多位基因突变产生较多独立、随机的新个体，可以增加解空间的搜索范围。

为了验证上述算法的实用性，采用经典 Goldstein-price 函数进行测试

$$f_{\max} = \left[1 + (x_1 + x_2 + 1)^2 \times (19 - 14x_1 + 3x_1^2 - 14x_2 + 6x_1x_2 + 3x_2^2)\right]$$
$$\times \left[30(2x_1 + 3x_2)^2 \times (18 - 32x_1 + 12x_1^2 + 48x_2 - 36x_1x_2 + 27x_2^2)\right]$$

式中，$x_1 \geqslant -2$，$x_2 \leqslant 2$。

该函数只有一个全局最小值 3 及其对应的一个最优点 $(0, -1)$，见图 3.4。

优化算法采用无最大值自然数编码，编码长度为 12，种群大小为 30，最大进化代数设为 60。自然数编码是通过随机数来影响交叉与变异操作，故交叉与变异区开度不大，可以采用离散重组方法产生下一代。基于优化搜索空间的 GA 在搜索空间上做了更好的优化，

获取最优解时间较短，具有更好的算法鲁棒性。改进 GA 的运行结果如表 3.3 所示。

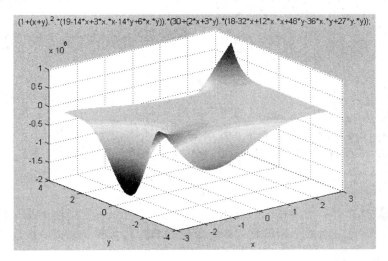

图 3.4　经典 Goldstein-price 函数图像

**表 3.3　改进 GA 的运行结果**

| 种群大小 | 收敛代数 | 收敛时间/s | 全局收敛率（%） |
|---|---|---|---|
| 30 | 16.2 | 0.79 | 98.2 |

### 3.2.6　改进 GA 之五

尽管 GA 比其他传统搜索方法有更强的鲁棒性，但它的全局搜索能力较强而局部搜索能力不足。研究发现，GA 可以用极快的速度达到最优解的 90% 左右。但要达到真正的最优解却要花费很长的时间。而且 GA 容易收敛于局部最优解，这已经成为限制 GA 进一步扩大应用范围的瓶颈。针对这一问题，下面介绍一种基于搜索空间划分的改进 GA，其步骤如下：

**1. 划分寻优空间**

字符串中表示各个变量 $x_i$ 的子字符串的最高位 $B_i^{n_i}$（最左边）可以是 0 或 1（用 $b$ 表示）。由此把字符串划分成对等的两个子空间。假设有 $m$ 个变量，则存在 $m$ 种划分方式，可以形成 $m$ 对子空间，用集合表示划分区间为

$$A_i^b = \{S \mid B_i^{n_i} = b\}, \quad i = 1, 2, \cdots, m; b = 0, 1$$

在此将个体按照适应度值的降序排列为

$$S_1', S_2', \cdots, S_{np}', f(\varphi(S_i')) \geqslant f(\varphi(S_{i-1}')), \quad i = 1, 2, 3, \cdots, np$$

**2. 设计空间退化**

在遗传到某一代时，若适应度值最高的前 $np_0$ 个（$np_0$ 取群体规模的一个事先确定的比例，一般取 $0.3np_0$）个体都位于同一字符串子空间（如 $A_k^b$）内

$$S_j' \in A_k^b, \quad i = 1, 2, \cdots, np_0; b = 0, 1$$

则可以使得最优点以很大概率落入 $A_k^b$ 中，以此作为下一代的寻优空间。对应变量为

$$
\begin{cases}
x_i \in \begin{cases} [x_i^L,\, x_i^U] & i \neq k \\ [x_i'^L,\, x_i'^U] & i = k \end{cases} \\
[x_i'^L,\, x_i'^U] = \begin{cases} [x_k^L,\, x_k^U] & b = 0 \\ x_k'^L,\, x_k'^U & b = 1 \end{cases} \\
x_k^m = \dfrac{1}{2}(x_k^L + x_k^U)
\end{cases}
\tag{3.10}
$$

由于在该空间内表示第 $i$ 个变量的子字符串 $S_i' = B_i^{n_i} B_i^{n_i-1} \cdots B_i^1$ 中最高位与 SGA 中的最高位一样，因此为提高编码效率和变量表达精度，同时保证各基因位按模式定理解释时含义不变，将 $S_i'$ 中的各位基因位从左边第二位 $B_i^{n_i-1}$ 开始，依次左移一位，而最后一位由随机数填充

$$
B_i^{j+1} \Leftarrow B_i^j, \quad j = n_i - 1,\, n_i - 2,\, \cdots,\, 1
$$

为了保护最优个体，使其在区间退化时对应变量不变，最优个体的最后位与移动前的首位一致。由于设计空间的不断退化，每个变量的串长 $n_i$ 无需太长，一般取 $4 \sim 6$ 位即可。

**3. 寻优空间的移动**

若当前最优解的某个分量 $x_k$ 处在当前设计空间的边界，该变量对应的子串的各位相同，均为 0 或 1，则认为最优解可能在当前寻优区间以外。此时，在该分量方向移动寻优空间，避免寻优空间缩减而导致失去最优解。可以取移动距离为 $2d_k$，$d_k$ 为沿 $x_k$ 方向相邻两个离散点间的距离

$$
d_k = \frac{x_k^U - x_k^L}{2^{n_k} - 1} \tag{3.11}
$$

移动方法是调整边界为

$$
[x_i^L,\, x_i^U] = \begin{cases} [x_k^L - 2d_k,\, x_k^U - 3d_k] & b = 0 \\ [x_k^L + 2d_k,\, x_k^U + 3d_k] & b = 1 \end{cases} \tag{3.12}
$$

改变对应子串，把该子串作为二进制数，当 $b=1$ 时减 2；反之加 2。由此保证了处在移动前后两个空间的重叠部分的个体处在设计空间的同一位置上。当有进位或借位发生时，该点将被移出当前寻优空间。当略去进位或借位时，该点就会落入新移入的那部分寻优空间内，可以理解为随机产生的新个体。

## 3.2.7　改进 GA 之六

标准 GA 采用一种群体搜索策略和群体中个体之间的信息交换、搜索，不依赖于梯度信息。但标准 GA 存在一些不足，如存在早熟收敛和后期搜索迟钝问题。解决该问题的方案有很多：采用有条件的最佳保留机制；采用遗传-灾变算法；采用适应度比例机制和个体浓度选择机制的加权和；引入主群和属群的概念；采用适应度函数动态定标；采用多种群并行进化及自适应调整控制参数相结合的自适应并行 GA，即对重要参数的选择采用自适应变化而非固定不变。采用的具体措施为：

（1）交叉和变异算子的改进和协调方法：① 将进化过程划分为渐进和突变两个不同阶段；② 采用动态变异；③ 运用正交设计或均匀设计方法设计新的交叉和变异算子。

（2）采用与局部搜索算法相结合的混合 GA 解决局部搜索能力差的问题。

（3）采用有条件的替代父代解决单一的群体更新方式难以兼顾多样性和收敛性的问题。

（4）收敛速度慢的解决方法：① 产生好的初始群体；② 利用小生境技术；③ 使用移民技术；④ 采用自适应算子；⑤ 采用与局部搜索算法相结合的混合 GA；⑥ 对算法的参数编码采用动态模糊控制；⑦ 进行未成熟收敛判断。

GA 中包含了如下 5 个基本要素：参数编码、初始群体的设定、适应度函数的设计、操作设计和控制参数设定。这 5 个要素构成 GA 的核心内容。很多学者从初始群体产生、选择算子的改进、GA 重要参数的选择、群体更新方式、适应度函数的选取等方面对标准 GA 进行了改进。描述如下：

**1. 初始群体的产生**

初始群体的特性对计算结果和计算效率均有重要影响。要实现全局最优解，初始群体在解空间中应尽量分散。标准 GA 是按预定或随机方法产生一组初始解群体，这样可能导致初始解群体在解空间分布不均匀，从而影响算法的性能。要得到一个好的初始群体，可以将一些实验设计方法，如均匀设计或正交设计与 GA 相结合。其原理是：首先根据所给出的问题构造均匀数组或正交数组，然后执行如下步骤产生初始群体：

（1）将解空间划分为 S 个子空间；

（2）量化每个子空间，运用均匀数组或正交数组选择 M 个个体；

（3）从 $M \times S$ 个个体中，选择适应度函数最大的 N 个个体作为初始群体。

这样可保证初始群体在解空间内均匀分布。

另外，初始群体的各个个体之间应保持一定的距离。定义相同长度的以某一常数为基的两个字符串中对应位不同的数量为两者间的广义海明距离。要求入选群体的所有个体之间的广义海明距离必须大于或等于某个设定值。初始群体采用的这种方法能保证随机产生的各个个体间有较明显的差别，并使它们能均匀分布在解空间中，从而增加获取全局最优解的可能。

**2. 选择算子的改进**

在标准 GA 中，常根据个体的适应度大小采用"赌轮选择"策略。该策略虽然简单，但容易引起"早熟收敛"和"搜索迟钝"问题。有效的解决方法是采用有条件的最佳保留策略，即有条件地将最佳个体直接传递到下一代或至少等同于前一代，这样能有效防止"早熟收敛"。也可以使用遗传-灾变算法，即在 GA 的基础上，模拟自然界的灾变现象，提高 GA 的性能。当连续数代最佳个体没有任何进化，或者各个个体已过于近似时，即可实施灾变。灾变的方法很多，可以突然增大变异概率或对不同个体实施不同规模的突变，以产生不同数目的后代等。用灾变的方法可以打破原有基因的垄断优势，增加基因的多样性，创造有生命力的新个体。

**3. GA 重要参数的选择**

GA 中需要选择的参数主要有：个体长度 $l$、群体规模 $n$、交叉概率 $P_c$ 和变异概率 $P_m$ 等，这些参数对 GA 的性能影响很大。二进制编码中，个体长度的选择取决于特定问题的精度，有定长和变长两种方式。群体规模通常取 $20 \sim 200$。一般来说，求解问题的非线性越大，$n$ 选择得越大。交叉操作和变异操作是 GA 中两个起重要作用的算子。通过交叉和变异，一对相互配合又相互竞争的算子的搜索能力得到飞速提高。交叉操作的作用是组合交叉两个个体中有价值的信息以产生新的后代，并在群体进化期间加快搜索速度；变异操作的作用是保持群体中基因的多样性，是偶然的、次要的（交叉率取很小），起辅助作用。

在 GA 的计算过程中，根据个体的具体情况，自适应地改变 $P_c$、$P_m$ 的大小，将进化过程分为渐进和突变两个不同阶段：渐进阶段强交叉，弱变异，强化优势型选择算子；突变阶段弱交叉，强变异，弱化优势型选择算子。一般实际做法是，当种群各个体适应度趋于一致或者趋于局部最优时，使 $P_c$ 和 $P_m$ 增加；当群体适应度比较分散时，使 $P_c$ 和 $P_m$ 减小。同时，对于适应度值高于群体平均适应度值的个体，对应于较低的 $P_c$ 和 $P_m$，使该解得以保护进入下一代；而低于平均适应度值的个体，相对应于较高的 $P_c$ 和 $P_m$，该解被淘汰掉。因此，自适应的 $P_c$ 和 $P_m$ 能够提供相对某个解的最佳 $P_c$ 和 $P_m$。自适应 GA 在保持群体多样性的同时，保证 GA 的收敛性。这样有利于提高算法的计算速度和效率。

自适应参数调整方案如下

$$\delta = f_{\max} - \overline{f} \tag{3.13}$$

式中，$f_{\max}$ 为某代中最优个体适应度，$\overline{f}$ 为此代平均适应度。

**4. 适应度函数的设计**

GA 中采用适应度函数值来评估个体性能并指导搜索，基本不用搜索空间的知识，因此，适应度函数的选取相当重要。性能不良的适应度函数往往会导致"骗"问题。适应度函数的选取标准是：规范性（单值、连续、严格单调）、合理性（计算量小）、通用性。有学者提出在解约束优化问题时采用变化的适应度函数的方案，将问题的约束以动态方式合并到适应度函数中，即形成一个具有变化的惩罚项的适应度函数，用来指导遗传搜索。在那些具有许多约束条件而导致产生一个复杂搜索超平面的问题中，该方案能以较大的概率找到全局最优解。

**5. 进化过程中动态调整子代个体**

GA 要求在进行过程中保持群体规模不变。但为了防止早熟收敛，在进化过程可对群体中的个体进行调整，包括引入移民算子、过滤相似个体、动态补充子代新个体等。

移民算子是避免早熟的一种好方法。在移民的过程中不仅可以加速淘汰差的个体，而且可以增加解的多样性。所谓的移民机制，就是在每一代进化过程中以一定的淘汰率（一般取 15%～20%）将最差个体淘汰，然后用产生的新个体代替。

为了加快收敛速度，可采用删除相似个体的操作，减少基因的单一性。删除相似个体的过滤操作为：对子代个体按适应度排序，依次计算适应度差值小于门限 $\delta$ 的相似个体间的广义海明距离（相同长度的以 $a$ 为基的两个字符串中对应位不相同的数量称为两者间的广义海明距离）。若同时满足适应度差值小于门限 $\delta$，广义海明距离小于门限 $d$，则滤除其中适应度较小的个体。$\delta$ 和 $d$ 应适当选取，以提高群体的多样性。滤除操作后，需要引入新个体。从实验测试中发现，若采用直接随机生成的方式产生新个体，适应度值都太低，而且对算法的全局搜索性能增加并不显著（例如，对于复杂的多峰函数很难跳出局部最优点）。因此，可使用从优秀父代个体中产生变异的方法。该方法将父代中适应度较高的 $m$ 个个体随机进行若干次变异，产生出新个体，加入子代对个体。这些新个体继承了父代较优个体的模式片断，并产生新的模式，易于与其他个体结合生成新的较优子代个体。而且增加的新个体的个数与滤除操作滤除的数量有关。若群体基因单一性增加，则被滤除的相似个体数目增加，补充的新个体数目随之增加；反之，则只少量滤除相似个体，甚至不滤除，补充的新个体数目也随之减少。这样，就能动态解决群体由于缺乏多样性而陷入局部解的问题。

**6. 小范围竞争择优的交叉、变异操作**

小范围竞争择优的交叉、变异操作从加快收敛速度、全局搜索性能两方面考虑。

（1）受自然界中家庭内兄弟间竞争现象的启发，加入小范围竞争、择优操作。其方法是，将某一对父母 A、B 进行 $n$ 次（3～5 次）交叉、变异操作，生成 $2n$ 个不同的个体，选出其中一个最高适应度的个体，送入子代个体中。反复随机选择父母对，直到生成设定个数的子代个体为止。这种方法实质是在相同父母的情况下，预先加入兄弟间的小范围的竞争择优机制。

（2）在标准 GA 中，一对父母 $x$、$y$ 经 GA 操作后产生一对子代个体 $xy_1$ 和 $xy_2$，随后这对个体都被放入子代对个体，当进行新一轮遗传操作时，$xy_1$ 和 $x_1y$ 可能作为新的父母对进行交叉配对，即"近亲繁殖"。加入小范围竞争择优的交叉、变异操作，减少了在下一代中出现"近亲繁殖"的几率。

### 3.2.8　改进 GA 之七

改进 GA 之七是从适应度值标定和群体多样化两方面考虑。

**1. 适应度值标定**

初始群体中可能存在特殊个体的适应度值超常（如适应度值很大）。为了防止其统治整个群体并误导群体的发展方向而使算法收敛于局部最优解，必须限制其繁殖。在计算接近结束，GA 逐渐收敛，由于群体中个体适应度值比较接近，继续优化选择较为困难，造成在最优解附近左右摇摆。此时应将个体适应度值加以放大，以提高选择能力，这就是适应度值的标定。针对适应度值标定问题提出以下计算公式

$$f' = \frac{1}{f_{\max} + f_{\min} + \delta}(f + |f_{\min}|) \tag{3.14}$$

式中，$f'$ 为标定后的适应度值，$f$ 为原适应度值，$f_{\max}$ 为适应度函数值的一个上界，$f_{\min}$ 为适应度函数值的一个下界，$\delta$ 为开区间（0,1）内的一个正实数。

若 $f_{\max}$ 未知，可用当代中或到目前为止的群体中的最大值来代替；若 $f_{\min}$ 未知，可用当代中或到目前为止群体中的最小值来代替。取 $\delta$ 的目的是防止分母为零和增加 GA 的随机性，$|f_{\min}|$ 是为了保证标定后的适应度值不出现负数。

由图 3.5 可见，$f_{\max}$ 与 $f_{\min}$ 差值越大，则角度 $a$ 越小，即标定后的适应度值变化范围越小，防止超常个体统治整个群体；反之则 $a$ 越大，标定后的适应度值变化范围越大，以至于拉开群体中个体之间的差距，避免算法在最优解附近摆动现象的发生。这样就可以根据对群体适应度值由小放大或缩小，变更选择压力。

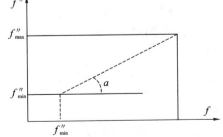

图 3.5　适应度值标定

**2. 群体多样化**

GA 在求解具有多个极值点的函数时，存在一个致命的弱点——早熟，即收敛到局部最优解而非全局最优解，这也是 GA 最难解决的一个问题。GA 早熟的原因是交叉算子在搜

索过程中存在着严重的成熟化效应。即在起搜索作用的同时，不可避免地群体多样化逐渐趋于零，从而逐渐减少了搜索范围，引起过早收敛。

　　为了解决这一问题，人们研究出很多方法：元算法、自适应 GA（AGA）、改进的自适应 GA（MAGA）等。可见，避免 GA 早熟的关键是使群体呈多样化发展，也就是应使搜索点分布在各极值点所在的区域，如图 3.6 所示的 $x_i$。

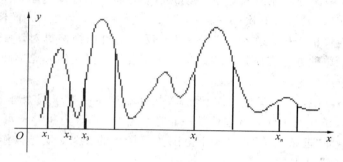

图 3.6　多极值函数

　　SGA 在进行优化计算时不是全局收敛。只有保证最优个体复制到下一代，才能保证其收敛性。尽管 GA 的基本作用对象是多个可行解且应并行操作，仍然需要对其进行适当改进。为了增加群体的多样性，有效地避免早熟现象发生，引入相似度概念。

　　**定义 3.7**　在 GA 进行选择运算前，对群体中每两个个体逐位比较。若两个个体在相对应的位置上存在着相同的字符（基因），则将相同字符数量定义为相似度 $R$。

　　设置适应度平均值为 $T$，在群体中取大于 $T$ 的个体进行个体相似度判断。相似度低则表示这两个个体相似性差，当相似度值 $R$ 超过个体长度的一半（$L/2$）时，即认为这两个个体相似，如 1011001 和 1101001 的相似度值 $R=5$，长度 $L=7$，则 $R>L/2$，故认为这两个个体具有相似性。相似性的判断实际上是确定群体中个体是否含有相同模式的判断。剔除相似个体，选择不同模式的个体组成新的群体，可以增加群体的多样性，尤其在计算初期，经过相似性判断后，能够有效避免早熟问题的产生。由此得出改进 GA 的步骤如下：

　　（1）个体按适应度值大小排序。

　　（2）求平均适应度值，以此作为阈值，选择适应度值大于平均适应度值的个体。

　　（3）判断相似度，以最高适应度值为模板，去除相似个体。

　　（4）重复（3），逐次以适应度值高的个体为模板，选择不同模板的个体组成群体。

　　（5）判断是否达到群体规模。若是，则进行下一步交叉、变异等遗传操作；否则重复（4）。若不能得到足够的群体规模，则去除的个体按适应度值大小顺序顺次补足群体所缺数量。

　　（6）判断是否满足结束要求。若是，则结束；否则返回（1）。

　　为了避免过早陷入局部最优解，必须拓宽搜索空间，增加群体多样性。取平均适应度值作为阈值并以高于阈值的个体作模板进行选择，有效提升高适应度值个体的竞争力。经过这样的处理，是为了增加群体的多样性和高适应度值个体的主导地位，避免统一模式统治群体，从而误导搜索方向。当接近最优解时，由上面的运算步骤可以尽快收敛到最优解。这样既不增加群体规模，避免运算时间长，还能保证收敛到全局最优解。

　　图 3.7 为改进 GA 的程序流程图。

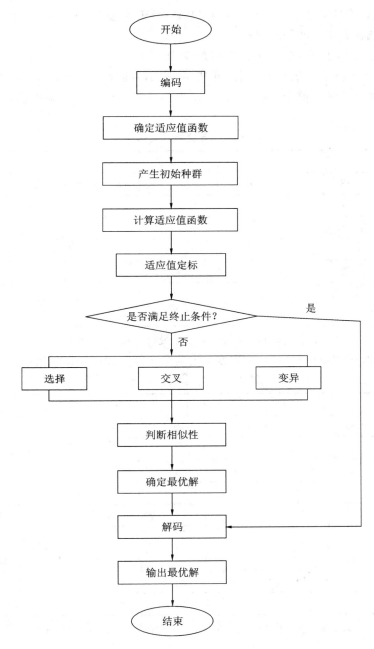

图 3.7 改进 GA 的程序流程图

### 3.2.9 改进 GA 之八

为了从待交叉的一对个体等位基因上选出优质基因，可把个体对基因的所有组合都进行试验，得出每次基因组合的适应度值。为了减少基因组合的试验次数，同时又使试验不失代表性，有学者采用正交设计的思想对个体对的基因进行正交化。基于对每个基因的优劣评价值，从待交叉个体对每个等位基因上选出优质基因，实现基于优质基因强强联合的智能交叉。下面以个体对 $f_1$、$f_2$（分别为[1111101010110111]和[1100110111111110]）为例，介绍其实现基因选择和交叉的基本过程。

（1）根据 $f_1$、$f_2$ 具有的基因位数和每个基因位上的可能取值个数，生成正交表 $L_{32}(2^{16})$，如表 3.4 所示。表中有 32 行 16 列（32 表示需进行的试验总次数，其大小与所考虑的基因位数多少及其取值个数相关）。表 3.4 中，1 表示取 $f_1$ 的等位基因，2 表示取 $f_2$ 的等位基因。

表 3.4　正交表 $L_{32}(2^{16})$

| 实验 | 基因位 | | | | | | | | | | | | | | | |
|---|---|---|---|---|---|---|---|---|---|---|---|---|---|---|---|---|
| | 1 | 2 | 3 | 4 | 5 | 6 | 7 | 8 | 9 | 10 | 11 | 12 | 13 | 14 | 15 | 16 |
| 1 | 1 | 1 | 1 | 1 | 1 | 1 | 1 | 1 | 1 | 1 | 1 | 1 | 1 | 1 | 1 | 1 |
| 2 | 1 | 1 | 1 | 1 | 1 | 1 | 1 | 2 | 2 | 2 | 2 | 2 | 2 | 2 | 2 | 2 |
| … | | | | | | | … | | | | | | | | | |
| 7 | 1 | 2 | 2 | 1 | 1 | 2 | 2 | 2 | 2 | 1 | 1 | 2 | 2 | 1 | 1 | 1 |
| … | | | | | | | … | | | | | | | | | |
| 32 | 1 | 1 | 1 | 1 | 1 | 1 | 1 | 1 | 1 | 1 | 1 | 1 | 1 | 1 | 1 | 2 |

（2）依据正交表列出对 $f_1$、$f_2$ 基因进行正交设计，试验方案如表 3.5 所示。如正交表的第 7 行为[1221122221122111]，对应方案表的第 7 行[1101110110111111]。

表 3.5　实 验 方 案 表

| 实验 | 基因位 | | | | | | | | | | | | | | | | 适应度值 |
|---|---|---|---|---|---|---|---|---|---|---|---|---|---|---|---|---|---|
| | 1 | 2 | 3 | 4 | 5 | 6 | 7 | 8 | 9 | 10 | 11 | 12 | 13 | 14 | 15 | 16 | |
| 1 | 1 | 1 | 1 | 1 | 1 | 0 | 1 | 0 | 1 | 0 | 1 | 1 | 0 | 1 | 1 | 1 | $Y_1$ |
| 2 | 1 | 1 | 1 | 1 | 1 | 0 | 1 | 1 | 1 | 1 | 1 | 1 | 1 | 1 | 1 | 0 | $Y_2$ |
| … | | | | | | | … | | | | | | | | | | … |
| 7 | 1 | 1 | 0 | 1 | 1 | 1 | 0 | 1 | 1 | 0 | 1 | 1 | 1 | 1 | 1 | 1 | $Y_7$ |
| … | | | | | | | … | | | | | | | | | | … |
| 32 | 1 | 1 | 1 | 1 | 1 | 1 | 1 | 1 | 1 | 0 | 1 | 0 | 1 | 0 | 1 | 0 | $Y_{32}$ |
| 基因 | | | $S_{31}$ | $S_{41}$ | $S_{61}$ | $S_{71}$ | $S_{81}$ | $S_{101}$ | | $S_{131}$ | | $S_{161}$ | | | | | |
| 评价 | | | $S_{32}$ | $S_{42}$ | $S_{62}$ | $S_{72}$ | $S_{82}$ | $S_{102}$ | | $S_{132}$ | | $S_{162}$ | | | | | |

（3）依据方案表，将每一行组合作为一次试验的编码，依次按每 8 位作为一个单元，解码为两个 0 至 255 的灰度值（即一个分割阈值组），根据式 $\gamma = \dfrac{\min\{D(i,j)\}}{1-\max\{D(i,i)\}}$，计算其图像分割后的适应度值 $Y_t$（$t=1,2,\cdots,32$），将试验结果按试验次序列在方案表最后一列。其中，$D(i,j)$ 表示第 $i$ 类与第 $j$ 类之间的协方差，$D(i,i)$ 表示第 $i$ 类的灰度方差，最后得到的最优分割值组应使适应度值达到最大。

（4）以方案表的每一列为单位，用基因评价函数式（3.15）统计 $f_1$、$f_2$ 每个基因对适应度贡献大小的评价值 $S_{j1}$、$S_{j2}$，其值越大，表示对适应度的贡献越大，基因越优。若两个体的对应等位基因相同，则无需进行统计评价。

基因评价函数：

$$S_{jk} = \sum_{t=1}^{m} Y_t^2 F_t \quad (k = 1, 2) \tag{3.15}$$

式中，$S_{jk}$ 表示第 $k$ 个个体第 $j$ 个基因的适应度统计评价值，$Y_t$ 为正交试验方案中第 $t$ 次试验的适应度函数值，$m$ 为正交设计方案中总的试验次数，$F_t$ 为一控制系数。

若第 $t$ 次实验的第 $j$ 个基因是第 $k$ 个个体的第 $j$ 个基因，则 $F_t = 1$；否则 $F_t = 0$。以统计 $f_1$ 第 3 个基因的 $S_{31}$ 为例，$t = 2$ 时，该位基因是来自 $t_1$ 的基因，则 $F_2 = 1$，而 $t = 7$ 时，该位基因不是来自 $f_1$ 的基因，则 $F_7 = 0$。

（5）依次比较 $f_1$、$f_2$ 每个等位基因的评价值大小，从中选出对适应度值贡献大的优质基因。

（6）根据基因选优结果，实施基于最优基因联合的交叉，得到包含 $f_1$、$f_2$ 中所有最优基因的一个子体，以及较差基因组合的另一子体。

如 $f_1$、$f_2$ 的对应等位基因选优结果为[0022011201001002]（其中 1 表示 $f_1$ 比 $f_2$ 的对应等位基因优，2 表示 $f_2$ 比 $f_1$ 的对应等位基因优，0 表示 $f_1$、$f_2$ 的对应等位基因相同），则对 $f_1$、$f_2$ 的智能交叉结果为：

待交叉个体对：[1111101010110111]

　　　　　　　[1100110111111110]

基因选优结果：[0022011201001002]

智能交叉结果：[1100101110110110]

　　　　　　　[1111110011111111]

（7）将智能交叉得到的两个子体与原有两个父体进行比较，从中选取两个最好的个体作为 $f_1$、$f_2$ 智能交叉的最终结果。

## 3.2.10　微种群 GA

传统的 GA 在工程应用中有如下两个瓶颈问题。

（1）控制参数过多且难以合理设定，包括种群规模、位串长度、选择压力、交叉和变异概率等。这些控制参数直接影响 GA 的优化效果，而且它们的设定需要有相当的专业知识。

（2）与基于梯度寻优策略的随机优化方法相比，GA 的收敛速度相对较慢。主要原因是 GA 在遗传进化过程中仅使用了目标函数值而未使用包含有更多优化信息的连续、梯度等条件。

以上两点限制了 GA 的应用范围。为了提高 GA 的优化效率，众多研究者从宏观策略和微观策略提出了很多改进方法。

在一般简单 GA 中，种群规模一般为 30 至 200。由于种群小，信息处理不充分，容易陷入局部非最优解；但种群小，使得计算简单、速度快等。为了尽快获得最优解，有学者在传统 GA 的基础上提出了微种群 GA。该算法采用很小的种群规模，按照常规 GA 的操作，经过几代进化后种群收敛，然后随机生成新的种群并在其中保留收敛后的最优个体，重新进行遗传操作。与简单 GA 相比，微种群 GA 不按平均特性来评价种群的行为，而是根据至今最好的个体来评价和完成算法，随机产生小种群，对它进行遗传运算并收敛后，把最优的个体传至下一代，产生新种群，再执行遗传算法。如此重复，直至完成整体收敛，由此

可以避免早熟收敛并且能够较快地收敛到最优解。求解过程为

（1）产生随机种群，并注入种群内存。种群内存分为可替代和不可替代两部分。不可替代部分在整个运行过程中保持不变，提供算法所需要的多样性；可替代部分则随算法的运行而变化。在每一轮运行开始，微种群 GA 的种群从种群内存的两部分选择个体，包含随机生成的个体（不可替代部分）和进化个体（可替代部分）。一般随机选择规模为 5 个种群，其中 4 个随机选择，1 个来自前一次搜索。

（2）利用精英选择法，即计算适应度最好的个体直接传给下一代，这样可以保证优良的图式信息不致丢失，即在每代的进化过程中保留父代群体中一定数目的最优个体，然后直接进入下一代群体。其一般过程可以描述为：首先对父代群体进行评价，接着按照适应度值进行排序，取一定数目的最优个体存入精英集合，在产生子代群体的过程中直接将精英集合中的个体导入下一代群体。

（3）按照确定性竞赛规则选择其余 4 个个体，以进行复制。因为种群规模小，因此平均规则已无意义，选择完全是确定的。在竞争策略中，个体随机编排，相邻一对进行竞争以获得最终的 4 个个体。

（4）以概率 1 施加交换运算，以加速产生位高的模式。因为新的种群在每次收敛后有足够的种类，因此变异率为零。

（5）检验收敛条件，若满足转步骤（1）；若不满足，加入新的个体，转到（2）重新运算。具体做法是：从最终的种群选择两个非劣向量，与外部种群中的向量比较，若与外部种群的向量比较，任一个都保持非劣，则将其注入外部种群，并从外部种群中删除所有被它支配的个体。

图 3.8 为微种群 GA 运行示意图。

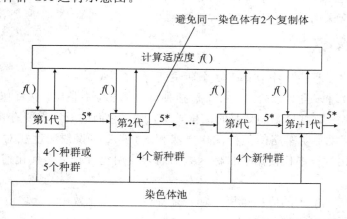

图 3.8　微种群 GA 运行示意图

### 3.2.11　多种群 GA

针对传统 GA 在求解一些实际问题中出现的早熟收敛、易陷入局部极值点等问题，有学者提出了一种多种群 GA。该方法初始化多个种群，使用多种群同时进化，分别选择不同的交叉、变异概率。在一次迭代完成后，交换种群之间优秀个体所携带的遗传信息，以打破种群内的平衡态，达到更高的平衡态，跳出局部最优。在多种群 GA 中，每一种群都是按照标准 GA 进行操作的，所涉及的适应度、选择、交叉和变异等与传统 GA 基本相同。

### 1. 多种群 GA

多种群 GA 模拟生物进化过程中的基因隔离和基因迁移,将一个总的种群分成若干子群,并对其分别进行低层遗传过程,然后将低层遗传结果再次进行遗传过程(称高层遗传)。低层遗传利用各子群具有不同的基因模式,各自的遗传过程又有相对独立和封闭的特点,使进化方向保持一定的差异,从而保证了搜索的充分性和收敛结果的全局最优性;而高层遗传又使各子群能共享低层遗传所得的优良基因模式,以防止向局部最优收敛。

多种群 GA 的主要操作步骤如下:

(1) 多个种群同时进行优化搜索,不同种群的控制参数不同,从而实现不同的搜索目的。

(2) 各种群之间通过移民算子进行联系,实现多种群的协同进化。最优解的获取是多个种群协同进化的综合结果。

(3) 通过人工选择算子,保存各种群每个进化代中的最优个体,并作为判断算法收敛的依据。为了避免参数的敏感性,多种群协同进化,兼顾全局与局部的平衡性。移民算子将各种群在进化过程中出现的最优个体,定期(每隔一定的进化代数)引入其他的群中,实现种群之间的信息交换,将目标种群中的最差个体,用源种群中的最优个体代替。精华种群和其他种群有很大不同。在进化的每一代,通过人工选择算子选出其他种群的最优个体,放入到精华种群加以保存。精华种群不进行选择、交叉、变异等遗传操作,保证进化过程中各种群产生的最优个体不被破坏和丢失,同时精华种群也是判断算法终止的依据。

### 2. 双种群 GA

双种群 GA 是多种群 GA 的特例。该方法采用两个基于不同机制的种群进行 GA 运算。在操作时,首先建立两个 GA 群体,即种群 A 和种群 B,分别独立地进行选择、交叉、变异操作,且交叉概率、变异概率不同。当每一代运行结束以后,产生一个随机数 num,分别从 A 和 B 中选出最优个体和 num 个个体进行交叉,以打破平衡态。

两个种群 A 和种群 B 的作用为:

(1) 种群 A 采用全局搜索策略,用于促进双种群 GA 快速收敛找到最优解。

(2) 种群 B 采用局部搜索策略,用于进行局部优化,同时能够较好地保持多样性,适应动态环境。

双种群 GA 的一般运行步骤如下:

(1) 编码。种群 A 和种群 B 均采用实数编码。实数编码虽然比二进制编码复杂,但可以改善遗传算法的计算复杂性,提高运算效率。

(2) 选择算子。依据适应度计算被选集中每个个体的选择概率,这个选择概率取决于种群中个体的适应度及其分布。种群 A 和种群 B 的选择算子采用轮盘赌选择法,该方法实现简单,适应性好。

(3) 交叉算子。由于采用实数编码,因此采用以下交叉算子。设 $\alpha$ 为一随机数,两种群的选择概率为 $p_1$,$p_2$,依据选择方法所选择的父代个体,则子代个体为

$$c_1 = \alpha p_1 + (1-\alpha) p_2, \quad c_2 = (1-\alpha) p_1 + \alpha p_2$$

(4) 迁移机制。种群 A 和种群 B 之间定期进行最优个体的迁移,既能够促进双 GA 算法的收敛,又能够保持种群的多样性。种群 A 和种群 B 之间的个体迁移有两种模式:种群

B 的最优个体迁移到种群 A，种群 A 的目的是快速收敛求得最优解，则用种群 B 的最优个体直接替换种群 A 的最差个体；种群 A 的最优个体迁移到种群 B，由于种群 B 进行局部寻优，并保持多样性，因而不应当采用简单的替换种群 B 的最差个体策略。为保持种群 B 的多样性，采用种群 A 的个体替换种群 B 中与其最近似的个体。首先计算出各个种群 A 中待迁移个体与种群 B 中各个个体的距离，然后选择距离最小者进行替换。

（5）精英保留机制。首先对父代群体进行评价，按照适应度值排序，取一定数目的最优个体存入精英集合，在产生子代群体的过程中直接将精英集合中的个体导入到下一代群体。

（6）变异算子。在种群 A 和种群 B 中采用不同的变异算子，以达到不同的目的。随机变异策略能够促进种群的快速收敛，但局部搜索能力差。要求种群 A 能够快速收敛，所以种群 A 采用随机变异策略。高斯分布变异可以使得粒子在其原位置附近产生小幅度的变异，在一定程度上是局部寻优，可以提高收敛精度，所以在种群 B 中采用高斯变异策略。

**3. 双种群 GA 的应用实例**

有学者将双种群 GA 应用于库房——车辆路径优化问题求解中，其操作步骤描述如下：

1）个体构造方法

将自然数 1 到 $K \times L$ 随机排序，产生矢量 $(s_1, s_2, \cdots, s_{K \times L})$ 表示个体 $G$，基因 $s_j$ 表示了第 $j$ 次确定库房 $m = \left(s_j - \left[\dfrac{s_j - 1}{L}\right] \times L\right)$ 与路径 $k = \left(s_j - \left[\dfrac{s_j - 1}{L}\right] + 1\right)$ 的关系（[ ] 表示取整数），即确定库房 $m$ 是否由车辆 $k$ 配送，以及库房 $m$ 在路径 $k$ 中的次序 $t$（$t$ 为路径 $k$ 中当前的库房数，即 $nk$ 的当前值）。随机产生两组个体 $G_{Ah}$ 和 $G_{Bh}$（$h = 1, 2, \cdots, n$，其中 $n$ 为一代种群中的个体数），个体各不相同，这为第一代种群。

2）解码过程

将个体的编码向量映射为满足全部约束条件的可行解，具体过程如下：

（1）初始化各变量，令库房需求条件满足的标志变量 $d_{zm} = 0$（$m = 1, 2, \cdots, L$），路径 $k$ 中各库房数目 $n_k = 0$，$b'_k = b_k$，$R_k = 0$（$k = 1, 2, \cdots, L$），路径 $k$ 中除去配送中心后第 $i$ 个位置的库房为 $r_{ki} = 0$（$i = 1, 2, \cdots, L$），即此时所有路径均未形成。

（2）$j = 1$，由 $s_j$ 求取 $m = \left(s_j - \left[\dfrac{s_j - 1}{L}\right] \times L\right)$ 和 $k = \left(s_j - \left[\dfrac{s_j - 1}{L}\right] + 1\right)$，确定库房 $m$ 和路径 $k$ 的关系。

（3）判断 $d_{zm}$ 是否等于 0。若 $d_{zm}$ 等于 0，则表明库房 $m$ 的需求尚未满足，此时可判断库房 $m$ 的需求量 $d_m < b'_k$ 是否成立。若成立，则令 $d_{zm} = 1$，$b'_k = b'_k - d_m$，$n_k = n_k + 1$，$r_{kn_k} = m$，$R_k = R_k \bigcup \{r_{m_k}\}$；若不成立，则转过程（4）。若 $d_{zm}$ 不等于 0，则直接转过程（4）。

（4）$j = j + 1$，转向过程（2），重复上述过程，直到 $j = k \times L + 1$。此时，检查是否所有的 $d_{zm} = 1$（$m = 1, 2, \cdots, L$）成立。若成立，说明在满足各约束条件的情况下，所有的库房都分配了一条路径，构成的路径集合 $R_T = \{R_1, R_2, \cdots, R_k\}$ 为个体所对应的车辆路径问题的一个可行解；若不成立，说明此个体表示的路径分配方案不满足约束，为车辆路径问题的一个不可行解。

　　3）适应度计算

对种群中每一个体 $G_h=(1,\cdots,L)$ 解码，求得对应的可行解。求得目标函数值 $Z_h$，若个体 $Z_h$ 对应不可行解，赋予其一个很大的整数 $M$。令个体的适应度函数为 $f_h=1/Z_h$。

　　4）遗传算子

　　(1) 选择：将每代种群 $n$ 个个体，按 $f_h$ 值排序，将值最大的个体复制一个，直接进入下一代。下一代种群中剩下的 $n-1$ 个个体用轮盘赌选择法产生。

　　(2) 交叉：对产生的新种群，按照交叉概率 $p_c$，采用 PMX 交叉规则，进行交叉重组。

　　(3) 变异：个体按照变异概率 $p_m$ 进行变异操作。变异算子采用的策略如下：随机产生变异点 $j_m(m=1,2,\cdots,k\times L)$，将个体循环左移 $j_m$ 个基因。例如个体 1 2 7 8 11 16 14 10 3 5 4 9 6 12 13 15，$j_m=3$，经变异操作后，产生的个体为 8 11 16 14 10 3 5 4 9 6 12 13 15 1 2 7。

　　(4) 种群交叉：将两个种群中的最优解取出，再在每个种群中随机选取 num 个个体，将这 num+1 个个体互换，进入对方种群。

采用变异算子，并且在种群 A 和种群 B 中采用不同的变异算子，以达到不同的目的。

## 3.2.12　遗传退火进化算法(GAEA)

模拟退火算法(SA)是人工智能中用于解决组合优化问题的经典算法。由于 SA 在全局搜索能力方面不足，GA 在局部搜索能力方面不足，退火进化算法(AEA)综合了 SA 和 GA 算法的优点，发挥了 SA 局部搜索能力和 GA 全局搜索能力，克服了 SA 全局搜索能力差及效率不高的问题和 GA 局部搜索能力差及其早熟现象。在 GA 运行过程中融入 SA 的算法称为遗传退火进化算法(GAEA)。该算法把 SA 算法与 GA 结合在一起，通过变异与选择不断改善解群体，并行搜索解空间，从而有可能更迅速地找到全局最优解。由于在选择中采用以概率接受新状态的准则，因而保留 SA 算法易跳出某局部极值"陷阱"的优点，易于向全局极小值快速收敛。

　　**1. 模拟退火算法(SA)**

SA 是人工智能中用于解决组合优化问题的经典方法，用来在一个大的搜寻空间内找寻命题的最优解，适合求解大规模组合优化问题，特别是 NP 完全问题。在模拟退火法中，解向量 $X$ 和目标函数 $F(X)$ 分别对应退火过程中一个固体微观状态 $i$ 和相应的能量 $E$。该算法是一个在某一控制参数 $C$ 值下，算法产生新解 $y$，判断 $y$ 接受或放弃 0 的迭代过程，也是对应固体在某一恒温下趋于热平衡的过程。控制参数 $C$ 对应于退火过程的温度 $T$。通过若干次迭代变换后算法求出的最优解 $x^*$ 和目标函数 $F(x^*)$ 分别对应固体的基态和最小能量。

　　**2. 遗传退火进化算法(GAEA)**

虽然 GA 有较强的全局搜索性能，但它在实际应用中容易产生早熟收敛问题，而且在进化后期搜索效率较低。有学者通过将模拟退火的思想引入 GA，提出了一种遗传退火进化算法(GAEA)。该方法有效地缓解了 GA 的选择压力，并对交叉和变异后的个体实施 Boltzmann 选择策略，能够增强 GA 的全局收敛性，使算法在进化后期有较强的爬山性能，加快进化后期的收敛速度。GAEA 的求解过程如下：

　　(1) 初始化进化代数，计数器 $k=0$。随机给出种群 $P(k)$ 初值，给定初试退火温度 $T_0$。

（2）评价当前群体 $P(k)$ 的适应度。

（3）个体交叉操作（附带保优操作）：$P(k)'$ 等于交叉$[P(k)]$。

（4）个体变异操作（附带保优操作）：$P(k)''$ 等于变异$[P(k)']$。

（5）由 SA 状态函数产生新个体。

（6）个体模拟退火操作：$P(k)''' = SA[P(k)'']$。

（7）判断 SA 抽样是否稳定，若不稳定，则返回（5）；若稳定，则往下执行退温操作 $T \leftarrow T'$。

（8）个体复制操作，由择优选择模型保留最佳种群：$P(k+1)$ 等于 $[P(k) \bigcup P(k)''']$。

（9）终止条件判断，若不满足终止条件，则 $k = k+1$，转到（2）；若满足终止条件，则输出当前最优个体，结束算法。

# 3.3　并行 GA

虽然在许多应用领域，利用 GA 能在合理的时间内找到满意解，但随着求解问题的复杂性及难度的增加，提高 GA 的运行速度显得尤为突出。由于 GA 具有并行处理特性，特别适合于在大规模并行计算机上实现，所以采用并行 GA（PGA）能够提高搜索效率。目前大规模并行计算机的日益普及，为 PGA 奠定了硬件基础。特别，在 GA 中各个个体适应度值计算可独立进行，而彼此间无需任何通信，所以并行效率很高。

在 PGA 中，把串行 GA 等价地变换成一种并行方案，将 GA 的结构修改成易于并行化实现的形式，形成并行种群模型。并行种群模型对传统 GA 的修改涉及两个方面：一是要把串行 GA 的单一种群分成多个子种群，分而治之；二是要控制、管理子种群之间的信息交换。不同的分治方法产生不同的 PGA 结构。这种结构上的差异导致了不同的 PGA 模型，主要有全局 PGA 模型、粗粒度模型、细粒度模型和混合模型。

**1. 全局 PGA 模型**

全局 PGA 模型又称主从 PGA 模型，是串行 GA 的一种直接并行化方案。它只有一个种群，所有个体的适应度都根据整个种群的适应度计算，个体之间可以任意匹配，每个个体都有机会与其他个体交叉而竞争，因而在种群上所作的选择和匹配是全局的。该模型有多种实现方法，如仅对 GA 的适应度值度函数计算进行并行处理、对遗传算子进行并行处理。全局 PGA 模型简单，易于实现，保留了串行 GA 的搜索行为。

**2. 粗粒度 PGA 模型**

粗粒度 PGA 模型又称分布式 PGA 模型，是对经典 GA 结构的扩展。它将种群划分为多个子种群（又称区域），每个区域独自运行一个 GA。此时，区域选择取代了全局选择，配偶取自同一区域，子代与同一区域中的亲本竞争。除了基本的遗传算子外，粗粒度模型引入了"迁移"算子，负责管理区域之间的个体交换。在粗粒度模型的研究中，要解决的重要问题是参数选择，包括迁移拓扑、迁移率、迁移周期等。在种群划分成子种群（区域）后，要为种群指定某种迁移拓扑。区域之间的个体交换由两个参数控制：迁移率和迁移周期。

迁移基本上可以采用与匹配选择和生存选择相同的策略。迁移率常以绝对数或以子种群大小的百分比形式给出。典型的迁移率是子种群数目的 10% 到 20% 之间。迁移周期决定了个体迁移的时间间隔，一般是隔几代（时期）迁移一次，也可以在一代之后迁移。通常，迁移率越高，则迁移周期就越长。迁移选择负责选出迁移个体，通常选择一个或几个最优个体，有的采用适应度比例或者排列比例选择来选择迁移个体，有的采用随机选取和替换。在大多数情况下，是把最差或者有限数目的最差个体替换掉。与迁移选择类似，可采用适应度比例或者排列比例选择，确定被替换的个体，以便对区域内部较好的个体产生选择压力。

粗粒度 PGA 一般实行粗粒度及全局级并行，各子种群间的相互关系较弱，主要靠串行 GA 来加速搜索过程。分布式 PGA 求解问题的一般步骤为：

（1）将一个大种群划分为一些小的子种群，子种群的数目与硬件环境有关。

（2）对这些子种群独立地进行串行 GA 操作，经过一定周期后，从每个种群中选择一部分个体迁移到另外的子种群。

### 3. 细粒度 PGA 模型

细粒度 PGA 模型又称领域模型或 SIMD PGA 模型。虽然细粒度模型也只有一个种群在进化，但在种群平面网格细胞上，将种群划分成了多个非常小的子种群（理想情况是每个处理单元上只有一个个体），子种群之间具有极强的通信能力，便于优良解传播到整个种群。全局选择被领域选择取代，个体适应度的计算由局部领域中的个体决定，重组操作中的配偶出自同一领域，且子代与其同一领域的亲本竞争空间，即选择和重组只在网格中相邻个体之间进行。细粒度模型要解决的主要问题是领域结构和选择策略。

### 4. 混合 PGA 模型

混合 PGA 模型又称为多层并行 PGA 模型。它结合不同 PGA 模型的特性，不仅染色体竞争求取最优解，而且在 GA 结构上引入了竞争以提供更好的环境便于进化。通常混合 PGA 以层次结构组合，上层多采用粗粒度模型，下层既可采用粗粒度模型也可采用细粒度模型。或者，种群可以按照粗粒度 PGA 模型分裂，迁移操作可以采用细粒度 PGA 模型。

### 5. 比较四种模型

并行 GA 的性能主要体现在收敛速度和精度两个方面，除了与迁移策略有关，还与一些参数选取的合理性密切相关，如遗传代数、种群数目、种群规模、迁移率和迁移间隔，一般需要深入了解问题的实现细节，如问题的差异、种群大小或不同的局部搜索方法等。一般采用粗粒度模型或细粒度模型都能获得很好的性能。虽然并行 GA 能有效地求解许多复杂问题，也能在不同类型的并行计算机上有效地实现，但仍有一些基本的问题需要解决。对不同的应用问题，混合模型难以设定基本 GA 的参数，其节点的结构动态变化，它比粗粒度和细粒度模型更具有一般性，算法更为复杂，实现代价更高。目前，以粗粒度模型最为流行，原因是：

（1）其实现较容易，只需在串行 GA 中增加迁移子例程，在并行计算机的节点上各自运行一个副本，并定期交换几个个体即可。

（2）在没有并行计算机时，也可在网络或单机系统上模拟实现。

### 6. 带约束并行 GA 应用实例

最小化完工时间的带约束并行多机调度问题可描述如下：有 $n$ 个相关的工件、$m$ 台机器，每个工件都有确定的加工时间，且均可由 $m$ 台机器中的任一台完成加工任务。要找一个最小调度，即确定每台机器上加工的工件号顺序，使加工完所有工件所需时间最短。

这是一个带约束并行多机调度问题，应用并行 GA 实现步骤如下：

（1）产生一个进程（该进程为父进程，在进行串行 GA 的同时，用于存放和发送当前最优个体）。

（2）由父进程产生 $m-1$ 个子进程（每个子进程用于实现串行 GA）。

（3）各子进程（包括父进程）进行串行 GA，当子进程中遗传代数（ge）被 10 整除时，子进程发送最优个体至父进程。

（4）父进程选择当前各子进程中最优个体（molist），发送给各子进程。

（5）各子进程把 molist 替换为各子进程当前代种群中适应度值最低的个体。

（6）若 ge＝gmax（gmax 为设定的最大繁殖代数），转第（7）步，否则转第（3）步。

（7）算法终止。

# 3.4　多目标优化中的 GA

前面讨论的都是单目标在给定区域上的最优化问题，但工程中经常会遇到在多准则或多目标下的优化问题。若这些目标是相悖的，则需要找到满足这些目标的最佳设计方案。利用 GA 解决多目标优化问题。

## 3.4.1　多目标优化的概念

解决含多目标和多约束的优化问题称为多目标优化问题。在实际应用中，工程优化问题大多数是多目标优化问题，有时需要使多个目标在给定区域上都可能地达到最优，而目标之间一般互相冲突。如投资问题，一般人们希望所投入的资金量最少，风险最小，并且所获得收益最大。这种多于一个数值目标的最优化问题就是多目标优化问题。多目标优化问题的数学模型一般可描述为

$$\begin{cases} V-\min & f(x) = [f_1(x), f_2(x), \cdots, f_n(x)]^\mathrm{T} \\ \text{s. t.} & x \in X \\ & X \subseteq R^m \end{cases} \tag{3.16}$$

式中，$V-\min$ 表示向量极小化，即向量目标函数 $f(x)=[f_1(x), f_2(x), \cdots, f_n(x)]^\mathrm{T}$ 中的各个子目标函数都可能地达到极小化。

下面先介绍多目标优化中最优解和 Pareto 最优解的定义。

**定义 3.8**　设 $X \subseteq R^m$ 是多目标优化模型的约束集，$f(x) \in R^n$ 是多目标优化时的向量目标函数，有 $x_1 \in X$，$x_2 \in X$。若

$$f_k(x_1) \leqslant f_k(x_2), \quad \forall k=1, 2, \cdots, n \tag{3.17}$$

并且

$$f_k(x_1) \leqslant f_k(x_2), \quad \exists k=1, 2, \cdots, n \tag{3.18}$$

则称解 $x_1$ 比解 $x_2$ 优越。

**定义 3.9**　设 $X \subseteq R^m$ 是多目标优化模型的约束集，$f(x) \in R^n$ 是多目标优化时的向量目标函数，若有解 $x_1 \in X$，并且 $x_1$ 比 $X$ 中的所有其它解都优越，则称解 $x_1$ 是多目标优化模型的最优解。

由定义 3.9 可知，解 $x_1$ 使得所有的 $f(x_i)(i=1, 2, \cdots, n)$ 都达到最优（如图 3.9 所

示)。但实际应用中一般不存在这样的解。

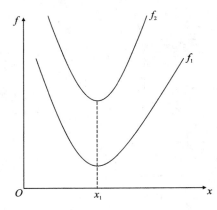 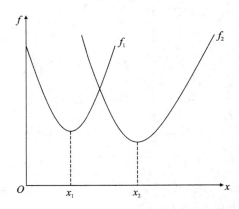

图 3.9　多目标优化问题的最优解　　　　图3.10　多目标优化问题的 Pareto 最优解

**定义 3.10**　设 $X\subseteq R^m$ 是多目标优化模型的约束集，$f(x\in R^n)$ 是多目标优化时的向量目标函数，若有解 $x_1\in X$，并且不存在比 $x_1$ 更优越的解 $x$，则称 $x_1$ 是多目标最优化模型的 Pareto 最优解。

由定义 3.10 可知，多目标优化问题的 Pareto 最优解只是问题的一个可以接受的"非劣解"，并且一般多目标优化实际问题都存在多个 Pareto 最优解(如图 3.10 所示)。

### 3.4.2　多目标优化问题的 GA

对于求解多目标优化问题的 Pareto 最优解，目前已有多种基于 GA 的求解方法。下面介绍五种常用的方法。

**1. 权重系数变换法**

对于一个多目标优化问题，若给其每个子目标函数 $f(x_i)(i=1,2,\cdots,n)$ 赋予权重 $w_i(i=1,2,\cdots,n)$，其中 $w_i$ 为相应的 $f(x_i)$ 在多目标优化问题中的重要程度，则各个子目标函数 $f(x_i)$ 的线性加权和表示为

$$u = \sum_{i=1}^{n} w_i \cdot f_i(x) \tag{3.19}$$

若将 $u$ 作为多目标优化问题的评价函数，则多目标优化问题可转化为单目标优化问题，即可以利用单目标优化的 GA 求解多目标优化问题。

**2. 并列选择法**

并列选择法的基本思想是：先将群体中的全部个体按子目标函数的数目均等地划分为一些子群体，对每个子群体分配一个子目标函数，各个子目标函数在相应的子群体中独立地进行选择运算，各自选择出一些适应度高的个体组成一个新的子群体，然后再将所有这些新生成的子群体合并成一个完整的群体，在这个群体中进行交叉和变异运算，从而生成下一代的完整群体，如此不断地进行"分割—并列选择—合并"操作，最终可求出多目标优化问题的 Pareto 最优解。

图 3.11 为多目标优化问题的并列选择法的示意图。

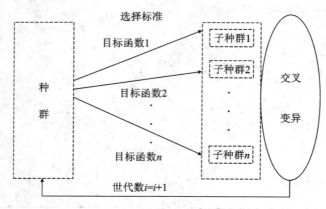

图 3.11　并列选择法的示意图

### 3. 排列选择法

排列选择法的基本思想是：基于 Pareto 最优个体(Pareto 最优个体是指群体中的一个或多个个体，群体中的其它个体都不比它或它们更优越)，对群体中的各个个体进行排序，依据这个排列次序来进行进化过程中的选择运算，从而使得排在前面的 Pareto 最优个体将有更多的机会遗传到下一代群体中。如此经过一定代数的循环之后，最终就可求出多目标最优化问题的 Pareto 最优解。

### 4. 共享函数法

求解多目标最优化问题时，一般希望所得到的解能够尽可能地分散在整个 Pareto 最优解集合内，而不是集中在其 Pareto 最优解集合内的某一个较小的区域上。为达到这个要求，可以利用小生境 GA(NGA)的技术来求解多目标最优化问题。这种方法称为共享函数法，它将共享函数的概念引入到求解多目标最优化问题的 GA 中。算法对相同个体或类似个体的数量加以限制，以便能够产生出种类较多的最优解。对于一个个体 $X$，在它的附近还存在有多少种、多大程度相似的个体，是可以度量的，这种度量值称为小生境数。小生境数的计算方法定义为

$$m_X = \sum_{Y \leqslant n} s\big[d(X, Y)\big] \tag{3.20}$$

式中，$s(d)$ 为共享函数，它是个体之间距离 $d$ 的单调递减函数，$d(X, Y)$ 可以定义为个体 $X$，$Y$ 之间的海明距离。

在计算出各个个体的小生境数之后，可以使小生境数较小的个体能够有更多的机会被选中，遗传到下一代群体中，即相似程度较小的个体能够有更多的机会被遗传到下一代群体中，这样就增加了群体的多样性，也会增加解的多样性。

### 5. 混合法

混合法的基本思想是：选择算子的主体使用并列选择法，然后通过引入保留最佳个体和共享函数的思想来弥补只使用并列选择法的不足之处。该算法的主要过程如下：

(1) 并列选择过程。按所求多目标优化问题的子目标函数的个数，将整个群体均等地划分成一些子群体，各个子目标函数在相应的子群体中产生其下一代子群体。

(2) 保留 Pareto 最优个体过程。对于子群体中的 Pareto 最优个体，不让其参与个体的

交叉运算和变异运算，而是将这个或这些 Pareto 最优个体直接保留到下一代子群体中。

（3）共享函数处理过程。若所得到的 Pareto 最优个体的数量已超过规定的群体规模，则需要利用共享函数的处理方法来对这些 Pareto 最优个体进行挑选，以形成规定规模的新代群体。

下面给出多目标问题的 GA 程序代码。

```
%多目标遗传优化
f1=@(x)x(:,1).*x(:,1)/4+x(:,2).*x(:,2)/4;    %第一目标函数
f2=@(x)x(:,1).*(1-x(:,2))+10;    %第二目标函数
NIND=100;    %个体数目
MAXGEN=50;         %最大遗传代数
NVAR=2;          %变量个数
PRECI=20;          %变量的二进制位数
GGAP=0.9;          %代沟
trace1=zeros(MAXGEN,2);trace2=trace1;trace3=trace1;    %性能跟踪
%建立区域描述器
FieldD=[rep([PRECI],[1,NVAR]);[1,1;4,2];rep([1;0;1;1],[1,NVAR])];
Chrom=crtbp(NIND,NVAR*PRECI);    %初始种群
x=bs2rv(Chrom,FieldD);    %初始种群十进制转换
gen=1;    %遗传代数
while gen <= MAXGEN
[NIND,N]=size(Chrom);
M=fix(NIND/2);
ObjV1=f1(x(1:M,:));    %分组后第一目标函数值
FitnV1=ranking(ObjV1);    %分配适应度值
SelCh1=select('sus',Chrom(1:M,:),FitnV1,GGAP);    %选择
ObjV2=f2(x(M+1:NIND,:));    %分组后第二目标函数值
FitnV2=ranking(ObjV2);    %分配适应度值
SelCh2=select('sus',Chrom(M+1:NIND,:),FitnV2,GGAP);    %选择
SelCh=[SelCh1;SelCh2];    %合并
SelCh=recombin('xovsp',SelCh,0.7);    %重组 Chrom=mut(SelCh);    %变异 0.7/Lind
x=bs2rv(Chrom,FieldD);
xsize(gen)=size(x,1);    %每一代种群数目跟踪
trace1(gen,1)=min(f1(x));    %每一代的第一函数最小目标值
%遗传算法性能跟踪
trace1(gen,2)=sum(f1(x))/length(f1(x));    %每一代的第一函数平均值
trace2(gen,1)=min(f2(x));    %每一代的第二函数最小目标值%遗传算法性能跟踪
trace2(gen,2)=sum(f2(x))/length(f2(x));    %每一代的第二函数平均值
trace3(gen,1)=min(f1(x)+f2(x));    %每代的两目标函数和的最小目标值
%遗传算法性能跟踪
trace3(gen,2)=sum(f1(x))/length(f1(x))+sum(f2(x))/length(f2(x));    %每代的两函数
平均值的和
gen=gen+1;
```

```
    end
    figure(1); clf;
    plot(trace1(:, 1)); hold on; plot(trace1(:, 2)', '—.');
    plot(trace1(:, 1), '.'); hold on; plot(trace1(:, 2)', '.'); grid; legend ('第一目标解的变化',
    '种群均值的变化'), xlabel('迭代次数'); ylabel('目标函数值');
    figure(2); clf;
    plot(trace2(:, 1)); hold on; plot(trace2(:, 2)', '—.');
    plot(trace2(:, 1), '.'); hold on; plot(trace2(:, 2)', '.'); grid; legend ('第二目标解的变化',
    '种群均值的变化'), xlabel('迭代次数'); ylabel('目标函数值');
    figure(3); clf;
    plot(trace3(:, 1)); hold on; plot(trace3(:, 2)', '—.');
    plot(trace3(:, 1), '.'); hold on; plot(trace3(:, 2)', '.'); grid; legend('两目标和的解变化',
    '种群均值的变化'), xlabel('迭代次数'); ylabel('目标函数值');
    figure(4); clf;
    plot(f1(x)); hold on; plot(f2(x), 'r—.');
    plot(f1(x), 'o'); hold on; plot(f2(x), 'o');
    grid; title('最优解前沿')
    figure(5); clf;
    plot(xsize, 'o'); hold on; plot(xsize, '—'); grid;
    title('每代种群变化值')
    x, xsize
```

图 3.12 为运行结果。

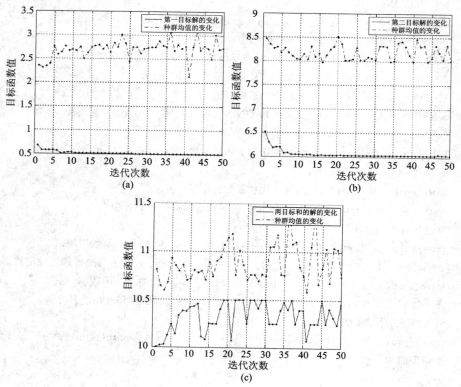

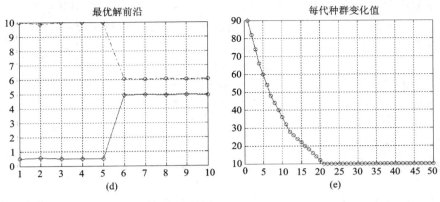

图 3.12 运行结果

# 3.5 基于小生境 GA 及其改进

小生境 GA(NGA)可对保持种群多样性与全局寻优性能起到积极作用。为了避免 NGA 存在的早期成熟和陷入局部极值点等问题,本节介绍 NGA 的基本思想及其改进 GA。

## 3.5.1 小生境技术和共享函数

小生境是来自于生物学的一个概念,是指在特定环境下的一种生存环境中生物在其进化过程中一般总是与自己相同的物种生活在一起,共同繁衍后代。如热带鱼不能在较冷的地带生存,而北极熊也不能在热带生存。把这种思想提炼出来,运用到优化上来的关键操作是:当两个个体的海明距离小于预先指定的某个值(称之为小生境距离)时,惩罚其中适应度值较小的个体。

小生境方法的基本思想来源于生物在进化过程中总是与自己相同的物种生活在一起,反映到 GA 中是使 GA 中的个体在一个特定的生存环境中进化。NGA 可以避免在进化后期,适应度值高的个体大量繁殖,充满整个群体。常用的 NGA 方法大多在对群体进行选择操作前,计算个体之间的海明距离,如小于事先设定值 $L$,则对适应度值低的个体处以惩罚,降低其适应度值。这样可以保护解的多样性,也可以避免大量重复的解充斥整个解空间。但是这种算法也存在一些不足之处,容易产生进化停滞和局部最优性能差等缺陷。

在 GA 中,挖掘多模问题中多个最优解的能力被称为小生境技术。该技术保证了群体多样性在进化过程中维持相对稳定,并且改善了传统 GA 的全局寻优能力。有学者提出,只有在子串的适应度超过父代的情况下,子串才能替代父串进入下一代群体的预选择机制,该机制趋向于替换与其本身相似的个体,能够维持群体的分布特性,并且不断地以优秀个体来更新种群,使种群不断地被优化。De Jong 提出基于排挤的机制,其思想来源于一个有趣的生物现象,在一个有限的生存空间中,各种不同的生物为了延续生存,必须相互竞争各种有限的生存资源。差别较大的个体由于生活习性不同而很少竞争。处于平衡状态的大小固定的种群,新生个体将代替与之相似的旧个体。排挤机制可以维护当前种群的多样性,用海明距离来度量个体之间的相似性。这就是小生境技术。

Glodberg 和 Richardson 利用共享函数来度量两个个体的相邻关系和程度。给定个体 g,

它的共享函数由它与种群中其它个体的相似程度决定。将 g 与种群中其它个体逐个比较，若很相似，则对 g 的共享函数加一个较大值；否则，就加一个较小值。个体共享度为该个体与群体内其它个体共享函数值之和，即

$$S_i = \sum_{j=1}^{n} S(d_{ij}) \tag{3.21}$$

式中，$d_{ij}$ 为个体 $i$ 和个体 $j$ 之间的关系亲密程度，$S$ 为共享函数，$S_i$ 为个体 $i$ 在群体中的共享度。

个体的适应度的调整公式为

$$f_s(i) = \frac{f(i)}{S_i} \tag{3.22}$$

最初为了防止 GA 早熟收敛，引入了基于预选择机制的小生境技术，增加了种群中的差异度。常见的小生镜技术有基于适应度共享的小生境技术、基于排挤的小生境技术和基于预选择的小生境技术。适应度共享的小生境技术定义了共享函数来调整群体中各个个体的适应度，从而在以后的群体进化过程中，该算法可以依据调整以后的新适应度进行选择运算，以维护群体的多样性，创造小生境的进化环境。该算法最主要的缺陷是需要先验知识设定小生境半径。

### 3.5.2　小生境 GA

生物学上的小生境是指特定环境中的一种组织功能。在自然界中，往往特征、性状相似的物种相聚在一起，并在同类中交配(交叉)繁殖后代。在 SGA(简单 GA)中，交叉完全是随机的，虽然这种随机化的交叉形式在寻优的初级阶段保持解的多样性，但在进化的后期，大量个体集中于某一极值点上，使得它们的后代近亲繁殖。在用 GA 求解多峰值函数的优化计算时，通常只能找到个别的几个最优解，从而得到的解是局部最优解。为了使得优化算法能够找出全部最优解，有学者引进了基于预选择机制的小生境概念，实现这样的目的。小生境技术就是将每一类个体划分为若干类，每个类中选出若干适应度较大的个体作为一个类的优秀代表组成一个种群，再在种群中以及不同种群之间通过交叉、变异产生新一代个体群。小生境技术特别适合于复杂多峰函数的优化问题。为了防止 GA 早熟收敛，引入小生境技术来增加种群中的差异度。

在 SGA 中容易"近亲繁殖"。NGA 将每一代个体划分为若干类，每类选出优秀个体组成一个种群；其优势是保持解的多样性，提高全局搜索能力，适合复杂多峰函数的优化。小生境的模拟方法主要建立在常规选择操作的改进基础上。

(1) 当新产生的子代个体的适应度超过其父代个体的适应度时，所产生的子代个体才能替代父代个体而遗传到下一代个体中；否则父代个体仍保留在下一代种群中，这样有效维持了种群多样性，造就小生境进化环境。

(2) 排挤选择策略。在一个有限的生存空间中，各种生物为了能够延续生存，它们之间必然相互竞争有限的资源，由群体中随机选择若干个体组成排挤成员，依据新产生的个体与排挤成员的相似性来排挤掉一些与排挤成员相似的个体。具体描述为设计一个排挤因子 CF(一般取 2 或 3)，由种群中随机选择的 1/CF 个体组成排挤成员，然后依据相似性来排挤一些与排挤成员相似的个体，个体之间的相似性由海明距离来度量。随着排挤过程的

进行,群体中的个体逐渐被分类,同时形成一个个小的生成环境,来维持群体的多样性。

(3)共享机制。通过个体之间的相似性程度的共享函数来调整各个体的适应度。利用共享函数的目的是将搜索空间的多个峰值在地理上区分开,每一个峰值处接受一定比例数目的个体,比例数目与峰值高度有关。

根据种群多样性的变化,有学者提出的基于排挤的改进 NGA 能够对保持种群多样性与全局寻优性能起到积极作用。

### 3.5.3 改进的小生境 GA(NGA)

在解决非单调函数或多峰函数的优化问题时,与其它常用的优化方法相比,NGA 的搜索效率高,并可以在一次搜索中得到目标函数的多个极值点,但常规的 NGA 和 GA 中个体的变异操作有很大的随机性,变异量也是随机确定的,容易出现变异后个体的适应度值不一定比变异前个体的高,使得变异操作有一定的盲目性,这不利于提高搜索效率。另外,NGA 的局部搜索能力有待提高,小生境参数的确定也没有一定的准则。目前,对NGA 的改进基本集中在对小生境参数的确定方面,如隔离小生境技术、动态调整距离参数等,而对于提高算法的局部搜索能力方面的研究较少,有学者主要针对算法的这种缺陷,改进了交叉概率算子和变异概率算子,并在变异量的确定上引入了梯度的概念。由事先设定的计算规则计算个体每个基因的梯度分量值,并与该个体级联组成新个体。在对个体进行变异时,根据所选基因的梯度分量值确定变异量的符号。当该基因的梯度分量值为负时,表明该基因呈减函数变化趋势,此时对该基因进行减变异,即变异量为负;当该基因的梯度分量值为正时,表明该基因呈增函数变化趋势,对该基因进行加变异,即变异量为正;当梯度分量为 0 时,对基因不操作。变异量的大小由变异算子确定。对 Shubert 函数全局最小值的搜索结果显示,该改进算法能有效改善 NGA 的局部寻优能力,并明显提高搜索效率。

#### 1. 自适应交叉

常规的 NGA 交叉概率为常数,一般在 0.5~0.8 之间。群体中的任何个体都有同等的概率被交叉,适应度值高的个体有可能和适应度值低的个体交叉,产生适应度值不高于父代个体的子代个体,群体并没有得到优化。为了保证群体的优化程度,不同进化时期对交叉概率的大小应有不同的要求。在进化初期,希望交叉概率较大,能够迅速对整个群体进行优化;在进化后期,为了避免破坏群体优化性,则希望交叉概率较小,并且应保留最佳个体至下一代,避免被误操作。针对此种要求,有学者设计了一个自适应性交叉概率函数 $P_c(i)$

$$P_c(i) = P_c\left(1 - \frac{i}{n}\right)^{1/2} \tag{3.23}$$

式中,$P_c(i)$表示第 $i$ 个个体的交叉概率,$i$ 的大小由个体适应度值大小决定,$i$ 越大则对应个体的适应度值越大;$n$ 表示群体的规模;$P_c$ 为常规的交叉概率,这里 $P_c$ 取 0.7。

在改进的 GA 中,排列位置不同的个体具有不同的交叉概率,$i$ 越大,对应个体的交叉概率就越小;$i$ 越小,对应的个体的交叉概率就越大。在对群体进行交叉操作时,采用了自适应策略,在进化前期即进化代数 $t$ 小于进化总代数 $T$ 的 65%($t<65\%T$)时,交叉概率固定,并且以 $d$ 作为判断是否进化停滞的依据($d$ 是进化中同一最优个体保持的代数)。设定

当 $d$ 大于事先确定的值（如 $10\%T$）时，表明进化停滞。此时以比较大的变异概率对群体进行变异操作，并把变异后的群体与原来的群体一起排序，选出适应度值高的群体数个体作为新的群体。在进化后期（$t \geqslant 65\%T$），根据式（3.23）确定每个个体的交叉概率，从而进行后续操作。

**2. 自适应变异**

常规的 NGA 和 GA 一般都取变异概率 $P_m = 0.05 \sim 0.10$。为保持群体的整体优化，变异概率通常取值较小。但是群体中每个个体的变异概率均相同，适应度值较大的有可能被变异，而适应度值较小的有可能被保留，这不利于群体的进化，并且在个体适应度值普遍较低的进化初期，采用较小的变异概率对群体进行变异操作，个体变异出比前辈遗传性更强的个体的可能性很小，大量个体会被浪费，而进化后期个体适应度值比较高，搜索的重点是局部寻优，小的变异概率不容易破坏整个群体的优化，有利于搜索出最优点。为此在进化初期，希望适应度值高的个体的变异概率较小，以便有更多的机会留到下一群体，对于适应度值小的个体则希望它的变异概率较大，进化后期，希望群体的变异概率较小。针对这一要求，在进化后期取固定变异概率 $P_m = 0.05 \sim 0.10$。进化初期设计了一个自适应变异概率函数 $P_m(i)$

$$P_m(i) = \frac{\exp(1 - i/n) - 1}{\exp(1 - i/n) + 1} \tag{3.24}$$

式中，$P_m(i)$ 为第 $i$ 个个体的变异概率，$n$ 为群体的规模。

式（3.24）中的个体按适应度值由小到大排列。在 $1 - i/n$ 的范围 $[0, 1]$ 内，$P_m(i)$ 与 $1 - i/n$ 的关系近似于直线的关系，$P_m(i)$ 随着 $1 - i/n$ 的增大而增大，当 $1 - i/n$ 为 1 时，$P_m(i)$ 的值接近 $0.50$。$i$ 越大的个体变异概率越小，这样可以确保精英的遗传。某些个体的变异概率比较大，甚至超过 $0.4$，这远远大于变异概率一般的范围。总之在进化初期，为了对群体进行全局寻优，应采用自适应变异概率；进入进化后期，为了对群体进行局部寻优，则固定 $P_m(i) = 0.01 \sim 0.10$。

# 第四章　MATLAB 数字图像处理基础

MATLAB 是一种拥有高性能数值计算能力的通用计算机语言，在其简单易用的操作环境中集成了数值分析、矩阵计算、符号计算、文字处理、图像处理、可视化建模仿真和实时控制能力，适合多学科、多领域的研究需求。MATLAB 开放可扩展的体系结构允许用户开发自己的应用程序。MATLAB 拥有很多工具箱，每个工具箱中含有大量函数，用户根据解决实际问题的需要，利用这些命令行函数编写出功能强大的 MATLAB 程序。本章介绍 MATLAB 的基本绘图方法和基于 MATLAB 的图像处理基础，并给出一些实例和程序代码。

## 4.1　基于 MATLAB 的绘图方法

MATLAB 受到广泛应用的一个重要原因是它提供了方便的绘图功能。MATLAB 的绘图函数很多，本节只简单介绍一维曲线和二维图像的绘制函数。

**1. 曲线绘制**

plot 函数是最基本的画曲线图函数，下面介绍其基本的调用格式。

（1）plot(y)的调用格式如下：

　　　　plot(y)　　绘制向量 y 对应于其元素序数的二维曲线图，若 y 为复数向量，则绘制虚部对
　　　　　　　　于实部的二维曲线图

如绘制单矢量曲线图。

　　　　y=[0 0.6 2.3 5 8.3 11.7 15 17.7 19.4 20];
　　　　plot(y)

由于 y 矢量有 10 个元素，x 坐标自动定义为[1 2 3 4 5 6 7 8 9 10]。

（2）plot(x,y)的调用格式如下：

　　　　plot(x,y)　　　%绘制由 x,y 所确定的曲线

x,y 是两组向量，且它们的长度相等，则 plot(x,y)可直观地绘出以 x 为横坐标，y 为纵坐标的图像。

如画正弦曲线

　　　　t=0:0.1:2 * pi;
　　　　y=sin(t);
　　　　plot(t,y)

当 plot(x,y)中 x 是向量、y 是矩阵时，则绘制 y 矩阵中各行或列对应于向量 x 的曲线。若 y 阵中行的长度与 x 向量的长度相同，则以 y 的行数据作为一组绘图数据；若 y 阵中列的长度与 x 向量的长度相同，则以 y 的列数据作为一组绘图数据；若 y 阵中行、列均与 x 向量的长度相同，则以 y 的每列数据作为一组绘图数据。

MATLAB 在绘制多条曲线时会按照一定的规律自动变化每条曲线的颜色。
如同时绘出三条曲线

```
x=0:pi/50:2 * pi;
y(1, :)=sin(x);
y(2, :)=0.6 * sin(x);
y(2, :)=0.3 * sin(x);
plot(x, y)
```

或

```
x=0:pi/50:2 * pi;
y=[ sin(x); 0.6 * sin(x); 0.3 * sin(x)];
plot(x, y)
```

若 x，y 是同型矩阵，则 plot(x, y)绘出 y 中各列相应于 x 中各列的图像。

**例 4.1**　以下语句中，第一个 plot 按列画出 101 条曲线，每条 3 个点；第二个 plot 按列画出 3 条曲线，每条 101 个点。

```
x(1, :)=0:pi/50:2 * pi;
x(2, :)=pi/4:pi/50:2 * pi+pi/4;
x(3, :)=pi/2:pi/50:2 * pi+pi/2;
y(1, :)=sin(x(1, :));
y(2, :)=0.6 * sin(x(2, :));
y(3, :)=0.3 * sin(x(3, :));
plot(x, y); x=x'; y=y'; figure, plot(x, y)
```

（3）多组变量绘图：plot(x1，y1，选项 1，x2，y2，选项 2，…)。

上面的 plot 格式中选项是指为了区分多条画出曲线的颜色，线型及标记点而设定的曲线的属性。MATLAB 在多组变量绘图时可将曲线以不同颜色、不同线型及标记点表示出来。

注意：表示属性的符号必须放在同一个字符串中，可同时指定 2～3 个属性与先后顺序无关，同一种属性不能多次指定。

**例 4.2**　t=0:0.1:2 * pi;

```
y1=sin(t);
y2=cos(t);
y3=sin(t). * cos(t);
plot(t, y1, '-r', t, y2, ':g', t, y3, ' * b')
```

该程序可另写为

```
t=0:0.1:2 * pi;
y1=sin(t);
y2=cos(t);
y3=sin(t). * cos(t);
plot(t, y1, '-r');
hold on, plot(t, y2, ':g'), plot(t, y3, ' * b'), hold off
```

**例 4.3**　设置绘图线的线型、颜色、宽度、标记点的颜色及大小。

```
t=0:pi/20:pi;
```

y＝sin(4 * t). * sin(t)/2;

plot(t, y, ′−bs′, ′LineWidth′, 2, …　　　%设置线的宽度为2
′MarkerEdgeColor′, ′k′, …　　　%设置标记点边缘颜色为黑色
′MarkerFaceColor′, ′y′, …　　　%设置标记点填充颜色为黄色
′MarkerSize′, 10)%设置标记点的尺寸为10

（4）双 Y 轴绘图。plotyy()函数的调用格式为

plotyy(x1, y1, x2, y2)　　%绘制由 x1, y1 和 x2, y2 确定的两组曲线，其中 x1, y1 的坐标轴在
图像窗口的左侧，x2, y2 的坐标轴在图像窗口的右侧

Plotyy(x1, y1, x2, y2, ′function1′, ′function2′)　　%功能同上，function 是指那些绘图函数如
plot, semilogx, loglog 等

**例 4.4**　在一个图像窗口中绘制双 Y 轴曲线。

x＝0:0.3:12;

y＝exp(−0.3 * x). * sin(x)＋0.5;

plotyy(x, y, x, y, ′plot′, ′stem′)

（5）绘制 stem 形式的曲线（上端带圈的竖线）。绘图结果为两条曲线自动用不同的颜色区分，两个坐标的颜色与曲线的颜色相对应，左边的 Y 轴坐标对应的是 plot 形式的曲线，右边的 Y 坐标对应的是 stem 形式的曲线。

（6）用鼠标点选屏幕上的点，用 ginput 函数，其格式为[x, y, button]＝ginput(n)，其中，n 为所选择点的个数，x, y 均为向量，x 为所选 n 个点的横坐标，y 为所选 n 个点的纵坐标，button 为 n 维向量，是所选 n 个点所对应的鼠标键的标号：1（左键）、2（中键）、3（右键）。

可用不同的鼠标键来选点，以区别所选的点。此语句可放在绘图语句之后，它可在绘出的图像上操作，选择你所感兴趣的点，如峰值点、达到稳态值的点等，给出点的坐标，可求出系统的性能指标。

**2. 图像的读取、显示与保存**

真色彩图像指由 R、G、B 三个分量表示一个像素的颜色。如果要读取图像中(100，50)处的像素值，可查看三元数据(100，50，1:3)。真彩色图像可用双精度存储，亮度值范围为[0，1]，常用的存储方法是用无符号整型存储，亮度值范围为[0，255]。与真彩色图像相对应的一种索引色图像包含两个结构，调色板和图像数据矩阵。调色板是一个有 3 列和若干行的色彩映像矩阵，矩阵每行代表一种颜色，3 列分别代表红、绿、蓝色强度的双精度数。

MATLAB 直接从图像文件中读取的图像为 RGB 图像。它存储在三维数组中。这个三维数组有三个面，依次对应于红（Red）、绿（Green）、蓝（Blue）三种颜色，而面中的数据则分别是这三种颜色的强度值，面中的元素对应于图像中的像素点。设所得矩阵 X 的三维矩阵(256，256，3)，则 X(:，:，1)代表红颜色的 2 维矩阵，X(:，:，2)代表绿颜色的 2 维矩阵，X(:，:，3)代表蓝颜色的 2 维矩阵。

在读取图像前应利用 clear 或 close all 清除 MATLAB 所有工作空间中的变量，并关闭所有打开的图像窗口。然后通过图像读取命令读取一幅图像，在 MATLAB 命令窗口输入以下命令：

　　　　I＝imread('图像名')％被读取图像必须保存到 MATLAB 当前工作目录下，或者图像名包括图
　　　　　　　　　　　　像存储地址、图像名.后缀名

该函数用于读入各种图像文件，如

　　　　[X，map]＝imread('E:\w34.bmp')；　　　　　　％计算机 E 盘上要有 w34.bmp 文件

　　　　％真彩色图像的分解

　　　　r＝double(X(:，:，1))；　　　　％r 是 256×256 的红色信息矩阵

　　　　g＝double(X(:，:，2))；　　　　％g 是 256×256 的绿色信息矩阵

　　　　b＝double(X(:，:，3))；　　　　％b 是 256×256 的蓝色信息矩阵

　　　　subplot(221)，imshow(X)，title('原始真彩色图像')

　　　　subplot(222)，imshow(r)，title('真彩色图像的红色分量')

　　　　subplot(223)，imshow(g)，title('真彩色图像的绿色分量')

　　　　subplot(224)，imshow(b)，title('真彩色图像的蓝色分量')

　　索引图像数据包括图像矩阵 X 与颜色图数组 map，其中颜色图 map 是按图像中颜色
值进行排序后的数组。对于每个像素，图像矩阵 X 包含一个值，该值为颜色图数组 map 中
的索引。颜色图 map 为 m×3 双精度矩阵，各行分别指定红、绿、蓝（R、G、B）单色值，
map＝[RGB]，R、G、B 为值域为[0，1]的实数值，m 为索引图像包含的像素个数。

　　imfinfo 函数用于读取图像文件的有关信息，如 imfinfo('e:\w01.tif')。

　　通过调用显示图像命令显示该图像，image 函数是 MATLAB 提供的最原始的图像显
示函数（主要显示彩色图像），如

　　　　a＝[1，2，3，4；4，5，6，7；8，9，10，11，12]；

　　　　image(a)；

　　　　％不管 RGB 图像的类型是 double 浮点型，还是 uint8 或 uint16 无符号整数型，MATLAB 都能
　　　　　　通过 image 函数将其正确显示出来

　　imshow 函数用于显示灰度图像文件，可用 imshow 函数显示已读入的图像，格式为：

　　　　imshow(I)　％I 为被读入图像的数字矩阵

例如：

　　　　i＝imread('e:\w01.tif')；imshow(i)；

　　在图像处理结束后，可通过图像保存命令保存处理后的图像，在 MATLAB 命令窗口
输入如下命令：

　　　　imwrite(I，'图像名')％I 为需要保存的图像，图像名可重新任意取定，同时也可改变后缀名

　　imwrite 函数用于写入图像文件，如

　　　　imwrite(a，'e:\w02.tif'，'tif')

　　然后，对图像进行保存。若将图像 imdata 保存到磁盘中，并希望保存后的图像名为
NewPic 的 PNG 图像格式，则在 MATLAB 命令窗口输入如下命令：

　　　　imwrite(imdata，'NewPic.png')　　％用户可在 MATLAB 当前使用路径下找到保存好的
　　　　　　　　　　　　　　　　　　NewPic.png 文件

　　　　[cmin，cmax]＝caxis　％返回映射到颜色映像中第一和最后输入项的最小和最大的数据

　　通常，颜色映像进行调节，把数据从最小扩展到最大，整个颜色映像都用于绘图。有
时需要改变颜色的使用方法。

函数 mesh(peaks)画出 peaks 的网格图，并把颜色轴 caxis 设为[−6.5466，8.0752]，即 Z 的最小值和最大值。这些值之间的数据点，使用从颜色映像中经插值得到的颜色。如

colorbar 函数显示图像的颜色条。imshow 只是显示图像，用 colormap 来定义图像显示用的颜色查找表，比如用 colormap(pink)，可以把黑白图像显示成带粉红色的图像。

```
i＝imread('e:\w01. tif');
imshow(i);
colorbar;
imagesc(a);
caxis([−3 8]);
colorbar;　　％尺标度从−3，到 8 显示标度尺
```

image(C)表示由数字矩阵 C 画出的一个图像，其中 C 可以是一个 M×N 或 M×N×3 维的矩阵，也可以是包含 double、uint8 或 uint16 数据。image 是用来显示附标图像，即显示的图像上有 x 和 y 坐标轴，可以看到图像的像素大小。加上 axis off 命令即可把坐标去掉。

图像像素矩阵的数据类型：

(1) 显示真彩色图像像素三维矩阵 X，如果是 uint8 类型，要求矩阵的数据范围为[0，255]；

(2) 如果是 double 型，则其数据范围为[0，1]，否则就会出错或出现空白页。

MATLAB 图像处理工具箱提供了 imhist 函数来计算和显示图像的直方图，imhist 函数的语法格式为

imhist(I，n)和 imhist(X，map)

其中，imhist(I，n)计算和显示灰度图像 I 的直方图，n 为指定的灰度级数目，默认值为 256。imhist(X，map)计算和显示索引色图像 X 的直方图，map 为调色板。如：

```
I＝imread('rice. tif');
imshow(I)，figure，imhist(I)
```

还有很多绘图和图像处理函数，如：

```
meshgrid：给出绘图时的网格点；
meshc：绘制三维网格与等高线图；
meshz：绘制三维网格与边界线图；
surfl：绘制三维曲面图，带阴影；
surfc：绘制三维曲面图，带等高线；
imcrop(  )：图像裁剪；
imresize(  )：图像的插值缩放；
imrotate(  )：图像旋转等。
```

# 4.2　MATLAB 的图像处理基础

## 1. 图像和图像数据

缺省情况下，MATLAB 将图像中的数据存储为双精度类型(double)、64 位浮点数，所需存储量很大。MATLAB 还支持另一种类型无符号整型(uint8)，即图像矩阵中每个数

据占用 1 个字节。在使用 MATLAB 工具箱时，一定要注意函数所要求的参数类型。另外，uint8 与 double 两种类型数据的值域不同，编程需注意值域转换。从 uint8 到 double 的转换格式：

```
B＝double(A)＋1；        %索引色
B＝double(A)/255；       %索引色或真彩色
B＝double(A)；           %二值图像
```

从 double 到 uint8 的转换格式：

```
B＝uint8(round(A－1))；          %索引色
B＝uint8(round(A * 255))；       %索引色或真彩色
B＝logical(uint8(round(A)))；    %二值图像
```

图像类型及其对应像素数据类型如表 4.1。

表 4.1　图像类型及其对应的像素数据类型

| 图像类型 | Double 数据 | uint8 和 uint16 数据 |
|---|---|---|
| 二值图像 | 图像为 m×n 的整数矩阵，元素值范围 [0，1] | 图像为 m×n 的整数矩阵，元素值范围 [0，1] |
| 索引图像 | 图像为 m×n 的整数矩阵，元素值范围 [0，p] | 图像为 m×n 的整数矩阵，元素值范围 [0，p−1] |
| 灰度图像 | 图像为 m×n 的浮点数矩阵，元素值范围[0，1] | 图像为 m×n 的整数矩阵，元素值范围 [0，255]或[0，65535] |
| RGB 图像 | 图像为 m×n×3 的浮点数矩阵，元素值范围[0，1] | 图像为 m×n×3 的整数矩阵，元素值范围[0，255]或[0，65535] |

**2. 图像处理工具箱所支持的图像类型**

（1）真彩色图像。真彩色图像可用双精度存储，亮度值范围是[0，1]，比较符合习惯的存储方法是用无符号整型存储，亮度值范围[0，255]。常用颜色的 RGB 值如表 4.2。

表 4.2　常用颜色的 RGB 值

| 颜　色 | R | G | B | 颜　色 | R | G | B |
|---|---|---|---|---|---|---|---|
| 黑 | 0 | 0 | 1 | 洋红 | 1 | 0 | 1 |
| 白 | 1 | 1 | 1 | 青蓝 | 0 | 1 | 1 |
| 红 | 1 | 0 | 0 | 天蓝 | 0.67 | 0 | 1 |
| 绿 | 0 | 1 | 0 | 橘黄 | 1 | 0.5 | 0 |
| 蓝 | 0 | 0 | 1 | 深红 | 0.5 | 0 | 0 |
| 黄 | 1 | 1 | 0 | 灰 | 0.5 | 0.5 | 0.5 |

（2）索引色图像。索引色图像包含两个结构，一个是调色板，另一个是图像数据矩阵。调色板是一个有 3 列和若干行的色彩映像矩阵，矩阵每行代表一种颜色，3 列分别代表红、绿、蓝三种颜色强度的双精度数。

注意：MATLAB 中调色板色彩强度[0，1]，0 代表最暗，1 代表最亮。

（3）灰度图像。存储灰度图像只需要一个数据矩阵。数据类型可以是 double，范围[0，1]。也可以是 uint8，范围[0，255]。

（4）二值图像。二值图像只需一个数据矩阵，每个像素只有两个灰度值，可以采用 uint8 或 double 类型存储。MATLAB 工具箱中以二值图像作为返回结果的函数都使用 uint8 类型。

（5）图像序列。MATLAB 工具箱支持将多帧图像连接成图像序列。图像序列是一个 4 维数组，图像帧的序号在图像的长、宽、颜色深度之后构成第 4 维。分散的图像也可以合并成图像序列，前提是各图像尺寸必须相同，若是索引色图像，调色板也必须相同。

**3. MATLAB 图像类型转换**

表 4.3　图像类型转换函数

| 函数名 | 函　数　功　能 |
|---|---|
| dither | 图像抖动，将灰度图变成二值图，或将真彩色图像抖动成索引色图像 |
| gray2ind | 将灰度图像转换成索引图像 |
| grayslice | 通过设定阈值将灰度图像转换成索引色图像 |
| im2bw | 通过设定亮度阈值将真彩色、索引色、灰度图转换成二值图 |
| ind2gray | 将索引色图像转换成灰度图像 |
| ind2rgb | 将索引色图像转换成真彩色图像 |
| mat2gray | 将一个数据矩阵转换成一幅灰度图 |
| rgb2gray | 将一幅真彩色图像转换成灰度图像 |
| rgb2ind | 将真彩色图像转换成索引色图像 |

# 4.3　基于 MATLAB 的图像处理方法

使用 MATLAB 函数能够对图像进行裁剪、缩放、旋转、扭曲等几何操作，同时可以对图像进行其他操作，如图像增强、图像滤波、边缘检测等。

**1. 图像格式转换**

MATLAB 支持四种基本图像和多帧图像阵列 5 种图像类型，同时也支持 JPEG、PNG、GIF、BMP 等图像文件格式的读、写和显示。对于绝大多数类型的图像，都需要进行图像的格式转换，才能进行其他图像预处理操作。如对一幅索引色图像进行滤波，必须对图像进行格式转换，转换成灰度图像，再对图像的灰度进行滤波。若不将索引色图像的格式进行转换，直接进行滤波处理，这些操作就没有意义。下面简要介绍 MATLAB 提供的图像转换基本函数。

（1）rgb2ind()函数将彩色图像 RGB 转换成索引色图像，其格式如下：

[X，map]＝rgb2ind(I，n)；　　%I 表示被转换的 RGB 原图像，n 为阈值，其取值范围为[1，256]

（2）ind2rgb()函数将索引色图像转换成 RGB 图像，其格式如下：

RGB＝ind2rgb(X，map)；　　%X 表示被转换的索引色图像，map 是 X 的调色板

MATLAB 的实际处理方式是创建一个三维数组，然后将索引色图像中与颜色对应的 map 值赋值给三维数组。

（3）rgb2gray()函数将 RGB 图像转换成灰度图像，其格式如下：

　　I＝rgb2gray(RGB)；　　%该命令是将真彩色图像 RGB 转换成灰度图像 I

（4）ind2gray()函数将索引色图像转换成灰度图像，其格式如下：

　　I＝ind2gray(X, map)；　　%该命令是将具有调色板 map 的索引色图像 X 转换成为灰度图像 I，但是在转换过程中去掉了原图像的色度和饱和度，只保留了图像的亮度信息

（5）im2bw()函数通过设置阈值将 RGB、索引色、灰度图像转换成二值图，其语法结构如下：

　　BW＝im2bw(I, level)；　　%参数 I 可以是 RGB 图像、灰度图像和索引色图像，当是索引色图像时，I 表示成(X, map)；level 为转换阈值，转换阈值根据图像而不同，可通过函数 graythresh()求得

（6）mat2gray()函数将数据矩阵转换成一幅灰度图像，其语法结构如下：

　　I＝mat2gray(A, [a b])；　　%该命令是按照指定的取值区间[a b]将数据矩阵 A 转换成灰度图像 I，a 对应灰度 0，b 对应灰度 1。若不设置指定区间，则 MATLAB 会自动默认矩阵中最小元素为 0，最大元素为 1

（7）grayslice()函数通过设定阈值将灰度图像转换成索引色图像，其具体格式如下：

　　X＝grayslice(I, n)；　　%该命令是将灰度图像 I 均量化为 n 个等级，然后转换成伪彩色索引色图像 X

**2. 图像分块处理**

```
B＝blkproc(A, [m n], fun, parameter1, parameter2, ...);
B＝blkproc(A, [m n], [mborder nborder], fun, ...);
B＝blkproc(A, 'indexed', ...);
```

参数解释：[m n]表示图像以 m×n 为分块单位，对图像进行处理（如 8×8 像素）；Fun 表示应用此函数对分别对每个 m×n 分块的像素进行处理；parameter1, parameter2 表示要传给 fun 函数的参数；mborder nborder 表示对每个 m×n 块上下进行 mborder 个单位的扩充，左右进行 nborder 个单位的扩充，扩充的像素值为 0，fun 函数对整个扩充后的分块进行处理。

**例 4.5**　基于 blkproc 的压缩、重构图像

```
I＝imread('cameraman. tif');        %输入图像，原图为灰度图像
I＝im2double(I);        %图像存储类型转换
T＝dctmtx(8);        %离散余弦变换矩阵
dct＝@(x)T * x * T';        %设置函数句柄
B＝blkproc(I, [8 8], dct);        %图像块处理
mask＝[1 1 1 1 0 0 0 0;1 1 1 0 0 0 0 0;1 1 0 0 0 0 0 0;1 0 0 0 0 0 0 0;0 0 0 0 0 0 0 0;0 0 0 0 0 0 0 0;0 0 0 0 0 0 0 0;0 0 0 0 0 0 0 0];        %掩膜
B2＝blkproc(B, [8 8], @(x)mask. * x);        %图像块处理
%数据压缩，丢弃右下角高频数据
invdct＝@(x)T' * x * T;        %设置函数句柄
%进行 DCT 反变换，得到压缩后的图像
```

```
I2＝blkproc(B2，[8 8]，invdct)；        %图像块处理
imshow(I)，，title('原始图像')，        %显示原始图像
figure，imshow(I2)，title('压缩图像')      %显示压缩重构图像
```

**3. 图像平移、旋转、缩放、膨胀和腐蚀**

下面给出基于 MATLAB 的图像平移、旋转、缩放和膨胀等常用操作方法。

平移函数 translate 始终保持原图像大小，当图像向右下移动时，有部分图像被剪切掉。

缩放函数的格式为

```
B＝imresize(A，m，method)；   %返回原图 A 的 m 倍放大的图像(m 小于 1 时效果是缩小)，
                            参数 method 用于指定插值的方法，可选用的值为'nearest'
                            (最邻近法)、'bilinear'(双线性插值)、'bicubic'(双三次插
                            值)、默认为'nearest'
```

膨胀和腐蚀是数学形态学最基本的变换，数学形态学的应用几乎覆盖了图像处理的所有领域，利用数学形态学对二值图像处理。膨胀是把连接成分的边界扩大一层的处理；腐蚀则是把连接成分的边界点去掉从而缩小一层的处理。若输出图像为 $g(i, j)$，则它们的定义式为二值图像目标 X 是 E 的子集。用 B 代表结构元素，Bs 代表结构元素 B 关于原点$(0, 0)$的对称集合：即 Bs 是 B 旋转 $180°$ 获得的。给出了三种简单的结构元素。MATLAB 中用 dilate 和 imdilate 函数实现膨胀。dilate 函数能够实现二值图像的膨胀操作，其格式为

```
BW2＝dilate(BW1，SE)；   %表示使用二值结构要素矩阵 SE 队图像数据矩阵 BW1 执行膨胀
                         操作。输入图像 BW1 的类型为 double 或 unit8，输出图像 BW2
                         的类型为 unit8
BW2＝dilate(BW1，SE，…，n)；   %表示执行膨胀操作 n 次
Imdilate(X，SE)   %X 是待处理的图像，SE 是结构元素对象
```

**例 4.6**
```
bw＝imread('text.tif')；
se＝strel('line'，11，90)；
bw2＝imdilate(bw，se)；
imshow(bw)，title('Original')，figure，imshow(bw2)，title('Dilated')
Imerode(X，SE) %该函数实现图像腐蚀，X 是待处理的图像，SE 是结构元素对象
```

**例 4.7**
```
F＝imread('p2.bmp')；     %读一幅图像
se＝translate(strel(1)，[0 20])；   %图像平移，参数[0 20]可以修改，修改后平移距离随
                                   之改变
J＝imdilate(F，se)；   %图像实现膨胀操作
figure；imshow(J，(    ))；   title('右移后图形')
i＝imread('D:\123.bmp')；   %再读一幅图像
j＝imrotate(i，30)；   %图像旋转 30 度
k＝imresize(i，2)；   %图像放大两倍
t＝imresize(i，2，'bilinear')；   %采用双线性插值法进行放大两倍
m＝imresize(i，0.8)；   %图像缩小到 0.8 倍
see＝strel('ball'，5，5)；   w＝imerode(I，see)；   %图像腐蚀
```

**例 4.8**
```
figure(1)；imshow(i)；title('原图')
figure(2)；imshow(j)；title('旋转')
```

```
figure(3); imshow(k); title('放大');
figure(4); imshow(t); title('双线性插值')
figure(5); imshow(m); title('缩小')
figure(6); imshow(img); title('平移')
figure(7); imshow(w), title('腐蚀')
```

**4. 图像添加噪声**

J＝imnoise(I, type); ％向亮度图 I 中添加指定类型的噪声，type 是字符串，取值有"gaussian"（高斯噪声）、"localvar"（均值为零，且一个变量与图像亮度有关）、"poisson"（泊松噪声）、"salt&pepper"（椒盐噪声）和"speckle"（乘性噪声）。

J＝imnoise(I, type, parameter); ％返回对图像 I 添加典型噪声后的有噪图像 J，参数 type 和 parameter 用于确定噪声的类型和相应的参数。根据噪声类型，可以确定该函数的其它参数。所有的数值参数都进行归一化处理，则对应于图像亮度从 0 到 1 的操作

注：函数 imnoise 在给图像添加噪声之前，将图像范围转换为[0，1]内的 double 类。

**5. 图像形态学运算及图像噪声消除**

bwmorph 函数的功能是能实现二值图像形态学运算。它的格式如下：

BW2＝bwmorph(BW1, operation); ％bwmorph 函数可对二值图像 BW1 采用指定的形态学运算

BW2＝bwmorph(BW1, operation，n); ％bwmorph 函数可对二值图像 BW1 采用指定的形态学运算 n 次

operation 为下列字符串之一：'clean'：除去孤立的像素（被 0 包围的 1）；

'close'：计算二值闭合；

'dilate'：用结构元素计算图像膨胀；

'erode'：用结构元素计算图像侵蚀

imclose 函数是对灰度图像执行形态学闭运算，使用同样的结构元素先对图像进行膨胀操作后进行腐蚀操作。调用格式为

IM2＝imclose(IM, SE)或 IM2＝imclose(IM, NHOOD)

IM2＝imopen(IM, SE)或 IM2＝imopen(IM, NHOOD) ％imopen 函数是对灰度图像执行形态学开运算，使用同样的结构元素先对图像进行腐蚀操作后进行膨胀操作

利用二值形态学消除图像噪声。用二值形态学方法对图像中的噪声进行滤除的基本思想是：使用具有一定形态的结构元素去度量和提取图像中的对应形状，以达到消除图像噪声的目的。下面是二值形态学消除图像噪声的一个实例。首先，将 tire. tif 图像加入椒盐噪声，它在亮的图像区域内是暗点，而在暗的图像区域内是亮点。其次，对有噪声图像进行二值化操作。然后，对有噪声图像进行开启操作。由于这里的结构元素矩阵比噪声要大，因而开启的结果是将背景上的噪声点去除了，最后对前一步得到的图像进行闭合操作，将图像上的噪声点去掉。算法实现的程序代码如下：

I1＝imread('tire. tif'); ％读灰度图 tire. tif

I2＝imnoise(I1,'salt & pepper');　　％在图像上加入椒盐噪声

figure,imshow(I2)　　％显示加椒盐噪声后的灰度图像

I3＝im2bw(I1);　　％把加椒盐噪声后的灰度图像二值化

figure,imshow(I3)　　％显示二值化后的图像

I4＝bwmorph(I3,'open');　　％对二值噪声图像进行二值形态学开运算

figure,imshow(I4);　　％显示开运算后的图像

I5＝bwmorph(I4,'close');　　％对上述图像进行形态学闭运算

figure,imshow(I5)　　％显示最终处理后的图像

### 6. 线性滤波(邻域平均)

线性低通滤波器最常用的是线性平滑滤波器,这种滤波器的所有系数都是正的,也称邻域平均。邻域平均减弱或消除了傅立叶变换的高频分量,对噪声的消除有所增强,但是由于平均而使图像变得更为模糊,细节的锐化程度逐渐减弱。

下面使用不同的平滑模板对图像进行滤波。

I＝imread('cameraman.tif');imshow(I),title('原始图像')

J＝imnoise(I,'salt & pepper');　　％添加盐椒噪声,噪声密度为默认值0.05

figure,imshow(J),title('添加盐椒噪声后的图像')

K1＝filter2(fspecial('average',3),J)/255;　　％应用3×3邻域窗口法

figure,imshow(K1),title('3×3窗的邻域平均滤波图像')

K2＝filter2(fspecial('average',7),J)/255;　　％应用7×7邻域窗口法

figure,imshow(K2),title('7×7窗的邻域平均滤波图像')

K3＝filter2(fspecial('average',9),J)/255;　　％应用9×9邻域窗口法

figure,imshow(K3),title('9×9窗的邻域平均滤波图像')

K4＝filter2(fspecial('average',11),J)/255;　　％应用11×11邻域窗口法

figure,imshow(K4),title('11×11窗的邻域平均滤波图像')

图4.1为运行结果。

原始图像　　　　　　添加盐椒噪声后的图像　　　3×3窗的邻域平均滤波图像

7×7窗的邻域平均滤波图像　　9×9窗的邻域平均滤波图像　　11×11窗的邻域平均滤波图像

图4.1　运行结果

**7. 图像插值**

图像插值是利用已知邻近像素点的灰度值来产生未知像素点的灰度值，以便由原始图像再生出具有更高分辨率的图像。在图像放大过程中，像素相应地增加，增加的过程就是"插值"发生作用的过程。"插值"操作会自动选择信息较好的像素来增加、弥补空白像素，而并非只使用临近的像素。所以在放大图像时，图像看上去会比较平滑、干净。不过需要说明的是插值并不能增加图像信息，尽管图像尺寸变大，但效果相对要模糊些，插值过程可以理解为白酒掺水。插值方法很多，如：

最临近像素插值：即将每一个原像素原封不动地复制并映射到扩展后对应多个像素中。这种方法在放大图像的同时保留了原图像的所有信息。在传统图像插值算法中，最临近像素插值较简单，容易实现。但是，该方法会在新图像中产生明显的锯齿边缘和马赛克现象。

双线性插值：双线性插值法具有平滑功能，能有效地克服最临近像素插值的不足，但会退化图像的高频部分，使图像细节变模糊。

高阶插值：在放大倍数比较高时，高阶插值（如双三次和三次样条插值等）比低阶插值效果较好。

N 维插值函数：interpN( )，其中 N 可以为 2，3，…，如 N＝2 为二维插值，其格式为

$$zi = interp2(x, y, z, Xi, Yi, 'method');$$

其中，x，y 为坐标轴上的横纵坐标，$\{(x, y)\} = mashgrid(x, y)$ 生成平面网格点，z 为观测到的在网格点上的二元函数值，$\{(x, y, z)\}$ 构成空间插值节点。引入两个向量 xi，yi，其中 xi 为横坐标上的插值点，yi 为纵坐标上的插值点，可给出 $[Xi, Yi] = meshgrid(xi, yi)$；zi 为新的或者是加细了的网格点上产生的插值结果（相当于函数值）。'method' 表示采用的插值方法：其中 'nearest' 最邻近插值，'linear' 线性插值；'cubic' 双三次插值；缺省时表示线性插值。所有的插值方法都要求 x 和 y 是单调的网格；x 和 y 可以是等距的也可以是不等距的。

**例 4.9**　产生一个山顶函数 peaks 曲面，由此产生 peaks 的粗糙近似山顶曲面：

$$[x, y, z] = peaks(10); \ hold \ on; \ mesh(x, y, z)$$

下面给出用 MATLAB 对最近邻插值、双线性插值和双三次插值、返回放大二倍的图像（用 imresize）并显示出来与原图像对比：

```
I＝imread('D:\1.jpg');          %读取图像
figure(1), imshow(I);           %显示图像
A＝imresize(I, 2, 'nearest');    %最近邻插值
figure(2), imshow(A);
B＝imresize(I, 2, 'bilinear');   %双线性
figure(3), imshow(B);
C＝imresize(I, 2, 'bicubic');    %双三次
figure(4), imshow(C);
```

如果是对彩色图像 RGB 24bit 的插值，就要分别对 RGB 三个分量进行插值，再拟合为一幅图像。

**8. 边缘检测**

数字图像边缘检测是图像分割、目标区域识别、区域形状提取、目标特征识别等图像

分析领域非常重要的基础，也是图像识别中提取图像特征的一个重要属性。边缘检测是以图像局部特征不连续为基础，即图像局部亮度变化最显著的部分，如灰度值的突变等。利用边缘检测方法对图像进行分割，其基本思路是先检测图像中的边缘点，再按照某种策略将这些边缘点连接起来形成闭合轮廓，从而构成分割区域。MATLAB 提供了专门的边缘检测工具 edge()函数，其调用格式如下：

BW＝edge(I)；　　　　%采用灰度或一个二值化图像 I 作为它的输入，并返回一个与 I 相同大小的二值化图像 BW，在函数检测到边缘的地方为 1，其他地方为 0

BW＝edge(I,'sobel')；　　%自动选择阈值用 Sobel 算子进行边缘检测

BW＝edge(I,'sobel',thresh)；　　%根据所指定的敏感度阈值 thresh，用 Sobel 算子进行边缘检测，它忽略了所有小于阈值的边缘。当 thresh 为空时，自动选择阈值

BW＝edge(I,'sobel',thresh,direction)；　　%根据所指定的敏感度阈值 thresh，在所指定的方向 direction 上，用 Sobel 算子进行边缘检测。Direction可取的字符串值为 horizontal(水平方向)、vertical(垂直方向)或 both(两个方向)

[BW，thresh]＝edge(I,'sobel',...)；　　%返回阈值

BW＝edge(I,'method','thresh','sigma','direction')；　　%参数 I 是被分割的原始图像，method 指用于图像分割的数学算法，MATLAB 提供了 Sobel 算子、Prewitt 算子、Roberts 算子、log 算子、Candy 算子、Zerocross 算子等，thresh 为边缘检测的阈值，sigma 为边缘检测阈值确定的方差，direction 为边缘检测方向：'horizontal'为水平方向；'vertical'为垂直方向；'both'为水平和垂直两个方向

下面给出数字图像的边界提取实例代码：

```
I＝imread('bonemarr.tif')；          %读取图像
[BW1,th1]＝edge(I,'sobel',0.07)；    %边缘检测
th1str＝num2str(th1)；               %提取字符串
imshow(I)；
title('图 1：bonemarr.tif 原图','fontsize',14,'position',[128,260,0])；
figure；imshow(BW1)；
ti＝'图 2：sobel 算子提取的边界，阈值为'；
ti＝strcat(ti,th1str)；              %字符串复制
title(ti,'fontsize',12,'position',[128,260,0])
```

Sobel 算子是图像边缘检测中的常用算子之一，是离散性差分算子，被用来计算图像亮度函数的梯度近似值。在图像的任何一点使用此算子，将会产生对应的梯度矢量或是其他矢量。下面利用 sobel 算子对图像进行边缘检测。使用 edge 函数实现图像的边缘检测，其调用格式为：

```
BW=edge(I, 'sobel', thresh, direction);    %根据指定的敏感阈值 thresh 用 Sobel 算子对图像
                                             进行边缘检测，edge 函数忽略了所有小于阈值的
                                             边缘，如果没有指定阈值 thresh 或为空，函数自
                                             动选择参数值，direction 指定 Sobel 算子边缘检
                                             测的方向，其参数值为'horizontal'，'vertical'或
                                             'both'（默认）
```

程序代码：

```
I=imread('cameraman. tif');    imshow(I);    title('原始图像')
BW=edge(I, 'sobel');    %以自动阈值选择法对图像进行 Sobel 算子边缘检测
figure, imshow(BW);    title('自动阈值的 Sobel 算子边缘检测')
[BW, thresh]=edge(I, 'sobel');    %返回当前 Sobel 算子边缘检测的阈值
disp('sobel 算子自动选择的阈值为：');    disp(thresh)
BW1=edge(I, 'sobel', 0.02, 'horizontal');    %以阈值为 0.02 水平方向对图像进行 Sobel 算
                                              子边缘检测
figure, imshow(BW1), title('阈值为 0.02 的水平方向的 sobel 算子检测')
BW2=edge(I, 'sobel', 0.02, 'vertical');    %以阈值为 0.02 垂直方向对图像进行 Sobel 算子
                                            边缘检测
figure, imshow(BW2), title('阈值为 0.02 的垂直方向的 sobel 算子检测')
BW3=edge(I, 'sobel', 0.05, 'horizontal');    %以阈值为 0.05 水平方向对图像进行 Sobel 算
                                              子边缘检测
figure, imshow(BW3), title('阈值为 0.05 的水平方向的 sobel 算子检测')
BW4=edge(I, 'sobel', 0.05, 'vertical');    %以阈值为 0.05 垂直方向对图像进行 Sobel 算子
                                            边缘检测
figure, imshow(BW4), title('阈值为 0.05 的垂直方向的 Sobel 算子检测')
```

结果：Sobel 算子自动选择的阈值为 0.1433。

由以上程序得到的图像容易看出，在采用水平和垂直方向的 Sobel 算子对图像进行边缘检测时，分别对应的水平和垂直方向上的边缘有较强的响应，阈值越小，检测的图像的边缘细节数越多；而阈值越大，有些轮廓则不能检测出来。

利用 Prewitt 算子进行图像的边缘检测。Prewitt 算子是一种一阶微分算子的边缘检测，能够利用像素点上下、左右邻点的灰度差，在边缘处取得极值，由此检测边缘，去掉部分伪边缘，对噪声具有平滑作用。其原理是在图像空间利用两个方向模板与图像进行邻域卷积来完成的，这两个方向模板是：检测水平边缘和垂直边缘。其用法与 Sobel 算子类似。其调用格式为：

```
BW=edge(I, 'prewitt', thresh, direction);    %根据指定的敏感阈值 thresh 用 Prewitt 算子对
                                              图像进行边缘检测
```

程序代码：

```
I=imread('cameraman. tif'); imshow(I), title('原始图像')
BW=edge(I, 'prewitt');    %以自动阈值选择法对图像进行 Prewitt 算子边缘检测
figure, imshow(BW);    title('自动阈值的 prewitt 算子边缘检测')
[BW, thresh]=edge(I, 'prewitt');    %返回当前 Prewitt 算子边缘检测的阈值
disp('prewitt 算子自动选择的阈值为：'), disp(thresh)
```

```
BW1＝edge(I,'prewitt',0.02,'horizontal');　　％以阈值为 0.02 水平方向对图像进行
                                                          Prewitt算子边缘检测
figure,imshow(BW1),title('阈值为 0.02 的水平方向的 prewitt 算子检测')
BW2＝edge(I,'prewitt',0.02,'vertical');　　％以阈值为 0.02 垂直方向对图像进行
                                                          Prewitt算子边缘检测
figure,imshow(BW2),title('阈值为 0.02 的垂直方向的 prewitt 算子检测')
BW3＝edge(I,'prewitt',0.05,'horizontal');　　％以阈值为 0.05 水平方向对图像进行
                                                          Prewitt算子边缘检测
figure,imshow(BW3),title('阈值为 0.05 的水平方向的 prewitt 算子检测')
BW4＝edge(I,'prewitt',0.05,'vertical');　　％以阈值为 0.05 垂直方向对图像进行
                                                          Prewitt算子边缘检测
figure,imshow(BW4),title('阈值为 0.05 的垂直方向的 prewitt 算子检测')
```

结果：prewitt 算子自动选择的阈值为 0.1399。

**9. 图像压缩**

图像压缩是指减少表示数字图像时需要的数据量，以较少的比特有损或无损地表示原来的像素矩阵的技术。信息时代带来了"信息爆炸"，使数据量大增，因此无论传输或存储都需要对数据进行有效压缩。图像数据之所以能被压缩，就是因为数据中存在着冗余。图像数据的冗余主要表现为：图像中相邻像素间的相关性引起的空间冗余；图像序列中不同帧之间存在相关性引起的时间冗余；不同彩色平面或频谱带的相关性引起的频谱冗余。由于图像数据量庞大，在存储、传输、处理时非常困难，因此图像数据压缩就显得非常重要。

JPEG 图像压缩算法：

（1）输入图像被分成 8×8 或 16×16 的小块，然后对每一小块进行二维 DCT（离散余弦变换）变换，变换后的系数量化、编码并传输。

（2）JPEG 文件解码量化了的 DCT 系数，对每一块计算二维逆 DCT 变换，最后把结果块拼接成一个完整的图像。在 DCT 变换后舍弃那些不严重影响图像重构的接近 0 的系数。

（3）DCT 变换的特点是变换后图像大部分能量集中在左上角，因为左上放映原图像低频部分数据，右下反映原图像高频部分数据。而图像的能量通常集中在低频部分。

下面为图像压缩实例程序代码。

```
I＝imread('blood1.tif');　　％读取图像
I＝rgb2gray(I);　　％若为彩色图，需要转换为灰度图
I＝im2double(I);　　％数据类型转换为双精度
T＝dctmtx(8);　　％产生二维 DCT 变换矩阵
B＝blkproc(I,[8 8],'P1*x*P2',T,T);　　％ P1 * x * P2 相当于像素块的处理函数，
                                                 p1＝T p2＝T',进行离散余弦变换，其中
                                                 T 为 dctmtx(n)函数得到的 DCT 变换矩阵
mask＝[1,1,1,1,0,0,0,0;1,1,1,0,0,0,0,0;1,1,0,0,0,0,0,0;1,0,0,0,0,
0,0,0;0,0,0,0,0,0,0,0;0,0,0,0,0,0,0,0;0,0,0,0,0,0,0,0;0,0,0,0,0,
0,0,0];
B2＝blkproc(B,[8 8],'P1.*x',mask);　　％只保留 DCT 变换的 10 个系数,那个[8 8]表示
                                                 8 * 8 分块
```

```
I2＝blkproc(I，[8 8]，'P1 * x * P2'，T，T)；　　％重构图像
subplot(1，2，1)；imshow(I)；title('原图')；
subplot(1，2，2)；imshow(I2)；title('压缩图')；
```

利用离散余弦变换(DCT)实现图像压缩：DCT 先将整体图像分成 N×N 像素块(一般 N＝8，即 64 个像素块)，再对 N×N 块像素逐一进行 DCT。由于大多数图像高频分量较小，相应于图像的高频成分的失真不太敏感，可以用更粗的量化，在保证所要求的图像质量条件下，舍弃某些次要信息。程序代码如下：

```
I＝imread('cameraman. tif')；imshow(I)；
title('原始图像')；disp('原始图像大小：')
whos('I')
I＝im2double(I)；　　％将图像矩阵转换成双精度类型
T＝dctmtx(8)；　　％离散余弦变换矩阵
B＝blkproc(I，[8 8]，'P1 * x * P2'，T，T')；
mask＝[1 1 1 1 0 0 0 0；1 1 1 0 0 0 0 0；1 1 0 0 0 0 0 0；1 0 0 0 0 0 0 0；0 0 0 0 0 0 0 0；0 0 0 0 0 0 0 0；0 0 0 0 0 0 0 0；0 0 0 0 0 0 0 0]；
B2＝blkproc(B，[8 8]，'P1. * x'，mask)；
I2＝blkproc(B2，[8 8]，'P1 * x * P2'，T'，T)；
figure，imshow(I2)；title('压缩后的图像')，disp('压缩图像的大小：')
whos('I2')
```

运行结果：

| 原始图像大小： | Name | Size | Bytes | Class | Attributes |
| --- | --- | --- | --- | --- | --- |
| | I | 256×256 | 65536 | uint8 | array |
| 压缩图像的大小： | Name | Size | Bytes | Class | Attributes |
| | I2 | 256×256 | 524288 | double | array |

分析：由运行结果可以看出，经过 DCT 变换后图像的大小几乎没有改变。空间变换 DCT 的最大特点是：对于一般的图像都能够将它的能量集中于少数低频 DCT 系数上，这样就只编码和传输少数系数而对图像质量影响很小。DCT 不能直接对图像产生压缩作用，但对图像的能量具有很好的集中效果，为压缩打下了基础。如一帧图像内容以不同的亮度和色度像素分布体现出来，而这些像素的分布依图像内容而变，没有规律。但通过 DCT，像素分布就有了规律。代表低频成分的量分布于左上角，而相比高频率成分则向右下角分布。然后根据人眼视觉特性，去掉一些不影响图像基本内容的细节(高频分量)，从而达到压缩码率的目的。

## 10. 图像增强

图像增强的目的是按特定的需要突出一幅图像中的某些感兴趣的像素点，同时削弱或去除某些不需要的像素点，改善图像的视觉效果，针对给定图像的应用场合，有目的地强调图像的整体或局部特性，扩大图像中不同物体特征之间的差别，满足某些特殊分析的需要。图像增强技术主要包含直方图修改、平滑化、尖锐化和彩色处理技术等。图像增强分为图像对比度增强、亮度增强和轮廓增强等。

(1) 对比度增强。

如果原图像 $f(x, y)$ 的灰度范围是[m，M]，希望调整后的图像 $g(x, y)$ 的灰度范围是

[n，N]，那么下述的线性变换就可以实现。MATLAB 图像处理工具箱中提供的 imadjust 函数，可以实现上述变换对比度增强。imadjust 函数的语法格式为

    J＝imadjust(I，[low_in high_in]，[low_out high_out])

    J＝imadjust(I，[low_in high_in]，[low_out high_out])　%返回图像 I 经过直方图调整后的图像 J，[low_in high_in]为原图像中要变换的灰度范围，[low_out high_out]指定了变换后的灰度范围

**例 4.10**　I＝imread('pout.tif')；J＝imadjust(I，[0.3 0.7]，[])；imshow(I)，figure，imshow(J)

（2）灰度变换增强。

灰度变换增强是根据某种目标条件，按一定变换关系逐点改变图像中每一个像素点的灰度值的方法。通过灰度变换可达到对比度增强的效果。直方图均衡化是一种使输出图像直方图近似服从均匀分布的变换方法。基于 MATLAB 的直方图均衡化函数调用格式如下。

    J＝histeq(I，n)　%将图像 I 进行直方图均衡化处理，n 为指定的灰度级，缺省值为 64

    J＝histeq(I，hgram)　%实现所谓"直方图规定化"，即将原是图像 I 的直方图变换成用户指定的向量 hgram，hgram 中的每一个元素范围为[0，1]

    [J，T]＝histeq(I，...)　%返回从能将图像 I 的灰度直方图变换成图像 J 的直方图的变换 T

    newmap＝histeq(X，map)；[new，T]＝histeq(X，...)　%是针对索引色图像调色板的直方图均衡

    J＝adapthisteq(I)　%对图像 I 中的一个区域进行操作，即自适应直方图均衡化处理。首先对图像的局部块进行直方图均衡化，而不是全局。然后利用双线性插值方法把各个小块拼接起来，以消除局部块造成的边界

（3）傅里叶变换。

函数 fft、fft2 和 fftn 分别可以实现一维、二维和 N 维 DFT 算法；而函数 ifft、ifft2 和 ifftn 则用来计算反 DFT。

    A＝fft(X，N，DIM)　%X 表示输入图像，N 表示采样间隔点，如果 X 小于该数值，那么 MATLAB 将会对 X 进行零填充，否则将进行截取，使之长度为 N，DIM 表示要进行离散傅立叶变换

    A＝fft2(X，MROWS，NCOLS)　%MROWS 和 NCOLS 指定对 X 进行零填充后的 X 大小

    A＝fftn(X，SIZE)　%SIZE 是一个向量，它们每一个元素都将指定 X 相应维进行零填充后的长度

**例 4.11**　绘制图像的二维傅里叶频谱

    I＝imread('lena.bmp')；imshow(I)　%读入原始图像

    J＝fftshift(fft2(I))；　%求离散傅里叶频谱

    figure；imshow(log(abs(J))，[8，10])

（4）空间域滤波增强。

空间域滤波增强方法是在空间域中建立一个二维数组，对这个二维数组中的每一个元素的取值进行设定从而确定一个具有某项功能的模板，再利用模板与图像的卷积操作，实现图像的滤波增强处理。MATLAB 提供了多种滤波器函数，线性平滑滤波器函数格式如下：

    K＝imfilter(J，h)　%将原始图像 J 按指定的滤波器 h 进行平均滤波增强处理以实现抑制噪声

的功能，增强后的图像 K 与 J 的尺寸和类型相同，但图像处理不好会变得模糊。此函数可对任意类型数组或多维图像进行滤波

B＝imfilter(A，H，option1，option2，…)

或

g＝imfilter(f，w，filtering_mode，boundary_options，size_options)　　%f 为输入图像，w 为滤波掩模，g 为滤波后图像。filtering_mode 用于在滤波过程中是使用"相关"还是"卷积"，boundary_options 用于处理边界充零问题，m 边界的大小由滤波器的大小确定

K1＝wiener2(J，[a，b])　　%可直接实现降低噪声的功能

%线性平滑滤波实例

I＝imread('eight. tif');

J＝imnoise(I，'salt & pepper'，0.02);　　%给图像加盐椒噪声，以便比较增强效果

subplot(221)，imshow(I)，title('原图像')

subplot(222)，imshow(J)，title('添加椒盐噪声图像')

K1＝filter2(fspecial('average'，3)，J)/255;　　%应用 3 * 3 邻域窗口法

subplot(223)，imshow(K1)，title('3x3 窗的邻域平均滤波图像')

K2＝filter2(fspecial('average'，7)，J)/255;　　%应用 7 * 7 邻域窗口法

subplot(224)，imshow(K2)，title('7x7 窗的邻域平均滤波图像')

（5）直方图统计算法对灰度图像进行增强。

下面利用直方图统计算法对灰度图像进行增强：

I＝imread('cameraman. tif');

subplot(121)，imshow(I)；title('原始图像')；

subplot(122)，imhist(I，64)　　%绘制图像的直方图，n＝64 为灰度图像灰度级；若 I 为灰度图像，默认 n＝256；若 I 为二值图像，默认 n＝2

title('图像的直方图')；

下面利用直方图均衡化增强图像的对比度：

I＝imread('cameraman. tif');

J＝histeq(I);　　%将灰度图像转换成具有 64（默认）个离散灰度级的灰度图像

imshow(I)，title('原始图像')，

figure(1)，imshow(J)，title('直方图均衡化后的图像')

figure(2)，subplot(121)；imhist(I，64)，title('原始图像的直方图')

subplot(122)；imhist(J，64)，title('均衡化的直方图')

图 4.2(a)表示直方图均衡化后的图像，图 4.2(b)、4.2(c)分别为原始图像和直方图均衡化后的图像的直方图。

分析：从图 4.2 中可以看出，用直方图均衡化后，图像的直方图的灰度间隔被拉大了，均衡化的图像的一些细节显示了出来，这有利于图像的分析和识别。直方图均衡化就是通过变换函数 histeq 将原图的直方图调整为具有"平坦"倾向的直方图，然后用均衡直方图校

正图像。

下面利用直方图规定化对图像进行增强：

```
I＝imread('cameraman. tif')；
figure，imshow(I)；title('原始图像')；
hgram＝50：2：250；%规定化函数
J＝histeq(I, hgram)；%图像变换
figure，imshow(J)；title('直方图规定化后的图像')；
figure，imhist(I, 64)；title('原始图像的直方图')；
figure，imhist(J, 64)；title('直方图规定化后的直方图')；
```

图4.2运行结果。

(a)

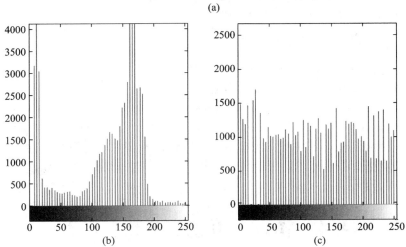

(b)　　　　　　　　　　　　　　　(c)

图4.2　程序运行结果

变换灰度间隔后的图像和直方图：

```
hgram＝50:1:250；
hgram＝50:5:250；
```

下面应用 Laplacian 算子对图像进行锐化处理：

Laplacian 算子是线性二次微分算子，其格式为

```
h＝fspecial('laplacian', alpha)    %返回一个3×3的滤波器来近似二维 Laplacian 算子的形状，
```

参数 alpha 决定了 Laplacian 算子的形状，alpha 的取值范围
为 0.0～1.0，默认的值为 0.2

应用 Laplacian 算子对图像进行锐化

```
I＝imread('cameraman.tif')；imshow(I)，title('原始图像')
H＝fspecial('laplacian')；　　%应用 laplacian 算子滤波锐化图像
laplacianH＝filter2(H，I)；
figure，imshow(laplacianH)，title('laplacian 算子锐化后的图像')
```

### 11. 基于直方图的图像分割

在图像分割算法中，直方图阈值法是应用最广泛的分割技术之一。对于图像灰度信息
的分布可使用直方图进行分析。利用图像的直方图进行图像分割。

```
I＝imread('imageRao.bmp')；H＝adapthisteq(I)；
figure(1)，imshow(I)；xlabel('原始图像')；
figure(2)，imshow(H)；xlabel('adapthisteq 均衡化')；
clear all；
I＝imread('imageXian.bmp')；
figure；imhist(I)；xlabel('(b)直方图')；
newI＝im2bw(I，157/255)；　　%根据上面直方图选择阈值150，划分图像的前景和背景
figure；subplot(1，2，1)；imshow(I)；xlabel('(a)原始图像')；
subplot(1，2，2)；imshow(newI)；xlabel('(b)分割后图像')；
```

### 12. 图像裂痕处理

具体的 MATLAB 处理源程序如下：

```
Function txyc %裂痕图像的处理过程
I＝imread('c:\TT.bmp')；imshow(I)；
T＝rgb2gray(I)；figure；imshow(T)；
T＝histeq(T)；figure；imshow(T)；
TF＝～(T<245)；figure；imshow(TF)；
TF＝bwmorph(TF，'clean')；figure；imshow(T)；
TF＝bwmorph(TF，'bridge')；figure；imshow(TF)；
```

通过对图像预处理的研究及实例验证，可清楚地看到，对图像进行前期的预处理后，
图像识别技术可更加有效地获取图像的特征信息，对于图像识别有重要意义，但是采用的
算法还需要不断改进，避免将特征信息湮灭，只有这样才能更广泛深入地应用图像识别系统。

# 4.4　MATLAB 的图像恢复函数

在实际生活中，图像恢复很重要，而且图像恢复方法也很多，MATLAB 7.0 的图像处
理工具箱提供了 4 个图像恢复函数：deconvwnr、deconvreg、deconvlucy、deconvblind，用
于实现图像的恢复操作，按照其复杂程度列举如下：

### 1. 使用维纳滤波恢复

```
J＝deconvwnr(I，PSF，NCORR，ICORR)
```

其中，I 表示输入图像，PSF 表示点扩散函数，NCORR 和 ICORR 都是可选参数，分别表

示信噪比、噪声的自相关函数、原始图像的自相关函数。输出参数 J 表示恢复后的图像。

下面给出基于维纳滤波的图像恢复实例：

```
I＝imread('cell.jpg');    ％读入图像
I＝I(10＋[1：256]，220＋[1：256]，：);    ％裁剪图像
LEN＝35;    ％对原始图像做模糊操作运动位移为 35 像素
THETA＝15;    ％运动角度 15 度
PSF＝fspecial('motion', LEN, THETA);    ％产生运动模糊的 PSF
Blurred＝imfilter (I, PSF, 'circular', 'conv');    ％对图像进行卷积操作
wnr＝deconvwnr (Blurred，PSF);    ％维纳滤波恢复
subplot(1, 3, 1);    imshow (I);    title ('原始图像')
subplot(1, 3, 2);    imshow(Blurred);    title ('模糊后的图像')
subplot(1, 3, 3);    imshow(wnr);    title('恢复后的图像')
```

图 4.3 为图像恢复结果。

原始图像　　　　　模糊后的图像　　　　　恢复后的图像

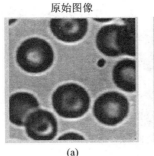 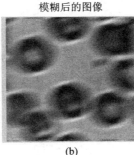 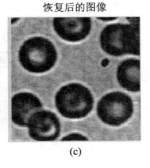

　　(a)　　　　　　　　(b)　　　　　　　　(c)

图 4.3　图像恢复结果

从图 4.3(c)可以看出恢复的图像的效果很好。本例采用真实 LPSF 函数来恢复，但是实际应用中大多数情况 PSF 是不知道的，所以要按照具体情况具体分析，然后恢复图像。

**2. 约束最小二乘滤波恢复图像**

$$J＝deconvreg(I, PSF, NP, LRANGE, REGOP)$$

其中，I 表示输入图像，PSF 表示点扩散函数，NP、LRANGE(输入)和 REGOP 是可选参数，分别表示图像的噪声强度、拉氏算子的搜索范围和约束算子，同时，该函数也可以在指定的范围内搜索最优的拉氏算子。

下面通过程序事例说明约束最小二乘滤波恢复图像实例。

```
I＝imread('hestain.png');    ％读入图像
PSF＝fspecial('gaussian', 10, 4);    ％产生高斯模糊的 PSF
Blurred＝imfilter(I, PSF, 'conv');    ％对图像进行卷积操作
V＝0.03;    ％设置数值
BN＝imnoise (Blurred, 'gaussian', 0, V);    ％对图像加入高斯噪声
NP＝V * prod(size (I));    ％噪声能量
[reg LAGRA]＝deconvreg(BN, PSF, NP);    ％真实噪声能量恢复图像
Edged＝edgetaper (BN, PSF);    ％对加噪后的图像进行边缘信息提取
reg2＝deconvreg (Edged, PSF, NP/1.2);    ％利用振铃抑制恢复图像
```

reg3＝deconvreg (Edged, PSF, [], LAGRA); 　%利用拉格朗日算子恢复图像
subplot(2, 3, 1); imshow(I); title('原始图像');
subplot(2, 3, 2); imshow(BN); title('加入高斯噪声的图像');
subplot(2, 3, 3); imshow(reg); title('恢复后的图像');
subplot(2, 3, 4); imshow(reg2); title('振铃抑制图像');
subplot(2, 3, 5); imshow(reg3); title('拉格朗日算子恢复图像');

图 4.4 为运行结果。

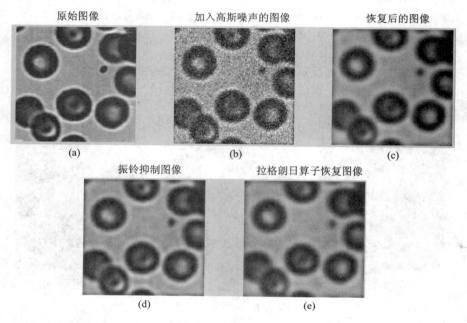

图 4.4　运行结果

利用振铃抑制恢复图像是 3 种恢复方法中恢复效果最好的,其他几种方法也可以恢复但是比较模糊,效果不是很明显。

### 3. 基于 Lucy-Richardson 的恢复图像

J＝deconvlucy (I, PSF, NUMIT, DAMPAR, WEIGHT, READOUT, SUBSMPL)

其中,I 表示输入图像,PSF 表示点扩散函数,其它参数都是可选参数:NUMIT 表示算法的重复次数,默认值为 10;DAMPAR 表示偏差阈值,默认值为 0(无偏差);WEIGHT 表示像素加权值,默认值为原始图像的数值;READOUT 表示噪声矩阵,默认值为 0;SUBSMPL 表示子采样时间,默认值为 1。

Lucy-Richardson 算法是目前应用最广泛的图像恢复技术之一,它是一种迭代方法。MATLAB 提供的 deconvlucy 函数还能够用于实现复杂图像重建的多种算法中,这些算法都基于 Lucy-Richardson 最大化可能性算法。

下面给出基于 Lucy-Richardson 算法的图像恢复实例:

I＝imread(cell. jpg'); 　%读入图像
I＝ I (40＋[1：256], 3＋[1：256], :); 　%裁剪图像
PSF＝fspecial('gaussian', 5, 5); 　%产生高斯模糊的 PSF

```
Blurred＝imfilter(I, PSF, 'symmetric', 'conv')；    ％对图像进行卷积操作
V＝0.003；    ％设置数值
BN＝imnoise(Blurred, 'gaussian', 0, V)；    ％对图像加入高斯噪声
luc＝deconvlucy(BN, PSF, 5)；    ％对图像进行恢复
subplot(1, 4, 1)；imshow(I)；title('原始图像')；
subplot(1, 4, 2)；imshow(Blurred)；title('模糊后的图像')；
subplot(1, 4, 3)；imshow(BN)；title('加噪后的图像')；
subplot(1, 4, 4)；imshow(luc)；title('恢复后的图像')；
```

图 4.5 为运行结果。

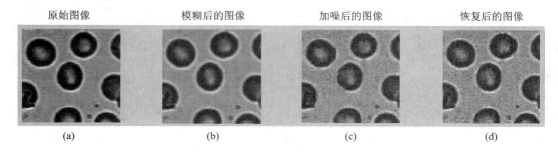

图 4.5　运行结果

利用 Lucy-Richardson 算法可以较好的恢复图像。

**4. 基于盲解卷积的图像恢复**

$$[J, PSF]＝deconvblind(I, INITPSF, NUMIT, DAMPAR, WEIGHT, READOUT)$$

其中，I 表示输入图像，INITPSF 表示 PSF 的估计值，NUMIT 表示算法重复次数，DAMPAR 表示偏差阈值，WEIGHT 用来屏蔽坏像素，READOUT 表示噪声矩阵，J 表示恢复后的图像。

前面几种图像恢复方法都是在知道模糊图像的点扩展函数的情况下进行的，而在实际应用中，通常在不知道点扩展函数的情况下进行图像恢复。盲解卷积恢复就是在这种应用背景下提出来的。盲解卷积恢复是利用原始模糊图像，同时估计 PSF 和清晰图像的一种图像恢复方法。盲解卷积算法有一个很好的优点就是，在对失真情况毫无先验知识的情况下，仍然能够实现对模糊图像进行恢复操作。

下面通过程序事例说明 deconvblind 图像恢复图像：

```
I＝imread('rice. png')；    ％读入图像
PSF＝fspecial('motion', 10, 30)；    ％产生运动模糊的 PSF
Blurred＝imfilter(I, PSF, 'circ', 'conv')；    ％对图像进行卷积操作
INITPSF＝ones(size(PSF))；    ％获取 PSF 函数的特征
[JP]＝deconvblind(Blurred, INITPSF, 20)；    ％盲目卷积，保留使用的 PSF
subplot(1, 4, 1)；imshow(I)；title('原始图像')；
subplot(1, 4, 2)；imshow(Blurred)；title('模糊后的图像')；
subplot(1, 4, 3)；imshow(JP)；title('初步恢复后的图像')；
```

图 4.6 为运行结果。

原始图像          模糊后的图像          初步恢复后的图像

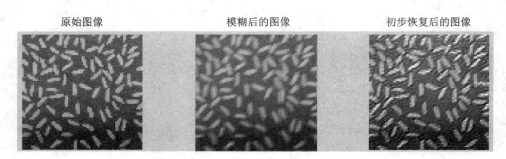

图 4.6　运行结果

恢复的图像存在一定的"环"，这些环是由图像灰度变换较大的部分或图像边界产生的。

# 4.5　图形的修饰与标注

MATLAB 提供了一些特殊的函数修饰画出的图形，这些函数如下：

(1) 坐标轴的标题：title 函数，其调用格式为：title('字符串') ％字符串可以写中文，如：title('My own plot')。

(2) 坐标轴的说明：xlabel 和 ylabel 函数，格式：xlabel('字符串') 和 ylabel('字符串')，如 xlabel('This is my X axis')；ylabel('My Y axis')。

(3) 图形说明文字：text 和 gtext 函数。

① text 函数：按指定位置在坐标系中写出说明文字。格式为

text(x1, y1, '字符串', '选项')　％x1, y1 为指定点的坐标；'字符串'为要标注的文字；'选项' 决定 x1, y1 的坐标单位，如没有选项，则 x1, y1 的坐标单位和图中一致；如选项为'sc'，则 x1, y1 表示规范化窗口的相对坐标，其范围为[0, 1]。如：text(1, 2, '正弦曲线')

② gtext 函数：按照鼠标点按位置写出说明文字。格式为

gtext('字符串')　％当调用这个函数时，在图形窗口中出现一个随鼠标移动的大十字交叉线，移动鼠标将十字线的交叉点移动到适当的位置，点击鼠标左键，gtext 参数中的字符串就标注在该位置上

(4) 给图形加网格：grid 函数。在调用时直接写 grid 即可。

**例 4.12**　在图形中加注坐标轴标识和标题及在图形中的任意位置加入文本。

```
t=0：pi/100：2 * pi；y＝sin(t)；
plot(t, y), grid, axis([0 2 * pi −1 1])，
xlabel('0 leq itt rm leq pi', 'FontSize', 16), ylabel('sin(t)', 'FontSize', 20)，
title('正弦函数图形', 'FontName', '隶书', 'FontSize', 20)，
text(pi, sin(pi), 'leftarrowsin(t)＝0', 'FontSize', 16)，
text(3 * pi/4, sin(3 * pi/4), 'leftarrowsin(t)＝0.707', 'FontSize', 16)，
text(5 * pi/4, sin(5 * pi/4), ' in(t)＝ − 0.707rightarrow', ..., 'FontSize', 16, 'Horizonta-lAlignment', 'right')
```

(5) 在图形中添加图例框：legend 函数，其调用格式为

legend('字符串 1','字符串 2',…)　　%以字符串 1,字符串 2 作为图形标注的图例

legend('字符串 1','字符串 2',…,pos)　　%pos 指定图例框显示的位置

图例框被设定了 6 个显示位置:

0 表示取最佳位置;1 表示右上角(缺省值);2 表示左上角;3 表示左下角;4 表示右下角;−1 表示图的右侧。

**例 4.13**　在图形中添加图例。

```
x=0:pi/10:2*pi;
y1=sin(x);
y2=0.6*sin(x);
y3=0.3*sin(x);
plot(x,y1,x,y2,'−o',x,y3,'−*'),legend('曲线 1','曲线 2','曲线 3')
```

(6) 用鼠标点选屏幕上的点:ginput 函数,格式为

[x,y,button]=ginput(n)　　%n 为所选择点的个数;x,y 均为向量,x 为所选 n 个点的横坐标;y 为所选 n 个点的纵坐标,button 为 n 维向量,是所选 n 个点所对应的鼠标键的标号:1 表示左键;2 表示中键;3 表示右键。

# 4.6　MATLAB 环境下图像对象修改

MATLAB 图像对象是指图像系统中最基本、最底层的单元,这些对象包括:屏幕(Root)、图像窗口(Figures)、坐标轴(Axes)、控件(Uicontrol)、菜单(Uimenu)、线(Lines)、块(Patches)、面(Surface)、图像(Images)、文本(Text)等。对各种图像对象进行修改和控制要使用 MATLAB 的图像对象句柄(Handle)。在 MATLAB 中每个图像对象创立时被赋予了唯一的标识,这个标识是该对象的句柄。句柄的值可是一个数或一个矢量。如每个计算机的根对象只有一个,它的句柄总是 0。图像窗口的句柄总是正整数,它标识了图像窗口的序号等。利用句柄可操纵一个已经存在的图像对象的属性,特别是对指定图像对象句柄的操作不会影响同时存在的其它图像对象,这一点比较重要。

对图像对象的修改可用下面函数。

(1) set 函数:用于设置句柄所指的图像对象的属性。其格式为

set(句柄,属性名 1,属性值 1,属性名 2,属性值 2,…)

如 h=plot(x,y),set(h,'Color',[1,0,0])　　%将句柄所指曲线的颜色设为红色。

(2) get 函数:获取指定句柄的图像对象指定属性的当前值。格式为

get(句柄,'属性名'),如 get(gca,'Xcolor')　　%获得 X 轴的当前颜色属性值。执行后可返回 X 轴的当前颜色属性值[0,0,0](黑色)

(3) 若没有设置句柄,则可使用下列函数获得。

gcf:获得当前图像窗口的句柄;gca:获得当前坐标轴对象的句柄;gco:获得当前对象的句柄。如可用 set(gcf,'Color',[1,1,1])函数要对图像窗口的底色进行修改,可用 set(gca,'Xcolor',[0,1,0])将图像窗口底色设为白色;要把当前 X 轴的颜色改为绿色。

可对坐标轴的显示刻度进行定义:

```
t=-pi:pi/20:pi;
y=sin(t); plot(t, y);
set(gca, 'xtick', [-pi:pi/2:pi], 'xticklabel', ['-pi', '-pi/2', '0', 'pi/2', 'pi'])
```

其中，用'xtick'属性设置 x 轴刻度的位置(从-pi~pi，间隔 pi/2，共设置 5 个点)，用'xticklabel'来指定刻度的值，由于通常习惯于用角度度量三角函数。因此重新设置['-pi'，'-pi/2'，'0'，'pi/2'，'pi']五个刻度值。

(4) Box 属性：决定图像坐标轴是否为方框形式，选项为'on'(有方框)，'off'(无方框)。

(5) 'ColorOrder'属性：设置多条曲线的颜色顺序，默认值为[1 1 0；1 0 1；0 1 1；1 0 0；0 1 0；0 0 1]，对应颜色，依次为黄色、粉色、天蓝、红色、绿色、蓝色。颜色向量还有[1 1 1]表示白色，[0 0 0]表示黑色。

(6) 坐标轴属性：

坐标轴方向属性：'Xdir'，'Ydir'，'Zdir'，其选项为'normal'表示正常，'reverse'表示反向。

坐标轴颜色和线型属性：'Xcolor'，'Ycolor'，'Zcolor'表示轴颜色，值为颜色向量；'LineWidth'表示轴的线宽，值为数字；'Xgrid'，'Ygrid'，'Zgrid'表示坐标轴上是否加网格，值为'on'和'off'。

坐标轴的标尺属性：'Xtick'，'Ytick'，'Ztick'表示标度的位置，值为向量；'Xticklabel'，'Yticklabel'，'Zticklabel'表示轴上标度的符号，它的值为与标度位置向量同样大小(向量个数相同)的向量。

字体设置属性：'FontAngle'表示设置字体角度，选项为'normal'表示正常、'italic'表示斜体、'oblique'表示倾斜、'FontName'表示字体名称、'FontSize'表示字号大小、'Font-Weight'表示字体的轻重，选项为'light'、'normal'、'bold'。

(7) 坐标轴的标尺属性：'Xtick'、'Ytick'、'Ztick'为标度的位置，其值为向量。'Xticklabel'、'Yticklabel'、'Zticklabel'为轴上标度的符号，其值为与标度位置向量同样大小(向量个数相同)的向量。

# 第五章　基于 MATLAB 的遗传算法编程实现

为了便于解决实际问题，MATLAB 提供了遗传算法(GA)工具箱。利用 GA 工具箱实现 GA 的方法与其他编程语言实现 GA 的流程基本一样，都需要解决选择编码方式、建立初始种群、选择算子、交叉算子、变异算子、评价函数及终止标准等问题，可以归纳为三个主要步骤：首先对优化问题进行分析，建立优化数学模型，定义适应函数(对于约束优化问题，还需要确定约束条件，给出约束函数)；然后利用文件编辑器将这些函数写入到能返回函数值的 M 文件中，这样就把函数表达式写入 MATLAB 系统中；最后在命令窗口执行 M 文件，就可以得到优化解。本章着重介绍在 MATLAB 环境中，利用 GA 解决简单优化问题的编程过程。

## 5.1　安装 MATLAB 的 GA 工具箱

在 MATLAB 平台上主要有三个 GA 工具箱版本，分别是 GATBX(Genetic Arithmetic Toolbox)、GAOT(Genetic Algorithm Optimization Toolbox)和 GADS(Genetic Algorithm and Direct Search Toolbox)。

GATBX 工具箱为英国设菲尔德 Sheffield 大学开发的，不是 MATLAB 软件自带的。雷英杰等编著的《MATLAB 遗传算法工具箱及应用》涉及了这个工具箱，并对它的使用进行了说明。

GAOT 工具箱为美国北卡罗来纳大学开发，是互联网上共享的免费工具箱，网上对它介绍的资料也很多，它不是 MATLAB 软件自带的工具箱，但可以自行配置使用。飞思科技产品研发中心编著的《MATLAB 6.X 辅助优化计算与设计》第五章对 gaot 遗传算法工具箱的使用进行了介绍。中国学术期刊网上大部分研究 GA 的中文论文都使用的是这个工具箱。

GADS 工具箱是 MathWorks 公司推出的，MATLAB 7.0 以后版本中自带 GADS，MATLAB 7.0 以前的版本没有这个工具箱。雷英杰等编著的《MATLAB 遗传算法工具箱及应用(第二版)》对这个工具箱的使用进行了介绍。在 MATLAB 7.0 的 Help 里面有对这个工具箱的详细介绍，有很多例子作演示。读者可以在命令行中直接使用该工具箱，也可以在 M 文件的程序中调用 ga 函数，还可以在图形界面下直接使用，在 MATLAB 主界面上依次打开 Start->Toolbox->Genetic Algorithm and Direct Search，或直接键入 gatool 命令。利用该图形用户界面的工具(Genetic Algorithm Tool)，不必输入繁琐的命令行参数，能方便而且直观地观察算法的运行过程。

安装 MATLAB 时可以直接选择安装 GADS 工具箱。如果当前的 MATLAB 软件中没有 GA 工具箱，可按照下面方法安装。

如果要安装 Sheffield 大学 MATLAB 的 GA 工具箱，步骤如下：

（1）解压 gatbx-origin. zip，得到 DOC 和 SRC 文件夹；

（2）拷贝 SRC 到 MATLAB 安装目录下的 toolbox 文件夹中，并将 SRC 更名为 genetic；

（3）打开 toolbox\local\目录下的 pathdef. m 文件，在适当位置添加以下代码：

Code in pathdef. mmatlabroot，'\toolbox\genetic；'，matlabroot，'\toolbox\genetic

如果要安装 MATLAB 的 GADS 工具箱，步骤如下：

（1）从 http：//crystalgate. shef. ac. uk/code/下载工具箱压缩包 gatbx. zip；

（2）解压 gatbx. zip，将其子文件夹 genetic 放在 matlab 安装目录 toolbox 文件夹下；

（3）在 matlab 主窗口选择 File→Set Path，单击 Add Folder 按钮，找到工具箱所在文件夹 genetic，单击 OK→Save→Close；

（4）使用函数 ver 查看工具箱是否安装成功：ver('genetic')。若安装成功则返回相应参数。

提示：安装失败原因可能是将 gatbx 直接放在 toolbox 下。

如果要安装的 GADS 工具箱在 MATLAB 安装光盘上，则执行安装程序时，选中 GADS 即可。如果是单独下载的工具箱，一般仅需要把新的工具箱解压到某个目录。对于多个目录，使用 genpath（）或 pathtool 添加工具箱的路径，然后用 which newtoolbox_command. m 来检验是否可以访问。如果能够显示新设置的路径，则表明该工具箱可以使用。GADS 可以在命令行中直接使用，在 M 文件的程序中调用 ga 函数，或在 GUI 界面中使用它来解决实际问题。在不同的 MATLAB 版本中启动方法稍有区别。以 MATLAB 2010b 为例，启动有两种方法：① 在 MATLAB 命令行中输入 optimtool 回车，在出现的对话框左上角找到 Solver，选择 ga→GeneticAlgorithm 即可；② MATLAB 界面中单击左下角 Start，选择 toolboxes，选择其中的 optimization，再点击 optimizationtool 即可打开对话框，然后如①中选择 ga 即可。

安装其他 GA 工具箱（如 GAOT）的步骤归纳如下：

（1）下载 GAOT，解压后得到 GAOT 文件夹；将 GAOT 文件夹拷贝至 MATLAB 文件夹下，具体路径为：C:\program files\MATLAB\R2009a\toolbox（若想将 MATLAB 安装在 D:\MATLAB6.5，需要把 GAOT 拷贝至 D:\MATLABXX\toolbox 文件夹中；也可以放在其他路径，不一定放在 toolbox 里面，比如 C:\program files\MATLAB\R2013a 也行）。

（2）将 GAOT 工具箱路径加入 MATLAB 文件路径中，流程为：File→Set Path→Add with Sub folders，即将 C:\program files\MATLAB\R2013a\toolbox\gaot 文件夹加入该路径系统中。

（3）重新启动 MATLAB。有时在重新启动后可能会发现在命令窗口出现如下警告：Warning：Name is nonexistent or not a directory:\afs\eos\info\ie\ie589k_info\GAOT。解决方案是：打开 gaot 文件夹下的 startup. m，这里面写着 path（path，'\afs\eos\info\ie\ie589k_info\GAOT'），只要将\afs\eos\info\ie\ie589k_info\GAOT 改为 goat 当前所在的目录，即 C:\program files\MATLAB\R2009a\toolbox\gaot 即可解决。

（4）测试是否安装成功的方法为：在命令窗口输入 edit ga 出现函数：function [x, fval, exitFlag, output, population, scores]=ga(fun, nvars, Aineq, bineq, Aeq, beq, lb, ub，nonlcon，options），此时会发现这是 MATLAB 自带的 ga 函数，并不是你想要的工具箱中的 ga 函数，这样会在以后应用工具箱编写程序时发生错误。

（5）为了统一，不管是高版本还是低版本都可以将 GAOT 工具箱中的 ga 重命名为 gaot_ga（名字可以自定，但不能改为大写 GA，原因是 MATLAB 会默认大小写函数是同一个函数；可以利用 edit ga 和 edit GA 验证大小写是一个函数）。这样整个 GAOT 工具箱安装完毕。

注意：MATLAB 工具箱函数一般放在工作目录下。使用 GADS 工具箱时在 gaoptimset 函数中选择不同的函数句柄。以选择不同的适应度分配方法为例：在 gaoptimset 中给出了五种处理函数：排列、比率、最佳、线性转化和自定义，其句柄分别为 @fitscalingrank、@fitscalingprop、@fitscalingtop、@fitscalingshiftlinear 和 @custom。若采用基于排列的适应度方法，则选定 option＝gaoptimset（'fitScalingFcn'，@fitscalingrank）。使用 Sheffield 大学的 gatbx 时，若是基于排序的分配适应度，则使用 fit＝ranking(objv) 函数。若是使用线性变化，则使用 fit＝scaling(objV，上界值)。首先对目标 1 计算目标函数及适应度函数（基于排序），选择出目标函数 1 得出的子代；再对目标 2 计算目标函数和适应度函数（基于排序），选择出目标函数 2 得出的子代；最后将两个子代合并后得出最新的子代。

## 5.2　MATLAB 7.0 的 GADS 的主要函数及其参数

GADS 包括许多实用的函数，包括种群创建函数、适应度计算函数、选择函数、变异算子、交叉算子、绘图函数和其它实用函数。用户也可以根据实际优化问题编写特定的 M 文件来实现、改进和扩展 GADS 的性能。这些函数按照功能可分为以下几类：主界面函数、选择函数、演化函数、其它终止函数、二进制表示函数、演示程序等。GADS 核心函数 ga.m 提供了 GADS 与外部接口。可以在命令行中直接使用，在 M 文件的程序中调用 ga 函数，或在 GUI 界面中使用它来解决实际问题。在 MATLAB 环境下，执行 ga.m 并设定相应的参数，就可完成优化。

GADS 函数中经常遇到的参数列举如下：

**1. 一般参数**

种群类型：'doubleVector'，种群中个体为双精度类型。

精英个数：2，具有最佳适应度的个体遗传到下一代的个体数为 2。

进化代数：Inf，不限制进化代数。

时间限制：Inf，不限制运算时间。

适应度限制：Inf，不限制适应度精度。

代数停滞限制：50，若进化 50 代，适应度无改进，则终止运算。

创建函数：@gacreationuniform，创建具有均匀分布的随机初始种群。

适应度尺度函数：@fitscalingrank，根据个体适应度值排列顺序。

选择函数：@selectionstochunif，随机均匀分布。

交叉函数：@crossoverscattered，创建一个二进制向量，某位为 1 指基因从第一个父辈来，为 0 指从第二个父辈来。

变异函数：@mutationgaussian，把一高斯分布具有均值 0 的随机数加到父向量的每一项。

## 2. 种群初始

种群初始范围：指定变量求解的范围。种群大小指定种群中个体的个数。文中在其它参数相同的情况下，逐渐增大种群，观察求解的精度。

PopulationType：适应度函数的输入数据类型，提供了两种输入类型，即 doubleVecktor 和 bitstring。

PopulationSize：种群大小，即种群中个体的数目，默认为 20。

CreationFcn：创建初始种群的函数，有 @gacreationuniform 和 @gacreationlinearfeasible，默认选项为 @gacreationuniform。

创建初始种群函数的语法如下：

Function population＝myfun(GenomeLength, FitnessFcn, options)；

其中，GenomeLength 为适应度函数中独立变量的个数；FitnessFcn 为适应度函数句柄；options 为参数结构；population 为初始种群。

## 3. 适应度

GADS 提供了四种可供选择的适应度转换函数，分别是：fitnessscaling. m，fitscalingprop. m，fitscalingrank. m，fitscalingshiftlinear. m。

这四个函数的功能都是将适应度值转化为需要的适应度值。GADS 默认为 fitscalingrank. m 函数。fitscalingrank. m 函数按照元素在该数组中的排行大小转换适应度值。

## 4. 选择

selectionFcn 为选择函数，可选择的参数值为：@selectionstochunif（随机均匀分布）、@selectionuniform（均匀）、@selectionroulette（轮盘赌选择）、@selectiontournament（锦标赛选择）。

选择函数结构如下：

Function parents＝myfun(expectation, nParents, options)

其中，expectation 为期望的子辈个体数量作为种群的成员；nParents 表示选择的父辈个体的数量；options 表示参数结构；parents 表示返回父辈，具有 nParents 长且包含选择的父辈个体指示的行向量。

## 5. 交叉

CrossoverFcn：产生子代的交叉函数，即组合两个个体，形成一个子个体。工具箱提供的交叉算法有五种，分别是 @crossoverscattered（分散交叉）、@crossoversinglepoint（单点交叉）、@crossovertwopoint（两点交叉）、@crossoverintermediate（加权平均）、@crossoverheuristic（启发式），默认为 crossoverscattered. m 函数。它的优点是子代的每一个基因片段都有相同的可能来自生成它的两个父辈，而单点、双点交叉的选取是固定的，不利于个体的多样化。

**例 5.1** 父辈 p1 和 p2 为 p1＝[a b c d e f g h]，p2＝[1 2 3 4 5 6 7 8]。随机生长一个二进制向量[1 1 1 0 0 0 1 0]，则返回的子辈[a b c 4 5 6 g 8]。

CrossoverFraction：除了交叉函数产生的较优个体以外的子代大小，用于指定下一代中不同于原种群的部分，即交叉概率。

交叉函数结构如下：

Function xoverKids＝myfun（parents，options，nvars，fitnessFcn，unused，thisPopulation）

其中，Parents 为通过选择函数来选择双亲的行向量；options 为参数结构；nvars 为变量个数；fitnessFcn 为适应度函数；unused 为保留；thisPopulation 为当前种群的矩阵；xoverKids 为交叉后的子辈。

**6. 变异**

MutationFcn：指定变异函数，可以选择@mutationgaussion（高斯函数）、@mutation-uniform（均匀变异），默认为 Mutationgaussian. m。

变异个体的个数＝种群个体总数－种群个体总数×交叉率－精英个体数

变异函数结构如下：

Function mutationChildren ＝ myfun（parents，options，nvars，fitnessFcn，state，thisScore，thisPopulation）

其中，parents 为被选择函数选择出的父辈的行向量；options 为参数结构；nvars 为变量个数；fitnessFcn 为适应度函数；state 为包含当前种群信息的结构；thisScore 为许多当前种群的适应度值向量；thisPopulation 为当前种群的个体矩阵；mutationChildren 为变异后的子辈。

**7. 停止条件参数**

Generations：算法的最大重复执行次数，默认为 100。

TimeLimit：算法停止前的最大时间，以秒为单位。

StallGenLimit：停滞代数，若适应度值在此代数没有改进，则算法停止。

StallTimeLimit：停滞时间，若算法在此时间间隔内没有改进，则算法终止。

**8. 输出函数参数**

OutputFcn 为记录到新窗口，默认值为@gaoutputgen。

Display 为显示级别，是一个结构体。其中包含：Off（"off"），只有最终结果显示，Iterative（"iter"），显示每一次迭代的有关信息；Diagnose（"diagnose"），显示每一次迭代的信息，还列出了函数缺省值已经被改变的有关信息；Final（"final"），GA 的结果（成功与否）、停止的原因、最终点。

**9. 输入函数参数**

EliteCount：用来判断父代中有多少个体可以存活到子代，指定将生存到下一代的个体数，默认值为 2。

FitnessLimit 为适应度极限。如果适应度函数达到极限值，退出。

FitnessScalingFcn 用来衡量适应度函数值的函数句柄，有@fitscalingshiftlinear、@fitscalingprop、@fitscalingtop、{@fitscalingrank}。

Generations 为遗传的代数。

HybridFcn 如果 GA 终止时，设置接着进行求解的函数句柄，也可用向量形式对那些函数参数进行设置。

InitialPenalty 为初始惩罚因子的值。

InitialPopulation 初始总群，可以为偏微分形式。

InitialScores 用来判断适应度函数的初始值。

MigrationDirection 交叉方向，有'both' 和{'forward'}。

MigrationFraction 为子代中进行交叉的比率。

MigrationInterval 为交叉的个体数。

PenaltyFactor 为罚因子更新参数。

PlotFcns 用来绘制算法一些过称与结果的函数句柄，有@gaplotbestf、@gaplotbestindiv、@gaplotdistance、@gaplotexpectation、@gaplotgeneology、@gaplotselection、@gaplotrange、@gaplotscorediversity、@gaplotscores、@gaplotstopping、{[]}。

PlotInterval 为在执行绘图函数的间隔代数。

PopInitRange 设置初始种群的范围。

PopulationSize 为总群的大小。

PopulationType 种群的类型（当种群类型为前两者，则线性和非线性约束失效），有'bitstring'、'custom'和{'doubleVector'}。

StallGenLimit 设置如果有多少代种群适应度没有发生改变，遗传终止。

StallTimeLimit 设置如果有多少种群适应度没有发生改变，遗传终止。

TimeLimit 求解时间限制。

TolCon 判定考虑到非线性约束的可行性。

TolFun 判断种群发生改变的下线。

UseParallel 为并行计算种群适应度。

Vectorized 为适应度函数的计算是否进行矢量化，有'on'、{'off'}。

# 5.3  GADS 的主要函数详解

### 1. GA 主函数

（1）功能：寻找函数（或问题）的最优解。

（2）格式：

```
x＝ga(@fitnessfcn, nvars)
x＝ga(@fitnessfcn, nvars, options))
x＝ga(@fitnessfcn, nvars, A, b))
x＝ga(@fitnessfcn, nvars, A, b, Aeq, beq))
x＝ga(@fitnessfcn, nvars, A, b, Aeq, beq, LB, UB))
x＝ga(@fitnessfcn, nvars, A, b, Aeq, beq, LB, UB, nonlcon))
x＝ga(@fitnessfcn, nvars, A, b, Aeq, beq, LB, UB, nonlcon, options))
[x, fval, reason]＝ga(…);)
[x, fval, reason, output]＝ga(…);
[x, fval, reason, output, population]＝ga(…);
[x, fval, reason, output, population, scores]＝ga(…);
```

ga 最完整的格式如下：

```
[x, fval, reason, output, population, scores]
```

＝ga(@fitnessfcn, nvars, A, b, Aeq, beq, LB, UB, nonlcon, options)

其中，对应的输入参数描述为(函数句柄，变量个数，不等式约束系数矩阵，不等式约束常量向量，等式约束系数矩阵，等式约束常量向量，变量上限，变量下限，非线性约束，参数结构体)。

(3) 输出参数。

x 是返回最优值所对应的自变量值。如果有多个变量的话，x 是一个向量。

fval 为适应度函数在 x 点的值。

reason 表示 GA 函数退出的原因。为确保收敛，规定了许多限制，比如总时间不超过 30 秒，总代数不超过 N 代，最优值连续多少代没有变化或连续多少秒没有变化就退出运行等，这些参数都是可设的，reason 记录退出的原因。

output 是一个结构体，包含 GA 递推过程中每一代表现特性的数据结构，包含以下字段：

randstate 为 GA 启动之前 rand 的状态，即随机数种子的信息。

randnstate 为 GA 启动之前 randn 的状态。

generations 为计算代数，即算法终止时所经历的代数。

fnccount 为适应度函数的估算次数。

message 为算法中止的原因，与输出变量 reason 相同。

population 为 GA 函数退出时的最终种群。

scores 为 GA 应用的评价分数。

population 是算法终止时的种群，记录的是自变量的值。

scores 是算法终止时的函数值，是 population 中个体经计算得出的结果。

(4) 输入参数。

fitnessfcn 是所要优化的函数句柄，或是计算适应度函数的 M 文件的函数句柄，即编好的目标函数，为函数的句柄或匿名函数，可以写在单独的 M 文件里，如 fun_name.m，则 fitnessfcn 是@fun_name。

函数的写法有明确的形式规定。如 function f＝fun_name(x) f＝x(1)＋x(2)，就代表函数 y＝x1＋x2。注意：输入的 x 是一个矢量，得到的返回值是标量。也可以不写成 m 文件。匿名写为：ga(@(x) x(1)＋x(2)，…)；

nvars 是适应度函数中所含变量的维数，表示自变量个数(如自变量为向量 X，则 nvars 代表 X 中的元素个数)。

A 和 b 共同构成对 X 的一个不等式线性约束 A * X≤b，A 为系数矩阵，b 为常数矩阵，若没有，则用[ ] [ ]占位子。

Aeq 和 beq 共同构成对 X 的一个线性等式约束矩阵 Aeq * X＝beq，Aeq 为系数矩阵，beq 为常数矩阵，若没有等式约束就写为[ ] [ ]占位子。

LB、UB 为变量的变化范围，构成了对自变量范围的约束。如 x1 属于[0，1]，x2 属于[−2，2]，则 LB＝[0，−2]，UB＝[1，2]。

nonlcon 是非线性约束的函数句柄。若无，可直接省略不写。

options 是参数结构体，是可选的其它参数，可省略。该参数规定了算法运行时的参数，包括交叉和变异的概率，采用何种方式进化等，具体表现为一些参数和函数的选择。每一个参数的值都存放在参数结构体 options 中，若参数值需要修改，则可通过函数

options＝gaoptimset 设置。如参数 Populationsize 的值由缺省值 20 变为 100，而其他参数仍为缺省值，则编写：

　　　　options＝gaoptimset(options，'PopulationSize'，100)

再输入 ga(@fitnessfun，nvars，options)，函数 ga 将以种群的个体为 100 运行 GA。

每一个参数的值都存放在参数结构体 options 中。如 options. populationsize 在结构体中的缺省值为 20，如果需要设置 Populationsize 的值等于 100，可以通过下面的语句进行修改：

　　　　options＝gaoptimset('pulationSize'，100)

则参数 Populationsize 的值为 100，其他参数的值为缺省值或当前值。这时，再输入，

　　　　ga(@fitnessfun，nvars，options) ％函数 ga 种群中个体为 100 运行 GA

用 gaoptimget 和 gaoptimset 函数取得和设置这些参数。

利用缺省参数运行 GA，调用语句如下：

　　　　[x fval]＝ga(@fitnessfcn，nvars )

为了得到 GA 更多的输出结果，可以使用下面的语句调用 ga：

　　　　[x fval reason output population scores]＝ga(@fitnessfcn，nvars)

（5）ga 函数的逻辑流程。

第一步：产生初始种群。

第二步：计算适应度值。

开始循环：适应度比例、选择、交叉、变异、计算适应度、迁移、输出、终止条件测试、结束循环。

（6）程序实现。

① 定义参数的默认值：defaultopt。

② 判断输入的参数格式是否正确，调用函数 validate()。

③ 获取初始种群和初始适应度值，调用函数 makeState()。

（7）说明。

基于 MATLAB 的 GA 主要包括两方面：① 将模型写成程序代码(. M 文件)，即目标函数，若目标函数非负，即可将目标函数作为适应度函数；② 设置 GA 的运行参数，包括种群规模、变量个数、区域描述器、交叉概率、变异概率以及遗传运算的终止进化代数等。

如果需要改变 GA 各种相关的选择参数，应在输入参数中包括 options 数据结构。

由于 ga 函数默认是求待优化函数的最小值，因此若要想求最大值，则需要把待优化函数取负，即编写如下：

　　　　function y＝myfun(x)

　　　　y＝－x;

例如：

　　　　A＝[1 1；－1 2；2 1]；b＝[2；2；3]；lb＝zeros(2，1)；

　　　　[x, fval, reason, output]＝ga(@lincontest6，2，A，b，[]，[]，lb) ％ lincontest6 系统中的函数

运行结果如下：

　　Optimization terminated：average change in the fitness value less than options. TolFun.

x＝0.6688　　　1.3322

fval＝－8.2232

reason＝1

output＝problemtype：'linearconstraints'

rngstate：[1x1 struct]

generations：51

funccount：1040

message：[1x86 char]

maxconstraint：9.5276e-04

由于 GA 的原理其实是在取值范围内随机选择初值然后进行遗传，所以可能每次运行给出的值都不一样。

**例 5.2**　fun＝@(x)(x(1)－0.2)^2＋(x(2)－1.7)^2＋(x(3)－5.1)^2；

x＝ga(fun, 3, [], [], [], [], [], [], [2, 3])　　%变量 2 和 3 为整数

运行结果如下：

$$x＝0.2000　　　2.0000　　　5.0000$$

第二次运行结果可能为

$$x＝0.1997　　　2.0001　　　5.0001$$

例如，求 $y＝100*(x1^2\verb|^|x2)^2＋(1－x1)^2$ 的最大值，x1, x2 属于 $[-2.048, 2.048]$。

命令行中输入：

[x, fval, reason, output, population, scores]＝ga(@(x)－100*(x(1)^2－x(2))^2－(1－x(1))^2, 2, [], [], [], [], [-2.048, -2.048], [2.048, 2.048])　　%句柄函数改为负号，是因为 MATLAB 默认是求最小值，而此处求最大值

运行结果（略）。

**例 5.3**　求解 $y＝x_1^2＋x_2^2$，$-10 \leqslant x_1$，$x_2 \leqslant 10$ 的最大值。

该问题在 MATLAB 中可利用其自带的函数 ga 实现。

首先，需编制一个.m 文件放在 MATLAB 的 work 文件夹，存为 f4.m：

function y＝f4(x)

y＝x(1)^2＋x(2)^2；

y＝－y；　　%函数 ga 默认求最小问题，可将最大化问题用负的最小问题实现

其次，在 MATLAB 中键入：

[x, fval]＝ga(@f4, 2, [], [], [], [], [-10, -10], [10, 10])；

则可得到上述最大值结果，其中 x 中保存最优解，fval 中保存最大值。

输出结果：

$$x＝9.9378　9.9127　　　fval＝-197.0217$$

由于选择的函数最大值点位于边界点，因此结果通常不好，建议用这样的函数测试：$\max y＝-(x1\verb|^|2＋x2\verb|^|2)＋3$，$-10 \leqslant x1 \leqslant 10$，$-10 \leqslant x2 \leqslant 10$，最大值 3 在 $(0, 0)$ 点取得。

例如，求函数 $y＝\dfrac{\cos(x_1)-17\sin(x_1)}{\sin(x_1)+17\cos(x_1)}*[x_3-x_2\cos(x_1)]-x_2\sin(x_1)$ 的极小值，$x_1 \in$

$(0°, 17.5°)$，$0 < x_2 < x_3 < 25$。

将函数表示为

$$y = ((\cos(x(1)) - 17 * \sin(x(1)))/(\sin(x(1)) + 17 * \cos(x(1)))) * (x(3) - x(2) * \cos(x(1)))$$
$$- x(2) * (\sin(x(1)))$$

$x(1)$换成实数表达，范围为$(0, 17.5/360 * 2 * pi)$；$0 < x(2) < x(3) < 25$ 可等价于 $x(2) - x(3) < 0$，且 $0 < x(2) < 25$，$0 < x(3) < 25$。用 GA 计算求解的程序代码为

```
function y = fun(x)    %建立 m 文件
x1 = x(1); x2 = x(2); x3 = x(3);
y = (cos(x1) - 17 * sin(x1))/(sin(x1) + 17 * cos(x1)) * (x3 - x2 * cos(x1) - x2 * sin(x1));
```

在命令窗输入：

```
A = [0 1 -1]; b = [0]; Aeq = []; beq = []; lb = [0 0 0]; ub = [17.5/360 * 2 * pi 25 25];
[x, fval] = ga(@fun, 3, A, b, Aeq, beq, lb, ub)
```

运行结果为

```
Optimization terminated: average change in the fitness value less than options. TolFun.
x = 0.3054 25.0000 25.0000
fval = -7.8090
```

由上题可知，$f(x)$的极值为 $-7.8090$。需注意，此时 $x(1) = 0.3054$，$x(2) = x(3) = 25$，而例子中给定的是开区间，故 $f(x)$ 的值只能说是趋近于 $-7.8090$。

由 ga 运行结果可以看出，使用 GADS 中的函数 ga 求解函数优化问题时，可以有效地收敛到全局最优点，并且具有收敛速度快和结果直观的特点。

**2. gaoptimset( )**

（1）功能：设置 GA 的参数和句柄函数，包括多个参数，很多可为默认值，具体参数在命令窗输入 help gaoptimset 来查阅。

（2）格式：

```
gaoptimset    %打印所有 gaoptimset 相关的参数，及缺省值(花括号内的为缺省值)
options = gaoptimset    %创造并返回一个 options 中的值都是[]，代表给的是缺省值
options = gaoptimset(@ga)    %创造返回一个 option 中的值也是缺省值，不过是明确给出其
                            值，不是[]
options = gaoptimset(@gamultiobj)    %返回多目标 GA 的默认设置
options = gaoptimset('param1', value1, 'param2', value2, ...)    %其余的变量都采用默认设
                            置，param1 和 param2 分
                            别采用 value1 和 value2
options = gaoptimset(oldopts, 'param1', value1, ...)    %其余都采用 oldopts 的设置，param1
                            处采用 value1 的值
options = gaoptimset(oldopts, newopts)    %newopts 中为空的地方采用 oldopts 的设置，不为
                            空的地方采用 newopts 的设置
```

（3）说明：表 5.1 介绍了 options 中包含的一些常用的属性，以及设置参数方式，见表 5.1。

## 表 5.1 gaoptimset 函数设置属性

| 序号 | 属性名 | 默认值 | 实 现 功 能 |
|---|---|---|---|
| 1 | PopulationType | doubleVector | 计算函数的数据类型 |
| 2 | PopInitRange | 2×1 double | 初始种群生成区间，即种群中个体的初始取值范围、向量或矩阵 |
| 3 | PopulationSize | 20 | 种群规模 |
| 4 | EliteCount | 2 | 保证无任何改变而进入下一代的个体个数 |
| 5 | CrossoverFraction | 0.8 | 交叉概率 |
| 6 | MigrationFraction | 0.2 | 变异概率 |
| 7 | Generations | 100 | 超过进化代数时算法停止 |
| 8 | TimeLimit | Inf | 超过运算时间限制时算法停止 |
| 9 | FitnessLimit | -Inf | 最佳个体等于或小于适应度阈值时算法停止 |
| 10 | StallGenLimit | 50 | 正整数，适应度值如无改善则停止计算的代数限制 |
| 11 | StallTimeLimit | 20 | 如无改善则停止计算的时间限制 |
| 12 | TolFun | 1.0000e-006 | 停止计算的适应度下限值 |
| 13 | TolCon | 1.0000e-006 | 适应度值改善与否的判断条件 |
| 14 | InitialPopulation | [] | 初始化种群 |
| 15 | PlotFcns | [] | 绘图函数，可供选择有 @gaplotbestf、@gaplotbestindiv 等 |
| 16 | CreationFcn | @gacreationuniform | 用于创建初始种群的函数 |
| 17 | FitnessScalingFcn | @fitscalingrank | 用于伸缩适应度值的函数 |
| 18 | SelectionFcn | @selectionstochunif | 用于选择操作的函数 |
| 19 | CrossoverFcn | @crossoverscattered | 用于交叉操作的函数 |
| 20 | MutationFcn | @mutationgaussian | 用于变异操作的函数 |
| 21 | HybridFcn | [] | GA 结束后，可选的另外优化方法计算函数 |
| 22 | Display | 'final' | 显示设置，'off'、'iter'、'diagnose'、'final' |
| 23 | PlotFcns | [] | 用于 GA 进程中的图形绘制函数 |
| 24 | OutputFcns | [] | 每一代计算完成后调用的输出函数 |

例如：

```
options=gaoptimset；    %设置需要更改的参数结构体，不更改则采用缺省值
options=gaoptimset(options, 'PopInitRange', [-10；10])；    %设置变量范围
options=gaoptimset(options, 'PopulationSize', 100)；    %设置种群大小
options=gaoptimset(options, 'Generations', 100)；    %设置迭代次数
options=gaoptimset(options, 'SelectionFcn', @selectionroulette)；    %选择选择函数
options=gaoptimset(options, 'CrossoverFcn', @crossoverarithmetic)；    %选择交叉函数
options=gaoptimset(options, 'CrossoverFcn', {@crossoverheuristic, 0.9})；
options=gaoptimset(options, 'MutationFcn', @mutationuniform)；    %选择变异函数
options=gaoptimset(options, 'MutationFcn', {@mutationuniform, 0.01})；
options=gaoptimset(options, 'PlotFcns', {@gaplotbestf})；    %设置绘图，表示解的变化、种群平均值的变化
```

也可以根据下面语句设置参数值，例如：

```
options. Generations=500;          %迭代次数
options. PopulationSize=30;         %种群数目
options. StallGenLimit=1000;        %停滞代数
options. TimeLimit=1 * 200;         %运行时间多少秒后停止
options. FitnessLimit=0.03;         %目标函数值达到多少时候停止
options. TolFun=1e-60;              %最小误差
options. InitialPopulation=ai;      %初始种群
options. InitialScores=0.06;        %初始种群的函数值
options. Display='iter';            %显示每次迭代信息
options. UseParallel='always';      %并行双核运算
```

由于 options 涉及参数较多，可在 workspace 下使用 help gaoptimset 命令获取帮助。一旦 options 结构生成，可以用结构成员赋值（点索引）的方法改变这些参数以设置更适合的算法参数。例如，要改变种群大小，可使用 options. PopulationSize=50。若需要修改的参数不多，在创建 ga 的 options 结构时也可使用参数/数值对的方法。其调用格式为

```
options=gaoptimset('参数 1', 数值 1, '参数 2', 数值 2, …);
```

例如，仅需改变种群大小，而其它参数使用默认值，则可用

```
options=gaoptimset('PopulationSize', 50);     %直接创建 options 结构
```

若要进一步更改已存在的 options 参数，如更改绘图方法，还可以用下述方式再调用 gaoptimset()函数：

```
options=gaoptimset(options, 'PlotFcns', @plotbestf);
```

注：GATBX 工具箱中有初始化函数 initializega()，由此可以对 GA 进行初始化设置。MATLAB 7.X 以后的版本中没有初始化函数 initializega()，所有选项都在 gaoptimset 里设置。

**例 5.4**　[x, fval]=ga(@Schaffer, 2, options)　　%执行 GA，Schaffer 是函数文件

```
function z=Schaffer(x)     %建立适应度函数
z=((x(1)^2+x(2)^2)^0.25) * ((sin(50 * ((x(1)^2+x(2)^2)^0.1)))^2 +1.0);
```

**例 5.5**　求 $f(x)=x+10 * \sin(5x)+7 * \cos(4x)$ 的最大值，其中 $0<=x<=9$

```
f=@(x)(x+10 * sin(5 * x)+7 * cos(4 * x));
fplot(f, [0 9]);      %画曲线
[x fval]=ga(f, 1, [], [], [], [], [0; 9])    %运行 GA
```

运行结果：

```
x=0.8917
fval=-15.1644
options=gaoptimset('PopulationSize', 100)   %取种群大小为 100
[x, fval]=ga(f, 1, options);    %运行 GA，得到的结果与上面基本相同
```

### 3. gaoptimget( )

（1）功能：获取 GA 中选项结构相关参数的值，包括多个参数，很多为默认值。

（2）格式：

```
Val=gaoptimget(options, 'name')
Val=gaoptimget(options, 'name', default)
```

（3）说明：该命令返回 GA 选项结构中名为 name 的参数值。但选项中 name 的值不确定时，返回值为一个空矩阵或默认值。

**例 5.6** 求函数最大值：

$$\max f(x_1, x_2) = -0.5 + \frac{\sin^2 \sqrt{x_1^2 + x_2^2} - 0.5}{[1 + 0.001 \cdot (x_1^2 + x_2^2)]}$$

$$-10 \leqslant x_1, x_2 \leqslant 10$$

MATLAB 程序算法采用实数编码，变量维数为 2，变量范围为 [-10, 10]，种群规模为 100，最大遗传代数为 200，停滞代数为 50，采用锦标赛选择方法，交叉采用线性重组，交叉概率为 0.9，高斯变异，其它参数使用缺省值。

（1）函数 f1 的 M 文件：

```
function z＝Schaffer2 (x)
z＝－(0.5－((sin(sqrt(x(1)^2+x(2)^2)))^2－0.5)/(1+0.001 * (x(1)^2+x(2)^2))^2);
```

文件名为 Schaffer2. m，并保存在 MATLAB 路径指定的目录中。

（2）设置参数和调用 GA 的主程序：

```
fitnessFunction＝@ Schaffer2;
nvars＝2;        ％自变量数为 2
options＝gaoptimset;      ％初始 options，其参数值都为默认值，下面进行更改
options＝gaoptimset(options, 'PopInitRange', [-10; 10]);
options＝gaoptimset(options, 'PopulationSize', 100);
％MATLAB 7. X 以后的版本中没有 initializega 这个函数，所有选项都在 gaoptimset 里设置
options＝gaoptimset(options, 'CrossoverFraction', 0.9);
options＝gaoptimset(options, 'Generations', 200);
options＝gaoptimset(options, 'SelectionFcn', {@selecttournament, 2});
options＝gaoptimset(options, 'CrossoverFcn', {@crossoverheuristic, 0.9});
options＝gaoptimset(options, 'MutationFcn', {@mutationgaussian, 1.0, 1.0});
[x fval]＝ga(@fitnessFunction, nvars, options )
```

（3）仿真结果。仿真运行到最后一代的最优解为 f1(X)＝-1，种群平均值 Mean f1(X)＝-1，获得最优解时 2 个变量取值分别为 -2.93195e-9、8.26527e-9，最佳解的变化和平均值的变化曲线可由曲线图显示（略）。

**例 5.7** 药房有甲乙两种复合维生素制剂，甲种每粒含维生素 A、B 各 1 g，D、E 各 4 g，C 5 g，乙种每粒含维生素 A 3 g，B 2 g，D 1 g，E 3 g 和 C 2 g，一顾客每天需摄入维生素 A 不超过 18 g，B 不超过 13 g，D 不超过 24 g，E 至少 12 g，问每天应服两种维生素各多少才能满足需要而且尽可能摄入较多的维生素 C？

问题描述方程为：

$$\max 5x+2y; \quad x+3y<=18; \quad x+2y<=13; \quad 4x+y<=24; \quad 4x+3y>=12; \quad x>=0; \quad y>=0$$

MATLAB 代码：

```
f＝@(x)－(5 * x(1)+2 * x(2));
A＝[1 3; 1 2; 4 1; －4 －3; ]; b＝[18; 13; 24; －12];
options＝gaoptimset ('Generations', 100, 'PopulationSize', 20, 'CrossoverFraction', 0.8,
'ParetoFraction', 0.5);
```

[x fval]＝ga(f, 2, A, b,[ ],[ ],[0；0])

运行结果：

> Optimization terminated：average change in the fitness value less than options. TolFun（适应度
> 函数值的平均变化小于 TolFun 这个参数）
>
> x＝　5.0538　3.7860
>
> fval＝－32.8407

# 5.4　遗传工具箱 GADS 的 GUI 界面

GA 工具箱提供了一个图形用户界面 GUI，它使读者可以使用 GA 而不用使用命令行的方式。只要在 MATLAB 的命令窗口中输入 gatool(或 optimtool('ga'))就会出现 GADS 的 GUI 界面(见图 5.1)，所有通过命令行能实现的 options 都可以通过这个界面设置。如有必要，还可以使用菜单中的 file 将 GUI 文件保存为 M 代码，这样就不需要自己写程序而能够得到 M 代码。还可以按照如下步骤打开 GADS：① 打开 MATLAB；② 点击左下方的 START 按钮；③ 点 toolboxes，打开后选择 Genetic Algorithm and Direct Search，就可以进入 gatool 了，然后会弹出 ga 工具箱(注：不同版本可能不同)。具体使用格式可以在 help 系统里查看 ga。

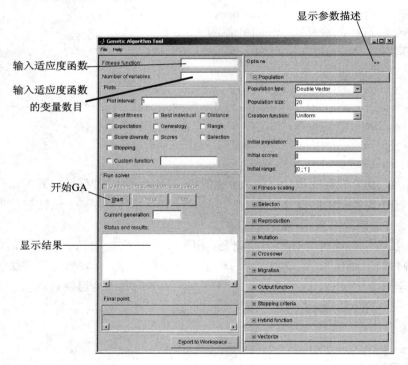

图 5.1　MATLAB 7.X 的 GA 用户界面

图 5.1 窗口左边：

Fitness function 是 ga 函数的第一个输入参数。同样可以采用 M 文件的形式或@(x)f(x)

的匿名形式。Number of variables 是变量的个数。Constraints 中的 A，b，Aeq，beq，Lower，Upper 都是 ga 的输入参数，容易理解。Nonlinear constraint function 为非线性约束的函数句柄。Integer variable indices 是整型变量标记约束，使用该项时 Aeq 和 beq 必须为空，所有非线性约束函数必须返回一个空值，种群类型必须是实数编码，可直接在后面的框里输入向量。例如，x1 和 x2 为整数，就输入[1 2]。

图 5.1 窗口右边：

Options 显示设置，下面介绍部分设置。

Population type：编码方式。有实数编码和二进制编码，默认编码方式是 double vector，选择二进制的话，输入参数中的 A，b，Aeq，beq 等就失去作用了。

Population size：种群大小，默认 20。

Creation function：可以改变初始化的方式。

Fitness scaling：变换适应度函数值的函数句柄。

Elite count：直接保留上一代的个体的个数。

Crossover fraction：交叉的概率。

Migration：指定迁移的方向、概率和频率。

Stopping criteria：指定结束条件。

Generations 和 time limit 指定代数和时间的最大极限。

Fitness limit 指定 fitness 值相差小于某一阈值时即收敛。

Stall generation 和 stall time limit：指经历多少代或多久，最优值都没有出现变化时即收敛。

Plot functions 与图形输出有关，plot interval 指定多少代输出一次，默认为 1。best fitness 和 best invividual 表示将最优值和相应个体输出到图像上。Display to command window：输出到命令窗口，有 4 个选项 off、final、interative、diagnose，不设置时即选用默认值。设置好后点击左边的 start，开始运算，并在小窗口中出现结果。

**例 5.8**　下面以求 Rastrigin 函数最小值为例，给出基于 GUI 的 GA 运行过程。该函数为
$$\text{Ras}(x) = 20 + x_1^2 + x_2^2 - 10(\cos 2\pi x_1 + \cos 2\pi x_2)$$

GADS 中提供了这个函数的 M 文件，即 rastriginsfcn. m。图 5.2 为具有两个独立变量的 Rastrigin 函数的立体图和等高线图。

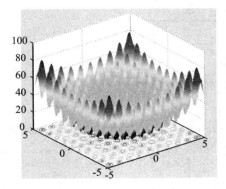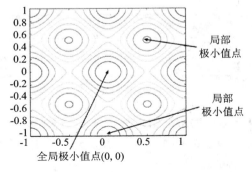

图 5.2　Rastrigin 函数的立体图和等高线图

下面主要叙述如何利用 GUI 来寻找 Rastrigin 函数的最小值的过程。

（1）在命令行窗口输入 optimtool('ga')，打开 GA 优化工具的图形界面。如图 5.3 所示，左边子窗口为问题设置和结果显示；右边子窗口为参数设置（种群、复制、交叉、变异等）和图形设置等。

（2）在 Fitness function 文本框的函数区域输入函数句柄@rastriginsfcn。

（3）在 Number of variables 文本框输入独立自变量个数 2。

| Fitness function: | @rastriginsfcn |
| Number of variables: | 2 |

图 5.3 GA 优化工具图形界面

（4）点击 start 命令按钮，开始运行 GA。

**Run solver and view results**

☐ Use random states from previous run

[ Start ] [ Pause ] [ Stop ]

Current iteration: 56      [ Clear Results ]

图 5.4 运行 GA

在图 5.4 中单击运行求解器 Start 按钮（MATLAB 7.0），算法运行时，在 Current iteration 区域会显示当前迭代的次数，可以使用 Pause 和 stop 命令按钮，来暂停或停止算法运行。当算法运行结束后，在 Run solver and view results 文本框显示运行的结果，如图 5.5 所示。

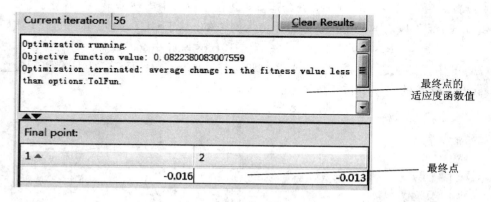

图 5.5 状态与结果显示

算法运行的最后结果是：Objective function value：0.0822380083007559，取得该值时的点是[−0.016 −0.013]。算法停止的原因是：average change in the fitness value less than options. TolFun。

使用命令行的方式同样可以得到函数的最小值，输入

```
[x fval exitflag]= ga(@rastriginsfcn, 2)
```

运行的结果如下：

Optimization terminated：average change in the fitness value less than options. TolFun.

x＝0. 0041 　　－0. 0049

fval＝0. 0081 　　exitflag＝1

注：GA 的多次运行结果会有差异。

（5）图形显示。在 GUI 界面中，有一个 Plots 子界面，在该界面中可以显示出各种关于 GA 信息的图形化表示，这些信息能够调整算法的选型，进而提高算法运行的效果。例如，可以绘制出每次迭代过程中适应度函数的最优值与平均值，如图 5.6 所示，在面板中选择 Best fitness 选项。

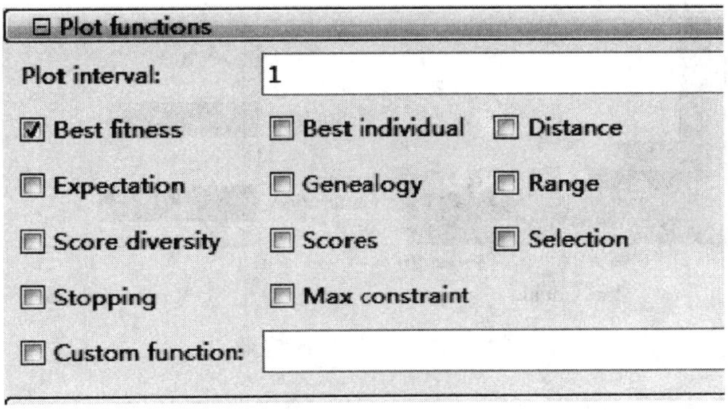

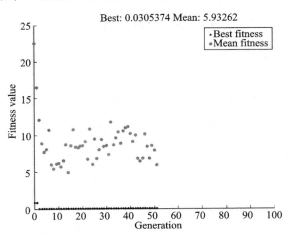

图 5.6　Plots 子界面

当再次点击 Start 按钮时，适应度函数的最优值与平均值会在一个图形窗口不断地绘制出来，等算法运行结束，绘制的图形如图 5.7 所示。

图 5.7　GA 运行结果

图 5.7 中，在纵轴值 5 以上的点表示适应度函数平均值的变化，其余的点表示每次迭代中最佳适应度值的变化。

若选择四个复选框 Best fitness、Best individual、Stopping 和 Selection，再次点击 Start 按钮，可得到图 5.8。

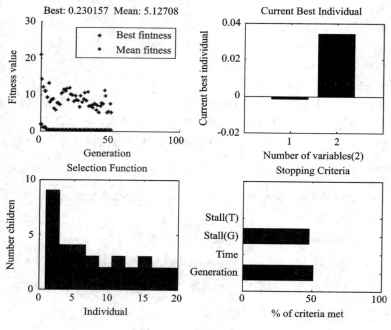

图 5.8　GA 运行结果

# 5.5　基于 GATBX 工具箱的 GA 实例

本节简单介绍英国设菲尔德 Sheffield 大学开发的 GATBX 工具箱的使用方法。

GATBX 工具箱中的基本函数：

[Chrom, Lind, BaseV]＝crtbp(Nind, Lind, base)　％创建初始种群

objV＝[1；2；3；4；5；10；9；8；7；6]；　％十个个体的目标函数值

FintV＝ranking(objV)；　％根据各个体的适应度值排序

SelCh＝select('sus', Chrom, FitV)；　％根据适应度 FitV 对现有种群 Chrom 进行选择

NewChrom＝recombin(REC_F, Chrom, RecOpt, SUBPOP)　％REC_F 的值为 recdis、xovsp，表示两种不同的交叉方式；Chrom 为待交叉的种群，即染色体的集合；RecOpt 为交叉概率，缺省时为 NAN，取默认值

NewChrom＝mut(OldChrom, Pm, BaseV)　％Pm 为变异概率，缺省为 0.7/Lind（染色体的长度）；BaseV 为染色体个体元素的变异的基本字符，缺省时为二进制编码

Chrom＝reins(Chrom, SelCh)　％重插入

采用以上函数产生种群，计算适应度，根据适应度进行选择、交叉、变异，再计算适应度等不断循环进化，最后得到需要的解，这就是经典 GA。

例如求函数的最大值。

$$f(x, y)＝21.5＋x\sin(4x)＋y\sin(204x) \qquad -3.0 \leqslant x \leqslant 12.1, \ 4.1 \leqslant y \leqslant 5.8$$

下面给出多种群 GA 程序代码(目标函数及其图形):

```
x=-3.0:0.01:12.1; len=length(x); y1=(5.8-4.1)/len;
y=4.1:y1:5.8; y=y(1:len);
[X, Y]=meshgrid(x, y);
Z=21.5+X.*sin(4*pi*X)+Y.*sin(20*pi*Y); mesh(X, Y, Z)
```

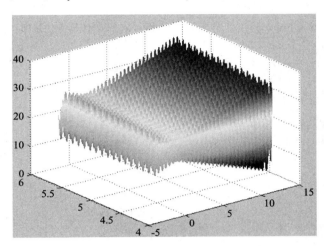

图 5.9　运行结果

从图 5.9 可以看到,该函数有很多局部极值。利用一般的寻优算法可能很容易陷入局部极值,或在局部值极值之间振荡。

程序代码如下(涉及的 GA 函数没有给出,读者需安装 GATBX 工具箱后才能运行):

### 1. 利用简单 GA 求解

```
%定义 GA 参数
clear all; close all; clc;
pc=0.7;     %交叉概率
pm=0.05;    %变异概率
%定义 GA 参数
NIND=40;    %个体数目
MAXGEN=500;    %最大遗传代数
NVAR=2;    %变量的维数
PRECI=20;    %变量的二进制位数
GGAP=0.9;    %代沟
trace=zeros(MAXGEN, 1);    %记录优化轨迹
FieldD=[rep(PRECI, [1, NVAR]); [-3, 4.1; 12.1, 5.8]; rep([1; 0; 1; 1],
        [1, NVAR])];    %译码矩阵
Chrom=crtbp(NIND, NVAR*PRECI);    %创建初始种群
gen=0;    %代计数器
ObjV=ObjectFunction(bs2rv(Chrom, FieldD));    %计算初始种群个体的目标函数值
[maxY, I]=max(ObjV);    %目标函数的最优值
X=bs2rv(Chrom, FieldD);    %初始种群的各染色体在[-3, 12.1], [4.1, 5.8]的点
```

```
maxX=X(I, :);    %目标函数最大者对应的坐标值(x, y)
while gen<MAXGEN    %迭代
FitnV=ranking(-ObjV);    %分配适应度值(最大值问题要加负号)
SelCh=select('sus', Chrom, FitnV, GGAP);    %选择
SelCh=recombin('xovsp', SelCh, pc);    %重组
SelCh=mut(SelCh, pm);    %变异
ObjVSel=ObjectFunction(bs2rv(SelCh, FieldD));    %计算子代目标函数值
[Chrom ObjV]=reins(Chrom, SelCh, 1, 1, ObjV, ObjVSel);    %重插入
gen=gen+1;    %代计数器增加
if maxY<max(ObjV)
[maxY, I]=max(ObjV);
X=bs2rv(Chrom, FieldD);
maxX=X(I, :);
end
trace(gen, 1)=maxY;
end
plot(1:gen, trace(:, 1)); hold on, grid    %进化过程图
xlabel('进化代数');ylabel('最优解变化');    title('SGA 进化过程');
disp(['最优值为：', num2str(maxY)]);    %输出最优解
```

运行结果：

最优值为：38.8444

对应的自变量取值：11.628，5.72522

## 2. 利用多种群 GA 求解(ObjectFunction、EliteInduvidual 和 immigrant 代码在后面)

```
clear all; close all; clc
NIND=40;    %个体数目
NVAR=2;    %变量的维数
PRECI=20;    %变量的二进制位数
GGAP=0.9;    %代沟
MP=10;    %种群数目
FieldD=[rep(PRECI, [1, NVAR]); [-3, 4.1; 12.1, 5.8]; rep([1; 0; 1; 1],
[1, NVAR])];    %译码矩阵
for i=1:MP
Chrom{i}=crtbp(NIND, NVAR * PRECI);    %创建第 i 个初始种群
end
pc=0.7+(0.9-0.7) * rand(MP, 1);    %在[0.7, 0.9]范围内随机产生交叉概率
pm=0.001+(0.05-0.001) * rand(MP, 1);    %在[0.001, 0.05]范围内随机产生变异概率
gen=0;    %初始遗传代数
gen0=0;    %初始保持代数
MAXGEN=10;    %最优个体最少保持代数
maxY=0;    %最优值
for i=1:MP
ObjV{i}=ObjectFunction(bs2rv(Chrom{i}, FieldD));    %计算各初始种群个体的目标函数值
```

```
end
MaxObjV=zeros(MP,1);    %记录精华种群
MaxChrom=zeros(MP,PRECI*NVAR);    %记录精华种群的编码
while gen0<=MAXGEN
gen=gen+1;    %遗传代数加1
for i=1：MP
FitnV{i}=ranking(-ObjV{i});    %各种群的适应度（最大问题加负号）
SelCh{i}=select('sus',Chrom{i},FitnV{i},GGAP);    %选择操作
SelCh{i}=recombin('xovsp',SelCh{i},pc(i));    %交叉操作
SelCh{i}=mut(SelCh{i},pm(i));    %变异操作
ObjVSel=ObjectFunction(bs2rv(SelCh{i},FieldD));    %计算子代目标函数值
[Chrom{i},ObjV{i}]=reins(Chrom{i},SelCh{i},1,1,ObjV{i},ObjVSel);    %重插入操作
end
[Chrom,ObjV]=immigrant(Chrom,ObjV);    %移民操作
[MaxObjV,MaxChrom]=EliteInduvidual(Chrom,ObjV,MaxObjV,MaxChrom);    %人工选择
                                                                     精华种群

YY(gen)=max(MaxObjV);    %找出精华种群中最优的个体
if YY(gen)>maxY    %判断当前优化值是否与前一次优化值相同
maxY=YY(gen);    %更新最优值
gen0=0;
else
gen0=gen0+1;    %最优值保持次数加1
end,end
plot(1:gen,YY);grid    %进化过程图
xlabel('进化代数'),ylabel('最优解变化'),title('MPGA 进化过程')
xlim([1,gen])    %给 X 轴限制范围
[Y,I]=max(MaxObjV);    %找出精华种群中最优的个体
X=(bs2rv(MaxChrom(I,:),FieldD));    %最优个体的解码解
disp(['最优值为：',num2str(Y)])    %输出最优解
disp(['对应的自变量取值：',num2str(X)])
```

运行结果：

最优值为：38.8503

对应的自变量取值：11.6255,5.72504

上面程序代码中除了用到 GATBX 工具箱中的函数外，还涉及三个函数：ObjectFunction（目标函数）、EliteInduvidual（人工选择精华种群函数）和 immigrant（移民操作函数），其代码如下：

```
%1. 目标函数
function obj=ObjectFunction(X)
%X 为 col 行 2 列的数组，首列为自变量 x 的值，次列为自变量 y 的值
col=size(X,1);
for i=1：col
obj(i,1)=21.5+X(i,1)*sin(4*pi*X(i,1))+X(i,2)*sin(20*pi*X(i,2));
```

end
%2. 人工选择精华种群函数
function [MaxObjV，MaxChrom]=EliteInduvidual(Chrom，ObjV，MaxObjV，MaxChrom)
%Chrom 为移民前各种群的编码集，是 3 维数组；ObjV 为移民前各种群中各染色体的目标函数值；MaxObjV 为移民前各种群最优个体的目标函值；MaxChrom 为移民前各种群的最优个体的编码
MP=length(Chrom)；　　%种群数
for i=1：MP
[MaxO，maxI]=max(ObjV{i})；　　%找出第 i 种群中最优个体
if MaxO>MaxObjV(i)
MaxObjV(i)=MaxO；　　%保存第 i 个种群的最优目标值
MaxChrom(i，:)=Chrom{i}(maxI，:)；　　%保存第 i 个种群的精华个体的编码
end，end
%3. 移民操作函数
function [Chrom，ObjV]=immigrant(Chrom，ObjV)
%Chrom 是各种群的集合，应是 3 维数组，1 维表示为哪个种群，2 维表示为种群中某染色体，3 维表示为某染色体的基因位；OjbV 是各种群中各染色体的目标函数值
MP=length(Chrom)；　　%种群的个数
for i=1：MP
[MaxO，maxI]=max(ObjV{i})；　　%找出第 i 种群中最优的个体
next_i=i+1；　　%目标种群（移民操作中，循环迁移）
if next_i>MP
next_i=mod(next_i，MP)；　　%超过 MP 取模
end
[MinO，minI]=min(ObjV{next_i})；　　%找出目标种群中最劣的个体
%目标种群最劣个体替换为源种群最优个体
Chrom{next_i}(minI，:)=Chrom{i}(maxI，:)；
ObjV{next_i}(minI)=ObjV{i}(maxI)；
end

　　读者可以将两种 GA 应用到复杂问题求最优解问题中，然后比较两种方法的运行结果和运行效果。

# 5.6　GATBX 与 GADS 工具箱比较

　　运用基于 MATLAB 的 GA 工具箱非常方便，GA 工具箱里包括了我们需要的各种函数库。当用 MATLAB 来编写 GA 代码时，要根据自己所安装的工具箱来编写代码。如运用 GATBX 时，要将 GATBX 解压到 MATLAB 下的 toolbox 文件夹，同时，set path 将 GATBX 文件夹加入到路径当中，再编写 MATLAB 运行 GA 的代码。
　　由于 GAOT 工具箱比较过时，是针对 MATLAB 5.0 的，所以本节不比较该工具箱。
　　使用 GATBX 时，若选择基于排序的分配适应度，可使用 fit=ranking(objv)函数；若使用线性变化，则使用 fit=scaling(objV，上界值)。
　　首先对目标 1 计算目标函数及适应度函数（基于排序），选择出目标函数 1 得出的子

代；再对目标 2 计算目标函数和适应度函数（基于排序），选择出目标函数 2 得出的子代。最后将两个子代合并后得出最新的子代。主要代码如下：

```
for gen<maxgen
obj1＝objfun1(子群 1)；    %得出分组 1 的目标函数
fit1＝ranking(obj1)；    %得出分组的适应度 1(基于排序)
selch1＝select(fit1)；    %得出目标函数 1 的子代 1
obj2＝objfun2(子群 2)；    %得出分组 2 的目标函数 2
fit2＝ranking(obj2)；    %得出分组 2 的适应度 2(基于排序)
selch2＝select(fit2)；    %得出目标函数 2 的子代 2
selch＝[selch1；selch2]；    %子代 1 与子代 2 合并得出子代
end
```

使用 GADS 工具箱时在 gaoptimset 函数中选择不同的函数句柄，以选择不同的适应度分配方法。在 gaoptimset 中给出了排列、比率、最佳、线性转化和自定义五种处理函数，其句柄分别为@fitscalingrank、@fitscalingprop、@fitscalingtop、@fitscalingshiftlinear 和@custom。例如，若采用基于排列的适应度方法，即

option＝gaoptimset('FitScalingFcn',@ fitscalingrank)；

选择过程与编码方式无关。使用 GADS 工具箱，共有 6 种方式，分别是随机均匀分布、剩余、均匀、轮盘赌、随机联赛和自定义，对应的前 5 个函数句柄分别为@selectionstochunif、@selectionremainder、@selecttionubiform、@selectionroulette、@select。

使用方法是在设定 GA 的参数设定时，选择：

option＝gaoptimset('SelectionFcn',@selectionroulette)；

需要注意的是，在使用单目标函数时上述 6 种方法均是可选的，而在多目标函数中只能选择随机联赛方法和自定义。使用 GATBX 时，选择函数为 SelCh＝select(SEL_F, Chrom，FitnV，GGAP，SUBPOP)，不同的选择方法在 SEL_F 中选择，常用的方法，轮盘赌为 rws，随机均匀分布为 sus。

交叉是将负载的基因进行一定程度的混编和交叉，以得到新的子代的基因。使用 GADS 工具箱共有 6 种交叉方式，分别是单点交叉、两点交叉、分散交叉、intermediate 交叉、Heuristic 交叉、自定义，其函数句柄分别为@crossoversignalpoint、@crossovertwopoint、@crossoverscattered、@crossoverintermediate、@crossoverheuristic、@custom。使用方法是在设定 GA 的参数为 option＝gaoptimset('CrossoverFcn',@crossoversignalpoint)。使用 GATBX 工具箱共有 7 种交叉方式，函数分别是 xovsp(单点交叉)，xovsprs(减少代理的单点交叉)，xovdp(两点交叉)，xovdprs(减少代理的两点交叉)，xovsh(洗牌交叉)，xovshrs(减少代理的洗牌交叉)，xovmp(多点交叉)。

变异时为了保持种群的多样性（即保持搜索空间的广泛性）会增加步骤。使用 GADS 工具箱共有 3 种变异方式：均匀变异、高斯变异和自定义，其函数句柄分别为@mutationuniform、@mutationgaussian 和@custom。使用方法是：在设定 GA 的参数时，选择 option＝gaoptimset('MutationFcn,{@mutationuniform，变异概率})；使用 gatbx 工具箱个体变异的主函数是 mutate，根据编码性质，在参数中选择基于离散变异的子函数 mut 或者采用实值变异的子函数 mutbga。

重组和复制主要决定了 GA 中的父代通过怎么样的方法生成子代。使用 GADS 工具箱

可以通过一个标量，例如取标量为 5，则确定每一代中有 5 个个体直接作为优良个体进行遗传。而对于其他个体，GADS 工具箱需要确定非优良个体创建下一代时的交叉概率。

　　实际应用研究中读者可以使用一种工具箱。当然，GADS 是首选。一方面因为它是 MATLAB 的最新版本自带的，而且有详细的使用说明；另一方面它还提供了一个图形用户界面的工具，名为"Genetic Algorithm Tool"，有了这个工具就可以不必输入繁琐的命令行参数，就能方便而且直观地观察算法的运行过程。使用 GATBX 工具箱读者能够体验 GA 的选择、交叉、变异等整个遗传操作过程，掌握自主灵活地编写 GA 程序，解决实际问题。

# 5.7　GA 程序设计实例

　　GA 虽然有工具箱和 GA 运行界面，但它们不是万能的，仅仅使用工具箱和 GA 运行界面不能从本质上理解 GA 和解决一些实际问题，很多情况下需要具体问题具体分析。为了进一步快速、灵活地编写 MATLAB 的 GA 程序，下面再给出一个完整的 GA 程序代码。读者可以通过比较学习，在短时间内融会贯通 GA 及其应用。

**1. 实例之一**

　　求函数 $f(x)=10 * \sin(5x)+7 * \cos(4x)$，$x\in[0，10]$的最大值，并介绍 MATLAB 的 GA 中程序的实现过程。

　　将 x 的值用一个 10 位的二进制形式表示为二值问题。一个 10 位的二进制数提供的分辨率为$(10-0)/(2^{10}-1)\approx 0.01$。将变量域$[0，10]$离散化为二值域$[0，1023]$，$x=0+10 * b/1023$，其中 b 是$[0，1023]$中的一个二进制数。

　　(1) 初始化函数(或编码)initpop. m。

```
function pop=initpop(popsize, chromlength)    %这样产生的初始种群
pop=round(rand(popsize, chromlength));        %rand 随机产生每个单元为{0, 1}行数为 pop-
                                                size，列数为 chromlength 的矩阵，round 对矩
                                                阵的每个单元进行圆整
```

　　其功能是随机产生每个个体编码后的初始化种群 pop，即实现种群的初始化。popsize 为种群的大小，chromlength 为染色体的长度(二进制数的长度)，长度大小取决于变量的二进制编码的长度(在本例中取 10 位)，一般 chromlength= dimension×stringlength+1。种群 pop 的每一行表示一个二进制串的编码个体，行数 popsize 表示种群中个体的数目，dimension 表示个体分量数目，stringlength 表示个体分量的二进制串的位数。为了程序便利，initpop 函数中，种群 pop 的每行多一位数，该位数用来记录该行表示的个体的适应值。

　　(2) 解码 decodebinary. m。解码是把个体二进制符号串编码转化成十进制数，然后通过解码后的个体计算出每个个体的适应值。其功能是产生$[2^n\ 2^{(n-1)}，\cdots，1]$的行向量，然后求和，将二进制转化为十进制。

```
function pop2=decodebinary(pop)
[px, py]=size(pop);    %求 pop 行和列数
for i=1:py
pop1(:, i)=2.^(py-i). * pop(:, i);
```

```
end
pop2＝sum(pop1, 2);    %求 pop1 的每行之和
```

（3）将二进制编码转化为十进制的函数 decodechrom.m。其功能是将染色体（或二进制编码）转换为十进制，参数 spoint 为待解码的二进制串的起始位置（对于多个变量而言，假设有两个变量，则第一个变量从 1 开始，另一个变量从 11 开始，本例为 1），参数 length 表示所截取的长度（本例为 10）。

```
function pop2＝decodechrom(pop, spoint, length)
pop1＝pop(:, spoint: spoint＋length−1);
pop2＝decodebinary(pop1);
```

（4）计算目标函数值 calobjvalue.m。其功能是实现目标函数的计算，以 10 * sin(5 * x)＋7 * cos(4 * x)为例，可根据不同优化问题予以修改。

```
function [objvalue]＝calobjvalue(pop)
temp1＝decodechrom(pop, 1, 10);    %将 pop 每行转化成十进制数
x＝temp1 * 10/1023;    %将二值域中的数转化为变量域的数
objvalue＝10 * sin(5 * x)＋7 * cos(4 * x);    %计算目标函数值
```

（5）计算个体的适应度值 calfitvalue.m。

```
function fitvalue＝calfitvalue(objvalue)
global Cmin; Cmin＝0; [px, py]＝size(objvalue);
for i＝1:px
if objvalue(i)＋Cmin＞0    temp＝Cmin＋objvalue(i);    else    temp＝0.0;    end
fitvalue(i)＝temp;
end
fitvalue＝fitvalue';
```

（6）选择 selection.m。该操作决定哪些个体可以进入下一代，利用解码后求得的个体适应值大小，选出适应值大的个体组成新的种群。下面程序中采用赌轮盘选择法进行选择，保证个体被选中的概率与该个体的适应值的大小成正比，选择概率根据公式 $p_i＝f_i/\sum f_i＝f_i/fsum$，选择步骤描述为：① 在第 t 代，计算 fsum 和 $p_i$；② 产生{0，1}的随机数 rand(.)，求 s＝rand(.) * fsum；③ 求 $\sum f_i \geq s$ 中最小的 k，则第 k 个个体被选中；④ 进行 N 次②和③操作，得到 N 个个体，成为第 t＝t＋1 代种群。

```
function [newpop]＝selection(pop, fitvalue)    %选择
totalfit＝sum(fitvalue);    %求适应度值之和
fitvalue＝fitvalue/totalfit;    %单个个体被选择的概率
fitvalue＝cumsum(fitvalue);    %如 fitvalue＝[1 2 3 4]，则 cumsum(fitvalue)＝[1 3 6 10]
[px, py]＝size(pop);
ms＝sort(rand(px, 1));    %从小到大排列
fitin＝1; newin＝1;
while newin＜＝px
if(ms(newin))＜fitvalue(fitin)
newpop(newin)＝pop(fitin); newin＝newin＋1;
else
```

```
fitin＝fitin＋1;
end, end
```

（7）交叉 crossover. m。该操作指从种群 pop 中随机选取两个个体，并且将两个个体随机选取的相同段的二进制符号串交换，这一过程模拟生物进化机制。种群中的每个个体之间都以一定的概率 pc 交叉，即两个个体从各自字符串的某一位置（一般是随机确定）开始互相交换，这类似生物进化过程中的基因分裂与重组。例如，假设两个父代个体 x1 和 x2 为

```
x1＝0100110    x2＝1010001
```

从每个个体的第 3 位开始交叉，交叉后得到两个新的子代个体 y1 和 y2 分别为

```
y1＝0100001    y2＝1010110
```

这样两个子代个体就分别具有了两个父代个体的某些特征。利用交叉可能由父代个体在子代组合中得到具有更高适合度的个体。事实上，交叉是 GA 区别于其它传统优化方法的主要特点之一。

```
function [newpop]＝crossover(pop, pc)    %交叉
[px, py]＝size(pop); newpop＝ones(size(pop));
for i＝1:2:px－1
if(rand＜pc)
cpoint＝round(rand * py); newpop(i, :)＝[pop(i, 1:cpoint), pop(i+1, cpoint+1:py)];
newpop(i+1, :)＝[pop(i+1, 1:cpoint), pop(i, cpoint+1:py)];
else
newpop(i, :)＝pop(i); newpop(i+1, :)＝pop(i+1);
end, end
```

（8）变异 mutation. m。该操作也是模拟生物进化机制。变异过程就是：对要变异的个体，在该个体的每个分量的二进制串编码中随机选择一位，该位称为变异点。然后把该位上由"1"变为"0"，或由"0"变为"1"。其特性可以使求解过程随机地搜索到解可能存在的整个空间，因此可以在一定程度上求得全局最优解。pm 表示变异概率，程序中 pm 取为一定值。对应每个个体，计算机随机产生一个概率值，如果该概率值小于 pm，则认为该个体要变异，否则不变异。自然界中个体的变异概率不是很大，但增大变异率可避免陷入局部最优。

```
function [newpop]＝mutation(pop, pm)    %变异
[px, py]＝size(pop); newpop＝ones(size(pop));
for i＝1:px
if(rand＜pm)
mpoint＝round(rand * py);
if mpoint＜＝0 mpoint＝1; end
newpop(i)＝pop(i);
if any(newpop(i, mpoint))＝＝0
newpop(i, mpoint)＝1;
else newpop(i, mpoint)＝0; end
else newpop(i)＝pop(i); end, end
```

（9）求出种群中最大的适应度值及其个体 best. m。

```
function [bestindividual, bestfit] = best(pop, fitvalue)
[px, py] = size(pop); bestindividual = pop(1, :); bestfit = fitvalue(1);
for i = 2:px
if fitvalue(i) > bestfit
bestindividual = pop(i, :); bestfit = fitvalue(i);
end, end
```

将上面得到的函数保存在 MATLAB 的当前目录中，再运行下面的主程序。

（10）主程序 genmain. m。

```
clear, clf
popsize = 20;        %种群大小
chromlength = 10;      %字符串长度（个体长度）
pc = 0.6; pm = 0.001;     %交叉变异概率
pop = initpop(popsize, chromlength);      %随机产生初始种群
for i = 1:20     %迭代次数为 20
[objvalue] = calobjvalue(pop);      %计算目标函数
fitvalue = calfitvalue(objvalue);      %计算种群中每个个体的适应度
[newpop] = selection(pop, fitvalue);     %复制
[newpop] = crossover(pop, pc);      %交叉
[newpop] = mutation(pop, pc);      %变异
[bestindividual, bestfit] = best(pop, fitvalue);      %求种群中适应度值最大的个体及其适应度值
y(i) = max(bestfit); n(i) = i; pop5 = bestindividual;
x(i) = decodechrom(pop5, 1, chromlength) * 10/1023;
pop = newpop;
end
fplot('10 * sin(5 * x) + 7 * cos(4 * x)', [0 10])
hold on, plot(x, y, 'r * ')
hold off
[z index] = max(y);     %计算最大值及其位置
x5 = x(index)     %计算最大值对应的 x 值
y = z;
```

## 2. 实例之二

求下列函数的最小值($n$ 取 5)：

$$f_1 = \sum_{i=1}^{n}((x_i - k_j)^2 - 10 * \sin(2pi * (x_i - k_j)) + 10) \quad k_j = 0, 0.1, 0.2, 0.3, 0.5, 1$$

```
%主程序：用 GA 求解 targetfun. m 中目标函数在区间[−2, 2]的最大值
for i = 1:1:5
clc; clear all; close all; global BitLength, global boundsbegin, global boundsend
bounds = [−2, 2];     %一维自变量的取值范围
precision = 0.0001;     %运算精度
boundsbegin = bounds(:, 1); boundsend = bounds(:, 2);
BitLength = ceil(log2((boundsend − boundsbegin)'. / precision));     %计算满足求解精度至少
                                                                     需要多长的染色体
```

```
        popsize=50;     %初始种群大小
        Generationmax=12;     %最大代数
        pcrossover=0.90; pmutation=0.09;     %交叉、变异概率
        population=round(rand(popsize, BitLength));     %产生初始种群
        [Fitvalue, cumsump]=fitnessfun(population);     %计算适应度值,返回 Fitvalue 和累计概率 cumsump
        Generation=1;
        while Generation<Generationmax+1
            for j=1:2:popsize
        seln=selection(population, cumsump);     %选择操作
        scro=crossover(population, seln, pcrossover);     %交叉操作
        scnew(j, :)=scro(1, :);
        scnew(j+1, :)=scro(2, :);
        smnew(j, :)=mutation(scnew(j, :), pmutation);     %变异操作
        smnew(j+1, :)=mutation(scnew(j+1, :), pmutation);
            end
        population=smnew;     %产生了新种群
        [Fitvalue, cumsump]=fitnessfun(population);     %计算新种群的适应度
        [fmax, nmax]=max(Fitvalue);     %记录当前代最好的适应度和平均适应度
        fmean=mean(Fitvalue);
        ymax(Generation)=fmax;
        ymean(Generation)=fmean;
        x=transform2to10(population(nmax, :));     %记录当前代的最佳染色体个体
        %自变量取值范围是[-2,2],需把经过遗传运算的最佳染色体整合到[-2,2]区间
        xx=boundsbegin+x*(boundsend-boundsbegin)/(power(2, BitLength)-1);
        xmax(Generation)=xx;         Generation=Generation+1;
        end
    Generation=Generation-1;     Bestpopuation=xx;
    Besttargetfunvalue=targetfun(xx);
```

%绘制经过遗传运算后的适应度曲线。一般地,如果进化过程中种群的平均适应度与最大适应度在曲线上有相互趋同的形态,表示算法收敛进行很顺利,没有出现震荡。在这种前提下,最大适应度个体连续若干代都没有发生进化则表明该种群已经成熟

```
        figure(1);
        hand1=plot(1:Generation, ymax);
        set(hand1, 'linestyle', '-', 'linewidth', 1.8, 'marker', '*', 'markersize', 6)
        hold on; hand2=plot(1:Generation, ymean);
        set(hand2, 'color', 'r', 'linestyle', '-', 'linewidth', 1.8, 'marker', 'h', 'markersize', 6)
        xlabel('进化代数'); ylabel('(最大/平均适应度)'); xlim([1 Generationmax]);
        legend('最大适应度', '平均适应度');
        box off; hold off;
        y=(x(i)-k(i))^2-10*sin(2*pi*(x(i)-k(i)))+10;
        end
```

## 上面主程序中涉及的 GA 函数的程序代码如下:

% (1) 计算适应度函数 fitnessfun. m

```
function [Fitvalue,cumsump]=fitnessfun(population);
global BitLength,global boundsbegin,global boundsend
popsize=size(population,1);    %有 popsize 个个体
for i=1:popsize
    x=transform2to10(population(i,:));    %将二进制转换为十进制转化为[-2,2]区间的实数
xx=boundsbegin+x*(boundsend-boundsbegin)/(power(2,BitLength)-1);
    Fitvalue(i)=targetfun(xx);    %计算函数值,即适应度
end
Fitvalue=Fitvalue'+203;    %给适应度函数加上一个大小合理的数以便保证种群适应度值为正数
fsum=sum(Fitvalue);Pperpopulation=Fitvalue/fsum;    %计算选择概率
%计算累计概率
cumsump(1)=Pperpopulation(1);
for i=2:popsize
    cumsump(i)=cumsump(i-1)+Pperpopulation(i);
end
cumsump=cumsump';
%(2)选择操作函数,存储为 selection.m
function seln=selection(population,cumsump);
%从种群中选择两个个体
for i=1:2
    r=rand;    %产生一个随机数
    prand=cumsump-r;
    j=1;
    while prand(j)<0    j=j+1;    end
    seln(i)=j;    %选中个体的序号
end
%(3)交叉操作函数 crossover.m
function scro=crossover(population,seln,pc);
BitLength=size(population,2);
pcc=IfCroIfMut(pc);    %根据交叉概率决定是否进行交叉操作,1表示是;0表示否
if pcc==1
    chb=round(rand*(BitLength-2))+1;    %在[1,BitLength-1]范围内随机产生一个交叉位
    scro(1,:)=[population(seln(1),1:chb) population(seln(2),chb+1:BitLength)]
    scro(2,:)=[population(seln(2),1:chb) population(seln(1),chb+1:BitLength)]
else
    scro(1,:)=population(seln(1),:);scro(2,:)=population(seln(2),:);
end
%(4)变异操作函数 mutation.m
function snnew=mutation(snew,pmutation);
BitLength=size(snew,2);snnew=snew;
pmm=IfCroIfMut(pmutation);    %根据变异概率决定是否进行变异操作,1则是;0则否
if pmm==1
    chb=round(rand*(BitLength-1))+1;    %在[1,BitLength]范围内随机产生一个变异位
```

```
        snnew(chb)=abs(snew(chb)-1);
end
```

% （5）判断遗传运算是否需要进行交叉或变异函数 IfCroIfMut. m

```
function pcc=IfCroIfMut(mutORcro);
test(1:100)=0; l=round(100 * mutORcro); test(1:l)=1;
n=round(rand * 99)+1; pcc=test(n);
```

% （6）适应度函数 targetfun. m

```
function y=targetfun(x);    %目标函数
```

% （7）将二进制数转换为十进制数函数 transform2to10. m

```
function x=transform2to10(Population);
BitLength=size(Population, 2); x=Population(BitLength);
for i=1:BitLength-1
    x=x+Population(BitLength-i) * power(2, i);
end
k=[0 0.1 0.2 0.3 0.5 1];
```

## 3. 实例之三

求二元函数 $f(x, y)=100(x^2-y)^2+(1-x)^2$，$-2.048 \leqslant x, y \leqslant 2.048$ 的最大值。

```
clc; clear all;
format long;    %设定数据显示格式
%初始化参数
T=100; N=80;    %仿真代数、种群规模
pm=0.05; pc=0.8;    %交叉、变异概率
umax=2.048; umin=-2.048;    %参数取值范围
L=10;    %单个参数字串长度,总编码长度 2L
bval=round(rand(N, 2 * L));    %初始种群
bestv=-inf;    %最优适应度初值
%迭代开始
for ii=1:T
%解码、计算适应度
for i=1:N
        y1=0; y2=0;
        for j=1:1:L
            y1=y1+bval(i, L-j+1) * 2^(j-1);
        end
        x1=(umax-umin) * y1/(2^L-1)+umin;
        for j=1:1:L
            y2=y2+bval(i, 2 * L-j+1) * 2^(j-1);
        end
        x2=(umax-umin) * y2/(2^L-1)+umin;
        obj(i)=100 * (x1 * x1-x2).^2+(1-x1).^2;    %目标函数
        xx(i, :)=[x1, x2];
    end
```

```
func＝obj;　　％目标函数转换为适应度函数
p＝func. /sum(func);
q＝cumsum(p);　　％累加
[fmax, indmax]＝max(func);　　％求当代最佳个体
 if fmax＞＝bestv
  bestv＝fmax;　　％到目前为止最优适应度值
  bvalxx＝bval(indmax, :);　　％到目前为止最佳位串
  optxx＝xx(indmax, :);　　％到目前为止最优参数
  end
  Bfit1(ii)＝bestv;　　％存储每代的最优适应度
％轮盘赌选择
for i＝1:(N－1)
  r＝rand;
  tmp＝find(r＜＝q);
  newbval(i, :)＝bval(tmp(1), :);
end
  newbval(N, :)＝bvalxx;　　％最优保留
  bval＝newbval;
％单点交叉
for i＝1:2:(N－1)
  cc＝rand;
  if cc＜pc
    point＝ceil(rand ＊ (2 ＊ L－1));　　％取得一个 1 到 2L－1 的整数
    ch＝bval(i, :);
    bval(i, point＋1:2 ＊ L)＝bval(i＋1, point＋1:2 ＊ L);
    bval(i＋1, point＋1:2 ＊ L)＝ch(1, point＋1:2 ＊ L);
  end, end
bval(N, :)＝bvalxx;　　％最优保留
％位点变异
mm＝rand(N, 2 ＊ L)＜pm;　　％N 行
mm(N, :)＝zeros(1, 2 ＊ L);　　％最后一行不变异,强制赋 0
bval(mm)＝1－bval(mm);
end
％输出结果
plot(Bfit1);　　％绘制最优适应度进化曲线
bestv, optxx　　％输出最优适应度值、最优参数
```

**4. 实例之四**

求函数 $f(x, y, z)＝x^2－xy＋z$ 的极值点,$1≤x≤10$,$0≤y≤5$,$10≤z≤20$。

％先给出主函数,涉及的函数在后面给出。

```
function Main()
％定义全局变量
global VariableNum POPSIZE MaxGens PXOVER PMutation Pop newPop
```

```matlab
VariableNum=3; POPSIZE=50;      %变量个数、种群大小
MaxGens=1000;      %种群代数
PXOVER=0.8; PMutation=0.2;      %交叉、变异概率
bound=[1, 10; 0, 5; 10, 20];      %自变量取值范围
VarBound=bound(:, 1:2);
Pop=zeros(POPSIZE+1, VariableNum);
newPop=zeros(POPSIZE+1, VariableNum);
for i=1:POPSIZE      %初始化种群
  for j=1:VariableNum
    Pop(i, j)=VarBound(j, 1)+rand() * (VarBound(j, 2)-VarBound(j, 1));
end, end
  fitnessList=zeros(POPSIZE, 1);      %计算适应度值
for i=1:POPSIZE
fitnessList(i, 1)=fitness(Pop(i, 1:VariableNum));
end
Best=zeros(1, VariableNum+1);      %保存最好值和最坏值
Worst=zeros(1, VariableNum+1);
maxvalue=max(fitnessList);
indexMax=find(fitnessList==maxvalue, 1, 'first');
Best(1, 1:VariableNum)=Pop(indexMax, 1:VariableNum);
Best(1, VariableNum+1)=maxvalue;
minvalue=min(fitnessList);
indexMin=find(fitnessList==minvalue, 1, 'first');
Worst(1, 1:VariableNum)=Pop(indexMin, 1:VariableNum);
Worst(1, VariableNum+1)=minvalue;
genetation=1;
while genetation<MaxGens
%计算适应度区间
sumfit=sum(abs(fitnessList)); relativeFitness=zeros(POPSIZE, 1);
relativeFitness=abs(fitnessList)/sumfit;
for i=2:POPSIZE
  relativeFitness(i)=relativeFitness(i-1)+relativeFitness(i);
end
newPop=Select(Pop, relativeFitness);      %选择操作
newPop=Xcross(newPop, VariableNum, PXOVER);      %交叉操作
newPop=Mutation(newPop, VariableNum, PMutation, VarBound);      %变异操作
for i=1:POPSIZE      %计算新种群适应度值
  fitnessList(i, 1)=fitness(newPop(i, 1:VariableNum));
end
maxvalue=max(fitnessList);      %保存最好值和替换最坏值
indexMax=find(fitnessList==maxvalue, 1, 'first');
minvalue=min(fitnessList);
indexMin=find(fitnessList==minvalue, 1, 'first');
```

```matlab
if Best<maxvalue
  Best(1, 1:VariableNum)=newPop(indexMax, 1:VariableNum);
  Best(1, VariableNum+1)=maxvalue;
  else
  newPop(indexMin, 1:VariableNum)=Best(1, 1:VariableNum);
  fitnessList(indexMin, 1)=Best(1, VariableNum+1);
end
Pop=newPop;    %用子代替换父代
genetation=genetation+1;
end, Best
% (1) 选择操作函数 Select
function newPop=Select(Pop, Rfitness)
for i=1:length(Rfitness)
r=rand(); index=1;
for j=1:length(Rfitness)
if r<=Rfitness(j, 1)
index=j; break; end, end
newPop(i, :)=Pop(index, :);
end
% (2) 交叉操作函数 Xcross
function newPop=Xcross(Pop, VariableNUM, CrossRate)
point=1; sizePop=length(Pop);
for i=0:sizePop/2
Xrate=rand();
if Xrate<CrossRate    %如果交叉
first_index=round(rand() * (sizePop-2)+1);
second_index=round(rand() * (sizePop-2)+1);
while first_index==second_index    %排除两个个体一样的情况
second_index=round(rand() * (sizePop-2)+1);
end
if VariableNUM>1
  if VariableNUM==2
point=1;
  else
  point=round(rand() * (VariableNUM-2)+1);
end
tempOne=zeros(1, point);
  tempOne(1, 1:point)=Pop(first_index, 1:point);
Pop(first_index, 1:point)=Pop(second_index, 1:point);
Pop(second_index, 1:point)=tempOne(1, 1:point);
end, end, end
newPop=zeros(size(Pop), 1); newPop=Pop;
% (3) 变异操作函数 Mutation
```

```
function newPop＝Mutation(Pop，VariableNUM，MutationRate，bound)
point＝1；sizePop＝length(Pop)；
for i＝1：sizePop
for j＝1：VariableNUM
Mrate＝rand()；
if Mrate＜MutationRate　　％如果发生变异
  Pop(i，j)＝ rand() * (bound(j，2)－bound(j，1))＋bound(j，1)；
end，end，end，
newPop＝zeros(size(Pop)，1)；newPop＝Pop；
％（4）适应度值函数或目标函数 fitness
    ％函数为 x1^2－x1 * x2＋x3
function value＝fitness(varargin)
n＝varargin{1，1}；
value＝n(1，1)^2－n(1，1) * n(1，2)＋n(1，3)；
```

# 第六章 基于遗传算法的图像分割方法

图像分割是数字图像处理技术与计算机视觉的基本问题之一，是进行图像分析、理解的基础，是基于图像的目标检测、识别与分类中的一个关键步骤，图像分割效果的好坏直接影响着后续基于图像的特征提取与目标识别的结果。本章介绍多种图像分割方法和技术及与遗传算法（GA）相结合的图像分割算法，并给出一些算法的 MATLAB 程序代码。

## 6.1 图像分割方法概述

在图像处理的研究和应用中，人们往往仅对图像中的某些部分感兴趣，该部分被称为目标或前景，其他部分被称为背景。目标一般对应图像中特定的、具有独特性质的区域。图像分割就是把图像分成若干互不交叠的、各种特性的区域的像素集合的技术和过程。这里所说的特性可以是灰度、颜色、纹理等，而目标可以对应单个区域，也可以对应多个区域，这些区域要么对当前的分割有意义，是目标物体与背景的边缘；要么有助于说明它们之间的对应关系。在图像分割算法中，确定最合适的阈值成为处理好图像分割的关键，这也是很多图像处理学者一直研究的焦点。

### 6.1.1 图像分割基础

#### 1. 图像分割原理

图像分割可分为灰度图像分割和彩色图像分割。与灰度图像相比，彩色图像不仅包含亮度信息，还包含颜色信息，如色调和饱和度。借助色彩信息，对彩色图像分割可以很快地得到分割结果。

从广义上来讲，图像分割是根据图像的某些特征或特征集合（如灰度、颜色、纹理等）的相似性准则对图像像素进行分组聚类，把图像平面划分为若干个具有某些一致性的不重叠区域。分割出来的区域要同时满足均匀性和连通性的条件。

从集合的角度讲，图像分割定义为：设集合 $R$ 代表整个图像区域，根据选定的一致性准则 $P$，$R$ 被划分为互不重叠的非空子集（或子区域）：$\{R_1, R_2, \cdots, R_n\}$，这些子集必须满足下述条件：

(1) $\bigcup\limits_{i=1}^{n} R_i = R$；

(2) 对任意的 $i$ 和 $j(i \neq j)$，有 $R_i \bigcap R_j \neq \varnothing$；

(3) 对任意的 $i$，$P(R_i) = True$；

(4) 对任意的 $i \neq j$，$P(R_i \bigcup R_j) = False$；

(5) 对任意的 $i$，$R_i$ 是连通的区域。其中，$P(R_i)$ 为作用于 $R_i$ 中所有像素的形似性逻辑谓词。

上面的 5 个条件分别称为图像分割的完备性、独立性、相似性、互斥性和连通性。条件(1)指出分割后的全部子区域的总和包含图像中所有元素；条件(2)指出各个子区域相互不重叠；条件(3)指出属于同一区域中的元素应该具有某种相同特性；条件(4)指出分割后得到的相邻两个区域中的元素具有某种不同的特性；条件(5)要求同一个子区域内的元素的连通性。上述数学条件说明了图像分割的一些特点。凡不符合以上特点的图像处理算法都不能称为图像分割算法。对图像的分割总是根据这些分割准则特性进行的。条件(1)与(2)说明分割准则应可适用于所有区域和所有像素，而条件(3)与(4)说明分割准则应能帮助确定各区域像素有代表性的特性。实际应用中图像分割不仅要把一幅图像分成满足上面 5 个条件的各具特性的区域，而且需要把其中感兴趣的目标区域提取出来。只有这样才算真正完成了图像分割的任务。

**2. 图像分割方法分类**

多年来，图像分割一直得到人们的高度重视，图像分割方法很多，依据不同的分类准则可以对图像分割方法进行不同的分类：根据应用目的不同可分为粗分割和细分割；根据分割对象的属性可分为灰度图像分割和彩色图像分割；根据分割对象的状态可被分为静态图像分割和动态图像分割；根据被分割图像的维数可分为二维、三维和四维图像分割；根据分割对象的应用领域可分为医学图像分割、工业图像分割、安全图像分割、军事图像分割、交通图像分割等；根据所用知识的特点与层次可分为数据驱动与模型驱动。

根据图像结构可分为两大类：

(1) 找出图像中各种物体的边缘，利用边缘信息把图像分成感兴趣区；

(2) 从区内相似特征找出图像中各种物体区，显然物体区的外轮廓也就是边缘。

从图像处理角度大致可分为 3 类：

(1) 阈值法：以阈值为界区分物体与背景的简单方法；

(2) 区域法：仅认定某一个像素集合为一个物体或区域的方法；

(3) 边缘检测法：通过各种边缘检测算子检测图像边缘的方法。

根据图像颜色灰度级不同大致可分为 4 类：

(1) 利用图像灰度值统计的方法，常用方法有一维直方图阈值化方法和二维直方图阈值化方法；

(2) 利用图像空间域信息和光谱信息的图像分割方法，常用的有区域分裂、合并生长法、纹理分割法和多光谱图像分割法等；

(3) 利用图像中灰度变化最强烈的区域信息方法，即边缘检测方法，它在图像分割研究领域中占的比例最大，利用不同的算子进行边缘检测，比较常用的算子如 canny 算子；

(4) 利用图像分类技术进行图像分割的像素分类方法，常用的方法有统计分类方法、模糊分类方法与神经网络分类方法等。

从学科交叉角度大致可分为传统的和与特定理论相结合的 2 大类(如图 6.1 所示)。基于区域的图像分割方法对某些复杂物体定义的复杂场景分割或对某些自然景物的分割等类似先验知识不足的图像分割效果较为理想；基于边缘的分割方法适用于不同区域之间边缘灰度值变化较大的情况，但难点是边缘检测中抗噪性与检测精度之间存在矛盾性；区域与边缘相结合的图像分割方法可以结合二者的优点，不仅避免区域的过度分割，也可补充漏检的边缘。与特定理论相结合的分割方法是随着各学科中新理论和新方法的提出而引入特定分割技术。区域生长、区域分离与合并和多学科的特定理论均具有各自的特性，如数学形态学可以用具有一定形态的结构元素描述图像中元素与元素、部分与部分之间的关系；模糊技术可以解决图像分割过程中主观性较强的问题，科学客观地确定图像的分割阈值，进而实现对图像的精确分割。因此，根据图像的特点及对图像分割的需求，选择相应的特定理论，可以实现更好的分割效果。

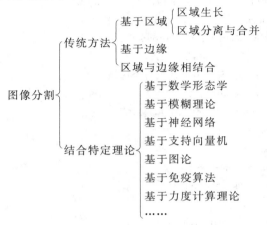

图 6.1　图像分割分类

### 3. 彩色图像分割过程

一般彩色图像分割通常要结合颜色信息和亮度信息，其分割过程和分割方法较为复杂。目前彩色图像分割方法有基于直方图阈值法、基于区域方法、模糊聚类分割方法、边缘检测方法等，这些方法通常是针对不同的颜色空间。下面给出一般彩色图像分割的步骤：

（1）获取原始图像的 RGB 颜色信息。通过与用户的交互操作得到待处理的彩色图像的文件路径。

（2）通过函数色彩转换函数 makecform() 和 applycform() 将原始图像 RGB 彩色空间转换到 Lab 色彩空间。Lab 色彩空间是颜色-对立空间，维度 L 表示亮度，a 和 b 表示颜色对立维度。与 RGB 颜色空间相比，Lab 是一种不常用的色彩空间。

（3）对 Lab 分量进行 K-mean 聚类。调用函数 kmeans() 来实现。

（4）显示分割后的各个区域。用三副图像分别来显示各个分割目标，背景用黑色表示。

下面给出基于 MATLAB 的彩色图像分割的程序源码。

```
clear; clc;
file_name=input('请输入图像文件路径：', 's');
I_rgb=imread('file_name');      %读取文件数据
figure(); imshow(I_rgb);
title('原始图像');      %显示原图
%将彩色图像从 RGB 转化到 lab 彩色空间
C=makecform('srgb2lab');      %设置转换格式
I_lab=applycform(I_rgb, C);
%进行 K-mean 聚类将图像分割成 3 个区域
```

```
ab＝double(I_lab(:，:，2:3))；　　％取出 lab 空间的 a 分量和 b 分量
nrows＝size(ab，1)；ncols＝size(ab，2)；
ab＝reshape(ab，nrows * ncols，2)；
nColors＝3；　　％分割的区域个数为 3
[cluster_idx
cluster_center]＝kmeans(ab，nColors，'distance'，'sq
Euclidean'，'Replicates'，3)；　　％重复聚类 3 次
pixel_labels＝reshape(cluster_idx，nrows，ncols)；
figure()；　　imshow(pixel_labels，[])，
title('聚类结果')；　　％显示分割后的各个区域
segmented_images＝cell(1，3)；
rgb_label＝repmat(pixel_labels，[1 1 3])；
for k＝1:nColors
    color＝I_rgb；
    color(rgb_label ～＝k)＝0；
    segmented_images{k}＝color；
end
figure(1)，imshow(segmented_images{1})，
title('分割结果—区域 1')；
figure(2)，imshow(segmented_images{2})，
title('分割结果—区域 2')；
figure(3)，imshow(segmented_images{3})，
title('分割结果—区域 3')；
```

图 6.2 和图 6.3 为原图像及其对应三个不同像素区域的分割图像例子。

原图像

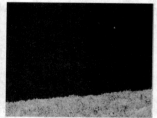

分割后的各个区域图像

图 6.2　原图像及其三个不同区域的分割结果例子 1

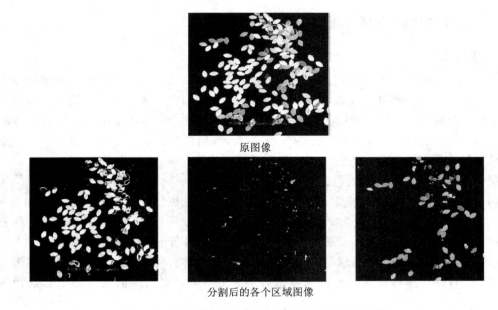

原图像

分割后的各个区域图像

图 6.3　原图像及其三个不同区域的分割结果例子 2

**4. 灰度图像分割过程**

灰度图像分割是以灰度值作为分割的依据，通过各个像素的灰度值和事先确定的阈值的比较来分割图像。尽管彩色图像分割很重要，但在很多实际图像分割应用中，都是基于灰度图像来分割的。若原图像为彩色图像，需要首先将彩色图像转换成灰度图像，再对灰度图像分割。因此，后面介绍的图像分割方法基本上都是针对灰度图像或将彩色图像转换为灰度图像后再进行分割的。

图像分割算法的一般过程为：

（1）计算背景区域的平均色调和饱和度值。可采用在背景区域选取一个方形区域，计算此区域的平均色调 $H$ 和饱和度 $S$。这两个值是可变化的，用户可多次选取背景区域的方形区域进行计算，然后取平均值。

（2）阈值计算。在求取背景区域的平均色调 $H$ 和饱和度 $S$ 后，再根据平均色调和饱和度值设定阈值 $H_t$ 和 $S_t$。

（3）图像分割。在图像分割时，选取图像每一个像素点 $(i, j)$ 的四个邻域，计算其平均色调和饱和度：

$$P_h(i, j) = \frac{\sum_{(u, v) \in \Delta} H_r(u, v)}{N}, \quad P_s(i, j) = \frac{\sum_{(u, v) \in \Delta} S_r(u, v)}{N} \qquad (6.1)$$

式中，$H_r$ 和 $S_r$ 分别为 $\Delta$ 邻域内某点 $(u, v)$ 的色调和饱和度值，$N$ 是邻域内点的个数。

衡量任意像素点 $(i, j)$ 是否为背景域（或为目标域）满足两点要求

$$| P_h(i, j) - H | < H_t, \quad | P_s(i, j) - S | < S_t \qquad (6.2)$$

若式（6.2）条件成立，则此像素点便被划分为背景域；若不成立则此像素点被划分为目标域。

## 6.1.2　常用的图像分割方法

### 1. 阈值法

该方法是一种简单有效的图像分割方法，它用一个或几个阈值将图像的灰度级分为几部分，认为属于同一部分的像素是同一个物体。各种阈值法一般是对某种特定图像的分割效果较佳，而对其他类别图像的分割效果相对较差。因此，在实际应用时应针对具体的应用背景和给定的图像类别，选择适当的分割方法。阈值法的最大特点是计算简单，在重视运算效率的应用场合（如用于硬件实现）得到了广泛应用。

阈值法分为单固定阈值法和多固定阈值法两种：

（1）单固定阈值法是为灰度图像设定一个阈值，把灰度值小于给定阈值的像素置为 0（或 255）；大于阈值的像素置为 255（或 0），从而实现灰度图像到二值图像的变换。简言之就是在图像的灰度值中，选一个适合的阈值，若像素值小于阈值，则判断为背景；大于阈值，则判为物体，因此这种方法特别适合于图像中的物体有明显的区域边界且边界为封闭的情况。若目标物体和背景之间的灰度值有明显差异时，则该阈值法可完全分割物体与背景。

（2）多固定阈值法是预先设置多个阈值，当对图像进行处理时（以 2 个阈值为例），若某个像素的灰度值在两者之间时置 0（或 255）；其余情况则置 255（或置 0）。应当根据具体情况选择双固定阈值法改变图像灰度值的方向。

阈值法也可分为全局阈值法和局部阈值法两种：

（1）全局阈值法指利用全局信息（例如整幅图像的灰度直方图）对整幅图像求出最佳分割阈值，可以是单阈值，也可以是多阈值。

（2）局部阈值法是把原始的整幅图像分为几个小的子图像，再对每个子图像应用全局阈值法分别求出最优分割阈值。其中全局阈值法又可分为基于点的阈值法和基于区域的阈值法。阈值法的结果很大程度上依赖于对阈值的选择，因此该方法的关键是选择合适的阈值。下面为基于 Otsu 算法的图像自动阈值法代码：

```
clc, clear all
I＝imread(rice. png′);
subplot(1, 2, 1), imshow(I);
title('原始图像')
axis([50, 250, 50, 200]);
grid on;              %显示网格线
axis on;              %显示坐标系
level＝graythresh(I);    %确定灰度阈值
BW＝im2bw(I, level);
subplot(1, 2, 2), imshow(BW);
title('Otsu法阈值分割图像')
axis([50, 250, 50, 200]);
grid on;              %显示网格线
axis on;              %显示坐标系
```

图 6.4 为基于 Otsu 算法的图像自动阈值分割例子。

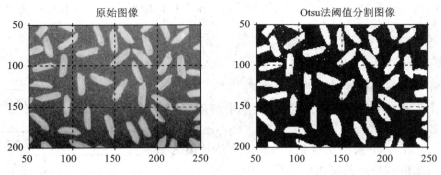

图 6.4　原图及其基于 Otsu 算法的自动阈值分割结果

**2. 彩色图像阈值分割法**

　　阈值分割法一般针对灰度图像，通过设定一个阈值可以在分割后达到二值化的效果。一般需要将彩色图像转成灰度图后进行分割。若对各个颜色分量分别进行阈值化，得到的效果不很理想。读者可以尝试运行下面的程序，比较分割结果。

```
a＝imread('a.jpg');    ％读取色彩图像
[m, n, d]＝size(a);    ％图像维数
threshold＝90;    ％设置阈值
for i＝1:m
  for j＝1:n
    for k＝1:3
      if a(i, j, k)＞90
        a(i, j, k)＝255;
      else
        a(i, j, k)＝0;
end, end, end, end
a_origin＝a; a(:, :, 2)＝0; a(:, :, 3)＝0;
subplot(121), imshow(a);
subplot(122), imshow(a_origin);
```

图 6.5 为彩色原图及其阈值分割结果。

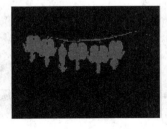

图 6.5　原图及其阈值分割结果

**3. 全局阈值迭代分割法实现过程**

　　全局阈值是在图像分割过程中，对整幅图像仅设置一个或几个分割阈值，该阈值仅与各个图像像素的本身性质有关。该方法适用于背景和前景有明显对比的图像。当图像背景比较单一，图像灰度直方图明显呈双峰分布时，利用全局单阈值 $T$ 进行图像分割能够得到

比较满意的结果。满足 $f(x, y) \geqslant T$ 的点 $(x, y)$ 称为目标像素点,其他的点称为背景点。阈值处理后的图像 $g(x, y)$ 定义为

$$g(x, y) = \begin{cases} 1, & f(x, y) \geqslant T \\ 0, & f(x, y) < T \end{cases} \tag{6.3}$$

图 6.6 为全局阈值图像分割法的框图。

一般采用迭代法求取全局阈值分割法中的阈值,其步骤归纳如下:

(1) 给定 $T$ 一个初始估计值(一般初始估计值为图像中最大灰度值和最小灰度值的平均值)。

(2) 根据阈值 $T$ 分割原始图像,产生两组像素(即目标和背景):灰度值的所有像素组成目标 $C_0$,灰度值小于 $T$ 的所有像素组成背景 $C_1$。

(3) 分别计算 $C_0$ 和 $C_1$ 范围内的像素平均灰度值 $\mu_0$,$\mu_1$,得到一个新阈值 $T = (\mu_0 + \mu_1)/2$。

(4) 重复步骤(2)到(3),直到连续迭代中 $T$ 的差小于预先指定值为止,得到最佳阈值 $T$。

(5) 由 $T$ 对图像进行分割。

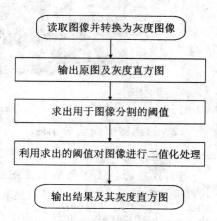

图 6.6　全局阈值图像分割法的框图

下面给出传统的全局阈值分割法的程序代码:

```
%迭代法图像分割代码
clear all; I=imread('rice. png');
Zmax=max(max(I));    %取出最大灰度值
Zmin=min(min(I));    %取出最小灰度值
TK=(Zmax+Zmin)/2;
bcal=1;
Isize=size(I);    %读出图像大小
while(bcal)
iForeground=0; iBackground=0;    %定义目标和背景数
ForegroundSum=0; BackgroundSum=0;    %定义目标和背景灰度总和
for i=1:Isize(1)    %循环部分求解
for j=1:Isize(2)
tmp=I(i, j);
if(tmp>=TK)
iForeground=iForeground+1;
ForegroundSum=ForegroundSum+double(tmp);    %目标灰度值
else
iBackground=iBackground+1;
BackgroundSum=BackgroundSum+double(tmp);
end, end, end
Zo=ForegroundSum/iForeground;    %计算目标的平均值
Zb=BackgroundSum/iBackground;    %计算背景的平均值
Tktmp=uint8(Zo+Zb)/2;
```

```
if(Tktmp==TK)
bcal=0;
else
TK=Tktmp;
end %当阈值不再变化的时候，说明迭代结束
end
disp(strcat('迭代后阈值：', num2str(double (TK))));    %复制、显示
newI=im2bw(I, double(TK)/255);    %使用阈值变换法把灰度图像转换成二值图像
subplot(1, 2, 1); imshow(I); xlabel('(a)原始图像');
subplot(1, 2, 2); imshow(newI); xlabel('(b)迭代法分割效果图')
```

图 6.7 为原始图像及其基于全局阈值分割法的分割结果。

(a) 原始图像 1   (B) 迭代法分割效果图 1

(a) 原始图像 2   (B) 迭代法分割效果图 2

图 6.7 原始图像及其基于全局阈值分割法的分割结果

全局阈值分割法只考虑像素本身的灰度值，一般不考虑空间特征，因而对噪声很敏感。全局阈值分割法有多种，常用的有利用图像灰度直方图的峰谷法、最小误差法、最大类间方差法（Otsu）、均值聚类法、最大熵自动阈值法以及其他一些方法。下面介绍三类常用的全局阈值分割法。

1) 基于直方图的分割方法

该类方法直接利用图像的灰度特征，因此计算方便简明、实用性强。该方法包含阈值设定和聚类等。阈值设定是阈值分割方法中的关键，但设定阈值时经常受到噪声和光照度的影响。最优阈值分割是将图像的直方图用两个或多个正态分布的概率密度函数来近似，阈值取为最小概率处的灰度值，这样被错误分割的像素数目最小。这种方法不需要人为地选定阈值，而是直接利用被处理的图像确定阈值。聚类指对灰度图像和彩色图像中相似灰度或色度合并，通过聚类将图像表示为不同区域即所谓的聚类分割方法。此方法的实质是

将图像分割问题转化为模式识别的聚类分析，如 K-均值、参数密度估计、非参数密度估计等方法都能用于图像分割。基于像素空间聚类分割是聚类的一种，其主要思想在于在某些特定的尺度上观察图像，以使图像的信息得到更好的表达。

若图像直方图上具有若干个较明显的波峰，可以通过分析波峰间的相互关系来确定阈值。而理想的阈值一般位于峰间的谷底处，尝试对直方图进行轮廓跟踪，然后对所得的轮廓线作极值点分析，满足一定条件的极值点即可认为是"谷底"。在大多数情况下，直方图的轮廓不很平滑，总存在一些"锯齿"，甚至出现"狭缝"现象，此时若采用纯数学的方法对直方图进行曲线拟合，则计算量很大，且效果也不理想。为了得到理想的轮廓线，可在进行轮廓跟踪前对直方图作一些平滑处理。中值滤波对滤除脉冲干扰特别有效，有利于消除直方图中的狭缝。因此，采用中值滤波对直方图进行预处理。对图像数据矩阵进行中值滤波的，选择的滤波窗口应该是二维的。二维窗口可以有不同的形状，如线状、方形、圆形、十字形、圆环形等。对二值图像做滤波，最后所得的图像是二值图像。若采用 3×3 的模板做中值滤波，则当 9 个点中有 4 个以上的点的值是 255 时，则模板中心点的值也为 255；否则取 0。经过中值滤波后，在有些直方图中可能会产生一些零星的小块。此时可对处理后的直方图的各个块进行标记，忽略小块，对其中最大的一块进行轮廓跟踪。

2）基于边缘检测的图像分割

图像的灰度或结构等信息的突变处称为图像的边界，由此可以把图像看成由多个区域组成。边界既是一个区域的结束，也是另一个区域的开始。这种不连续性称为边缘。不同的图像灰度不同，边界处一般有明显的边缘，利用此特征可以分割图像。图像中边缘处像素的灰度值不连续，这种不连续性可通过求导数来检测到。以一幅人物照片来举例，相邻像素在像素值方面有两个性质：不连续性和相似性（区域内的像素都具有相似性，如人的额头和面颊的像素；而区域边界一般具有某种不连续性，如耳朵的边缘和紧连着耳朵的背景上的像素）。利用此特征可以分割图像。图像分割的一种重要途径是通过边缘检测，即检测灰度级或结构具有突变处。边缘检测方法在数字图像处理中非常重要，因为边缘是图像中所要提取的目标和背景的分界线，只有提取出边缘才能将背景和目标区分开来。

图像中边缘处像素的灰度值不连续，这种不连续性可通过求导数来检测到。对于阶跃状边缘，其位置对应一阶导数的极值点，对应二阶导数的过零点（零交叉点）。因此常用微分算子进行边缘检测。常用的一阶微分算子有 Roberts 算子、Prewitt 算子和 Sobel 算子，二阶微分算子有 Laplace 算子、Kirsh 算子、LOG 算子和 Canny 算子等。其中，Sobel 算子是边缘检测的一组方向算子，从不同的方向检测边缘。该算子加强了中心像素上下左右四个方向像素的权重，使得检出边缘细微，结果图像中不仅边缘的亮度较大，视觉效果明显，而且对孤立噪声有一定的抑制作用。在实际中各种微分算子常用小区域模板来表示，微分运算是利用模板和图像卷积来实现。这些算子对噪声敏感，只适合于噪声较小、不太复杂的图像。由于边缘和噪声都是灰度不连续点，在频域均为高频分量，直接采用微分运算难以克服噪声的影响。因此，利用微分算子检测边缘前要对图像进行平滑滤波。LOG 算子和 Canny 算子是具有平滑功能的二阶和一阶微分算子，边缘检测效果较好。LOG 算子是采用 Laplace 算子求高斯函数的二阶导数，Canny 算子是求高斯函数的一阶导数，它在噪声抑制和边缘检测之间取得了较好的平衡。

Hough 变换方法是利用图像全局特性而直接检测目标轮廓，即可将边缘像素连接起来组成区域封闭边界的一种常见方法。在预先知道区域形状的条件下，利用 Hough 变换可以方便地得到边界曲线而将不连续的边缘像素点连接起来。Hough 变换的基本思想是点、线的对偶性。图像变换前在图像空间，变换后在参数空间。通过图像空间和参数空间的转化关系可知，图像空间中，共线的点对应参数空间里相交的线。反过来，在参数空间中相交于同一个点的所有直线在图像空间里都有共线的点对应。这就是点线的对偶性。根据此性质，当给定图像空间中的直线检测问题转换到参数空间里对点的检测问题，通过在参数空间里进行简单的累加统计就能完成检测任务。Snake 模型（动态轮廓模型）从另一个角度探讨边缘检测问题。首先，给出一条封闭曲线作为初始的边缘轮廓。然后，一方面使用像梯度场这样的图形信息作为外力，让曲线尽量靠近真实边缘；另一方面使用曲线长度、平滑程度等作为内力，约束曲线的形变。在这两种力量的共同作用下，最终得到精确的、连续的物体边缘。这种方法省去了对边缘的繁琐的后处理，但是这却是以提供初始轮廓为代价的。实际上，由于图形信息所提供的外力场是很微弱的，所以初始轮廓应当比较接近真实边缘；否则算法可能无法收敛到真实边缘。

3）基于聚类分析的图像分割方法

特征空间聚类法进行图像分割是将图像空间中的像素用对应的特征空间点表示，根据它们在特征空间的聚集对特征空间进行分割，然后将它们映射回原图像空间，得到分割结果。其中，K-均值、模糊 C 均值聚类（FCM）算法是最常用的聚类算法。K-均值算法先选 K 个初始类均值，然后将每个像素归入均值离它最近的类并计算新的类均值。迭代执行前面的步骤直到新旧类均值之差小于某一阈值。模糊 C 均值算法是在模糊数学基础上对 K-均值算法的推广，是通过最优化一个模糊目标函数实现聚类，它不像 K-均值聚类那样认为每个点只能属于某一类，而是赋予每个点一个对各类的隶属度，用隶属度更好地描述边缘像素亦此亦彼的特点，适合处理事物内在的不确定性。利用模糊 C 均值（FCM）非监督模糊聚类标定的特点进行图像分割，可以减少人为的干预，且较适合图像中存在不确定性和模糊性的特点。

下面给出基于 K-均值聚类图像分割的 MATLAB 源程序：

```
[RGB, map]= imread ('7.jpg');    %读入
imshow(RGB); title('原图像')
img=rgb2gray(RGB); [m, n]=size(img);
figure, subplot(2, 2, 1), imshow(img); title('原图像的灰度图像')
subplot(2, 2, 2), imhist(img); title('聚类前的灰度图像直方图')
img=double(img);
for i=1:m * n
c1(1)=25; c2(1)=125; c3(1)=200;    %选择三个初始聚类中心
r=abs(img-c1(i));        g=abs(img-c2(i));
b=abs(img-c3(i));    %计算各像素灰度与聚类中心的距离
r_g=r-g; g_b=g-b; r_b=r-b;
n_r=find(r_g<=0&r_b<=0);    %根据 K 的大小改变此处条件，寻找最小的聚类中心
n_g=find(r_g>0&g_b<=0);    %寻找中间的一个聚类中心
n_b=find(g_b>0&r_b>0);    %寻找最大的聚类中心
i=i+1;    %更新聚类中心
```

```
c1(i)=sum(img(n_r))/length(n_r);     %将所有低灰度求和取平均，作为下一个低灰度中心
c2(i)=sum(img(n_g))/length(n_g);     %将所有低灰度求和取平均，作为下一个中间灰度中心
c3(i)=sum(img(n_b))/length(n_b);     %将所有低灰度求和取平均，作为下一个高灰度中心
d1(i)=abs(c1(i)-c1(i-1));     %聚类中心收敛准则
d2(i)=abs(c2(i)-c2(i-1));
d3(i)=abs(c3(i)-c3(i-1));
if (d1(i)==0&&d2(i)==0&&d3(i)==0)
R=c1(i);     %最终的聚类中心
G=c2(i); B=c3(i); k=i;
break; end, end
R, G, B    %图像三个分量的阈值
for i=1:m*n %判断类别
r=abs(img-R); g=abs(img-G); b=abs(img-B);     %计算各像素灰度与聚类中心的距离
r_g=r-g;          g_b=g-b;          r_b=r-b;
n_r=find(r_g<=0&r_b<=0);
n_g=find(r_g>0&g_b<=0);
n_b=find(g_b>0&r_b>0);
img=uint8(img);
img(find(r_g<=0&r_b<=0))=uint8(R);
img(find(r_g>0&g_b<=0))=uint8(G);
img(find(g_b>0&r_b>0))=uint8(B);
end
subplot(2,2,3), imshow(img); title('聚类后的图像')
subplot(2,2,4), imhist(img); title('聚类后的灰度图像直方图')
```

图 6.8 为基于 K-均值聚类图像分割。其中，R=91.7037、G=118.1411、B=221.5760。

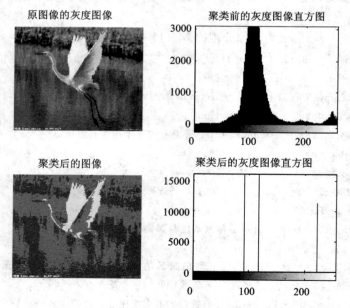

图 6.8　基于 K-均值聚类图像分割

4）基于区域生长法的图像分割

该方法是一种基于邻域的图像分割方法，其基本原理是将具有相似性质的像素集合起来构成区。具体地讲，是先对每个需要分割的区域找一个种子像素作为生长的起点。然后，按照某一准则将种子像素周围邻域中与种子像素有相同或相似性质的像素合并到种子像素所在的区域中。将这些新像素当作新的种子像素继续进行上面的过程，直到再没有满足条件的像素被包括进来为止。一般情况下可以选取图像中亮度最大的像素作为种子，或借助生长所用准则对每个像素进行相应的计算，若计算结果呈现聚类的情况则接近聚类重心的像素可以作为种子像素。像素合并有两种方式：

（1）像素点合并。先给定图像中要分割的目标物体内的一个小块或称为种子区域，再在种子区域基础上不断将其周围的像素点以一定的准则加入其中，达到最终将代表该物体的所有像素点结合成一个区域的目的。

（2）区域合并。先将图像分割成很多一致性较强的小区域，如区域内像素灰度值相同的小区域，再按一定的准则将小区域融合成大区域，达到分割图像的目的。

典型的区域生长法如 T. C. Pong 等人提出的基于小面模型的区域生长法。区域生长法固有的缺点是往往会造成过度分割，即将图像分割成过多的区域。

一般区域生长法主要包括下面三个步骤：

（1）选择或确定一组能正确代表所需区域的种子像素（选取种子）。

（2）确定在生长过程中能将相邻像素包括进来的准则（确定阈值）。

（3）确定让生长过程停止的条件或规则（停止条件）。

区域生长的好坏决定于：初始点（种子点）的选取、生长准则和终止条件。区域生长的关键是选择合适的生长或相似准则。生长准则的选取不仅依赖于具体问题本身，也与所用图像数据种类有关，如彩色图和灰度图。一般的生长过程在进行到再没有满足生长条件的像素时停止，为增加区域生长的能力需要考虑一些与尺寸、形状等因素和目标的全局性质有关的准则。大部分区域生长法根据不同原理，利用图像的局部性质制定生长准则。

常用的生长准则有两种：基于区域内灰度分布统计和基于区域灰度差。

第一种基于区域内灰度分布统计准则是以灰度分布相似性作为生长准则来决定区域的合并，具体步骤为：

（1）把图像分成互不重叠的小区域。

（2）比较邻接区域的累积灰度直方图，根据灰度分布的相似性进行区域合并。

（3）设定终止准则，通过反复进行步骤（2）中的操作将各个区域依次合并直到满足终止准则，生长过程结束。

设两个相邻区域的积累灰度直方图分别为 $h_1(z)$ 和 $h_2(z)$，常用的两种检测方法为：

（1）Kolmogorov-Smirnov 检测：$\max_z |h_1(z) - h_2(z)|$。

（2）Smoothed-Difference 检测：$\sum_z |h_1(z) - h_2(z)|$。

若检测结果小于给定阈值 T，则将两个区域合并。使用此方法，小区域的尺寸对结果可能有较大影响，尺寸太小时检测可靠性降低，尺寸太大时得到的区域形状不理想，小的目标会被漏掉，用 Smoothed-Difference 方法检测直方图相似性时效果比 Kolmogorov-Smirnov 要好，因为它考虑了所有的灰度值。

　　第二种基于区域灰度差的生长准则可以分为常用的两种：

　　(1) 把图像分割成灰度固定的区域，把两区域共同边界两侧灰度差小于给定值的那部分长度设为 $L$，$T_1$ 为预定阈值，若 $L > T_1$，两区域合并。该方法合并的是两个邻接区域的共同边界中对比度较低部分占整个区域边界份额较大的区域。

　　(2) 把图像分割成灰度固定的区域，两区域共同边界线两侧灰度差小于给定值的那部分长度为 $L$，$T_2$ 为预定阈值，当 $L > T_2$ 时，则两区域合并。该方法合并的是两个邻接区域的共同边界中对比度较低部分比较多的区域。

　　基于区域灰度差的生长准则的图像分割的实现步骤如下：

　　(1) 对图像进行逐行扫描，找出尚无归属的像素。

　　(2) 以该像素为中心，检查它相邻的像素，即将邻域中的像素逐个与它比较，若灰度差小于事先确定的阈值，则将它们合并。

　　(3) 以新合并的像素为中心，再进行步骤(2)检测，直到区域不能进一步扩展。

　　(4) 返回步骤(1)，继续扫描直到不能发现没有归属的像素，整个生长过程结束。

　　上述方法需要对图像进行扫描，这对区域生长起点的选择有比较大的依赖性，为克服这个问题，对其进行改进如下：

　　(1) 设灰度差的阈值为零，用上述方法进行区域扩张，合并灰度相同的像素。

　　(2) 求出所有邻接区域之间的平均灰度差，合并具有最小灰度差的邻接区域。

　　(3) 设定终止准则，通过反复进行步骤(2)中的操作将区域依次合并，直到终止准则满足为止，生长过程结束。

　　区域生长图像分割法的程序代码如下：

```
I＝imread('15.bmp');    %读取图像
figure,imshow(I),title('原始图像')    %显示图像
I＝double(I);    %图像的数据类型转换
[M,N]＝size(I);
[y,x]＝getpts;    %获得区域生长起始点
x1＝round(x);    %横坐标取整
y1＝round(y);    %纵坐标取整
seed＝I(x1,y1);    %将生长起始点灰度值存入 seed 中
Y＝zeros(M,N);    %作一个全零与原图像等大的图像矩阵 Y，作为输出图像矩阵
Y(x1,y1)＝1;    %将 Y 中与所取点相对应位置的点设置为白场
sum＝seed;    %储存符合区域生长条件的点的灰度值的和
suit＝1;    %储存符合区域生长条件的点的个数
count＝1;    %记录每次判断一点周围八点符合条件的新点的数目
threshold＝30;    %阈值为 30
while count>0
s＝0;    %记录判断一点周围 8 点时，符合条件的新点的灰度值之和
count＝0;
for i＝1:M
  for j＝1:N
    if Y(i,j)＝＝1
if (i-1)>0 && (i+1)<(M+1) && (j-1)>0 && (j+1)<(N+1)    %判断此点是否为
```

图像边界上点

```
for u=-1:1    %判断周围 8 点是否符合阈值条件
for v=-1:1    %u，v 为偏移量
if Y(i+u，j+v)==0 && abs(I(i+u，j+v)-seed)<= threshold&&/(1+1/15*abs(I(i+u，
j+v)-seed))>0.8    %判断是否未存在于输出矩阵 Y，且为符合阈值条件的点
Y(i+u，j+v)=1;    %符合以上两条件即将其在 Y 中与之位置对应的点设置为白场
count=count+1;
s=s+I(i+u，j+v);    %此点的灰度值加入 s 中
end，end，end，end，end，end，end
suit=suit+count;    %将 n 加入符合点数计数器中
sum=sum+s;    %将 s 加入符合点的灰度值总和
seed=sum/suit;    %计算新的灰度平均值
end
figure，imshow(Y)，title('分割后图');
```

图 6.9 为原始图像及其基于区域生长法的分割结果。

原始图像　　　　　　　　分割后图像

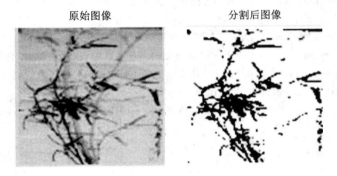

图 6.9　原始图像及其基于区域生长法的分割结果

区域生长法是一种比较普遍的方法，在没有先验知识可以利用时能够取得最佳的性能，可以用来分割比较复杂的图像，如自然景物。但区域生长法是一种迭代方法，所以空间和时间开销都比较大。一般需要与其他方法(如 GA)相结合使用。

# 6.2　最大熵阈值图像分割

将 Shannon 熵概念应用于图像分割时，分析图像灰度直方图的熵，通过使图像中目标与背景分布的信息量最大，找到最佳阈值，进行图像分割。

## 6.2.1　一维最大熵阈值分割

对于灰度范围为 $\{0，1，\cdots，L-1\}$ 的图像，假设图中灰度级低于 $t$ 的像素点构成目标区域，灰度级高于 $t$ 的像素点构成背景区域，那么各个灰度级在本区的分布概率分别为

$$\frac{p_i}{p_t}，i=1，2，\cdots，t；\frac{p_i}{1-p_i}，i=t+1，t+2，\cdots，L-1，其中，p_t=\sum_{i=0}^{t}p_i。$$

目标和背景区域的熵分别为

$$H_O(t) = -\sum_i \left(\frac{p_i}{p_t}\right) \lg\left(\frac{p_i}{p_t}\right), \ i = 0, 1, \cdots, t \tag{6.4}$$

$$H_B(t) = -\sum_i \frac{p_i}{1-p_t} \lg \frac{p_i}{1-p_t}, \ i = t+1, t+2, \cdots, L-1 \tag{6.5}$$

则熵函数定义为

$$H(t) = H_O(t) + H_B(t) = \ln p_t(1-p_t) + \frac{H_t}{p_t} + \frac{H_r - H_t}{1-p_t} \tag{6.6}$$

式中, $H_r = \sum_{i=0}^{L-1} p_i \ln p_i$, $H_t = \sum_{i=0}^{t} p_i \ln p_i$。

当熵函数取得最大值时对应的灰度值 $T$ 就是所求的最佳阈值, 即

$$T = \mathrm{Arg} \max_{0 \leqslant t \leqslant L-1} H(t) \tag{6.7}$$

下面给出基于一维最大熵法的图像分割法的程序代码。

```
%一维最大熵法
E=imread('eight.tif');    %读取灰度图像
%  E=rgb2gray(E);    %若为彩色图像就灰度化
Hist=imhist(E); [m, n]=size(E);
p=Hist(find(Hist>0))/(m*n);    %求每一不为零的灰度值的概率
Pt=cumsum(p);    %计算出选择不同t值时, A区域的概率
Ht=-cumsum(p.*log(p));    %计算出选择不同t值时, A区域的熵
HL=-sum(p.*log(p));    %计算出全图的熵
Yt=log(Pt.*(1-Pt)+eps)+Ht./(Pt+eps)+(HL-Ht)./(1-Pt+eps);    %计算出选择
                                                            不同 t 值
                                                            时, 判别函
                                                            数的值

[a, th]=max(Yt);    %th 即为最佳阈值
segImg=(E>th);
figure, imshow(segImg)
```

图 6.10 为源图像及其基于一维最大熵法的图像分割结果, 阈值为 136。

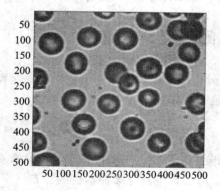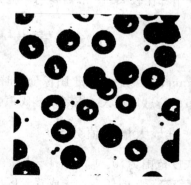

图 6.10　源图像及其分割结果(阈值为 136)

　　一维最大熵基于图像的原始直方图, 只利用了点灰度信息而未充分利用图像的空间信息, 所以当信噪比降低时, 分割效果并不理想。

## 6.2.2  二维最大熵阈值分割

由于一维像素灰度值仅反映每个图像像素的自身灰度分布，没有反映出像素与邻域的空间相关信息，而在实际应用中，光照、噪声等干扰因素使得灰度直方图不一定存在明显的波峰和波谷，此时若仅根据一维灰度特征来进行图像分割，往往会产生严重的分割错误。为此，一些学者提出了基于图像像素灰度和像素点邻域平均灰度的二值最大熵阈值法，该方法利用图像中各像素的灰度值分布及其邻域的平均灰度值分布所构成的二维直方图进行阈值分割。与一维最大熵阈值分割方法相比，该方法不仅考虑了各像素本身灰度值，且利用了各像素邻域内像素灰度值相互关系等性质，通常情况下能得到很好的分割效果。具体步骤如下：

首先，以原始灰度图像中各像素及其邻域的 4 个像素为一个区域，计算区域灰度均值图像，则原始图像中的每一个像素都对应于一个点灰度-区域灰度均值对，该数据对存在 $L \times L$ 种可能的取值。设 $n_{i,j}$ 为图像中点灰度为 $i$ 及其区域灰度均值为 $j$ 的像素点数，$p_{i,j}$ 为点灰度 2 区域灰度均值对 $(i,j)$ 发生的概率，则 $p_{i,j} = \dfrac{n_{i,j}}{N \times N}$，$N \times N$ 为图像的大小。那么，$\{p_{i,j} \mid i,j = 0, 1, \cdots, L-1\}$ 就是该图像关于点灰度-区域灰度均值的二维直方图。图 6.11 为二维直方图的 $xoy$ 平面图，沿对角线分布的 $A$ 区和 $B$ 区分别代表目标和背景，远离对角线的 $C_0$ 区和 $C_1$ 区代表边界和噪声，所以应该在 $A$ 区和 $B$ 区上用点灰度-区域灰度均值二维最大熵法确定最佳阈值，使真正代表目标和背景的信息量最大。

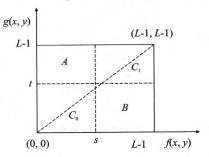

图 6.11　二维灰度直方图的投影图

设 $A$ 区和 $B$ 区各自具有不同的概率分布，用 $A$ 区和 $B$ 区的后验概率对各区域的概率 $p_{i,j}$ 进行归一化处理。若阈值设在 $(s,t)$，则

$$p_A = \sum_i \sum_j p_{i,j}, \quad i = 0, 1, \cdots, s, \ j = 0, 1, \cdots, t$$

$$p_B = \sum_i \sum_j p_{i,j}, \quad i = s+1, s+2, \cdots, L-1, \ j = t+1, t+2, \cdots, L-1$$

$A$ 区和 $B$ 区的二维熵分别为

$$H(A) = -\sum_i \sum_j \frac{p_{i,j}}{p_A} \lg \frac{p_{i,j}}{p_A} = \lg p_A + \frac{H_A}{p_A}$$

$$H(B) = -\sum_i \sum_j \frac{p_{i,j}}{p_B} \lg \frac{p_{i,j}}{p_B} = \lg p_B + \frac{H_B}{p_B} = \lg(1 - p_A) + \frac{H_L - H_A}{1 - p_A}$$

式中，$H_A = -\sum_i \sum_j p_{i,j} \lg p_{i,j}$，$i = 0, 1, \cdots, s$，$j = 0, 1, \cdots, t$；

$H_L = -\sum_i \sum_j p_{i,j} \lg p_{i,j}$，$i = 0, 1, \cdots, L-1$，$j = 0, 1, \cdots, L-1$。

熵的判别函数定义为

$$\varphi(s,t) = H(A) + H(B) = \lg[p_A(1 - p_A)] + \frac{H_A}{p_A} + \frac{H_L - H_A}{1 - p_A} \tag{6.8}$$

求优化问题 $\varphi(s,t) = \max\{\varphi(s,t)\}$ 对应的解，就是最佳阈值向量 $(s,t)$。

下面给出基于二维最大熵法的图像分割法的程序代码：

```matlab
%初始部分，读取图像及计算相关信息
clear; close all; clc;
%format long；数据格式转换
I=imread('cell.jpg');
I=rgb2gray(I);
%windowsize=3;
I_temp=I;
for i=2:255
    for j=2:255
I_temp(i, j)=round(mean2(I(i−1:i+1, j−1:j+1)));
end, end
I_average=I_temp;
I_p=I; I_average_p=I_average;
hist_2d(1:256, 1:256)=zeros(256, 256);
for i=1:256
    for j=1:256
hist_2d(I_p(i, j), I_average_p(i, j))=hist_2d(I_p(i, j), I_average_p(i, j))+1;
end, end
total=256 * 256; hist_2d_1=hist_2d/total;
function
y=ksw_2d(s, t, mingrayvalue, maxgrayvalue, hist_2d_1, Hst)    %计算二维最佳直方图熵
                                                                  KSW 法

    W0=0;
    for i=0:s
        for j=0:t
    W0=W0+hist_2d_1(i+1, j+1);
end, end
H0=0;
for i=0:s
    for j=0:t
    if hist_2d_1(i+1, j+1)==0
        temp=0;
    else
temp=hist_2d_1(i+1, j+1) * log(1/hist_2d_1(i+1, j+1));
    end
    H0=H0+temp;
end, end
if W0==0 | W0==1   %或(Pt==0, Pt==1)
    temp1=0;
else
temp1=log(W0 * (1−W0))+H0/W0+(Hst−H0)/(1−W0);
    end
if temp1<0
    H=0;
else
```

```
    H=temp1;
  end
  y=H；　%显示阈值
```

图 6.12 为原图像及其基于二维最大熵法的图像分割结果。

原图　　　　　　　　　二维最佳直方图熵法及穷举法阈值分割后的图像

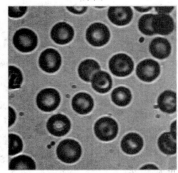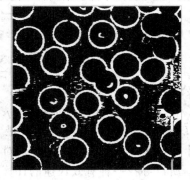

图 6.12　原图像及其基于二维 KSW 的分割结果(阈值为 120)

# 6.3　类间最大方差法(Otsu 法)

在很多情况下,物体和背景的对比度在图像各处不一样,很难用一个统一的阈值将物体与背景分开。需要根据图像的局部特征分别采用不同的阈值进行分割,按照具体问题将图像分成若干子区域分别选择阈值,或动态地根据一定的邻域范围选择每点处的阈值,进行图像分割,这时的阈值为自适应阈值。自适应阈值分割法适应于由于照明不均匀、有突发噪声或背景灰度变化比较大时,整幅图像分割没有合适的单一阈值的情况,此时对图像每一块分别选一个阈值进行分割,这种方法称为自适应阈值分割法。这类算法的时间复杂度和空间复杂度比较大,但其抗噪声能力比较强,对采用全局单一阈值不易分割的图像有较好的效果。

## 6.3.1　一维 Otsu 法

类间最大方差法(英文简称 Otsu)是一种自适应单阈值的分割方法。其基本思想是以某一灰度值为阈值将图像中的像素分成两类:目标和背景,计算它们的方差,它们之间的方差越大,说明构成图像的两部分的差别越大。当分割的两个子图像的类间方差最大时,求得最佳分割阈值,由此阈值对图像进行分割。

设要待分图像的像素为 $N$,灰度级为 $L$ 个 $(0, 1, 2, \cdots, L-1)$,灰度值 $i$ 的像素值为 $n_i$,则 $N = \sum_{i=0}^{L-1} n_i$,各灰度值的概率 $p_i = n_i/N$,设阈值 $t$ 将图像分成两类 $C_0$ 和 $C_1$(目标和背景),则 $C_0$ 和 $C_1$ 类的灰度值分别是 $(0, 1, \cdots, t)$ 和 $(t+1, t+2, \cdots, L-1)$。$C_0$ 和 $C_1$ 类产生的概率分别为

$$\omega_0 = \frac{\sum_{i=0}^{i} n_i}{N} = \sum_{i=0}^{i} p_i, \ \omega_1 = \frac{\sum_{i=t+1}^{L-1} n_i}{N} = \sum_{i=t+1}^{L-1} p_i = 1 - \omega_0 \tag{6.9}$$

$C_0$ 类和 $C_1$ 类平均灰度值分别为

$$\mu_0 = \frac{\sum_{i=0}^{t} p_i \times i}{\omega_0}, \quad \mu_1 = \frac{\sum_{i=t+1}^{L-1} p_i \times i}{\omega_1} \tag{6.10}$$

整体灰度平均值为

$$\mu = \sum_{i=0}^{L-1} p_i \times i \tag{6.11}$$

式中，阈值为 $t$ 时灰度的平均值为

$$\mu(t) = \sum_{i=0}^{t} p_i \times i \tag{6.12}$$

两类方差公式为

$$d(t) = \omega_0 (\mu_0 - \mu)^2 + \omega_1 (\mu_1 - \mu)^2 \tag{6.13}$$

变化 0 到 $L-1$ 之间的 $t$ 值，使得 $d(t)$ 最大时的 $t$ 的取值记为 $T$，则 $T$ 为最佳分割阈值。因此，要计算出 $d(T) = \max d(t)$，必须对 0 到 $L-1$ 之间所有的灰度值进行方差计算，计算量非常大。所以寻找一种有效快速的计算方法非常重要。

单阈值 Otsu 法可以推广到多阈值 Otsu 法。其具体过程描述如下：

对于任意一个图像 $P(x, y)$，$(x, y)$ 为图像中任一像素点。假设图像中存在 $m$ 个待分割的类，则需要用 $m-1$ 个阈值 $t_1, t_2, \cdots, t_{m-1}$ 将图像的直方图（范围记为 $[0, M]$）划分为 $m$ 类，分别表示为 $c_0 = \{0, 1, \cdots, t_1\}, \cdots, c_1 = \{t_1+1, t_1+2, \cdots, t_{21}\}, \cdots, C_m = \{t_{m-1}+1, t_{m-1}+2, \cdots, M\}$，所有类的类间方差定义为

$$\sigma = \omega_0 (\mu_0 - \mu_r)^2 + \omega_1 (\mu_1 - \mu_r)^2 + \cdots + \omega_{m-1} (\mu_{m-1} - \mu_r)^2 \tag{6.14}$$

式中，$\sigma$ 为所有类的类间方差，$\omega_i$ 和 $\mu_i$ 分别为第 $i$ 类的比例和均值，$\mu_r$ 是所有类的总均值，

$$\omega_0 = \sum_{i=0}^{t_1} p_i, \quad \omega_1 = \sum_{i=t_1+1}^{t_2} p_i, \quad \cdots, \quad \omega_{m-1} = \sum_{i=t_{m-1}+1}^{M-1} p_i,$$

$$\mu_0 = \frac{\sum_{i=0}^{k_1} i p_i}{\omega_0}, \quad \mu_1 = \frac{\sum_{i=t_1+1}^{t_2} i p_i}{\omega_1}, \quad \cdots, \quad \mu_{m-1} = = \frac{\sum_{i=t_{m-1}+1}^{M-1} i p_i}{\omega_{m-1}}, \quad \mu_r = \sum_{i=0}^{M-1} \omega_i \mu_i$$

使得 $\sigma$ 取得最大值的一组阈值就是所要求的最优阈值。

$$T = \arg \max_{0 \leqslant i \leqslant m-1} (\sigma^2) \tag{6.15}$$

作为判断条件的分离因素 $F$ 定义为

$$F = \frac{\sigma}{v} \tag{6.16}$$

式中，$v = \sum_{i=0}^{M-1} (i - \mu_r)^2$，$p_i$ 为图像的总方差。

单阈值 Otus 的实现过程：首先利用 Otsu 法将图像分为两类后，计算分割出的两类的类间方差，若类间方差值小于某一给定值，合并刚分割的两类；然后计算此时所有类的类间方差值和分离因素 $F$ 的值，若 $F$ 值大于某个给定值，退出该算法；否则，按顺序在已存在的类中继续对图像分割。

下面给出基于 Otus 的图像分割程序代码：

```
time=now;    %取当前时间
I=imread('cell.jpg');    %读取图像
```

```
figure，imshow(I)，title('原始图像')；　　%显示原始图像
if isrgb(I)　　%判断模板图像是否彩色图，若是，转化为灰度图
  I＝rgb2gray(I)；　　%转化为灰度图
end
figure，imshow(L)；title('灰度图像')；
figure，imhist(L)，title('直方图')；　　%观察灰度直方图
%下面为分割算法过程
[N，M]＝size(L)；　　%用 N，M 分别存储图像数组的行数和列数
length＝N＊M；　　%取得图像数组的像素点个数
L＝256；　　%设定图像的灰度为 256
count＝0；　　%用来记录出现灰度值相同的个数
for k＝0:L－1
    for i＝1:N
        for j＝1:M
            if I(i，j)＝＝k
                count＝count＋1；　　%个数加 1
end，end，end　　%求出每个像素出现的次数
P(k＋1)＝count/length；　　%记录像素值为 k 出现的概率
count＝0；　　%再次赋予 0 进入下一个像素的个数记录
end
for i＝1:L
    if P(i)∼＝0
  first＝i；　　%找出第一个概率不连续为 0 的像素
break，end，end
for i＝L:－1:1
if (P(i)∼＝0)
last＝i；　　%找出最后一个出现概率不连续为 0 的像素
break
end，end
entropy1＝0；　　%记录灰度图像的熵值
for i＝first:last
    if (P(i)∼＝0)
entropy1＝entropy1＋P(i)＊log2(1/P(i))；　　%求取熵值
end，end
ep＝0；　　%用来记录每个灰度级的概率
averF＝0；　　%记录目标均值的叠加值
averB＝0；　　%记录背景值的叠加值
for t＝0:L
y＝t＋1；　　%好做标记
if (y＞first)&&(y＜last)　　%防止 w0(y)和 w1(y)取 0 的情况出现
for k＝1:y
ep＝ep＋P(k)；　　%存储选取阈值为 t 时目标点的概率
end
w0(y)＝ep；w1(y)＝1－w0(y)；　　%总概率为 1
for i＝1:t
```

```
          ep＝averF＋(i) * P(i)/w0(y);    %求出目标均值
          end
          u0(y)＝averF;    %赋予目标均值
          for i＝t:L
          averB＝averB＋(i) * P(i)/w1(y);    %求出背景均值
          end
          u1(y)＝averB;
          u＝w0(y) * u0(y)＋w1(y) * u1(y);    %总均值
          arg(y)＝w0(y) * (u0(y)−u) * (u0(y)−u)＋w1(y) * (u1(y)−u) * (u1(y)−u);   %算出每
                                                                          个 t 对应
                                                                          的方差值

          end
          ep＝0; averF＝0; averB＝0;
          end
          high＝arg(1);
          for i＝2:last−first−3
            if high＜arg(i)
              high＝arg(i);    %把大值赋予 max(x)
              x＝i;    %记录大值的下标
          end, end
          t＝x−1;    %记录 t 是从下标 1 开始的,此时的 t 就是所求的阈值
          I0＝0; I1＝0;
          for i＝1:N
          for j＝1:M
          if (I(i, j)＞＝t)
          y1(i, j)＝255;
          I1＝I1＋1;    %统计目标像素点的个数
          else
          y1(i, j)＝0; I0＝I0＋1;    %统计背景像素点的个数
          end, end, end
          figure, imshow(y1);
          entropy1;    %显示二值化图像,求出二值化图像的熵值
          %求出背景像素的熵值,求出目标像素的熵值
          %因 first＜t＜last, t 可取值的个数为 last-first-2
          %用完一次需赋 0,以保证进入下一个 t 的计算的正确性
          back＝(I0/(N * M)) * log2(N * M/I0);
          fore＝(I1/(N * M)) * log2(N * M/I1);
          entropy2＝back＋fore    %求二值化图像的熵值
          exetime＝second(now-time)
          t    %显示阈值
          % 图像分割
          for i＝1:N
           for j＝1:M
            if y1(i, j)＞t
               L(i, j)＝255;
```

```
    else
        L(i, j)＝0;
    end，end，end
    figure，imshow(L)；
    title('一维 Otsu 法的分割图像')；
```

图 6.13 为源图及其基于一维 Otsu 法的分割图像。

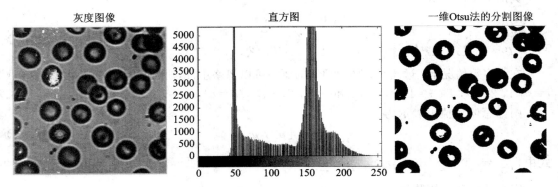

灰度图像　　　　　　　　　　直方图　　　　　　　一维Otsu法的分割图像

图 6.13　源图及其直方图和基于一维 Otsu 法的分割图像（最佳阈值为 112）

### 6.3.2　二维 Otsu 法

　　一维 Otsu 法对噪音和目标大小十分敏感，它仅对类间方差为单峰的图像产生较好的分割效果。当目标与背景的大小比例悬殊时，类间方差准则函数可能呈现双峰或多峰，此时基于一维 Otsu 法的图像分割效果不好。

　　与最大熵阈值分割方法相同，二维 Otsu 算法考虑了图像的灰度信息及邻域空间的相关信息，以保证图像分割的精度。该方法建立了既能反映像素点的灰度分布又能体现像素点与其邻域空间相关的灰度，即均值二维直方图。图像分割的最佳阈值是二维 Otsu 测度准则取最大值时得到的一个二维矢量，并依此二维矢量作为分割阈值进行图像分割，从而提高一维 Otus 阈值化法的抗噪声能力。

　　设一张尺寸为 $M \times M$、灰度级为 $L$ 的图像。在每个像素点处计算其平均灰度，由此形成一个二元组：像素点的灰度值和它的邻域平均灰度值。设向量 $(i, j)$ 出现的频数为 $c_{ij}$，定义相应的联合概率密 $p_{ij}$ 为

$$p_{ij} = \frac{c_{ij}}{M^2} \tag{6.17}$$

式中，$0 \leqslant i, j < L$，$\sum_{i=0}^{L-1} \sum_{j=0}^{L-1} p_{ij} = 1$。

　　该图像的二维直方图中存在与图像目标和背景相对应的两类区域 $C_0$ 和 $C_1$，且具有两个不同的概率密度函数分布。利用二维直方图中任意阈值向量 $(s, t)$ 对图像进行分割（其中 $0 \leqslant s, t < L-1$），那么目标发生的概率为

$$\omega_0 = P_r(C_0) = \sum_{i=0}^{s} \sum_{j=0}^{t} P_{ij} \tag{6.18}$$

　　其对应的均值矢量为

$$\boldsymbol{\mu}_0 = [\mu_{oi}, \mu_{oj}]^T \tag{6.19}$$

式中，$\mu_{oi} = \sum_{i=0}^{s} \sum_{j=0}^{t} iP_{ij} / \omega_0$，$\mu_{oj} = \sum_{i=0}^{s} \sum_{j=0}^{t} jP_{ij} / \omega_0$。

背景发生的概率为

$$\omega_1 = P_r(C_1) = \sum_{i=s+1}^{L-1} \sum_{j=t+1}^{L-1} P_{ij} \tag{6.20}$$

其对应的均值矢量为

$$\boldsymbol{\mu}_1 = [\mu_{1i}, \mu_{1j}]^{\mathrm{T}} \tag{6.21}$$

式中，$\mu_{1i} = \sum_{i=s+1}^{L-1} \sum_{j=t+1}^{L-1} ip_{ij} / \omega_1$，$\mu_{1j} = \sum_{i=s+1}^{L-1} \sum_{j=t+1}^{L-1} jp_{ij} / \omega_1$。

在大多数情况下，远离直方图对角线的概率可以忽略不计，所以可以合理地假设在区域 $i=s+1, 2, \cdots, L$；$j=1, 2, \cdots, t$ 和 $i=1, 2, \cdots, s$；$j=t+1, \cdots, L$，$P_{ij} \approx 0$，则 $\omega_0 + \omega_1 = 1$。

图像总体均值可表示为

$$\boldsymbol{\mu}_2 = [\mu_{zi}, \mu_{zj}]^{\mathrm{T}} \tag{6.22}$$

式中，$\mu_{zi} = \sum_{i=0}^{L-1} \sum_{j=0}^{L-1} ip_{ij}$，$\mu_{zj} = \sum_{i=0}^{L-1} \sum_{j=0}^{L-1} jp_{ij}$。

定义类间测度矩阵

$$\boldsymbol{\sigma}_B = P_r(C_0)[(\mu_0 - \mu_z)(\mu_0 - \mu_z)^{\mathrm{T}}] + P_r(C_1)[(\mu_1 - \mu_z)(\mu_1 - \mu_z)^{\mathrm{T}}] \tag{6.23}$$

使用矩阵 $\boldsymbol{\sigma}_B$ 的迹 $\mathrm{tr}\boldsymbol{\sigma}_B(s, t)$ 作为类间的距离测函数

$$\mathrm{tr}\boldsymbol{\sigma}_B(s, t) = \frac{[(\omega_0 \mu_{zi} - \mu_i)^2 + (\omega_0 \mu_{zj} - \mu_j)^2]}{\omega_0(1 - \omega_0)} \tag{6.24}$$

式中，$\mu_i = \sum_{i=0}^{s} \sum_{j=0}^{t} ip_{ij}$，$\mu_j = \sum_{i=0}^{s} \sum_{j=0}^{t} jp_{ij}$。

类似于一维 Otsu 法，最佳阈值 $(s_0, t_0)$ 满足 $\mathrm{tr}\boldsymbol{\sigma}_B(s_0, t_0) = \max_{0 \leqslant i, j \leqslant L} \{\mathrm{tr}\boldsymbol{\sigma}_B(s, t)\}$。

下面给出基于 Otus 的图像分割程序代码：

```
clc; clear;
I=imread('cell.jpg');
I=rgb2gray(I);
I = double(I);
%I = Medianfilter(I);
h_Tmean = mean(mean(I));
[height, width] = size(I);
Size = height * width;      %图像尺寸
h_T = sum(sum(I));      %图像灰度值总和
G_min = min(min(I));      %图像灰度最小值
G_max=max(max(I));      %图像灰度最大值
I_seg = zeros(height, width);      %分割图像初始值
thresh = 0;      %初始阈值
num1 = 0;    num2 = 0;      %不同类像素数
P1 = 0; P2 = 0;      %属于不同类的概率
h_T1 = 0; h_T2 = 0;      %不同类总灰度值
h_T1mean = 0; h_T2mean = 0;      %不同类均值
max = 0;
```

```
for thresh＝G_min：G_max %求最佳阈值
  h_T1 = 0；h_T2 = 0；num1 = 0；
    for h＝1：height
      for w＝1：width
        if I(h, w) <= thresh
          num1 = num1 + 1；
            h_T1 = h_T1 + I(h, w)；
end，end，end
num2 = Size － num1；
h_T2 = h_T － h_T1；
 P1 = num1/Size；
 P2 = num2/Size；
 h_T1mean = h_T1/num1；
 h_T2mean = h_T2/num2；
%D = P1 * (h_T1mean － h_Tmean)^2 + P2 * (h_T2mean － h_Tmean)^2；
 D1 = P1 * P2 * (h_T1mean － h_T2mean)^2；
 if D1 > max
   max = D1；
   T_best = thresh；   % 最佳阈值
end，end
% 图像分割
for i＝1：height
 for j＝1：width
  if I(i, j) > T_best
   I_seg(i, j) = 255；
end，end，end
T_best   %最佳阈值
figure；imshow(uint8(I_seg))；
imwrite(I_seg, 'cell_ostu3_3.bmp')；
title('二维 Otsu 法的分割图像')；
```

图 6.14 为原图及其基于二维 Otsu 法的分割图像。

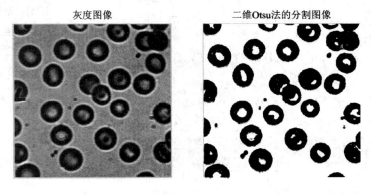

图 6.14　原图及其基于二维 Otsu 法的分割图像(最佳阈值为 112)

# 6.4　基于 Sheffield 的 GA 工具箱的图像分割

　　在众多的阈值图像分割算法中均涉及寻优的问题，如何快速有效地选取最优阈值是阈值图像分割方法的一个关键。GA 是借鉴生物界的进化规律演化而来的一种随机全局化搜索算法，是一种具有鲁棒性、并行性和自适应性的优化算法，所以 GA 能够用于图像分割的阈值搜索中。基于 GA 的图像分割方法简单描述为：首先读取整个图像的像素灰度值，在灰度级范围内选择一组阈值，对其进行编码—遗传操作—解码，由适应度函数得到一组新的阈值 $T$，不断进行遗传迭代，使得迭代达到某一条件终止。研究结果表明，GA 与传统的阈值选取算法相结合可以加快分割速度。相对图像的其他应用领域，GA 在图像分割领域最为成熟，效果显著，而且具有很大的潜力。将 GA 用于图像的阈值分割，其流程框图与通用化的 GA 流程框图基本一样（如图 6.15 所示），仅在输出最终结果后，利用该结果作为最佳分割阈值对图像进行分割。

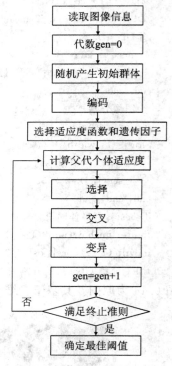

图 6.15　基于 GA 的图像阈值分割框图

　　一些学者利用 GA 优化现有的阈值分割算法，充分利用 GA 的并行处理能力和对搜索空间的凹凸性无特殊要求等特点，确定分割阈值。阈值可以采用 8 位二进制串表示，即个体。由适应度值进行个体优胜劣汰的选择，经过不断遗传进化，得到最佳阈值。例如，选用 256 灰度级的经典图像文件，将 0～255 范围内的灰度分割阈值编码为一个 8 位二进制字码串。适应度函数选为 $f(T) = W_0(T) \cdot W_1(T) \cdot [U_0(T) - U_1(T)]^2$。其中，$W_0(T)$ 为目标图像 $C_0$ 中所包含的像素数；$W_1(T)$ 为目标图像 $C_1$ 中所包含的像素数；$U_0(T)$ 为 $C_0$ 中所有像素数的平均灰度值；$U_1(T)$ 为 $C_1$ 中所有像素数的平均灰度值。编写两个文件：图像分割主文件 Segmentation. m 和适应度计算文件 target. m，并且要安装 Sheffield 大学的 GA 工具箱并设置好路径，使 GA 工具箱能正常使用。程序先显示原图像，再进行 GA 操作，得出分割的阈值，进行图像分割，完成后再显示分割后的图像。

　　下面给出基于 GA 的图像分割的 MATLAB 程序代码：

```
load woman    %对 matlab 自带的 woman 图像进行分割
% rgb＝imread(15. bmp′);    %读取彩色图像
if isrgb(I)    %判断模板图像是否彩色图，若是，转化为灰度图
  I＝rgb2gray(I);    %转化为灰度图
end
figure(1);    %画图
image(X);    colormap(map);
```

```
NIND=50；　　%个体数目
MAXGEN=65；　　%最大遗传代数
PRECI=8；　　%变量的二进制位数
GGAP=0.9；　　%代沟
FieldD=[8；1；256；1；0；1；1]；　　%建立区域描述器
Chrom=crtbp(NIND, PRECI)；　　%创建初始种群
gen=0；
phen=bs2rv(Chrom, FieldD)；　　%初始种群十进制转换
ObjV=target(X, phen)；　　%计算种群适应度值
while gen<MAXGEN　　%代沟
FitnV=ranking(-ObjV)；　　%分配适应度值
```

% objv 代表的是各个个体对应的目标值,而 ranking 函数是根据目标值从小到大进行分配适应度值的,在 ranking(a)中 a 的值越大,分配的适应度值越小,所以要求目标函数最大值,也就要使目标值大的个体分配较大的适应度值,就应该在 objv 前加一个负号

```
SelCh=select('sus', Chrom, FitnV, GGAP)；　　%选择
SelCh=recombin('xovsp', SelCh, 0.7)；　　%重组
SelCh=mut(SelCh)；　　%变异
phenSel=bs2rv(SelCh, FieldD)；　　%子代十进制转换
ObjVSel=target(x, phenSel)；　　%计算适应度
[Chmm Objv]=reins(Chrom, SelCh, 1, 1, ObjV, ObjVSel)；　　%重插入
gen=gen+1；　　%新一代遗传
end
[Y, I]=max(ObjV)；
M=bs2rv(Chrom(I, :), FieldD)；　　%估计阈值
%图像分割过程
[m, n]=size(X)；
for i=1:m
for j=1:n
if X(i, j)>M　　%灰度值大于阈值时是白色
X(i, j)=256；
end, end, end
figure(2)　　%画出分割后目标图像
image(x)；colormap(map)；
M　　　　%显示阈值
%目标函数定义后保存到当前目录 target. m
function f=target(T, M)
%适应度函数,T 为待处理图像,M 为阈值序列
[U, V]=size(T)；W=length(M)；f=zeros(W, 1)；
for k=1:W
I=0；sl=0；J=0；s2=0；
%统计目标和背景图像的像素数及像素之和
for i=1:U
for j=1:V
```

```
if T(i, j)<=M(k)
    sl=sl+T(i, j); I=I+1;
end
if T(i, j)>M(k)
    s2=s2+T(i, j); J=J+1;
end, end, end
if I==0, pl=0; else, pl=sl/I; end
if J==0, p2=0; else, p2=s2/J; end
f(k)=I*J*(pl-p2)*(pl-p2)/(256*256);
end
```

图 6.16 为原始图像及其 50 次遗传后得到的分割图像。

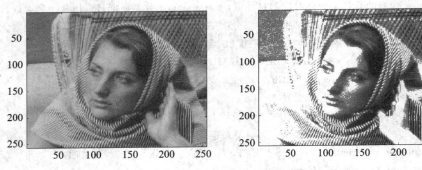

图 6.16　原始图像及其 50 次遗传后得到的分割图像

　　上述图像分割方法与后面 6.9 节将要介绍的基于 Otsu 和 GA 相结合的图像分割法基本一样。为了说明该算法的有效性，对原始图进行基于 GA 的 Otsu 分割法进行处理。设定初始群体的数目 $N=40$，交叉概率 $P_c=0.9$，代沟为 0.9，变异率为 $P_m$ 采用默认值。最大迭代数 $G=50$。通过 50 次迭代寻优后，找到最优化阈值 $M=162$。图 6.17 为 Otus 法与 GA 相结合的图像分割结果，其中，(a)为彩色原图、(b)为给定阈值为 0.5 的分割结果、(c)为给定阈值为 0.25 的分割结果、(d)为由该算法算法得到阈值的分割结果。

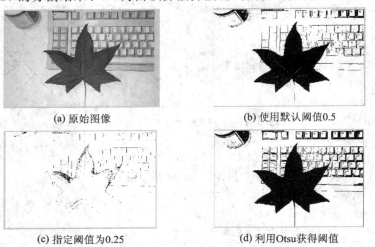

(a) 原始图像　　　　　　　　　(b) 使用默认阈值0.5

(c) 指定阈值为0.25　　　　　　(d) 利用Otsu获得阈值

图 6.17　基于 GA 的图像分割方法

# 6.5　基于 GA 的全局阈值的图像分割

基于 GA 的图像分割的基本思想是：把图像中的像素按灰度值用阈值 $T$ 分成两类图像，一类为目标图像，另一类为背景图像。目标图像由灰度值在 $0 \sim T$ 之间的像素组成，背景图像由灰度值在 $T+1 \sim L-1$（$L$ 为图像的灰度级数）之间的像素组成，其算法的操作流程如图 6.18 所示。

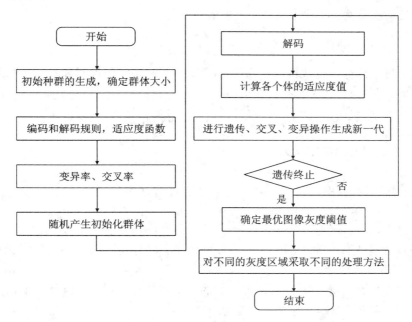

图 6.18　基于 GA 的全局阈值图像分割流程图

在全局阈值分割中采取两种方法：半阈值法与二值法。在局部阈值时，仅仅采用二值法。局部阈值分割的基础是全局阈值，进行局部阈值分割时，先将整幅图根据坐标分割成多个子图，再在每个子图中进行全局阈值分割即可。下面介绍基于 GA 的全局阈值图像分割方法。

初始种群规模种群的大小初定值。初始种群的生成采用均匀采样法，可以达到均匀覆盖，交叉具有很高的覆盖率，有效地避免了 GA 的过早熟的产生。适应度函数定义为

$$\text{Fit}(x)_i = \frac{f(x)_i}{\sum_{i=1}^{w} f(x)_i} \tag{6.25}$$

式中，$f(x)_i$ 和 $w$ 分别表示目标函数和初始种群规模。

在种群内进行选择，达到了好的个体直接保留，避免交叉而对优秀的基因进行破坏的目的。交叉时，只对前两位之后的数字进行交叉；采用自然二进制进行编译码。在交叉操作之后，变异操作是先随机生成发生变异的可能概率值，再与初始确定的变异概率进行比较。

遗传终止采用两种方法结合，规定最多遗传 50 代或在遗传的 50 代内出现连续 10 代中所得的最优解不再变化时，即确认已经达到整体最优解，则遗传终止。

# 6.6　基于 GA 和分类类别函数的图像分割方法

有学者定义了一个分类类别函数，并将其作为 GA 的适应度函数，应用于图像分割中，取得了较好效果。其推导过程如下：

将一幅灰度图像描述为一个二维矩阵 $F_{N \times N} = [f(x, y)]_{N \times N}$，$f(x, y)$ 是像素 $(x, y)$ 的灰度值，$N \times N$ 是图像的大小，且 $f(x, y) \in \{0, 1, \cdots, L-1\}$，$L$ 为图像的灰度级总数。灰度级 $i$ 出现的次数为 $n_i$，则灰度级 $i$ 出现的概率为

$$p_i = \frac{n_i}{N \times N}, \sum_{i=0}^{L-1} p_i = 1 \tag{6.26}$$

用阈值 $t$ 将全部像素分成两类：$C_0$（目标类）包含了 $i \leqslant t$ 的像素和 $C_1$（背景类）包含了 $i > t$ 的像素。$C_0$ 和 $C_1$ 类出现的概率分别为

$$W_0 = \sum_{i=0}^{t} p_i = W(t), W_1 = \sum_{i=t+1}^{L-1} p_i = 1 - W(t) \tag{6.27}$$

$C_0$ 和 $C_1$ 类之间的距离定义为

$$D = | \mu_0 - \mu_1 | \tag{6.28}$$

式中，$\mu_0$，$\mu_1$ 分别为 $C_0$ 和 $C_1$ 类的类内中心，分别表示为

$$\mu_0 = \sum_{i=0}^{t} \frac{ip_i}{W_0} = \sum_{i=0}^{t} \frac{ip_i}{W(t)}, \mu_1 = \sum_{i=t+1}^{L-1} \frac{ip_i}{W_1} = \sum_{i=t+1}^{L-1} \frac{ip_i}{1 - W(t)} \tag{6.29}$$

$D$ 在一定程度上能体现 $C_0$ 和 $C_1$ 类的分割效果，$D$ 越大表示两个类的类间距越大，则 $C_0$ 和 $C_1$ 分得越开。

聚类性的好坏是直接反映分割是否有效的一个重要标志，从类内每一个像素到类内中心的距离出发，定义 $C_0$ 和 $C_1$ 类的分散度为

$$d_0 = \sum_{i=0}^{t} | i - \mu_0 | \cdot \frac{p_i}{W_0}, d_1 = \sum_{i=t+1}^{L-1} | i - \mu_1 | \cdot \frac{p_i}{W_1} \tag{6.30}$$

显然，每个类的分散度越小，表示其内聚性和分类的效果就越好。因此，综合考虑以上两方面的因素，要保证分类效果好，就必须同时满足 $D$ 最大而且 $d_0$ 和 $d_1$ 类最小。为此，定义分类类别函数为

$$H(t) = \frac{W_0 \cdot W_1 \cdot D}{W_0 \cdot d_0 + W_1 \cdot d_1} \tag{6.31}$$

当 $H(t)$ 最大时图像将达到最好的分割效果，于是最佳阈值优化方程描述为

$$T^* = \text{Arg} \max_{0 < t \leqslant L-1} H(t) \tag{6.32}$$

将 GA 运用于图像分割，就是将式(6.31)作为遗传搜索的适应度函数，将解空间中可能的分割阈值组作为遗传迭代的种群，将种群个体（灰度阈值组）进行二进制编码，形成个体的染色体，通过对种群染色体个体有限代数的遗传操作，最终获得最优个体，解码后获得最佳分割阈值组。

有学者将 GA 作为图像分割的中间步骤。读者也可以试着利用 Sheffield 的 GA 工具箱中的函数（如 crtbp、select 等）替代来编写完整的应用程序。

# 6.7　基于 GA 的彩色图像分割方法

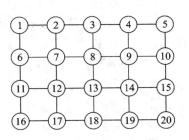

彩色图像分割与灰度图像分割的实质一样，是将一幅图像分割成两个或多个子图，使得子图内相似度尽可能大，同时子图间的差异尽可能大。彩色图像分割问题可以转化为求无向图的一种最优划分问题，使得各个子图间距最大，子图内节点的间距最小。将原始图像表示为图 6.19 所示的一个无向加权图，节点对应像素，相邻像素点对应无向图中邻接节点，邻接边的权值即像素点的差别。对应于无向图中，图像分割就是求无向图节点的一种划分，使得各个子图内部的边的权值最小，而连接不同子图的边的权值最大。

图 6.19　无向加权图

为了定量表达上述衡量标准，weight($e$) 为边 $e$ 的权值，选取颜色空间的欧拉距离，可以选择 RGB 或 $L^* a^* b^*$ 空间。定义子图 $G_i$ 和 $G_j$ 的平均距离 MOD($G_i$, $G_j$) 为

$$\mathrm{MOD}(G_i, G_j) = \left( \frac{1}{N} \sum_{\substack{m \in G_i n \in G_j \\ \forall (mn)}} \mathrm{weight}(e) \right) \tag{6.33}$$

式中，$\mathrm{weight}(e) = \sqrt{\Delta R^2 + \Delta G^2 + \Delta B^2}$，可以看作连接 $G_i$ 和 $G_j$ 的所有边加权平均值。

子图 $G_i$ 的内部距离 MID($G_i$) 定义为

$$\mathrm{MID}(G_i) = \frac{1}{N} \sum_{\forall (m, n) \in G_i} \mathrm{weight}(e) \tag{6.34}$$

MID($G_i$) 可以看作 $G_i$ 中所有邻接边的加权平均值。

对一个划分 $C$，定义其最小相对区别值 LRD($C$) 为

$$\mathrm{LRD}(C) = \min_{\mathrm{connect}(G_i, G_j)} \frac{\mathrm{MOD}(G_i, G_j)}{\mathrm{MID}(G_i)} \tag{6.35}$$

LRD($C$) 可以看作划分 $C$ 中所有子图的内外距离比的最小值。

定义最小绝对距离 LAD($C$) 为

$$\mathrm{LAD}(C) = \min_{\mathrm{connect}(G_i, G_j)} \mathrm{MOD}(G_i, G_j) \tag{6.36}$$

LAD($C$) 可以看作划分 $C$ 中子图的最小间距。

选取 LRD 和 LAD 作为遗传聚类算法的目标函数，LRD 的优化保证了分区内外的区别足够大，LAD 的优化保证了图像分区间的差别，避免出现过小的无意义分区。

由于数字图像的像素点多，对应无向图的节点数量大，所以很大程度上影响了 GA 的操作。为此，该算法首先合并极大相似邻接节点，来减少无向图的节点数目，缩小 GA 处理的规模。预处理算法流程如下：

　　　　For 每个节点 p
　　　　do
　　　　　　　计算 p 与所有邻接点的差别；
　　　　　　　选择差别最小的邻接点合并；
　　　　end for

对于一个 $M \times N$ 的图像，该预处理算法的复杂度为 $O(M \times N)$。处理后图的节点规模

下降一半。在处理大图像时，将大大提高 GA 的处理效率。

基于 GA 的图像分割算法的流程与传统 GA 的流程基本相同。采用将两个目标函数作为适应值评价函数，以下将分别介绍所采用的 GA 的各个算子。

（1）编码表示。该算法使用整数编码方式，每个个体都用一个长度等于节点数的整数串表示图的一个划分，整数串的第 $i$ 个数等于 $j$，说明节点 $i$ 和 $j$ 邻接。采用这种表示方式，解码的过程需要确定所有的分区，可以自动计算分区个数。按上述方法解析图 6.20(a) 中所示的个体，节点 1 与 2、2 与 7、3 与 4、4 与 9 邻接，依次类推，所得的划分即为图 6.20(b) 中所示，共有 3 个分区，分别为 {1, 2, 6, 7, 8, 11, 12, 13, 16, 17}，{3, 4, 5, 9, 10} 和 {14, 15, 18, 19, 20}。

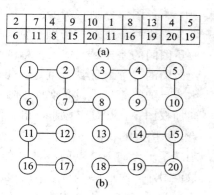

图 6.20　编码方式示意图

（2）初始化。上述整数串编码方式中，图像中的点只能与自身或其位置上下左右的节点邻接，这种强限制性大大减少了搜索空间。在这种强限制条件下，随机初始化会生成大量的无效值，使得算法经常运行在无效值空间。所以，选用最小生成树法来进行群体初始化，在构造的无向加权图中用 Prim 算法或 Kruskal 算法建立符合临界限制条件的最小生成树构造初始群体，只要在选择、交叉、变异算子满足邻接限制的条件下，算法能够一直运行在有效搜索空间。把最小生成树的某些边去掉就形成一个对图像的有效划分，如图 6.21 所示，(a) 为一个最小生成树，通过删除其中 17 和 18 号节点的边，就可以得到 (b) 所示的一个区域划分 {2, 3, 4, 5, 7, 8, 9, 10, 13, 14, 15, 18, 19, 20}，{1, 6, 11, 12, 16, 17}。对最小生成树的边按照边权排序编号为 $i(i=1, 2, \cdots, n)$，可以将该生成树中编号为 $i$ 的边删除，生成初始化群体的第 $i$ 个个体，以此方式进行初始化确保算法的运行空间能够保持在包含最优值的最小空间。

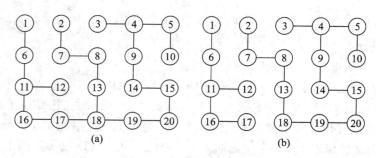

图 6.21　最小生成树初始化个体方法示例

（3）选择算子。采用多个适应度评价函数，无法线性的评价出个体的适应度，可根据下面方法选择，首先分别归一化两个目标函数值，求和，并根据求和值排序；然后采用赌轮算法选择算子，这样能够保证排序中靠前的优质个体能够有更大的概率被选中。其中最优个体直接进入下一代。选择算子并不生成新个体，该算子显然也是在满足邻接限制关系的条件下进行的。

（4）交叉算子。采用均匀交叉法，根据交叉率，随机选择两个个体，生成随机数检测当前位是否进行交叉。交叉是对两个个体同一位上的数字进行交换，是把邻接边从一个划分转移到另一个划分，并不会改变或产生邻接关系，所以两个满足邻接限制的个体在交叉运算之后依然满足邻接限制条件。

（5）变异算子。根据变异率，随机选择个体，生成变异位置，重置该位置上的值为自身或与其有邻接关系的任意节点。显然该操作也满足邻接限制。为了保证算法能够在运行中得到一个运行过程中的最优个体，该算法用一个变量 $C_{best}$ 来记录每代处理中得到的最优个体，每一代个体 $C_t$ 都进行适应度函数的计算，然后把这些适应度函数值以及 $C_{best}$ 的适应度值一起进行归一化后求和，并根据所得的和进行排序，其中的最优值个体赋值给 $C_{best}$，从而保证 $C_{best}$ 中记录的始终是当前为止最优的个体。$C_{best}$ 所表示的分割即为所求得的最佳分割。

## 6.8 基于最大熵法和 GA 的图像分割算法

GA 是一个以适应度函数或目标函数为依据，通过对群体个体施加遗传操作，实现群体内个体结构重组的迭代过程，在这一过程中，群体个体（即问题的解）一代一代地得以优化并逐渐逼近最优解。最大熵算法的求解原理是在解空间中找到一个最优解，使得图像中目标与背景分布的熵最大。将 GA 与最大熵算法相结合，能够得到图像分割的最佳阈值。

### 6.8.1 一维最大熵算法与 GA 相结合的图像分割

在图像分割处理中，通常采用灰度统计直方图的方法。对于直方图为双峰法情况，分割阈值取在图像直方图双峰之间的谷底。但在很多实际图像的直方图并不呈现双峰，而是多峰或峰谷极不明显。为解决这种情况下阈值的求取问题，近年来出现了很多方法。下面介绍基于直方图熵法和 GA 的图像分割方法。

令 $n_i(i=1,2,\cdots,N)$ 是灰度级为 $i$ 的像素数，$N$ 是总的像素数，$p_1,p_2,\cdots,p_n$ 为各灰度级的概率分布，则有 $p_i=n_i/N$，令 $P_N=\sum_{i=1}^{N}p_i$。

（1）单阈值分割。若以灰度值 $T$ 为分割阈值，目标与背景的两个概率分布是

$$A: \frac{p_1}{p_T}, \frac{p_2}{p_T}, \cdots, \frac{p_n}{p_T}; B: \frac{p_T+1}{1-P_T}, \frac{p_T+2}{1-P_T}, \cdots, \frac{p_N}{1-P_T}$$

与这两个概率分布相关的熵分别为

$$H(A) = \ln P_T + \frac{H_T}{P_T}; H(B) = \ln(1-P_T) + \frac{H_N-H_T}{1-P_T}$$

式中，$H_T = -\sum_{i=1}^{T}p_i\ln p_i$，$H_N = -\sum_{i=T+1}^{N}p_i\ln p_i$。

令 $\psi(T)$ 为 $H(A)$、$H(B)$ 之和，则

$$\psi(T) = \ln P_T(1-P_T) + \frac{H_T}{P_T} + \frac{H_n-H_T}{1-P_T} \tag{6.37}$$

$\psi(T)$ 越大，获得图片中物体和背景的信息量越大，则使 $\psi(T)$ 最大时的灰度值 $T$ 将是所求的阈值。

（2）多阈值分割。若图像的直方图有多峰，设有多个阈值将图像分割，则

$$\psi(T_1, T_2, \cdots, T_n) = \ln\left(\sum_{i=1}^{T_1} p_i\right) + \ln\left(\sum_{i=T_1+1}^{T_2} p_i\right) + \cdots + \ln\left(\sum_{i=T_n+1}^{N} p_i\right)$$

$$-\frac{\sum\limits_{i=1}^{T_1} p_i \ln p_i}{\sum\limits_{i=1}^{T_1} p_i} - \cdots - \frac{\sum\limits_{i=T_n+1}^{N} p_i \ln p_i}{\sum\limits_{i=T_n+1}^{N} p_i}$$

式中，$T_1$, $T_2$, $\cdots$, $T_n$ 是分割阈值，且有 $T_1 < T_2 < \cdots < T_n$。

选取使 $\psi(T_1, T_2, \cdots, T_n)$ 最大时的 $T_i$，即为一组分割阈值。

对于简单的双阈值分割，即 $T_1 < T_2$，使

$$\psi(T_1, T_2) = \ln\left(\sum_{i=1}^{T_1} p_i\right) + \ln\left(\sum_{i=T_1+1}^{T_2} p_i\right) + \ln\left(\sum_{i=T_2+1}^{N} p_i\right)$$

$$-\frac{\sum\limits_{i=1}^{T_1} p_i \ln p_i}{\sum\limits_{i=1}^{T_1} p_i} - \frac{\sum\limits_{i=T_1+1}^{T_2} p_i \ln p_i}{\sum\limits_{i=T_1+1}^{T_2} p_i} - \frac{\sum\limits_{i=T_2+1}^{N} p_i \ln p_i}{\sum\limits_{i=T_2+1}^{N} p_i} \tag{6.38}$$

$\psi(T_1, T_2)$ 最大时对应的灰度值 $T_1$, $T_2$ 即为所求阈值。

（3）基于 GA 的直方图熵最大优化问题求解。上面的直方图熵的最大问题就是一个可以用 GA 求解的优化问题。其适应度值为直方图熵 $\psi(T)$ 和 $\psi(T_1, T_2)$，直方图熵高的个体有更多的生存和繁殖机会。选择的图像是 256 灰度级的，分割阈值范围在 0～255 之间，单阈值分割时编码为 8 位的二进制码，双阈值时为 16 位的二进制码。

基于直方图熵和 GA 的图像分割法的流程描述为：

（1）设定 GA 参数。从搜索空间中随机选取一定群体规模的人口，编码后作为初始群体 $P(0)$；根据适应度函数 $\psi(T_i)$ 计算 $P(0)$ 中各串的适应度值 $\psi$。

（2）根据从 $P(t)$ 的串复制出 $P(t+1)$ 的串（$t$ 为代数）。根据交叉概率 $P_c$ 和变异概率 $p_m$ 进行交叉和变异操作。

（3）计算 $P(t+1)$ 各串的 $\psi$。如终止条件不满足，重新进行（2）；否则转到下一步。

（4）获得 $\psi$ 最高的串对应的 $T_i$，即为最佳阈值。

（5）由 $T_i$ 进行图像分割。

选择（复制）采用轮盘赌与最优选择相结合的方法，并在算法起始和最后几代采用适应度比例变换。单阈值分割采用简单的单点交叉，双阈值时采用二点交叉。变异操作即根据 $p_m$ 对串的每位都实施变异。由于交叉和变异操作的随机性，有可能产生子代的 $\psi$ 比父代差，但在后面一代的复制阶段（此时子代即为这一代的父代），$\psi$ 高的子代将比 $\psi$ 低的子代有更多生存机会，由此保证一代一代不断进化。

终止条件为达到最大代数或是单阈值分割经过 10 代，双阈值分割经过 15 代，最高 $\psi$ 未发生变化（未进化）。

基于一维最大熵阈值分割的 GA 求解最优解实现过程如下：

（1）编码。由于图像的灰度值在 0～255 之间，所以将各个个体编码为 8 位二进制码，每个个体代表一个分割阈值，即用 00000000～11111111 之间的一个 8 位二进制代码代表

分割阈值。

（2）种群规模。若种群规模过大，则适应度评估次数增加，计算量增加；种群规模过小，可能会引起未成熟收敛现象。因此，种群规模的设置应该合理。随机地在 $0\sim255$ 之间以同等概率生成 $n$ 个（默认取 20）个体 $I_1\sim I_n$ 作为第一次寻优的初始的种群。

（3）解码。对二进制个体数组解码为 $0\sim255$ 之间的值，以求其适应度值。

（4）适应度函数。设计的适应度函数要能反映出个体的进化优良程度，即个体有可能达到或接近问题的最优解的程度，它在 GA 中是对个体进行遗传操作的依据，因而对算法的效率和性能会产生直接影响。该算法采用式（6.6）为适应度值函数。同时采取对适应度函数的线性定标采用式为适应度函数。适应度值（熵值）越大，就越有可能逼近最优解。

（5）选择。根据 GA 的收敛定理，选择操作先进行赌轮法（蒙特卡罗法），再采用精英策略。具体做法是：先计算群体中各个体的适应度的总和 $S$，再随机的生成 $0\sim S$ 之间一个随机数 $k$，然后从第一个个体开始累加，直到累加值大于此随机数 $k$，此时最后一个累加的个体便是要选择的个体。如此重复，形成用于繁殖的个体 $I_1'\sim I_n'$。

（6）交叉。在 $I_1'\sim I_n'$ 中每次选取两个个体按设定的交叉概率进行交叉操作，生成新一代的种群 $I_1''\sim I_n''$。交叉的概率越大，交叉操作的可能性越大；若交叉的概率太低，收敛的速度可能降低。在此采用单点交叉，交叉概率设置为 0.6。

（7）变异。根据一定的变异概率 $p_m$ 随机从 $I_1''\sim I_n''$ 中选择若干个个体，再随机的在这若干个个体中选择某一位进行变异运算。从而形成新一代群体 $I_1'''\sim I_n'''$。一般采用基本变异算子，变异概率设置为 0.01。

（8）终止准则。规定当算法执行到最大代数（终止条件）进化，群体中的最高适应度值仍未发生变化（稳定条件）时，算法停止运行，具有最高适应度值的个体即为分割阈值；否则以新的群体 $I_1'''\sim I_n'''$ 转到步骤（4）。

**默认情况**：分割每代取个体 10 个，最大迭代的代数取 50，交叉概率为 0.8，变异概率为 0.02，终止的准则为当相邻两代的个体的平均适应度值小于 0.001 时停止迭代。

下面为利用一维最大熵法（KSW 熵法）及传统 GA 的图像分割程序代码：

```
%初始部分，读取图像及计算相关信息
clear; close all; clc;
%filename=input('cell.jpg');
I=imread('cell.jpg');
if isrgb(I)    %判断模板图像是否彩色图，若是，转化为灰度图
  I=rgb2gray(I);    %转化为灰度图
End
  graynum=255;    %灰度化，灰度级为 255
hist=imhist(I);
total=0;
for i=0:255
total=total+hist(i+1);
end
hist1=hist/total;
HT=0;
```

```
for i=0:255
if hist1(i+1)==0
temp=0;
else
temp=hist1(i+1) * log(1/hist1(i+1));
end
HT=HT+temp;
end
%程序主干部分
%种群随机初始化，种群数取 10，染色体二进制编码取 8 位
 population=10;
X0=round(rand(1, population) * graynum);
for i=1:population
adapt_value0(i)=ksw(X0(i), 0, 255, hist1, HT);
end
adapt_average0=mean(adapt_value0);
X1=X0;
adapt_value1=adapt_value0;
adapt_average1=adapt_average0;
generation=100;    %循环搜索，搜索代数取 100
for k=1:generation
s1=select(X1, adapt_value1);
s_code1=dec2bin(s1, 8);
 c1=cross(s_code1);
 v1=mutation(c1);
X2=(bin2dec(v1))';
 for i=1:population
adapt_value2(i)=ksw(X2(i), 0, 255, hist1, HT);
end
adapt_average2=mean(adapt_value2);
if abs(adapt_average2-adapt_average1)<=0.01
break;
else
X1=X2;
adapt_value1=adapt_value2;
adapt_average1=adapt_average2;
end, end
max_value=max(adapt_value2);
number=find(adapt_value2==max_value);
t_opt=round(mean(X2(number)));
%阈值分割及显示部分
threshold_opt=t_opt/graynum;
I1=im2bw(I, threshold_opt);
```

```
disp('灰度图像阈值分割的效果如图所示：');
disp('源图为：Figure No.1');
disp('最佳直方图熵法及传统 GA 阈值分割后的图像为：Fifure No.2');
figure(1); imshow(I); title('源图');
figure(2); imshow(I1);
title('最佳直方图熵法及传统 GA 阈值分割后的图像');
disp('最佳直方图熵法及传统 GA 阈值为：');
level=graythresh(I);
level1=round(level * graynum);
I2=im2bw(I, level);
figure(3); imshow(I2);
disp('最佳直方图熵法及 GA 阈值：');
disp(t_opt); disp(level1);
%程序结束，下面为用到的函数
%计算最佳直方图熵（KSW 熵）函数
function
y=ksw(t, mingrayvalue, maxgrayvalue, hist1, HT)
Pt=0;
for i=mingrayvalue:t
Pt=Pt+hist1(i+1);
end
Ht=0;
for i=mingrayvalue:t
if hist1(i+1)==0
  temp=0;
else
  temp=hist1(i+1) * log(1/hist1(i+1));
end
Ht=Ht+temp;
end
if (Pt==0 | Pt==1)%或 (Pt==0, Pt==1)
temp1=0;
else
temp1=log(Pt * (1-Pt))+Ht/Pt+(HT-Ht)/(1-Pt);
end
if temp1 < 0
H=0;
else
H=temp1;
end
y=H;
%选择算子
function s1=select(X1, adapt_value1)
```

```
population=10；
total_adapt_value1=0；
for i=1：population
total_adapt_value1=total_adapt_value1+adapt_value1(i)；
end
adapt_value1_new=adapt_value1/total_adapt_value1；
r=rand(1, population)；
for i=1：population
temp=0；
for j=1：population
temp=temp+adapt_value1_new(j)；
if temp>=r(i)
s1(i)=X1(j)；
break；
end，end，end
%交叉算子
function c1=cross(s_code1)
pc=0.8；　　%交叉概率取0.6
population=10；
%(1, 2)/(3, 4)/(5, 6)进行交叉运算，(7, 8)/(9, 10)复制
ww=s_code1；
for i=1：(pc*population/2)
r=abs(round(rand(1)*10)-3)；
for j=(r+1)：8
temp=ww(2*i-1, j)；
ww(2*i-1, j)=ww(2*i, j)；
ww(2*i, j)=temp；
end，end
c1=ww；
%变异算子
function v1=mutation(c1)
format long；
population=10；
pm=0.02；　　%变异概率取0.02
for i=1：population
for j=1：8
r=rand(1)；
if r>pm
temp(i, j)=c1(i, j)；
else
tt=not(str2num(c1(i, j)))；
temp(i, j)=num2str(tt)；
end，end，end
```

　　　　v1＝temp；

图 6.22 为原始图像及其基于一维最大熵法（KSW 熵法）和传统 GA 的图像分割结果。

源图　　　　　　　　　　最佳直方图熵法及传统遗传算法阈值分割后的图像

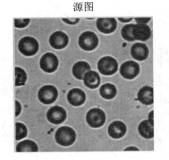
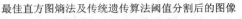
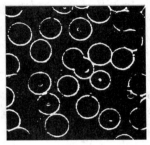

图 6.22　原始图像及其基于一维最大熵法和传统 GA 的图像分割结果（分割阈值为 182）

## 6.8.2　二维最大熵算法与 GA 相结合的图像分割

　　由于二维最大熵阈值分割考虑了区域性质，算法的抗噪声能力、分割精度和鲁棒性有所增强。但由于二维最大熵阈值法涉及对数、乘积运算及在二维空间中搜索阈值，所以存在运算量大，运算速度慢等问题。目前针对这个问题所提出的各类算法效果都不太理想。一些学者在这方面已经做了很多工作，提出了一些降低算法复杂度的快速算法，如二维熵图像阈值分割的快速递推算法和基于 GA 的快速求解法等。其中，二维最大熵阈值分割的 GA 求最优解步骤如下：

　　（1）编码。由于实际图像是 256 灰度级的，所以将一维阈值分割中的 8 位二进制码改为 16 位，前 8 位表示一个阈值，后 8 位表示另一个阈值。

　　（2）种群规模。初始代种群的值为随机产生的，其相应的适应度值也就各有高低。在此种群规模取为 40，最大繁殖代数为 100。

　　（3）解码。对二进制个体数组解码为两个 0～255 之间的数作为双阈值。

　　（4）适应度函数。采用式（6.28）为适应度函数，以求其适应度值。

　　（5）选择和变异。与一维最大熵阈值分割法相同。

　　（6）交叉。采用双点交叉，两个交叉点分别位于前 8 位和后 8 位，交叉概率为 0.6。

　　（7）终止准则。规定经过 30 代进化群体中的最高适应度值仍未发生变化为算法终止条件。

　　一些已有的实验结果表明，GA 用于二维最大熵阈值的图像分割，速度上有明显的优势。传统的二维最大熵阈值分割算法对于每一对候选的阈值要按式（6.6）计算一次，若将式（6.6）的计算时间记为 $T_1$，对于 256 灰度级图像，一共需要计算 $256 \times 128$ 次，即为 $32\,768T_1$。但用 GA 实现时，平均繁殖到第 50 代已得出最大熵，按照算法的终止准则，到 $50+30$ 代时算法停止，则实际计算的时间为 $(50+30) \times 40 \times T_1 = 3200T_1$，时间明显少于 $32\,768T_1$。而且随着阈值的增多，搜索空间越来越大，GA 的高效寻优性也体现得越明显。

　　下面为利用二维最佳直方图熵法（KSW 熵法）及传统 GA 实现图像阈值分割程序代码。

　　　　％初始部分，读取图像及计算相关信息

　　　　clear；close all，clc；

　　　　％format long；　　％数据格式转换

```
I＝imread('122.JPG');
windowsize＝3;
I_temp＝I;
for i＝2:255
    for j＝2:255
  I_temp(i, j)＝round(mean2(I(i-1:i+1, j-1:j+1)));
end, end
I_average＝I_temp; I_p＝imadd(I, 1);
I_average_p＝imadd(I_average, 1);
hist_2d(1:256, 1:256)＝zeros(256, 256);
for i＝1:256
  for j＝1:256
    hist_2d(I_p(i, j), I_average_p(i, j))＝hist_2d(I_p(i, j), I_average_p(i, j))+1;
end, end
total＝256 * 256;
hist_2d_1＝hist_2d/total;
Hst＝0;
for i＝0:255
  for j＝0:255
  if hist_2d_1(i+1, j+1)＝＝0
    temp＝0;
else
  temp＝hist_2d_1(i+1, j+1) * log(1/hist_2d_1(i+1, j+1));
end
Hst＝Hst+temp;
end, end
%%程序主干部分
%种群随机初始化,种群数取 20,染色体二进制编码取 16 位
t0＝clock;    %计时
population＝20;
X00＝round(rand(1, population) * 255);
X01＝round(rand(1, population) * 255);
for i＝1:population
   X0(i, :)＝[X00(i) X01(i)];
end
for i＝1:population
   adapt_value0(i)＝ksw_2d(X0(i, 1), X0(i, 2), 0, 255, hist_2d_1, Hst);
end
adapt_average0＝mean(adapt_value0);
X1＝X0;
adapt_value1＝adapt_value0;
adapt_average1＝adapt_average0;
%循环搜索,搜索代数取 100
```

```
generation＝100；
for k＝1：generation
  s1＝select_2d(X1, adapt_value1)；
  s_code10＝dec2bin(s1(：, 1), 8)；
  s_code11＝dec2bin(s1(：, 2), 8)；
  [c10, c11]＝cross_2d(s_code10, s_code11)；
  [v10, v11]＝mutation_2d(c10, c11)；
  X20＝(bin2dec(v10))'；
  X21＝(bin2dec(v11))'；
for i＝1：population
  X2(i, ：)＝[X20(i) X21(i)]；
end
for i＝1：population
  adapt_value2(i)＝ksw_2d(X2(i, 1), X2(i, 2), 0, 255, hist_2d_1, Hst)；
end
adapt_average2＝mean(adapt_value2)；
if abs(adapt_average2－adapt_average1)＜＝0.03
  break；
else
  X1＝X2；
adapt_value1＝adapt_value2；
adapt_average1＝adapt_average2；
end，end
max_value＝max(adapt_value2)；
number＝find(adapt_value2＝＝max_value)；
opt＝X2(number(1), ：)；
s_opt＝opt(1)；t_opt＝opt(2)；
t1＝clock；　　％计时
search_time＝etime(t1, t0)；
％阈值分割及显示部分
opt_tt＝round((s_opt＋t_opt)/2)；
threshold_opt＝opt_tt/255；
I1＝im2bw(I, threshold_opt)；
disp('灰度图像阈值分割的效果如图所示：')；
disp('源图为：Fifure No.1')；
disp('二维最佳直方图熵法及传统 GA 阈值分割后的图像为：Fifure No.2')；
figure(1)；imshow(I)；title('源图')；
figure(2)；imshow(I1)；
title('二维最佳直方图熵法及传统 GA 阈值分割后的图像')；
disp('二维最佳直方图熵法及传统 GA 阈值为(s, t)：')；
disp(s_opt)；disp(t_opt)；
disp('二维最佳直方图熵法及传统 GA 阈值搜索所用时间(s)：')；
disp(search_time)；　　％显示运行数据
％程序结束，下面为用到的函数
```

```
%1. 二维最佳直方图熵(KSW 熵)
function
y＝ksw_2d(s, t, mingrayvalue, maxgrayvalue, hist_2d_1, Hst)
W0＝0;
for i＝0:s
  for j＝0:t
    W0＝W0+hist_2d_1(i+1, j+1);
end, end
H0＝0;
for i＝0:s
  for j＝0:t
    if hist_2d_1(i+1, j+1)==0
      temp＝0;
else
      temp＝hist_2d_1(i+1, j+1) * log(1/hist_2d_1(i+1, j+1));
  end
H0＝H0+temp;
end, end
if W0==0 | W0==1%or (Pt==0, Pt==1)
  temp1＝0;
else
  temp1＝log(W0 * (1-W0))+H0/W0+(Hst-H0)/(1-W0);
end
if temp1 < 0
  H＝0;
else
  H＝temp1;
end
y＝H;
%2. 选择算子
function s1＝select_2d(X1, adapt_value1)
population＝20;
total_adapt_value1＝0;
for i＝1:population
total_adapt_value1＝total_adapt_value1+adapt_value1(i);
end
adapt_value1_new＝adapt_value1/total_adapt_value1;
r＝rand(1, population);
for i＝1:population
  temp＝0;
for j＝1:population
temp＝temp+adapt_value1_new(j);
if temp>＝r(i)
s1(i, :)＝X1(j, :);
```

```
    break;
    end，end，end
    %3. 交叉算子
    function c10，c11]=cross_2d(s_code10，s_code11)
    pc=0.8;    %交叉概率取 0.6
    population=20;
    % (1，2)/(3，4)/(5，6)进行交叉运算，(7，8)/(9，10)复制
    ww0=s_code10; ww1=s_code11;
    for i=1:(pc * population/2)
      r0=abs(round(rand(1) * 10)-3);
      r1=abs(round(rand(1) * 10)-3);
      for j=(r0+1):8
        temp0=ww0(2 * i-1，j);
        ww0(2 * i-1，j)=ww0(2 * i，j);
        ww0(2 * i，j)=temp0;
      end
    for j=(r1+1):8
      temp1=ww1(2 * i-1，j);
      ww1(2 * i-1，j)=ww1(2 * i，j);
      ww1(2 * i，j)=temp1;
      end
    end
    c10=ww0; c11=ww1;
    %4. 变异算子
    function [v10，v11]=mutation_2d(c10，c11)
    format long;
    population=20;
    pm=0.03;    %变异概率
    for i=1:population
    for j=1:8
    r0=rand(1); r1=rand(1);
    if r0>pm
    temp0(i，j)=c10(i，j);
    else
    tt=not(str2num(c10(i，j)));
    temp0(i，j)=num2str(tt);
    end
    if r1>pm
    temp1(i，j)=c11(i，j);
    else
    tt=not(str2num(c11(i，j)));
    temp1(i，j)=num2str(tt);
    end，end，end
    v10=temp0; v11=temp1;
```

　　图 6.23 为原始图像及其基于二维最大熵法(KSW 熵法)和传统 GA 的图像分割结果。

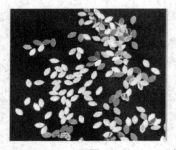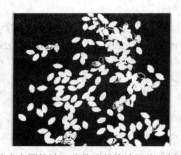

　　　　　　源图　　　　　　　　　二维最佳直方图熵法及传统遗传算法阈值分割后的图像

(a) 阈值为[197, 68]

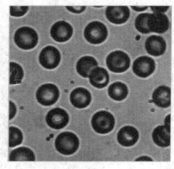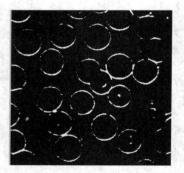

　　　　　　源图　　　　　　　　　二维最佳直方图熵法及传统遗传算法阈值分割后的图像

(b) 阈值为[170, 217]

图 6.23　原始图像及其基于二维最大熵法和传统 GA 的图像分割结果

### 6.8.3　二维最大直方图熵法和改进 GA 的分割图像

　　二维最大熵法是在二维灰度空间中搜索决策变量以便取得最大熵值的优化问题。可以利用 GA 提高阈值搜索的效率。在具体应用中,有学者针对二维熵法的特点,对传统 GA 进行了改进,特别是对选择、交叉、变异等算子进行了优化设置,加快了搜索过程的收敛性,达到了全局最优解。

　　设灰度图像的尺寸为 $M \times N$,灰度变化范围为 $G=\{0, 1, \cdots, L-1\}$,坐标$(m, n)$的像素的灰度值为 $f(m, n) \in G$, $1 \leqslant m \leqslant M$, $1 \leqslant n \leqslant N$。定义像素$(m, n)$的邻域平均灰度 $g(m, n)$ 为

$$g(m, n) = \frac{1}{d \times d} \sum_{x=-(d-1)/2}^{(d-1)/2} \sum_{y=-(d-1)/2}^{(d-1)/2} f(m+x, n+y) \tag{6.39}$$

式中,$d$ 为像素正方形邻域窗口的宽度。

　　由于图像边界像素对分割效果影响不大,因此其邻域平均灰度一般直接用像素灰度表示。由此,对图像的每一个像素都可以得到一个由像素灰度和邻域平均灰度构成的灰度二元组$(i, j)$,$i$ 为像素灰度,$j$ 为邻域平均灰度。设二维灰度直方图为 $\mathrm{Hist}(i, j)=p_{ij}$,$p_{ij}$ 表示灰度二元组$(i, j)$的出现概率为

$$p_{ij} = \frac{c_{ij}}{M \times N} \tag{6.40}$$

式中,$c_{ij}$ 表示灰度二元组$(i, j)$的出现频数。

设阈值向量$(s, t)$将二维直方图分为$C_0$和$C_1$两个区域，分别代表目标和背景，$s \in G$，$t \in G$，则目标概率为

$$w_0 = P(C_0) = \sum_{i=0}^{s} \sum_{j=0}^{t} p_{ij} \tag{6.41}$$

背景概率为

$$w_1 = P(C_1) = \sum_{i=s+1}^{L-1} \sum_{j=t+1}^{L-1} p_{ij} \tag{6.42}$$

式中，$C_0 = \{(i, j) | i=0, 1, \cdots, s; j=0, 1, \cdots, t\}$，$C_1 = \{(i, j) | i=s+1, s+2, \cdots, L-1;$ $j=t+1, t+2, \cdots, L-1\}$。

原图的熵为

$$H_T = -\sum_{i=0}^{L-1} \sum_{j=0}^{L-1} p_{ij} \log p_{ij} \tag{6.43}$$

对于$C_0$和$C_1$两个区域的熵分别为

$$H_0 = -\sum_{i=0}^{s} \sum_{j=0}^{t} p_{ij} \log p_{ij}, \quad H_1 = \sum_{i=s+1}^{L-1} \sum_{j=t+1}^{L-1} p_{ij} \log p_{ij} \tag{6.44}$$

一般远离二维直方图对角线的概率值很小，可以忽略不计，故可以假设

$$P(C_2) = \sum_{i=s+1}^{L-1} \sum_{j=0}^{t} p_{ij} \approx 0, \quad P(C_3) = \sum_{i=0}^{s} \sum_{j=t+1}^{L-1} p_{ij} \approx 0 \tag{6.45}$$

式中，$C_2 = \{(i, j) | i=s+1, s+2, \cdots, L-1; j=0, 1, \cdots, t\}$，$C_3 = \{(i, j) | i=0, \cdots, s;$ $j=t+1, t+2, \cdots, L-1\}$。

则$C_0$和$C_1$概率分布有关的熵分别为

$$H_0(s, t) = -\sum_{i=0}^{s} \sum_{j=0}^{t} \frac{p_{ij}}{w_0} \log \frac{p_{ij}}{w_0}, \quad H_1(s, t) = -\sum_{i=s+1}^{L-1} \sum_{j=t+1}^{L-1} \frac{p_{ij}}{w_1} \log \frac{p_{ij}}{w_1} \tag{6.46}$$

图的总熵为

$$H(s, t) = H_0(s, t) + H_1(s, t) = \log w_0(1-w_0) + \frac{H_0 + H_T w_0 - 2H_0 w_0}{w_0(1-W_0)} \tag{6.47}$$

求得$w_0$，$H_0$，$H_T$就可得到$H(s, t)$。根据最大熵原理，得

$$(s_{\text{opt}}, t_{\text{opt}}) = \text{Arg}\{\max H(s, t)\} \tag{6.48}$$

下面为利用二维最佳直方图熵法(KSW熵法)及改进GA实现灰度图像阈值分割的代码。用到的二维KSW函数和GA的三个算子函数与6.8.2节的相同，将这四个函数存入当前目录，然后执行下面的程序：

```
%初始部分，读取图像及计算相关信息
clear; close all; clc;
%format long;
I=imread('mh.jpg'); windowsize=3; I_temp=I;
for i=2:255
for j=2:255I_temp(i, j)=round(mean2(I(i-1:i+1, j-1:j+1)));
end, end
I_average=I_temp; I_p=imadd(I, 1);
I_average_p=imadd(I_average, 1);
hist_2d(1:256, 1:256)=zeros(256, 256);
```

```
for i=1:256
  for j=1:256
hist_2d(I_p(i, j), I_average_p(i, j))=hist_2d(I_p(i, j), I_average_p(i, j))+1;
end, end
total=256*256;
hist_2d_1=hist_2d/total;
Hst=0;
for i=0:255
  for j=0:255
  if hist_2d_1(i+1, j+1)==0
    temp=0;
  else
temp=hist_2d_1(i+1, j+1)*log(1/hist_2d_1(i+1, j+1));
  end
  Hst=Hst+temp;
end, end
%%程序主干部分
%种群随机初始化,种群数取 20,个体二进制编码取 16 位
t0=clock;
 population=20;
X00=round(rand(1, population)*255);
X01=round(rand(1, population)*255);
for i=1:population
X0(i, :)=[X00(i) X01(i)];
end
for i=1:population
adapt_value0(i)=ksw_2d(X0(i, 1), X0(i, 2), 0, 255, hist_2d_1, Hst);
end
adapt_average0=mean(adapt_value0);
X1=X0;
adapt_value1=adapt_value0;
adapt_average1=adapt_average0;
%循环搜索,搜索代数取 100
generation=100;
for k=1:generation
s1=select_2d1(X1, adapt_value1);
s_code10=dec2bin(s1(:, 1), 8);
s_code11=dec2bin(s1(:, 2), 8);
[c10, c11]=cross_2d1(s_code10, s_code11, k);
[v10, v11]=mutation_2d1(c10, c11, k);
X20=(bin2dec(v10))'; X21=(bin2dec(v11))';
for i=1:population
 X2(i, :)=[X20(i) X21(i)];
```

```
end
for i＝1：population
  adapt_value2(i)＝ksw_2d(X2(i, 1), X2(i, 2), 0, 255, hist_2d_1, Hst);
end adapt_average2＝mean(adapt_value2);
if
abs(adapt_average2－adapt_average1)＜＝0.072
break;
else
X1＝X2;
adapt_value1＝adapt_value2;
adapt_average1＝adapt_average2;
end, end
max_value＝max(adapt_value2);
number＝find(adapt_value2＝＝max_value);
opt＝X2(number(1), :);
s_opt＝opt(1); t_opt＝opt(2);
t1＝clock; search_time＝etime(t1, t0);
％％％ 结果显示部分
threshold_opt＝s_opt/255;
I1＝im2bw(I, threshold_opt);
disp('灰度图像阈值分割的效果如图所示:');
disp('源图为：Fifure No.1');
disp('二维最佳直方图熵法及改进 GA 阈值分割后的图像为：Fifure No.2');
figure(1); imshow(I); title('源图');
figure(2); imshow(I1);
title('二维最佳直方图熵法及改进 GA 阈值分割后的图像');
disp('二维最佳直方图熵法及改进 GA 阈值为(s, t):');
disp(s_opt); disp(t_opt);
disp('二维最佳直方图熵法及改进 GA 阈值搜索所用时间(s):');
disp(search_time);
```

图 6.24 为原始图及其基于二维最佳直方图熵法及改进 GA 阈值的图像分割图。

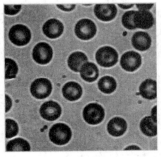 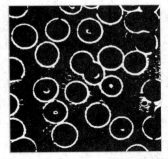

源图　　　　　　二维最佳直方图熵法及改进遗传算法阈值分割后的图像

图 6.24　二维最佳直方图熵法及改进 GA 阈值分割后的图像(阈值为[172, 204])

# 6.9　基于 Otsu 与 GA 相结合的图像分割

　　Otsu 法是一单阈值的分割方法，其基本思想是把直方图分割成目标和背景两组，当分割的两组数据的类间方差最大时，求得最佳分割阈值，由此阈值对图像进行分割。其关键就是在解空间中找到一个最优解，使式(6.13)成立。在 MATLAB 中，graythresh 函数使用 Otsu 法可以获得图像的阈值(最优解)。有学者根据 Otsu 算法的原理和 GA 的特点，提出了一种基于 GA 的 Otsu 图像分割方法，该方法对于有噪声干扰的灰度图像有较好的分割质量，与传统的分割方法相比明显提高了运行时间。其步骤如下：

　　(1) 在 0～255 之间随机产生 $N$ 个数：$X_{11}$～$X_{1N}$ 作为第一次寻优的初始种群。一般随机产生 $N$ 个八位二进制串，并把它们转换成十进制，这样就形成了初始种群。在 MATLAB 中，通过函数 initializega 建立初始种群，在 0～255 之间以同等概率随机产生初始种群，通常初始种群的规模选取不易过大。通过函数 bs2rv 进行二进制码和实值的转变。因为图像的灰度级在 0～255 之间，所以将个体编码成 8 位二进制码，它代表某个阈值。

　　(2) 计算种群中各个个体的适应度值：$f(X_{11})-f(X_{1N})$。可以采用下面公式计算

$$P_0 = \frac{S_0}{I},\ P_1 = \frac{S_1}{I},\ F(k) = I \cdot J \cdot \frac{(P_0 - P_1)^2}{255^2} \tag{6.49}$$

式中，$F(k)$ 为适应度函数，$I$ 和 $J$ 分别为目标图像和背景图像的像素数，$S_0$，$S_1$ 分别为目标图像和背景图像的像素和。

　　(3) 选择。采用轮盘赌方法选择操作。有学者先将种群按照适应度排序，复制适应度较大的个体，加快收敛速度。产生的种群记为：$X'_{11}$～$X'_{1N}$。与标准 GA 略有不同，本方法未采用轮盘赌方法进行选择操作，而是以 MATLAB 中 GA 的 select 作为选择程序。在这种方法中，需要设定代沟，即整个种群在每一代中没有完全被复制，有部分剩余。一般设代沟 GAP=0.9，即每次遗传后子代数量为父代的 90%。

　　(4) 交叉。打乱种群中个体的顺序，对它们随机排序。一次将中的个体两两组成一组，按照事先设定的交叉概率 $p_c$ 进行交叉运算，产生两个新个体；如此操作，直到形成新的群体：$X''_{11}$～$X''_{1N}$；在 MATLAB 中 GA 的 crossover 实现。即在当前种群中每次选取两个个体按设定的交叉概率(0.7)进行交叉操作，生成新的一代种群。

　　(5) 变异。根据设定的变异率 $p_m$ 随机对 $X''_{11}$～$X'''_{1N}$ 中任意一个染色体中任一位码进行取反操作，从而产生新一代种群 $X_{21}$～$X_{2N}$。在 MATLAB 中 GA 的 mutation 实现。即根据一定的变异概率 $p_m$，选取当前种群的每一行对应一个染色体并用概率 $p_m$ 变异每一个元素，从而形成新一代群体。

　　(6) 终止。检验停机准则是否满足，若满足则停止 GA 运算，转向步骤(7)；否则转向步骤(3)。本程序中选择指定代数(50 代)作为寻优循环跳出的判断条件。判断跳出条件是否满足，若不满足，则以新生成的群体作为第一代群体，转到步骤(3)继续寻优；否则转到步骤(7)。

　　(7) 将最后一代群体中适应度最大的个体作为 GA 所寻求的最优结果，将其反编码(采用 bs2rv 函数)，即其对应的十进制灰度值 $t$，则 $t$ 就是 GA 得到的阈值。

　　(8) 根据所设定的波动阈值 $A$，在 $[t-A, t+A]$ 范围内利用最大类间方差法进行一次

局部搜索，即求得最佳阈值。

　　本节介绍的图像分割方法与前面 6.4 节介绍的基于 GA 的图像分割法基本思路一致。不同之处为，算法中涉及的 GA 函数都不是 GA 工具箱中的函数，而是一些学者自己编写的。这样读者可以举一反三。下面给出基于 Otsu 法与 GA 相结合的图像分割程序代码：

```
% 1. 初始种群
function initpop()
global lchrom oldpop popsize chrom C
imshow(C);
for i=1:popsize
    chrom=rand(1, lchrom);
    for j=1:lchrom
        if chrom(1, j)<0.5
            chrom(1, j)=0;
        else
            chrom(1, j)=1;
        end, end
    oldpop(i, 1:lchrom)=chrom;    %给每一个个体分配 8 位的染色体编码
    end
% 2. 计算适度值并且排序函数
function fitness_order()
if popsize>=5
 popsize=ceil(popsize-0.03 * gen);
end
if gen==75    %当进化到末期的时候调整种群规模和交叉、变异概率
 cross_rate=0.3;    %交叉概率
 mutation_rate=0.3;    %变异概率
end
if gen>1
 t=oldpop; j=popsize1;
 for i=1:popsize
if j>=1
 oldpop(i, :)=t(j, :);
end
j=j-1;
end, end
for i=1:popsize
lowsum=0; higsum=0; lownum=0; hignum=0;
chrom=oldpop(i, :); c=0;
for j=1:lchrom
c=c+chrom(1, j) * (2^(lchrom-j));
end
b(1, i)=c * 255/(2^lchrom-1);    %转化到灰度值
```

```
    for x=1:m
     for y=1:n
     if C(x, y)<=b(1, i)
    lowsum=lowsum+double(C(x, y));   %统计低于阈值的灰度值的总和
    lownum=lownum+1;   %统计低于阈值的灰度值的像素的总个数
     else
    higsum=higsum+double(C(x, y));   %统计高于阈值的灰度值的总和
    hignum=hignum+1;   %统计高于阈值的灰度值的像素的总个数
     end, end, end
     if lownum~=0
    u1=lowsum/lownum;   %u1 和 u2 为对应于两类的平均灰度值
     else u1=0; end
     if hignum~=0 u2=higsum/hignum;
     else u2=0; end
     fitness(1, i)=lownum * hignum * (u1-u2)^2; end
   if gen==1 %若为第一代，从小到大排序
    for i=1:popsize
   j=i+1;
   while j<=popsize
    if fitness(1, i)>fitness(1, j)
   tempf=fitness(1, i); tempc=oldpop(i, :);
   tempb=b(1, i);
   b(1, i)=b(1, j); b(1, j)=tempb;
   fitness(1, i)=fitness(1, j);
   oldpop(i, :)=oldpop(j, :); fitness(1, j)=tempf;
   oldpop(j, :)=tempc;
   end
   j=j+1;
   end, end
    for i=1:popsize
   fitness1(1, i)=fitness(1, i); b1(1, i)=b(1, i);
   oldpop1(i, :)=oldpop(i, :);
    end
    popsize1=popsize;
  else %大于一代时进行如下从小到大排序
    for i=1:popsize
  j=i+1;
  while j<=popsize
   if fitness(1, i)>fitness(1, j)
  tempf=fitness(1, i); tempc=oldpop(i, :);
  tempb=b(1, i); b(1, i)=b(1, j); b(1, j)=tempb;
  fitness(1, i)=fitness(1, j);
  oldpop(i, :)=oldpop(j, :);
```

```
fitness(1, j)=tempf; oldpop(j, :)=tempc;
 end
 j=j+1;
end，end，end
for i=1:popsize1%对上一代群体进行排序
 j=i+1;
 while j<=popsize1
if fitness1(1, i)>fitness1(1, j)
tempf=fitness1(1, i); tempc=oldpop1(i, :);
tempb=b1(1, i); b1(1, i)=b1(1, j); b1(1, j)=tempb;
fitness1(1, i)=fitness1(1, j);
   oldpop1(i, :)=oldpop1(j, :);
 fitness1(1, j)=tempf; oldpop1(j, :)=tempc;
end
j=j+1;
end，end
if gen==1　%下边统计每一代中的最佳阈值和最佳适应度值
 fit(1, gen)=fitness(1, popsize);
   yuzhi(1, gen)=b(1, popsize); yuzhisum=0;
else
 if fitness(1, popsize)>fitness1(1, popsize1)
yuzhi(1, gen)=b(1, popsize);　%每一代中的最佳阈值
fit(1, gen)=fitness(1, popsize);　%每一代中的最佳适应度
 else
yuzhi(1, gen)=b1(1, popsize1);
   fit(1, gen)=fitness1(1, popsize1);
 end，end
% 3. 选择函数
function select()
global fitness popsize oldpop temp popsize1
   oldpop1 gen b b1 fitness1
%统计前一个群体中适应值比当前群体适应值大的个数
s=popsize1+1;
for j=popsize1:-1:1
 if fitness(1, popsize)<fitness1(1, j)
s=j;
 end，end
for i=1:popsize
   temp(i, :)=oldpop(i, :);
end
if s~=popsize1+1
 if gen<50　%小于50代用上一代中适应度值大于当前代的个体随机代替当前代中的个体
for i=s:popsize1
```

```
p＝rand；
    j＝floor(p * popsize＋1)；temp(j, :)＝oldpop1(i, :)；
  b(1, j)＝b1(1, i)；fitness(1, j)＝fitness1(1, i)；
end
  else
if gen＜100    ％1～100 代用上一代中用适应度值大于当前代的个体代替当前代中的最差个体
 j＝1；
 for i＝s:popsize1
temp(j, :)＝oldpop1(i, :)；b(1, j)＝b1(1, i)；
fitness(1, j)＝fitness1(1, i)；
j＝j＋1；
 end
else    ％大于 100 代用上一代中的优秀的一半代替当前代中的最差的一半，加快寻优
 j＝popsize1；
   for i＝1:floor(popsize/2)
temp(i, :)＝oldpop1(j, :)；b(1, i)＝b1(1, j)；
fitness(1, i)＝fitness1(1, j)；j＝j－1；
 end, end, end, end
％将当前代的各项数据保存
for i＝1:popsize
 b1(1, i)＝b(1, i)；
end
for i＝1:popsize
 fitness1(1, i)＝fitness(1, i)；
end
for i＝1:popsize
 oldpop1(i, :)＝temp(i, :)；
end
popsize1＝popsize；
％ 4. 交叉函数
function c1＝cross(s_code1)    ％交叉算子
pc＝0.8；    ％交叉概率取 0.6
population＝10；
％(1, 2)/(3, 4)/(5, 6)交叉运算，(7, 8)/(9, 10)复制
ww＝s_code1；
for i＝1:(pc * population/2)
 r＝abs(round(rand(1) * 10)－3)；
 for j＝(r＋1):8
temp＝ww(2 * i－1, j)；
ww(2 * i－1, j)＝ww(2 * i, j)；ww(2 * i, j)＝temp；
end, end
c1＝ww；
％ 5.变异函数
```

```
function mutation( )
sum＝lchrom * popsize；　　％总基因个数
mutnum＝round(mutation_rate * sum)；　　％发生变异的基因数目
for i＝1：mutnum
 s＝rem((round(rand * (sum－1)))，lchrom)＋1；　％确定所在基因的位数
 t＝ceil((round(rand * (sum－1)))/lchrom)；　　％确定变异的是哪个基因
 if t＜1 t＝1；end
 if t＞popsize t＝popsize；end
 if s＞lchrom s＝lchrom；end
 if temp(t，s)＝＝1 temp(t，s)＝0；
else temp(t，s)＝1；end，end
for i＝1：popsize
 oldpop(i，:)＝temp(i，:)；
end
％ 6. 遗传过程
function generation( )
fitness_order；　　％计算适应度值及排序
select；　　％选择操作
crossover；　　％交叉
mutation；　　％变异
％7. 查看结果函数
function findresult( )
global maxgen yuzhi m n C B A
result＝floor(yuzhi(1，maxgen))　　％result 为最佳阈值
C＝B；
％C＝imresize(B，0.3)；
imshow(A)；title('原始图像')
figure；subplot(1，2，1)，imshow(C)；
title('原始图像的灰度图')
[m，n]＝size(C)；
％用所找到的阈值分割图像
for i＝1：m
 for j＝1：n
if C(i，j)＜＝result
 C(i，j)＝0；
else
 C(i，j)＝255；
end，end，end
subplot(1，2，2)，imshow(C)；
title('阈值分割后的图')；
％运行下面的主程序得到分割结果
％ 主程序部分
A＝imread('mh5.jpg')；　　％读入原始灰度图像
```

```
C＝imresize(A，0.1)；    ％将读入的图像缩小
lchrom＝8；    ％个体长度
popsize＝10；    ％种群大小
cross_rate＝0.7；    ％交叉概率
mutation_rate＝0.4；    ％变异概率
maxgen＝150；    ％最大代数
[m，n]＝size(C)；
initpop；    ％构造初始种群
for gen＝1:maxgen
 generation；    ％遗传操作
end
findresult；    ％图像分割结果
％输出进化各曲线
figure；gen＝1:maxgen；
plot(gen，fit(1，gen))；
title('最佳适应度值进化曲线')；
```

图 6.25 和图 6.26 分别为基于 Otsu 法与 GA 相结合的灰度图像分割结果。

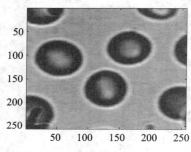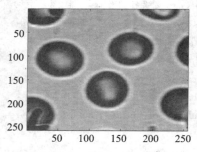

图 6.25　原始图像及其基于 Otsu 法与 GA 相结合的分割图像(遗传代数为 10，阈值为 200)

图 6.26　原始图像及其基于 Otsu 法与 GA 相结合的分割图像(遗传代数为 50，阈值为 104)

# 6.10　基于 Otsu 和 GA 的多目标图像分割

　　多目标图像的 Otsu 法分割是基于最大类间方差准则的最优分割阈值组。也就是确定一个包含 $N-1$ 个阈值的阈值组($t_1$，$t_2$，$\cdots$，$t_{N-1}$，$N$ 为图像包含的目标类别数)，使得分割后 $N$ 类区域达到类间灰度方差最大，而类内灰度方差最小，即使得

$$Y = \frac{\min\{D(i, j)\}}{1 + \max\{D(i, i)\}} \quad (6.50)$$

达到最大。式(6.50)中，$D(i, j)$ 表示第 $i$ 类与第 $j$ 类之间的灰度协方差，$D(i, i)$ 表示第 $i$ 类的灰度方差。

将 GA 运用于图像分割，就是将式(6.50)作为遗传搜索的适应度函数，将解空间中可能的分割阈值组作为遗传迭代的种群，将种群个体（灰度阈值组）进行二进制编码，形成个体的染色体，通过对种群个体染色体有限代的遗传操作，最终搜索获得最佳分割个体，解码获得最佳分割阈值组。下面给出基于 Otsu 法和 GA 的多目标图像分割的步骤：

（1）确定遗传控制参数。设置种群规模为 10 个、变异率为 0.2、交叉率为 0.9、最大迭代数为 50、遗传收敛条件为连续 5 代的个体最大适应度不变。

（2）初始化种群。依据设置的种群规模，随机产生初始种群。如对三类目标的 Otsu 法图像分割，其最佳分割阈值组包含两个阈值($t_1$, $t_2$)，在分割阈值组的解空间随机产生与种群规模一致的种群。对于 256 级($2^8$)的灰度图像，为便于进行遗传操作，将分割阈值组中每个阈值分别进行 8 位二进制编码，组成包含 16 位的编码（前 8 位为 $t_1$ 的编码，后 8 位为 $t_2$ 的编码）作为种群个体。

（3）交叉。为了使父代种群中好的个体有更多的机会参与到交叉中，以产生更好的后代子体，采用较大的交叉率 0.9。根据设置的交叉率，从父代种群中选出待交叉的个体对，并对每一对待交叉个体进行基因选优和智能交叉，得到交叉后的种群个体。

（4）变异。为了增大 GA 的搜索范围，提高种群的多样性，最大限度地避免局部收敛，采用较大的变异率 0.2，同时对选中的个体采用均匀变异，即生成一个与个体染色体编码同样长度的二进制字符串变异模板（1 表示变异，0 表示不变异）。为保留种群中的最优个体，最优个体不参加变异。

（5）判断是否满足收敛条件，若满足则输出结果并转入(6)，否则转入(3)。

（6）将得到的结果以每 8 位码为一单元进行解码，得到最优分割阈值组对图像进行分割。

# 6.11　基于二维 Otsu 和 GA 的图像分割

二维 Otsu 法可以抑制一定的噪声，分割的稳定性也较好，但二维 Otsu 法增加了计算复杂性。为了克服二维 Otsu 法的缺点，有学者将 GA 应用到二维 Otsu 法图像分割中，进行了阈值寻优，达到了较好的效果。该方法兼有二者优点，不仅提高运算速度而且能保证图像分割精度。

Otsu 的求解过程就是在解空间中找到一个最优解，使式(6.13)成立。利用改进的 GA 求这个最优解的主要过程描述如下：

（1）图像的灰度级在 0～255 之间，将每个个体编码为 8 位二进制码。则对于二维 Otsu 法分割，染色体串长定义为 16 位。

（2）初始群体的规模影响到 GA 的执行效率和结果。规模太大，则将增加计算复杂性；规模太小，则搜索空间有限，不利于求取最优解。这里设置初始群体的个数为 30 个。

（3）每一代中都有很多不同的个体存在，决定哪些个体将遗传给下一代的因素是个体的适应度大小。在该算法中，选式(6.51)作为适应度函数。

$$S_b(s, t) = \omega_1(s, t)(\mu_1 - \mu_T)^T(\mu_1 - \mu_T) + \omega_3(s, t)(\mu_3 - \mu_T)^T(\mu_3 - \mu_T)$$
$$= \omega_1(\mu_1 - \mu_T)^T(\mu_1 - \mu_T) + \omega_3(\mu_3 - \mu_T)^T(\mu_3 - \mu_T) \quad (6.51)$$
$$= \omega_1[(\mu_{1i} - \mu_{Ti})^2(\mu_{1j} - \mu_{Tj})^2] + \omega_3[(\mu_{3i} - \mu_{Ti})^2(\mu_{3j} - \mu_{Tj})^2]$$

(4) 采用了将赌轮式选择和排序选择相结合的混合选择机制。若设种群的大小为 $n$，而个体 $k$ 的适应度值为 $f_k$，首先将 $f_k$ 从大到小进行排序，大的排在前，小的排在后；然后再执行赌轮式选择，那么 $k$ 被选择的概率 $p_k$ 为

$$p_k = \frac{f_k}{\sum_{k=1}^{n} f_k} \quad (6.52)$$

这样，既有利于进化后期保持群体多样性，避免选择概率与适应度偏离的问题，又保证适应值最大的优良个体能通过交叉操作产生新的个体，逐步淘汰适应度值小的劣质个体。

(5) 交叉算子决定了 GA 的全局搜索能力，要求它既不要过分干涉个体编码串中的优良模式，又要能有效地产生出较好的新个体模式。对于二维 Otsu 法采用双点交叉，交叉概率为 $\sum p_c$，最大交叉概率 $p_{c\,max} = 0.90$，最小交叉概率 $p_{c\,min} = 0.25$。

$$p_c = \begin{cases} p_{cmin}, & f^* < f_{avg} \\ p_{cmin}\dfrac{f_{max} - f^*}{f_{max} - f_{avg}}, & f^* \geqslant f_{avg} \end{cases} \quad (6.53)$$

式中，$f^*$ 表示交叉的两个个体中较大的适应度值；$f_{max}$ 和 $f_{avg}$ 分别表示种群中最大和平均适应度值。

(6) 因其局部搜索能力而成为辅助算子，是将某一个体中任一位码按变异概率进行取反操作的过程。变异算子 $p_m$ 的自适应选取方法为

$$p_m = \begin{cases} p_{max}, & f < f_{avg} \\ p_{min}\dfrac{f_{max} - f}{f_{max} - f_{avg}}, & f \geqslant f_{avg} \end{cases} \quad (6.54)$$

式中，$f$ 为要变异个体的适应度值，$\sum p_{max} = 0.1$ 是最大变异概率；$\sum p_{min} = 0.02$ 是最小变异概率。该方法以 $f_{avg}$ 为参照，优良个体和劣质个体对应不同的 $\sum p_c$ 和 $\sum p_m$ 值，保留下优良个体，淘汰劣质个体，加快收敛速度，提高解的质量。

(7) 最大进化代数取 60，终止准则为当相邻两代个体的平均适应度值的差在[0.000, 0.005]范围之内时停止迭代。若不满足终止准则，以新的群体作为初始群体，转到步骤 3；若满足，输出结果。

(8) 将最后一代群体中适应度最大的作为最佳结果，将其反编码，即所求的最佳分割阈值。

## 6.12　基于 Otsu 和改进 GA 的图像分割

在传统 GA 中，初始种群在一个确定范围内随机产生，但最优解往往是在这个确定范围的子集里，这样会造成搜索空间过大。有学者利用图像的直方图估算出阈值的大致范

围，从而确定子集，有效地减小了搜索空间。例如，在 0～255 个灰度值中寻找最优解，若用传统方法，则初始种群的确定范围是 0～255，使得寻优空间较大，收敛时间较长。若利用直方图作为先验知识，则估算出阈值大致在 60～100 同时，经反复实验，发现将初始种群的范围大约限定在 20～200 时，能够兼顾初始种群的多样性和种群的进化能力，在平均收敛代数和收敛次数上能同时得到较明显效果。因此，以这个范围作为初始种群选取的子集，与 0～255 相比，寻优空间减小。在传统 GA 中，最优保存策略是用当前群体中适应度最高的个体来替换群体中经过交叉、变异等遗传操作后所产生的适应度最低的个体。但该算法不是采用简单的替换，而是将每一代种群中的局部最优个体都保存起来，作为全局最优解的候选解，同时将每一代种群中的局部最优个体无条件进入下一代，并不替换当前种群中适应度最低的个体。因为从生物进化的角度来说，适应度低的个体并不一定没有优秀的基因，将它们保留既保持了种群多样性又可以保留遗传信息。当迭代到预设的最大次数仍未收敛而被强制退出循环时，从所有局部最优解中选出最优解作为全局最优解。此种最佳个体保留策略既保留了传统最优保存策略的优点，又最大程度地利用了遗传信息，在抑制未成熟收敛的同时也提高了搜索的效率。无论是单点交叉还是多点交叉，进行交叉的个体的基因位是随机产生或是以固定概率选择，不能有效地搜索最优解。因为不同基因位的改变造成个体适应度值不同程度的改变，也就是说各个基因位的重要性是不等同的。按照 Holland 思想，在单点交叉中个体最末尾的基因总是被交换，即尾点效应（end-Point-effect）。因此，需要动态的改变每次迭代中各个基因作为交叉点的概率，实现每个基因位交叉概率自适应变化。对于适应度高于群体平均适度值的个体，宜采用较小的交叉概率，保证它进入下一代；而对于低于群体平均适度值的个体宜采用较高的交叉概率，使之淘汰。因此，需要动态的改变选择个体进入交配池的概率，该算法利用基于最大类间方差的改进 GA 实现图像分割，主要步骤如下：

（1）编码。图像的灰度范围是 0～255，对应一个 8 位二进制数，将个体编成 8 位二进制码。例如，某一父代 $X,Y$ 可以分别表示成 $X=x_1x_2\cdots x_8$，$Y=y_1y_2\cdots y_8$，$x_i,y_i$，是基因位。

（2）初始化种群。随机产生个体规模为 30，范围在 20～200 之间的初始种群。

（3）规定适应度函数。以式（6.13）为适应度函数。

（4）交叉操作。在该算法中采用双自适应单点交叉，由以下两步来完成：

① 基于个体的交叉概率。不同个体采用不同的交叉概率，对于适应度值高于群体平均适应度值的个体，赋予较低的交叉概率；对于适应度值低于群体平均适应度值的个体，赋予较高的交叉概率使之淘汰。采用的自适应交叉概率为

$$p'_{c1}=\begin{cases}p'_{c1}, & f>\overline{f}\\ p'_{c1}-\dfrac{(p'_{c1}-p''_{c1})(f_{max}-f)}{f_{max}-\overline{f}}, & f\geqslant\overline{f}\end{cases} \tag{6.55}$$

式中，$f_{max}$ 为当前群体中的最大适应度值，$\overline{f}$ 是每代群体的平均适应度值，$f$ 是进行交叉配对染色体（即进入交配池中的染色体）的适应度值，而 $p'_{c1}$，$p''_{c1}$ 是要设定的可调参数。当个体适应度值 $f$ 等于平均值时其交叉概率为 $p''_{c1}$，个体适应度值 $f$ 小于平均值时其交叉概率为 $p'_{c1}$。

② 基于基因位的交叉概率。对于第 $g$ 代种群，令第 $j$ 个个体第 $i$ 个基因的交叉概率为 $p_{c2}(j,i,g)$，初始值为 1/8。在每一次迭代运算中，选出父代 $X_1$ 和 $Y_1$ 在第 $i$ 个基因经单点交叉后得到子代 $X_2$ 和 $Y_2$。第 $i$ 个基因的交叉概率修改公式为

$$p'_{c2}(j,\,i,\,g+1) = \exp\!\left(\frac{f(\overline{X}) - \overline{f}_i}{f(\overline{X})} p'_{c2}(j,\,i,\,g)\right) \tag{6.56}$$

式中，$\overline{X}$ 为当前种群的平均值，$\overline{f}_i$ 为 $X_2$ 和 $Y_2$ 的平均适应度值。

令 $F$ 为个体各个基因位交叉概率之和，将其进行归一化得

$$p_{c2}(j,\,i,\,g+1) = \frac{p_{c2}(j,\,i,\,g+1)}{F},\ (i=1,\,2,\,\cdots,\,8)$$

这样既保持每个个体各个基因位交叉概率和为 1，又能体现各个基因位的不同重要程度。

(5) 变异。采用传统 GA 的变异概率，其值取 0.05。

# 6.13　基于遗传 K-均值聚类算法的图像分割

K-均值算法对初始条件敏感，容易陷入局部最优解，但它收敛速度较快，易于实现而且空间复杂性相对较小。GA 具有全局搜索性能力。因此，可利用 K 均值操作代替 GA 中的交叉操作。有学者根据图像特征空间内像素的特点，将 K 均值与 GA 相结合，提出一种遗传 K-均值聚类算法（GKCA）。该算法考虑了图像的空间信息，融合了 K-均值算法的简单性和 GA 的全局搜索性，使分割算法既具有全局搜索能力，又具有爬山能力，同时弥补了 K-均值算法和 GA 各自的缺点，而且解决了应用 Otsu 进行图像分割的局限。

### 1. K-均值聚类算法描述

K-均值聚类是基于划分的聚类方法，因算法简单且收敛速度快在图像分割中得到了广泛应用。

设有 $n$ 个 $d$ 维的数据集合 $\{x_1,\,x_2,\,\cdots,\,x_n\}$，$x_{ij}$ 表示对象 $x_i$ 的第 $j$ 个特征分量。将 $n$ 个对象分成 $K$ 类，使得总的类内差异，数据的聚类中心表示为

$$c_{kj} = \frac{\sum\limits_{i=1}^{n} \bar{\omega}_{ik} x_{ij}}{\sum\limits_{i=1}^{n} \bar{\omega}_{ik}} \tag{6.57}$$

式中，$\bar{\omega}_{ik} = \begin{cases} 1, & \text{若第 } i \text{ 个对象属于第 } k \text{ 类} \\ 0, & \text{其他} \end{cases}$，$i=1,\,2,\,\cdots,\,n;\ k=1,\,2,\,\cdots,\,K$。

则总的类内差异即误差平方和准则为

$$S(\boldsymbol{W}) = \sum_{k=1}^{K} \sum_{i=1}^{n} \bar{\omega}_{ik} \sum_{j=1}^{d} (x_{ik} - c_{ij})^2 \tag{6.58}$$

K-均值聚类算法就是使得 $S(\boldsymbol{W})$ 最小的一个最优隶属矩阵 $\boldsymbol{W}$。

该算法基本过程如下：

(1) 初始化 $K$ 个聚类中心 $(c_1,\,c_2,\,\cdots,\,c_K)$。

(2) 将每个数据对象 $x_i$ 按某种距离分配给最邻近的聚类中心 $c_k (k=1,\,2,\,\cdots,\,K)$。

(3) 对每一类中的所有对象取均值作为新的聚类中心。

(4) 重复执行(2)和(3)，直到聚类中心稳定。

其中，初始聚类中心的选择可以根据已确定的聚类数直接选取数据集合中的前一个数据作为初始聚类中心，或者在数据集中随机抽取一个数据作为聚类中心，也可采用等分的

方法在数据空间中确定一个点作为初始聚类中心等。

### 2. 基于遗传 K-均值聚类算法的图像分割

在图像分割时要充分考虑像素点的灰度信息和空间信息。灰度信息指像素的灰度值；空间信息指像素的二维坐标值和梯度等。由于图像的复杂性，灰度信息和空间信息在分割中所起的作用不同，因此有必要对各个分量乘以权系数，实现对其动态调整。

对图像进行分割，即对图像像素分成目标和背景两类。确定隶属矩阵 $W$ 时需要对图像中所有像素点进行一一判断。采用二进制编码的染色体使得各基因位的取值是 0 或 1，而隶属矩阵中各元素的取值也是 0 或 1。可以发现染色体和隶属矩阵存在着一定联系。利用二进制编码与隶属矩阵的内在联系减少图像分割的计算开销。

基于遗传 K 均值聚类算法的图像分割的主要步骤如下：

(1) 编码。考虑到图像像素灰度值和二进制编码搜索能力强以及交叉、变异操作简单等优点，对像素特征向量采用二进制编码方式。考虑到图像的灰度信息和空间信息，特征向量由灰度值、横坐标、纵坐标和梯度值组成。鉴于聚类的特征维数较高，同时聚类的对象不是很大，可以不使用对聚类中心编码的方案，而是将染色体分成 $n$ 个部分，每个部分对应一个数据对象的类别，即用染色体结构可表示为 $S = \{s_1, s_2, \cdots, s_n\}$，$s_i \in \{0, 1\}$ 表示第 $i$ 个像素是属于第一类目标(用 1 表示)，还是属于第二类背景(用 0 表示)。在二进制编码方式下一个基因位表示每个像素的目标或背景属性。

(2) 初始化。将图像分割成目标和背景两类，像素要么属于目标要么属于背景，即对染色体上的每个基因随机确定一个值，对每个像素随机赋予一个类。

(3) 适应度函数。$S$ 的适应度总的类内方差最小，令 $f(S) = -S(W) + \tilde{f} + c\sigma$，其中 $W$ 为隶属矩阵，$\tilde{f}$，$\sigma$ 分别为前种群所有个体的类内方差的平均值和标准差。适应度函数定义为

$$F(S) = \begin{cases} f(S), \text{ if } f(S) > 0 \\ 0, \quad \text{other} \end{cases} \tag{6.59}$$

(4) 选择。基于个体的适应度大小，将每一代种群中的局部最优个体都保存起来，作为全局最优解的候选解，同时将它无条件保留至下一代，那么迭代 $N$ 次就有 $N$ 个局部最优解。当迭代到预设的最大次数仍未收敛被强制退出循环时，从所有局部最优解中选出最优解作为全局最优解。该法既不同于精英选择策略又异于联赛选择机制。

(5) 变异。对选中的个体采用均匀变异，即生成一个与个体染色体编码同样长度的二进制字符串变异模板(1 表示变异，0 表示不变异)。为保留种群中的最优个体，最优个体不参加变异。进化后期，群体中最优个体的适应度值未增大，算法可能进入局部最优解。为防止早熟现象，在保留最佳个体的基础上以一个与进化代数相关较大的概率进行变异，跳出局部最优解。

(6) K-均值操作。利用 K-均值算法中的 K-均值操作替代 GA 中复杂的交叉操作，减少计算时间，其过程包括：

① 根据隶属矩阵附利用公式(4.2)计算聚类中心；

② 将每个像素重新分配给离它最近的聚类中，自所代表的类产生新的矩阵。

重复步骤(4)～(6)，直到满足停止准则或最大迭代次数时，算法终止。

# 6.14　基于 GA 的指纹图像分割算法

指纹图像分割方法一般都是基于图像灰度级进行。假定目标与背景相比有明显的灰度变化。这些方法对于理想情况或背景很简单的情况能够将指纹的目标区域和背景区域(除脊线之外的区域)分割开。但对于实际复杂的背景区域,很多经典方法的分割效果较差。为此,出现了很多改进的指纹分割方法。但这些方法的时间复杂度较高,而且对于纹线不连续、单一灰度等方向难以正确的估计区域及中心、三角附近方向变化剧烈的区域。到目前为止,尚没有一种单一的指纹图像分割方法能达到理想的分割效果,各种新方法仍在不断出现中。该算法在 Otsu 法和 GA 的基础上,给出一种指纹图像分割方法。

(1) 编码。由于通过指纹采集仪获取的指纹图像通常为 256 级的灰度图像,因此采用了 8 位二进制数进行编码,即从 00000000~11111111(即 10 进制数的 0~255),对应指纹图像的灰度值。所谓初始化种群就是该问题的初始解,通常这里采用随机函数产生 11 个 0~255 之间的随机数作为初始解。

(2) 适应度函数的确定。利用该函数来评估解的优劣,通常在编写适应度函数过程中,所得函数值越大,该解越优秀。采用 Otsu 阈值分割法,它是一种整体阈值分割方法,这种分割法不需要对直方图做预处理就能直接计算出阈值,算法较为简单,是一种受到关注的阈值选取方法,其分割原理如下:原始灰度图像 Image 的最大灰度级为 255,所有像素总数为 $N$,$n_i$ 对应灰度级为 $i$ 的像素点数,$\sum_{i=0}^{255} n_i = N$。则

灰度值为 $i$ 的像素点数的归一化概率 $p_i$ 为

$$p_i = \frac{n_i}{N} \tag{6.60}$$

设 $t$ 为分割区域和保留区域的阈值,$C_0$ 和 $C_1$ 分别为目标和背景区域,则目标区域的类出现概率和均值分别为

$$\bar{\omega}_0 = \sum_{i=0}^{t} p_i, \ \mu_0 = \frac{\sum_{i=0}^{t} i p_i}{\bar{\omega}_0} \tag{6.61}$$

背景区域的类出现概率和均值分别为

$$\bar{\omega}_1 = \sum_{i=6+1}^{255} p_i = 1 - \bar{\omega}_0, \ \mu_1 = \frac{\sum_{i=t+1}^{255} i p_i}{\bar{\omega}_1} \tag{6.62}$$

定义类间方差 $\sigma_B^2$ 为

$$\sigma_B^2 = \omega_0 (\mu_0 - \mu_T)^2 + \omega_1 (\mu_1 - \mu_T)^2 \tag{6.63}$$

式中,$\mu_T = \sum_{i=0}^{255} i p_i$。

根据式(6.61)~式(6.63)得

$$\sigma_B^2 = \omega_0 \bar{\omega}_1 (\mu_0 - \mu_1)^2 \tag{6.64}$$

因为方差是灰度分布均匀性的一种度量,方差值越大,说明构成图像的两部分差别越大。当部分目标错分为以背景或部分背景错分为目标时都会导致两部分差别变小,因此,

使类间方差最大的分割就意味着错分概率最小。通常采用类间方差 $\sigma_B^2$ 作为阈值选择适当与否的判决准则，即从图像中的最小灰度值到最大灰度值遍历 $t$，当取得的 $t$ 值使下式成立时得到的 $t$ 即为最佳阈值 $t^*$。

$$t^* = \mathrm{Argmax}\,\sigma_B^2 \tag{6.65}$$

（3）选择算子。根据现有的染色体，选择产生下一代染色体的样本。采用适应度选择和赌轮选择相结合的方法。具体操作：首先选择一个类间方差最高的一条染色体，再采用赌轮选择法选择 10 条染色体，这样共产生 11 条染色体样本供交叉和变异使用。

每条染色体分别表示为 $s_0$，$\cdots$，$s_{10}$，适应度函数为 fitness，利用 max 函数返回 11 条染色体中适应度值最大的染色体。

```
function    s＝SeleOper(s)
for i＝0:10    f[i]＝fitness(s[i]); end
for i＝0:10    sum+＝f[i]; end
t0＝max(s);
for i＝0:10    f[i]＝f[i]/sum; end％归一化处理
for i＝0:10    f[i]＝f[i−1]+f[i]; end
for i＝0:10
p＝rand(); j＝0;
if (p＞f[j])    j++; end
t[i]＝s[j]; end
for i＝0:10    s[i]＝t[i]; end
```

（4）交叉算子。采用两条个体之间单点交叉法，即除利用适应度所选择方法选择的个体之外，其余 10 条个体样本分成 5 对，两两进行交叉操作。利用随机函数产生概率 $p_1$ 和 $p_2$，其中 $p_1$ 表示是否交叉，$p_2$ 产生要交叉的位置，函数 swap$(x, y, k)$ 实现对两个数 $x$，$y$ 相互交换从 $k$ 位开始的数字。其中交叉概率为 $p$。本问题中取 $p＝0.7$。算法描述如下：

```
function s＝CrosOper(s)
for i＝1:2:10
p1＝rand();
if(p1＜p)
p2＝rand(); swap(s[i], s[i+1], p2 * 8);
end, end
```

（5）变异算子。除利用适应度选择方法所选择的个体之外，其余 10 条个体样本都可以根据相应的控制条件进行个体基因突变操作。利用随机函数产生概率 $p_1$ 和 $p_2$，其中 $p_1$ 表示是否变异，$p_2$ 产生要变异的位置，函数 mutation$(x, k)$ 实现对数 $x$ 的第 $k$ 位数字取反，其中突变概率为 $p$。本问题中取 $p＝0.1$。算法描述如下：

```
function s＝MutaOper(s)
for i＝0:10
p1＝rand();
if(p1＜p)
p2＝rand(); mutation(s[i], p2 * 8);
end, end
```

（6）算法流程。该算法主要思路为：首先计算整幅图像的全局阈值 $T$，然后将图像分割成 8×8 的小块计算各块的局部阈值 $T_{ij}$，最后对每一块区域进行检测，若 $T_{ij}>T$ 则设置为目标块，否则设置为背景块。全部算法流程如图 6.27 所示。

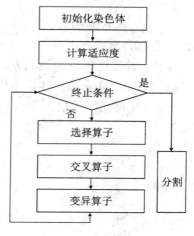

图 6.27    算法流程

# 6.15    基于遗传神经网络的图像分割

神经网络(BP)是一种多层前馈神经网络，具有广泛的适应性和有效性；GA 是一种高效全局性启发式优化方法。为克服和改进传统的 BP 算法的不足，发挥神经网络和 GA 各自的优势，出现了遗传神经网络(GABP)，它是由 GA 对 BP 神经网络进行优化而形成的网络模型。该方法充分发挥了 GA 的全局搜索能力和并行操作能力，自发地去搜索网络中最优的阈值和权值，最终使网络得到了完善。该方法能够有效地解决图像分类问题。有学者将图像分割问题看作是一种分类问题，提出了一种基于 GABP 的图像分割方法。与经典的图像分割方法相比，该方法的分割效果较好。

适应度评价是判断种群个体能否被选择遗传到下一代的唯一准则，因此设定适应度函数是 GABP 的关键问题。由于 GA 的加入是为了提高神经网络的性能，所以 GABP 的适应度函数设定应该以评估给定神经网络的性能为依据。通常 GABP 适应度函数的定义如下

$$P = \frac{f_i}{\sum\limits_{i=1}^{n} f_i} f_i \tag{6.66}$$

式中，$f_i$ 为个体 $i$ 的适应度值，可用误差平方和 $E$ 来表示，即

$$f_i = \frac{1}{E}, \quad E_i = \sum_p \sum_q (Y_q - \overline{Y}_q)^2 \tag{6.67}$$

式中，$i$ 是个体个数，$p$ 是训练样本数，$q$ 是输出节点数，$Y_q$ 是网络的实际输出，$\overline{Y}_q$ 是网络的期望输出。

根据式(6.66)~式(6.67)定义的适应度函数进行选择可以得到实际输出和期望输出的误差小的网络模型。

与 GA 一致，GABP 的操作算子也是选择、交叉、变异三种。在 GABP 中，选择算子使用的是常用的适应度比例选择法；由于 GABP 使用编码方法是实数编码，故其交叉算子使

用的是中间重组交叉法；使用的变异算子都是浮点型变异方法，如随机变异、单重边界变异、单重均匀变异、单重非均匀变异、单重高斯变异等。GABP 的建立过程如图 6.28。

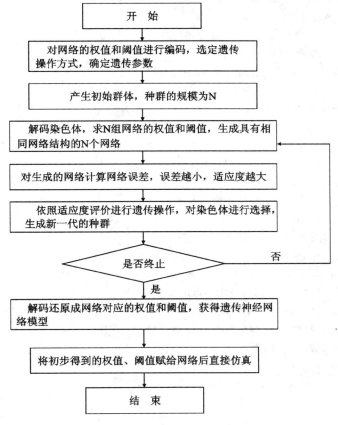

图 6.28 GABP 框图

GABP 首先在权值、阈值的空间中，随机搜索出一组最合适的权值和阈值，将此设置为神经网络的初始权值、阈值。然后再进行训练，直到均方误差收敛到指定值，或达到最大迭代次数，此时的神经网络是最优的。基于 GABP 的图像分割方法主要有两部分：利用 GABP 对样本进行学习训练和图像分割。其中图像分割有三个主要步骤：

（1）读取图像，获得图像的像素矩阵，并对矩阵进行降维操作得到输入向量。

（2）利用已经训练好的 GABP 对输入向量进行训练，最后的输出向量就是图像的分类结果，而每一个待分类的样本都是图像 $T$ 中的一个对应像素点 $T_{ij}$，将这个样本送入 GABPgann 中进行分类，将会得到一个输出值 $O_{ij}$，根据这个输出值对图像的像素点进行分类，即

$$O_{ij} = Gann(T_{ij}), \quad T_{ij} = \begin{cases} F, O_{ij} \geqslant 0.5 \\ B, O_{ij} < 0.5 \end{cases} \qquad (6.68)$$

式中，$Gann$ 为 GABP，$F$ 和 $B$ 分别为图像目标区域和背景区域，$T$ 为分割后的图像。

（3）将分类结果从一维向量数组还原为图像矩阵形式，并显示分割结果。

下面首先给出该方法涉及的几个函数，然后给出实例主程序代码：

```
% 1. BP 网络初始化：给出训练样本 P 和 T
function [P, T, R, S1, S2, Q, S] = nninit
```

```
%输入、输出数及隐含神经元数 R，S2，S1
P=[0:3:255]；T=zeros(1，86)；T(29:86)=1；
[R，Q]=size(P)；[S2，Q]=size(T)；
S1=6；　　%隐含层神经元数量
S=R*S1+S2+S1+S2；　　%GA 编码长度
```

% 2. 结合 GA 的神经网络训练函数

```
function [net]=gabptrain(gaP，bpP，P，T)
%gaP 为 GA 的参数[遗传代数，最小适应值]
%bpP 为神经网络参数信息[最大迭代次数，最小误差]
%P 为样本数组；T 为目标数组
[W1，B1，W2，B2]=getWBbyga(gaP)；　　%用 GA 获取神经网络权值阈值参数
net=initnet(W1，B1，W2，B2，bpP)；
net=train(net，P，T)；
```

% 3. 指定路径生成适合于训练的样本函数

```
function[]=generatesample(path)
%path——指定路径，用于保存样本文件
p=[0:1:255]；t=zeros(1，256)；t(82:256)=1；
save(path，'p'，'t')；
```

% 4. 利用训练好的 BP 进行分割图像函数

```
function [bw]=segment(net，img)
%net 表示已经训练好的神经网络；img 为等分割的图像
%输出 bw 为分割后的二值图像
[m n]=size(img)；
P=img(:)；P=double(P)；P=P'；
T=sim(net，P)；
T(T<0.5)=0；T(T>0.5)=255；
t=uint8(T)；t=t'；
bw=reshape(t，m，n)；
```

% 5. 将 GA 的编码分解为 BP 网络所对应的权值和阈值函数

```
function [W1，B1，W2，B2，P，T，A1，A2，SE，val]=gadecod(x)
%x 为一个个体
```

%输出参数 W1 为输入层到隐层权值；B1 为输入层到隐层阈值；W2 为隐层到输出层权值；B2 为隐层到输出层阈值；P 为训练样本；T 为样本输出值；A1 为输入层到隐层误差；A2 为隐层到输出层误差；SE 为误差平方和；val 为 GA 的适应值

```
[P，T，R，S1，S2，Q，S]=nninit；
%前 S1 个编码为 W1
for i=1:S1
    W1(i，1)=x(i)；
end
%接着的 S1*S2 个编码(即第 R*S1 个后的编码)为 W2
for i=1:S2，
    W2(i，1)=x(i+S1)；
end
```

%接着的 S1 个编码(即第 R * S1+S1 * S2 个后的编码)为 B1

```
for i=1:S1
    B1(i, 1)=x(i+S1+S2);
end
```

%接着的 S2 个编码(即第 R * S1+S1 * S2+S1 个后的编码)为 B2

```
for i=1:S2
    B2(i, 1)=x(i+S1+S2+S1);
end
```

%计算 S1 与 S2 层的输出

```
[m n]=size(P); sum=0; SE=0;
for i=1:n
    x1=W1 * P(i)+B1; A1=tansig(x1);
    x2=W2 * A1+B2; A2=purelin(x2);
    SE=sumsqr(T(i)-A2);
sum=sum+SE;    %计算误差平方和
end
val=10/sum;    %GA 的适应值
```

% 6. 用 GA 获取神经网络权值阈值参数的函数

```
function [W1, B1, W2, B2]=getWBbyga(paraments)
```

%paraments 为 GA 的参数信息[遗传代数, 最小适应值]

```
Generations=100;
fitnesslimit=-Inf;
if(nargin > 0)
    Generations=paraments(1);
    fitnesslimit=paraments(2);
end
[P, T, R, S1, S2, S]=nninit;
FitnessFunction=@gafitness;
numberOfVariables=S;
opts=gaoptimset('PlotFcns', {@gaplotbestf, @gaplotstopping}, 'Generations', Generations,
'FitnessLimit', fitnesslimit);
[x, Fval, exitFlag, Output]=ga(FitnessFunction, numberOfVariables, opts);
[W1, B1, W2, B2, P, T, A1, A2, SE, val]=gadecod(x);
```

% 7. 根据指定的权值阈值, 获得设置好的一个神经网络函数

```
function [net]=initnet(W1, B1, W2, B2, paraments)
```

%paraments 为神经网络参数信息[最大迭代次数, 最小误差]

```
epochs=500; goal=0.01;
if(nargin > 4)
    epochs=paraments(1);
goal=paraments(2);
end
net=newcf([0 255], [6 1], {'tansig' 'purelin'});
net. trainParam. epochs=epochs;
```

```
net. trainParam. goal＝goal;
net. iw{1}＝W1; net. iw{2}＝W2; net. b{1}＝B1; net. b{2}＝B2;
％ 8. GA 优化 BP 权值
tic，％开始计时，首先进行 GA
[P，T，R，S1，S2，S]＝nninit; aa＝ones(S，1) ＊ [-1 1];
popu＝600;
initPpp＝initializega(popu, aa, 'gabpEval');
gen＝1000;    ％遗传代数
％ 遗传计算
[x endPop bPop trace]＝ ga(aa, 'gabpEval', [], initPpp, [1e-6 1 1], 'maxGenTerm', gen,
'normGeomSelect', [0.06], ['arithXover'], [2], 'nonUnifMutation', [2 gen 3]);    ％ x 为最
优解，观察其搜索过程
subplot(2, 1, 1), plot(trace(:, 1), 1. /trace(:, 3), 'r-'), hold on
plot(trace(:, 1), 1. /trace(:, 2), 'b-'),
xlabel('Generation'); ylabel('Sum-Squared Error');
subplot(2, 1, 2)
plot(trace(:, 1), trace(:, 3), 'r-'), hold on
plot(trace(:, 1), trace(:, 2), 'b-'), xlabel('Generation'); ylabel('Fittness');
figure(2)    ％将 GA 的结果分解为 BP 网络所对应的权值、阈值
[W1 B1 W2 B2 P T A1 A2 SE val]＝ gadecod(x);
％ BP 网络训练的参数设置
net＝newff(minmax(P), [S1, S2], {'tansig', 'purelin'}, 'trainscg');
net. trainparam. epochs＝2e7;
net. trainparam. goal＝0. 0001;
net. trainparam. show＝400;
net＝train(net, P, T);
TT＝simuff(P, W1, B1, 'tansig', W2, B2, 'purelin')％    仿真结果
toc％    结束计时
％ 主函数
％传统 BP 训练，出现的结果，可能收敛不到目标值，或收敛步数太长(356 步)
epochs＝2000; goal＝0. 00001;
net＝newcf([0 255], [6 1], {'tansig' 'purelin'});
net. trainParam. epochs＝epochs;
net. trainParam. goal＝goal;
load('data\sample. mat');
net＝train(net, p, t);
％GABP 训练示例
generatesample('data\sample. mat');    ％用于产生样本文件
gaP＝[100 0. 00001]; bpP＝[500 0. 00001];
load('data\sample. mat');
gabptrain( gaP, bpP, p, t )
％神经网络分割示例
load('data\net. mat');
```

```
img＝imread('image\you1. bmp');
bw＝segment( net, img );
figure；subplot(2，1，1);
imshow(img)；subplot(2，1，2)；imshow(bw);
```

图 6.29 为原始图像及其基于 GABP 的图像分割结果。

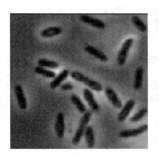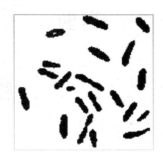

图 6.29　原始图像及其基于 GABP 的图像分割

# 第七章　基于遗传算法的图像恢复、增强、拼接和匹配

　　遗传算法(GA)在图像恢复、增强、拼接和匹配等应用中的主要问题是如何构造适应度函数。在改变像素的空间位置或估算新空间位置上的像素值时，GA 能够进行并行统计，有效地减少调整运算所需时间，合理地解决问题。基于 GA 的图像处理是寻找图像处理过程中控制参数最优解或近似最优解的过程。因此，如何将实际问题转化为利用 GA 求解参数最优解的优化问题，是将 GA 成功应用于图像处理领域的关键所在。

## 7.1　基于 GA 的参数优化方法

　　模糊 C-均值聚类算法、BP 网络和支持向量机(SVM)是图像恢复、增强、拼接和匹配等实际应用中常用的算法。三种算法的参数设置一直是 NP-难问题。实际应用中需要依靠经验和不断实验、试验取得，没有固定的方法可依。因此，一些学者利用 GA 来优化这些方法的参数，并取得了成功。本节介绍基于 GA 的三种算法的参数优化方法。

### 1. 基于 GA 优化模糊 C-均值聚类算法

　　数据聚类是指根据数据的内在性质将数据分成几类，每一类中的元素尽可能具有相同的特性，不同聚合类之间的特性差别应尽可能大。长期以来，尽管人们提出了许多数据聚类算法，如模糊 C-均值聚类算法、K-均值(K-means)算法、Dbscan 算法和 Wavecluste 算法等，但是所有这些算法在涉及大数据集的数据聚类时，存在计算开销大、效率低和聚类质量差等缺点。这些缺点直接限制了它们在一些相关领域中的实际应用。在众多的聚类算法中，模糊 C-均值聚类算法的应用领域非常广泛。它已经有效地应用在大规模数据分析、数据挖掘、矢量量化、图像分割、模式识别等领域，具有重要的理论与实际应用价值，随着应用的深入发展，该算法的研究不断丰富。

　　模糊 C-均值聚类算法是一种模糊聚类算法，是 K-均值聚类算法的推广形式，隶属度取值为[0，1]区间内的任何一个数，依据是"类内加权误差平方和最小化"准则，它通过优化目标函数得到每个样本点对所有类中心的隶属度，从而决定样本点的类属以达到自动对样本数据进行分类的目的。该方法是迭代求取最终的聚类划分，即聚类中心与隶属度值。该算法容易收敛到局部极小点。为了克服该缺点，将 GA 应用于模糊 C-均值算法的优化计算中。由 GA 得到初始聚类中心，再使用标准的模糊 C-均值聚类算法得到最优分类结果。下面给出由 GreenSim 团队编写的程序代码(http：//blog. sina. com. cn/greensim)。

```
function [BESTX, BESTY, ALLX, ALLY] = GAFCM(K, N, Pm, LB, UB, D, c, m)    %实
现遗传算法，用于模糊 C-均值聚类
% 输入参数列表：K—迭代次数；N—种群规模，要求是偶数；Pm—变异概率；LB—决策变量
的下界，M×1 的向量；UB—决策变量的上界，M×1 的向量；D—原始样本数据，n×p 的矩
```

阵；c—分类个数；m—模糊 C 均值聚类数学模型中的指数；

%输出参数列表：BESTX—K×1 细胞结构，每一个元素是 M×1 向量，记录每一代的最优个体；BESTY—K×1 矩阵，记录每一代的最优个体的评价函数值；ALLX—K×1 细胞结构，每一个元素是 M×N 矩阵，记录全部个体；ALLY—K×N 矩阵，记录全部个体的评价函数值；

```
M＝length(LB)；      %决策变量的个数
farm＝zeros(M，N)；   %种群初始化，每一列是一个样本
for i＝1：M
  x＝unifrnd(LB(i)，UB(i)，1，N)；
farm(i，：)＝x；
  end
%输出变量初始化
ALLX＝cell(K，1)；     %细胞结构，每一个元素是 M×N 矩阵，记录每一代的个体
ALLY＝zeros(K，N)；    %K×N 矩阵，记录每一代评价函数值
BESTX＝cell(K，1)；    %细胞结构，每一个元素是 M×1 向量，记录每一代的最优个体
BESTY＝zeros(K，1)；   %K×1 矩阵，记录每一代的最优个体的评价函数值
k＝1；     %迭代计数器初始化
while k＜＝K
%交叉过程
  newfarm＝zeros(M，2＊N)；
  Ser＝randperm(N)；    %两两随机配对的配对表
  A＝farm(：，Ser(1))；B＝farm(：，Ser(2))；
P0＝unidrnd(M-1)；
  a＝[A(1：P0，：)；B((P0＋1)：end，：)]；   %产生子代 a
  b＝[B(1：P0，：)；A((P0＋1)：end，：)]；   %产生子代 b
  newfarm(：，2＊N-1)＝a；     %加入子代种群
  newfarm(：，2＊N)＝b；
  for i＝1：(N-1)
    A＝farm(：，Ser(i))；B＝farm(：，Ser(i＋1))；
P0＝unidrnd(M-1)；
    a＝[A(1：P0，：)；B((P0＋1)：end，：)]；
b＝[B(1：P0，：)；A((P0＋1)：end，：)]；
    newfarm(：，2＊i-1)＝a；newfarm(：，2＊i)＝b；
  end
  FARM＝[farm，newfarm]；   %选择复制
  SER＝randperm(3＊N)；
FITNESS＝zeros(1，3＊N)；fitness＝zeros(1，N)；
  for i＝1：(3＊N)
    Beta＝FARM(：，i)；
FITNESS(i)＝FIT(Beta，D，c，m)；
  end
  for i＝1：N
    f1＝FITNESS(SER(3＊i-2))；
f2＝FITNESS(SER(3＊i-1))；
```

```
        f3＝FITNESS(SER(3 * i));
            if f1＜＝f2＆＆f1＜＝f3
                farm(:, i)＝FARM(:, SER(3 * i-2));
fitness(:, i)＝FITNESS(:, SER(3 * i-2));
            else if f2＜＝f1＆＆f2＜＝f3
                farm(:, i)＝FARM(:, SER(3 * i-1));
fitness(:, i)＝FITNESS(:, SER(3 * i-1));
            else
                farm(:, i)＝FARM(:, SER(3 * i));
fitness(:, i)＝FITNESS(:, SER(3 * i));
            end, end
        % 记录最佳个体和收敛曲线
        X＝farm; Y＝fitness; ALLX{k}＝X; ALLY(k, :)＝Y;
        minY＝min(Y); pos＝find(Y＝＝minY);
BESTX{k}＝X(:, pos(1)); BESTY(k)＝minY;
        % 变异
        for i＝1:N
         if Pm＞rand＆＆pos(1)～＝i
            AA＝farm(:, i);
BB＝GaussMutation(AA, LB, UB);
farm(:, i)＝BB;
        end, end
        disp(k); k＝k+1;
        end
        % 绘图
        BESTY2＝BESTY; BESTX2＝BESTX;
        for k＝1:K
         TempY＝BESTY(1:k);
minTempY＝min(TempY);
posY＝find(TempY＝＝minTempY);
        BESTY2(k)＝minTempY;
BESTX2{k}＝BESTX{posY(1)};
        end
        BESTY＝BESTY2; BESTX＝BESTX2;
        plot(BESTY, '-ko', 'MarkerEdgeColor', 'k', 'MarkerFaceColor', 'k', 'MarkerSize', 2)
        ylabel('函数值'), xlabel('迭代次数'), grid on
```

### 2. 基于 GA 优化 BP 神经网络模型

BP 神经网络是一类多层的前馈神经网络。在网络训练的过程中，采用误差的反向传播的学习算法调整该网络的权值。由于它的结构简单，可调整的参数多，训练算法也多，而且可操作性好，BP 神经网络获得了非常广泛的应用。传统 BP 网络的缺点在于训练的网络对连接权值和阈值的选择的依赖比较大，有学者利用 GA 对神经网络进行优化，获得了较好的权值。

1) 传统 BP 神经网络建模

传统 BP 网络的步骤为：

(1) 随机生成 2000 组二维随机数(x1, x2)，并计算对应的输出 $y=x1^2+x2^2$，前 1500 组数据作为训练数据 input_train，后 500 组数据作为测试数据 input_test，并将数据存储在 data 中，待遗传算法中使用相同的数据。

(2) 数据预处理：归一化处理。

(3) 构建 BP 神经网络的隐层数、次数、步长、目标。

(4) 使用训练数据 input_train 训练 BP 神经网络 net。

(5) 用测试数据 input_test 测试神经网络，并将预测的数据反归一化处理。

(6) 分析预测数据与期望数据之间的误差。

2) 遗传算法优化的 BP 神经网络建模

基于 GA 优化 BP 网络的基本思想为：随机初始化一些种群(网络的权值和阈值)，通过测试数据训练出种群的适应度即拟合质量的好坏，一般用误差的和来表示(适应度小的较优)，然后根据适应度进行选择、交叉、变异的循环过程，直到满足条件(进化代数或者适应度阈值满足条件)，将较好的网络参数初始值赋给神经网络的初始值，训练神经网络，便可以得到精度较高的神经网络。基于 GA 的 BP 网络的具体步骤归纳如下：

(1) 读取前面步骤中保存的数据 data，对数据进行归一化处理。

(2) 设置隐层数目，初始化进化代数、种群规模、交叉概率、变异概率。

(3) 对种群进行实数编码，并将预测数据与期望数据之间的误差作为适应度函数。

(4) 循环进行选择、交叉、变异、计算适应度操作，直到达到进化代数，得到最优的初始权值和阈值。

(5) 将得到的最佳初始权值和阈值来构建 BP 神经网络。

(6) 使用训练数据 input_train 训练 BP 神经网络 net。

(7) 用测试数据 input_test 测试神经网络，并将预测的数据反归一化处理。

(8) 分析预测数据与期望数据之间的误差。

下面为利用设菲尔德 Sheffield 的 GA 工具箱优化 BP 的权值和阈值的程序代码：

```
clc, clear all, close all
load data    %加载神经网络的训练样本，测试样本每列一个样本，输入 P，输出 T
hiddennum=31;    %初始隐层神经元个数
% 输入向量的最大值和最小值
threshold=[0 1; 0 1; 0 1; 0 1; 0 1; 0 1; 0 1; 0 1; 0 1; 0 1; 0 1; 0 1; 0 1; 0 1; 0 1];
inputnum=size(P, 1);
outputnum=size(T, 1);    %输入层、输出层神经元个数
w1num=inputnum * hiddennum;    %输入层到隐层的权值个数
w2num=outputnum * hiddennum;    %隐层到输出层的权值个数
N=w1num+hiddennum+w2num+outputnum;    %待优化的变量的个数
%遗传算法参数设置
NIND=40; MAXGEN=50;    %个体数目、最大遗传代数
PRECI=10; GGAP=0.95;    %变量的二进制位数、代沟
px=0.7; pm=0.01;    %交叉、变异概率
trace=zeros(N+1, MAXGEN);    %寻优结果的初始值
```

```
FieldD=；repmat(PRECI, 1, N)；repmat(；-0.5；0.5], 1, N)；repmat(；1；0；1；1], 1,
N)]；　%区域描述器
Chrom=crtbp(NIND, PRECI * N)；　%初始种群
%优化过程
gen=0；　%代计数器
X=bs2rv(Chrom, FieldD)；　%计算初始种群的十进制转换
ObjV=Objfun(X, P, T, hiddennum, P_test, T_test)；　%计算目标函数值
while gen<MAXGEN
 fprintf('%d\n', gen)
 FitnV=ranking(ObjV)；　%分配适应度值
 SelCh=select('sus', Chrom, FitnV, GGAP)；　%选择
 SelCh=recombin('xovsp', SelCh, px)；　%重组
 SelCh=mut(SelCh, pm)；　%变异
 X=bs2rv(SelCh, FieldD)；　%子代个体的十进制转换
 ObjVSel=Objfun(X, P, T, hiddennum, P_test, T_test)；　%计算子代的目标函数值
 [Chrom, ObjV]=reins(Chrom, SelCh, 1, 1, ObjV, ObjVSel)；　%重插入子代到父代,
                                        得到新种群
 X=bs2rv(Chrom, FieldD)；
 gen=gen+1；　%代计数器增加
 [Y, I]=min(ObjV)；　%获取每代的最优解及其序号，Y 为最优解，I 为个体的序号
 trace(1:N, gen)=X(I, :)；
trace(end, gen)=Y；　%记下每代的最优值
 end
%画进化图
figure(1), plot(1:MAXGEN, trace(end, :))；grid on
xlabel('遗传代数'), ylabel('误差的变化'), title('进化过程')
bestX=trace(1: end-1, end)；
bestErr=trace(end, end)；　%最优值
fprintf(['最优权值和阈值：\nX=', num2str(bestX'), '\n 最小误差 err=', num2str(bes-
tErr), '\n'])
```

### 3. 基于 GA 优化支持向量机(SVM)参数

支持向量机(SVM)是数据挖掘中一种新的非常有潜力的分类技术，其分类精度与核函数的参数 $\sigma$、惩罚因子 $c$ 和稀疏度因子 $v$ 均存在一定关系，为了获取最佳分类性能的 SVM 模型，需要得到最佳的参数，这是一个优化问题。到目前为止，还没有指导 SVM 参数选择的好方法。在实际应用中，人们根据经验挑选参数或使用比较费时的格子搜索算法，结合交叉验证方法去寻找最优参数。GA 直接以目标函数值作为搜索信息，可以直接利用 SVM 的预测值与真实值的误差作为目标函数来计算个体适应度值，把搜索范围集中到适应度较高(误差较小)的部分搜索空间中，从而提高搜索效率。GA 同时使用多个搜索点进行搜索。利用此特点，从指定范围中随机取得惩罚因子 $c$ 值、稀疏度因子 $v$ 值以及 RBF 核函数的参数 $\sigma$ 值，组成一个初始种群，开始最优解的搜索过程，然后对这个群体进行选择、交叉、变异等运算，产生出新一代的群体，从而完成参数的寻优。有学者提出了一种基于 GA 的 SVM 自动优化参数的算法模型：

　　(1) 适应度函数。为了使支持向量机输出与目标函数之间误差的平方和最小，将适应度函数定义为

$$F(\sigma, c, v) = \frac{1}{\sum\limits_i (y_i - f(x_i))^2 + e} \tag{7.1}$$

式中，$e$ 为避免分母为零所加的一个小数。

　　(2) SVM 参数初始化。SVM 取混合核函数，初始化参数 $\sigma$、$c$ 和 $v$，默认都取为 20。

　　(3) GA 各种参数设定。种群数 $M=500$，最大遗传代数 $G_{max}=25$，初始变异概率 $p_m=0.008$，初始交叉概率 $p_c=0.8$。可以采用一些改进的交叉概率和变异概率计算方法，由此获得自适应的交叉概率和变异概率。

　　(4) 编码。采用浮点数编码方式。将 $[\sigma, c, v]$ 编码为表现型的值，组成初始种群。

　　(5) 解码。把编码后的个体送入 SVM 训练同时计算个体的目标函数值，再将目标函数值转换成适应度值。本文用平均相对误差函数作为目标函数。

　　(6) 最优解保留。在每次进行遗传操作之前把适应度最好的解保留下来，把最差的解标上序号 Index。

　　(7) GA 操作算子。GA 操作的选择算子采用赌轮法，交叉算子采用单点交叉法，群体经过 GA 操作产生新群体，序号为 Index 的解被(6)中保存的最优解替换，新群体返回(4)继续训练。

　　(8) 设置终止条件。查看最近的连续几代最优解的适应度值，如果是相等的，认为种群已经达到最优不能再进化。

　　下面为利用设菲尔德 Sheffield 的 GA 工具箱优化 SVM 参数的程序代码：

```
clear, close all, load testData; load trainData;    %选择的训练样本是 7 个种类，每类有 7 幅图片
train = [TrainData(1:7, :); TrainData(8:14, :); TrainData(15:21, :); TrainData(22:28, :); TrainData(29:35, :); TrainData(36:42, :); TrainData(43:49, :)];
train_labels = [trainLabel(1:7, :); trainLabel(8:14, :); trainLabel(15:21, :); trainLabel(22:28, :); trainLabel(29:35, :); trainLabel(36:42, :); trainLabel(43:49, :)];    %选择的
测试样本还是这 7 个种类，每类有 2 幅图片
test = [TestData(1:2, :); TestData(3:4, :); TestData(5:6, :); TestData(7:8, :); TestData(9:10, :); TestData(11:12, :); TestData(13:14, :)];
test_labels = [testLabel(1:2, :); testLabel(3:4, :); testLabel(5:6, :); testLabel(7:8, :); testLabel(9:10, :); testLabel(11:12, :); testLabel(13:14, :)];
[train, pstrain] = mapminmax(train');
pstrain. ymin = 0; pstrain. ymax = 1;
[train, pstrain] = mapminmax(train, pstrain);
[test, pstest] = mapminmax(test');
pstest. ymin = 0; petest. ymax = 1;
[test, pstest] = mapminmax(test, pstest);
train = train'; test = test';
%对于分类问题利用 GA 来进行参数优化(c, g)，效果比较好
ga_option. maxgen = 200;    % maxgen 为最大的进化代数，默认为 100，取值范围为[100, 500]
ga_option. sizepop = 50;    % sizepop 为种群最大数量，默认为 20，取值范围为[20, 100]
```

```matlab
ga_option.ggap = 0.4;     %交叉概率，默认为 0.4，取值范围为[0.4, 0.99]
ga_option.cbound = [0.1, 1000];   %参数 c 的变化范围，默认为[0.1, 100]
ga_option.gbound = [0.001, 100];    %[参数 g 的变化范围，默认为[0.01, 1000]
ga_option.v = 7;
[bestaccuracy2, bestc2, bestg2, ga_option] = gaSVMcgForClass(train_labels, train, ga_option)
cmd2 = ['-c ', num2str(bestc2), ' -g ', num2str(bestg2)];
model2 = svmtrain(train_labels, train, cmd2);
[ptrain_label2, train_accuracy2]=svmpredict(train_labels, train, model2);
[ptest_label2, test_accuracy2] = svmpredict(test_labels, test, model2);
% gaSVMcgForClass 函数代码
function
[BestCVaccuracy, Bestc, Bestg, ga_option]=gaSVMcgForClass(train_label, train_data, ga_option)
%% 参数初始化
if nargin == 2

ga_option=struct('maxgen', 200, 'sizepop', 20, 'ggap', 0.9, 'cbound', [0, 100], 'gbound',
0, 1000], 'v', 5);
  end
  MAXGEN = ga_option.maxgen; NIND = ga_option.sizepop; NVAR = 2; PRECI = 20;
  GGAP = ga_option.ggap; trace = zeros(MAXGEN, 2);
  FieldID=[rep([PRECI], [1, NVAR]); [ga_option.cbound(1), ga_option.gbound(1);
ga_option.cbound(2), ga_option.gbound(2)]; [1, 1; 0, 0; 0, 1; 1, 1]];
  Chrom = crtbp(NIND, NVAR * PRECI);
  gen = 1; v = ga_option.v; BestCVaccuracy = 0; Bestc = 0; Bestg = 0;
  cg = bs2rv(Chrom, FieldID);
  for nind = 1:NIND
    cmd = ['-v ', num2str(v), ' -c ', num2str(cg(nind, 1)), ' -g ', num2str(cg(nind, 2))];

ObjV(nind, 1) = svmtrain(train_label, train_data, cmd);
  end
  [BestCVaccuracy, I] = max(ObjV); Bestc = cg(I, 1); Bestg = cg(I, 2);
  for gen = 1:MAXGEN
    FitnV = ranking(-ObjV);
    SelCh = select('sus', Chrom, FitnV, GGAP);
    SelCh = recombin('xovsp', SelCh, 0.7);
    SelCh = mut(SelCh);
    cg = bs2rv(SelCh, FieldID);
    for nind = 1:size(SelCh, 1)
      cmd = ['-v ', num2str(v), ' -c ', num2str(cg(nind, 1)), ' -g ', num2str(cg(nind, 2))];
      ObjVSel(nind, 1) = svmtrain(train_label, train_data, cmd);
    end
    [Chrom, ObjV] = reins(Chrom, SelCh, 1, 1, ObjV, ObjVSel);
    if max(ObjV) <= 50
```

```
        continue;
    end
    [NewBestCVaccuracy, I] = max(ObjV);
    cg_temp = bs2rv(Chrom, FieldID);
    temp_NewBestCVaccuracy = NewBestCVaccuracy;
    if NewBestCVaccuracy > BestCVaccuracy
            BestCVaccuracy = NewBestCVaccuracy;
            Bestc = cg_temp(I, 1);
            Bestg = cg_temp(I, 2);
    end
     if abs( NewBestCVaccuracy-BestCVaccuracy ) <= 10^(-2)
            && cg_temp(I, 1) < Bestc
            BestCVaccuracy = NewBestCVaccuracy;
            Bestc = cg_temp(I, 1); Bestg = cg_temp(I, 2);
    end
    trace(gen, 1) = max(ObjV); trace(gen, 2) = sum(ObjV)/length(ObjV);
    gen = gen+1;
    if gen <= MAXGEN/2
      continue;
    end
    if BestCVaccuracy >=80 && ...

( temp_NewBestCVaccuracy-BestCVaccuracy ) <= 10^(-2)
        break;
    end
    if gen == MAXGEN
        break;
end, end
gen = gen-1;
figure; hold on;
trace = round(trace * 10000)/10000;
plot(trace(1:gen, 1), 'r*-', 'LineWidth', 1.5);
plot(trace(1:gen, 2), 'o-', 'LineWidth', 1.5);
legend('最佳适应度', '平均适应度', 3);
xlabel('进化代数', 'FontSize', 12); ylabel('适应度', 'FontSize', 12);
axis([0 gen 0 100]); grid on; axis auto;
line1 = '适应度曲线 Accuracy[GAmethod]';
line2 = ['(终止代数=', num2str(gen), ', 种群数量 pop=', num2str(NIND), ')'];
line3 = ['Best c=', num2str(Bestc), ' g=', num2str(Bestg), ' CVAccuracy=', num2str
(BestCVaccuracy), '%'];
    title({line1; line2; line3}, 'FontSize', 12);
```

# 7.2　基于 GA 的图像恢复

在图像的产生、传输、处理和记录等过程中都可能引起失真。引起图像失真的原因可能是成像系统的像差、畸变、带宽有限等；成像器件的拍摄角度；运动模糊、辐射失真、引入噪声等。图像失真也称为图像退化。例如，成像目标物体的运动，在摄像后所形成的运动模糊。图像恢复从某种意义上来说，是为了改善退化图像的质量。其基本思路是，根据图像失真原因或一些先验知识，建立相应的数学模型，从被污染或畸变的图像信号中提取所需要的信息，沿着使图像失真的逆过程恢复图像本来面貌。一般复原过程是设计一个滤波器，使其能从失真图像中计算得到真实图像的估值，使其根据预先规定的误差准则，最大程度地接近真实图像。图像恢复需要一个标准，以衡量接近全真景物图像的程度，其关键是建立数学模型。目前，恢复退化图像通常采用两类方法：

（1）若对原图像缺乏先验知识，则设法对退化的物理过程建立模型，进而寻找一种去除或削弱其影响的方法。如果引起退化的原因未知，或退化的过程太复杂以致不能用模型描述时，此方法难以应用。

（2）若对原图像有足够的先验知识，则对原图像建立数学模型并据此对退化图像进行拟合，根据拟合精度确定其恢复效果。

无论哪种方法，都必须要有较多的先验知识或约束条件，而且计算求解比较复杂，对噪声十分敏感。典型的图像恢复方法有逆滤波法、维纳滤波法、奇异值分解法、最大熵恢复法等。由于引起图像退化的原因未知或不能用函数表达，使得上述方法要面临较多的约束问题和计算求解复杂度等问题。利用 GA 能够很好地解决这个问题。在 GA 中用适应度来衡量种群中各个个体(染色体)在算法运算中可能达到或接近于最优解的程度。对于图像恢复问题，适应度函数的确定涉及复原图像的退化模型，准确的模型可以最大程度地恢复原始图像。

## 1. 图像退化、恢复模型

图像恢复用来处理一个或多个质量降级而记录下来的图像。从数学观点看，给定退化(降质)图像 $g(x, y)$ 后，图像恢复的目的在于对原图或景物 $f(x, y)$ 作一个尽可能好的估计。数字图像的恢复过程为：根据退化了的图像 $g(x, y)$ 和退化算子 $H(x, y)$ 反求原始图像 $f(x, y)$。

图像的退化模型一般表示为

$$g(x, y) = H[f(x, y)] + n(x, y) \tag{7.2}$$

式中，退化系统 $H$ 满足线性、相加性、一致性和位置(空间)不变性等性质。

在这个模型中，原始图像 $f(x, y)$ 经过 $H(x, y)$ 作用，并且与噪声 $n(x, y)$ 叠加，形成退化后的图像 $g(x, y)$。

实际图像的退化模型可以表示为

$$g(x, y) = \iint h(x, y, x', y') f(x', y') \mathrm{d}x' \mathrm{d}y' + n(x, y) \tag{7.3a}$$

式中，$g$ 为退化图像；$h$ 为退化函数；$f$ 为原图像；$h$ 为随机噪声。

当退化函数 $h$ 与具体图像位置无关时可以将式(7.3a)改写为

$$g(x, y) = \iint h(x - x', y - y') f(x', y') \mathrm{d}x' \mathrm{d}y' + n(x, y) \tag{7.3b}$$

$$= h * f + n$$

式中，"＊"代表卷积运算。

对式(7.3b)进行傅里叶变换

$$G(u, v) = H(u, v)F(u, v) + N(u, v) \qquad (7.4)$$

式中，$G$、$H$、$F$ 和 $N$ 分别表示 $g$、$h$、$f$、$n$ 的傅里叶变换。

当 $H \neq 0$ 时，由式(7.4)容易表示出所求恢复图像

$$F'(u, v) = G(u, v)H(u, v)^{-1} = F(u, v) + N(u, v)H(u, v)^{-1} \qquad (7.5)$$

在无噪声的理想情况下，利用式(7.5)可以完全恢复图像。

**2. 基于 GA 的图像恢复步骤**

利用 GA 进行图像恢复，可将一幅图像用一个个体表示，其中每个个体的基因对应一个像素点的灰度值。个体对环境的适应程度用其适应度值表示(对应于目标函数值)。基于 GA 的恢复图像的具体步骤为：

(1) 编码。由原始图像灰度值推测理想图像，建立初始种群个体集。由于图像是二维的，个体也应是二维的。GA 能够在灰度图像调整过程中，把一幅图像编码为一个个体，每个个体为一幅图像。设一幅图像的大小为 $L = W \times D$，其中 $W$、$D$ 分别为图像的宽度和高度，灰度级为 256。则每个个体用 $L$ 个二维数组表示，数组中的每个元素对应个体的一个基因。基因编码没有采用一般的二进制方式，而采用整数或浮点数编码，其取值范围为 0～255 之间的数，这有利于产生适合于灰度图像的种群，也便于问题的直观表示，避免繁琐的编码、解码过程，提高了搜索的效率。另外，若实验的图像为黑白图像，原始清晰图像像数点的灰度值应为 0 或 255，则编码时随机生成 0、1 代码，乘以 255，作为一组初始可行解，由此搜索的精度更高。

初始群体可以是随机的，也可以是有选择的随机。考虑到种群的大小、规模，以及随机种群可能难以收敛、运行效率低下等因素，初始种群的选取对图像恢复来说至关重要。有学者对待恢复的图像进行随机噪声的添加，噪声添加的位置、多少和大小在一定范围内随机选取，但噪声一定要较强，避免产生早熟现象，但又要不失一定轮廓，避免初值的选取无意义。对于不同的图像，可以有不同的选择。

(2) 计算个体适应度函数。要求解最佳恢复图像，就需要将最佳恢复图像与原图像进行相比，而这二者均未知。由于退化图像 $g(x, y)$ 是由原图像退化而来，退化过程如式(7.2)所示，因而最佳恢复图像 $f'(x, y)$ 可以通过相同的退化过程产生出另一个退化图像 $g'(x, y)$。将 $g'(x, y)$ 与 $g(x, y)$ 比较，得残差为

$$E(f') \approx \| g - h \times f' \| \qquad (7.6)$$

$E(f')$ 越小，表明该个体所代表的图像的适应度越高，图像的最佳恢复过程就是求解 $E(f')$ 的最小化过程。

GA 总是将适应度较高的个体遗传下来，该优化问题要求目标函数值最小，且目标函数的值总是非负的。在遗传操作中，要对每个个体进行评价，每个个体的适应度函数由式(7.7a)或式(7.7b)确定

$$E(f'_i) \approx C - \| g - h \times f'_i \| \qquad (7.7a)$$

$$E(f'_i) \approx C - \| g - h \times f'_i - n \| \qquad (7.7b)$$

式中，$f'_i$ 是个体 $i$ 代表的推测恢复图像，$n$ 为随机噪声，$C$ 是目标函数的最大值。

有学者给出的适应度函数由式(7.7c)确定

$$E(f_i') \approx \| g - h \times f_i' \|^2 \tag{7.7c}$$

要求解 $h$ 使得 $f_i'$ 通过退化后而得到 $g$，即要求解 $h$，使得 $E(f_i')$ 最小。$E(f_i')$ 越小，该个体所代表的退化函数 $h$ 的适应度越高。

（3）遗传算子。在遗传过程中，可采用保留最佳个体（也可采用赌盘随机和排序选择）算子。这里采用与适应度值成比例的概率方法来选择个体：首先计算群体中所有个体适应度值的总和 $\left(\sum f\right)$，再计算每个个体的适应度值所占比例 $\left(f_i / \sum f\right)$，并以此作为相应的选择概率。为了加快收敛速度，有学者采用两者结合的方式，在选择的前期为了加快搜索效率，采用排序选择；后期为了增强对小区域的精确定位，采用赌盘随机选择。

在交叉计算中，采用如图 7.1(a) 的单点交叉，从结果来看效果不大理想。为此，对交叉操作进行改进，把两个个体基因中的多段同时进行交叉，对应于图像的二维个体，采用窗口交叉，如图 7.1(b) 所示。

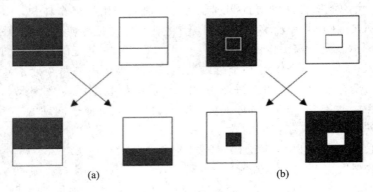

图 7.1　单点交叉与窗口交叉

变异操作是按位操作，其目的是挖掘群体中个体的多样性，克服有可能最优解的局限性。考虑到图像处理的特殊性，可采用邻近像素平均法控制变异，即在传统的变异操作基础上，根据该变异位周围像素的平均值与该变异点的灰度值之差 $\delta_k$ 来决定，若 $\delta_k > k$，则不变异；若 $\delta_k \leqslant k$ 则变异。在实际中，$k$ 取为变异位周围像素灰度值的方差误差。

（4）参数设置。图像灰度值矩阵维数较大，为了减小计算工作量，提高搜索速度，同时又能搜索到最优结果，避免收敛到局部稳定点，通过仿真实践，参数取以下数值比较合适，群体个数取 80、交叉概率设为 0.80、变异概率为 0.01、迭代次数为 100。

（5）计算适应度函数。随机产生 80 个取值为 0 或 255 的整数矩阵作为初始群体，计算适应度函数及选择概率，选择操作采用最优保存策略进化模型，确保搜索过程收敛于最优个体，再通过交叉、变异运算，提高局部搜索能力，一代一代不断繁殖、进化，逐步得到最清晰图像。

图 7.2 为基于 GA 的图像恢复流程图。例如，初始种群由 4 个个体（0110，1111，1100，1110）组成（见表 7.1）。采用轮盘赌方式来决定 4 个个体的选择份数。各个个体按适应度值比例分配，转动轮盘 4 次，决定各自的选择次数个体 1 和个体 4 各复制 1 份，个体 2 复制两份，个体 3 不再复制被淘汰，即最优秀的个体获得了最多的生存、繁殖机会，最差的个体被淘汰，由此得到的 4 份送到配对库配对繁殖。在交叉操作中，通常借助窗口交叉，也就是从父代个体矩阵内找到比较类似的窗口，开展沟通交流。首先对配对库中的个体进行随机配对，其次在配对个体中随机设定交叉处，配对个体彼此交换部分信息，从而形成新一

代的个体。观察表 7.2 中的新旧群体，不难发现群体中个体适应度有了明显提高，新群体中个体的确是朝着期望值大的方向进化。

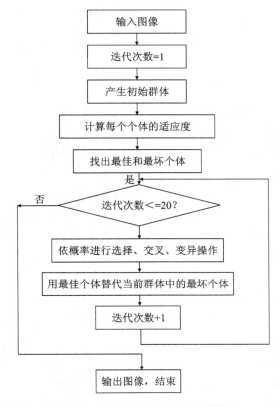

图 7.2　基于 GA 的图像恢复流程图

在变异操作中，把两个个体基因中的多段同时进行交叉，对应于图像的二维个体。表 7.1 为像素及其适应度，表 7.2 为 GA 计算表。

表 7.1　像素与适应度

| No. | 图 1 | 图 2 | 图 3 | 图 4 | 适应度 |
| --- | --- | --- | --- | --- | --- |
| 1 | 0 | 1 | 1 | 0 | 0.3 |
| 2 | 1 | 1 | 1 | 1 | 0.7 |
| 3 | 1 | 1 | 0 | 0 | 0.2 |
| 4 | 1 | 1 | 1 | 0 | 0.5 |

表 7.2　GA 计算表

| 初始群体编号 | 适应度 $f$ | 选择概率 $P_s = f_i/\sum f$ | 适应度 $f_i/f'$ | 赌轮实际计数 | 复制后交配率 | 配对选择 | 交叉位置 | 新一代群体 |
| --- | --- | --- | --- | --- | --- | --- | --- | --- |
| 0110 | 0.3 | 17.6% | 70.4% | 1 | 011｜0 | 2 | 3 | 0111 |
| 1111 | 0.7 | 41.2% | 164.8% | 2 | 111｜1 | 1 | 3 | 1110 |
| 1100 | 0.2 | 11.8% | 47.2% | 0 | 1｜100 | 4 | 1 | 1110 |
| 1110 | 0.5 | 29.4% | 117.6% | 1 | 1｜110 | 3 | 1 | 1100 |

　　对于图像的收敛判断，采用代数满足和方差满足两种判断方式。代数满足是人为给定的，而方差满足是在对当前执行种群的前一定代数的种群中最大适应度的离散情况判断。比如，前 50 代的最优个体的适应度的方差小于某一给定阈值。前两种收敛判断中，只要满足一个条件，算法就收敛。

　　例如，有学者将 GA 应用于未受噪声干扰的车牌图像恢复中。原始清晰图像为 40×120 的车牌照图，见图 7.3(a)，运动模糊图像见图 7.3(b)。模糊系数 $h(x, y)$ 与车速大小有关，中速时大约取模糊系数对角阵宽度 H＝8 即可。按照上面所设计的参数对图 7.3(b) 进行恢复，恢复后的图像见图 7.3(c)。由图可见，GA 具有很强的全局搜索能力。但在搜索过程中发现，基本 GA 的局部搜索能力较差，得到的结果往往是次最优解，尤其是复杂的汉字部分。要提高局部搜索能力，可针对汉字部分采用新的变异方法。此外，此算法计算速度较慢，只能离线进行。采用混合 GA 可进一步提高 GA 的搜索速度。对于噪声污染较严重的图像，可综合滤波方法先对图像滤波，再进行清晰化。

(a)原始清晰图像　　　　　　　(b)运动模糊图像　　　　　　　(c)恢复后的图像

图 7.3　运动车牌恢复

　　采用 GA 对图像模糊恢复，对模糊系数的先验知识要求不高，而且算法简单、抗噪声能力强、搜索效果很好，是一种图像模糊恢复的有效方法。利用 GA 恢复图像不仅较好地减小了噪声的影响，而且能够使图像更平滑，边缘没有条纹效应，视觉效果好。强大的全局搜索能力是 GA 图像恢复方法行之有效的主要原因。由于整个 GA 涉及的参数较多，参数的每一种不同组合，其对应的 GA 性能不同，最终得到的恢复图像也不尽相同。在实践中，用 GA 进行图像恢复的计算量很大，而且图像恢复属于不良设定问题，解不唯一，因此应改进编码技术，解决通常 GA 的早熟问题，以及使用大的群体规模和改进的选择和交叉算子来提高图像恢复的质量。

# 7.3　基于 GA 的图像倾斜检测与校正

　　图像校正是图像恢复的一个特例，是指对失真图像进行复原性处理。最简单的是图像的几何失真，其复原也称为图像几何校正。其基本思路是通过一些已知的参考点，即无失真图像的某些像素点和畸变图像相应像素的坐标间对应关系，拟合出映射关系中的未知系数，并作为恢复其他像素的基础。

　　图像几何校正的基本方法是：首先建立几何校正的数学模型；其次利用已知条件确定模型参数；最后根据模型对图像进行几何校正。具体操作包含两步：

　　(1) 对图像进行空间坐标变换。首先建立图像像点坐标(行、列号)和物方(或参考图)对应点坐标间的映射关系，求解映射关系中的未知参数，然后根据映射关系对图像各个像素坐标进行校正。

　　(2) 确定各像素的灰度值(灰度内插)。

　　图像校准方法归纳为：假设灰度图像 A 上一点 $(x, y)$ 的灰度为 $A(x, y)$。如图 7.4 所示，定义下面的非线性变换：

$$\begin{cases} x(x, y) = a_0 + a_1 x + a_2 x + a_3 xy \\ y(x, y) = b_0 + b_1 x + b_2 x + b_3 xy \end{cases} \tag{7.8}$$

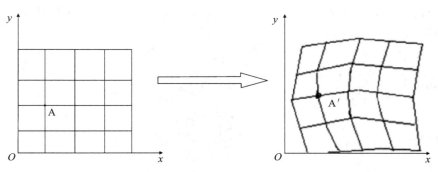

图 7.4　坐标变换

经过以上变换得到图像 A'。现在需要确定系数 $a_0$、$a_1$、$a_2$、$a_3$ 和 $b_0$、$b_1$、$b_2$、$b_3$，使图像 A' 与原始的歪斜图像 B 之间的误差最小。根据获得的变换图像推断歪斜图像 B 中发生了变化的部分。将 GA 应用于变换函数的辨识，考虑对系数向量 $[a_0, a_1, a_2, a_3, b_0, b_1, b_2, b_3]$ 进行个体编码，个体的适应度可根据其系数计算变换后图像 A' 与歪斜图像 B 之间的误差进行评价，误差值可按式(7.9)计算。个体的误差值越小，则其适应度越大。

$$\sum_x \sum_{y'} (A'(x', y') - B'(x', y'))^2 \tag{7.9}$$

由于未考虑歪斜图像灰度的变化(除局部的变化外)，在对于歪斜之外的变化较大的场合，用这种方法进行图像校正是不合适的。

下面介绍一种基于 BoundingBox 和 GA 的图像校正方法。通常文档图像在扫描入计算机时难免会有损失，文档图像的边缘也很不规则。目前常用的倾斜角检测方法有：基于 Hough 变换、基于交叉相关性、基于投影特征、基于 Fourier 变换、基于 K-最近邻簇和基于 GA 等方法。如果用普通的边缘提取方法寻找的图像轮廓，不仅增加了计算量，且增加了许多不必要的计算。有学者提出了一种简单的寻找边缘的方法，以 BoundingBox (BoundingBox 方法返回一个将形状及其子形状紧密封闭在内的矩形)面积最小作为倾料校正的最终目标，并使用 GA 搜索该最小值。该方法不需要精确地找出文档图像的边缘轮廓，只是找出含有图像的 BoundingBox 区域。算法的实现步骤如下：

(1) 实数编码。传统的 GA 使用的编码方式是二进制编码，即遗传空间的个体或个体通常由二进制串来表示。在倾斜文档图像的倾斜检测中，使用二进制编码存在以下缺点：一是倾斜的角度是未知的，范围一般在 $-15°\sim15°$ 之间。利用二进制编码使编码到度数的转换十分复杂，而采用实数编码则很容易办到；二是利用二进制位交叉和变异后有可能会产生无对应可行解的个体，这些个体经解码后所表示的可能是无效解。由于倾斜检测是对倾斜角的检测，而角度和实数可进行一一对应的转换，对于倾斜文档图像需要检测的就是倾斜的角度。一般求得的精确角度都是实数，因此本节采用实数编码。

(2) 计算适应度函数。进行倾斜角检测过程中需要一个合适的适应度函数。选取图像的 BoundingBox 的面积值作为个体的适应度值。由于采用这种方法可以只是求出 Bound-

ingBox 两个点的坐标，而不需要考虑其他点的情况。如图 7.5 所示，只需要求出 A、C 或 B、D 两个点的坐标，而其构成的 BoundingBox 的面积为

$$\text{Square}(I) = \max(x_C - x_A)(y_C - y_A)(x_D - x_B)(y_D - y_B) \tag{7.10}$$

式中，$I$ 为输入的文本图像，$x_A$，$x_B$，$x_C$，$x_D$，$y_A$，$y_B$，$y_C$，$y_D$，为图中 $A,B,C,D$ 这 4 个点的坐标。

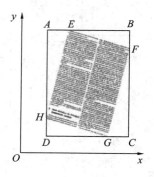

图 7.5　文档图像的 BoundingBox

为了更准确找到 BoundingBox 的面积，选取其最大的外边框，所以取两个面积值的最大值。采用这种适应度函数只是求出文本 4 个边角点，因此降低了对整个图像进行处理的运算量，同时由于求取最大值能够克服边缘变化的影响，保证了倾斜角检测的精确度。

（3）选择机制。采用精英选择，如果下一代群体的最佳个体适应度值小于当前群体最佳个体的适应度值，则当前群体最佳个体或适应度值大于下一代最佳个体适应度值的多个个体直接复制到下一代，替代最差的下一代群体中相应数量的个体。具体操作如下：

设群体大小为 $n$，其中 $f(a_i(t))$ 表示 $a_i$ 个体的第 $t$ 代的适应度值，群体 $P(t)=\{a_1(t)$，$a_2(t)$，$\cdots$，$a_n(t)\}$，计算

$$f_{\max}(t) = \max\{f(a_1(t)), f(a_2(t)), \cdots, f(a_n(t))\}$$

$$f_{\max}(t+1) = \max\{f(a_1(t+1)), f(a_2(t+1)), \cdots, f(a_n(t+1))\}$$

如果 $f_{\max}(t) > f_{\max}(t+1)$，则替换 $\{a_k(t)\}$ 为

$$\{a_k(t)\} = \{a_k(t) \mid f(a_k(t)) > f_{\max}(t+1), a_k(t) \in P(t)\} (k=1, 2, \cdots, K)$$

则 $\{a_j(t+1) \in P(t+1)\}$。

（4）交叉算子和变异算子。采用分散式的交叉算子，随机生成一个二维的向量 $v$，从上一代中随机选择两个个体作为父母设为 $P_1$ 和 $P_2$，将 $P_1$ 与 $v$ 作逻辑与、$P_2$ 与 $v$ 作逻辑或，产生新的个体 $P$ 遗传到下一代去。变异算子采用适应性的变异算子，根据个体的适应度值选择出上一代的最优的个体进行变异。交叉和变异的概率分别设置为 0.6 和 0.1。

（5）遗传终止循环条件。GA 常见的终止条件有：基于遗传代数的终止条件，即当遗传代数超过预先设定的代数，则停止循环；基于适应度的终止条件，即当当代的适应度的函数相同或变化较小时，则停止循环；基于收敛性的终止条件，即当当代的收敛值与预先设定的前 $n$ 代收敛值相同或变化较小时，停止循环。有学者采用一种混合的终止条件，首先根据收敛性终止条件判断是否终止循环，同时设置一个最大的遗传代数，其目的是为了防止 GA 过度的发散和程序运行时间过长。收敛代数和停止代数一般为 15 和 30。

图 7.6 为该算法对该文档进行的检测及校正的结果。

图 7.6　原始倾斜文档图像与校正后的文档图像

# 7.4　基于 GA 的图像增强

数字图像在获取（数字化过程）、传输和处理过程中，不可避免地会受到各种噪声污染，导致图像分辨率低、细节模糊，甚至得到错误的信息。因此，需要对图像进行增强操作，改善图像的质量，消除噪声的影响，突出图像中感兴趣的部分。图像增强问题是图像处理的基本问题之一，一些经典的图像增强方法大都是针对灰度图像增强。随着彩色图像的发展，对彩色图像进行增强也成为研究的重点。图像增强涉及的操作包括图像降噪、图像特征提取、目标轮廓提取、黑白图像假彩色生成技术等。图像增强处理从数学模型上分主要有：基于统计的、基于随机场的、基于小波变换的、基于模糊理论的和基于 GA 的等。目前，将 GA 应用于图像增强领域主要是直接对图像增强过程中的控制参数进行优化。

**1. 基于 GA 的灰度图像增强**

对于一幅数字图像 $f(x, y)$，其值大小表示图像在 $x$ 行 $y$ 列的像素值，$f(x, y)$ 为增强后的图像在对应点的像素值，则：

$$f'(x, y) = g(m(x, y)) + k(f(x, y) - m(x, y)) \tag{7.11}$$

式中，$g$ 为一个对比度扩展函数，$m(x, y)$ 为行列处像素点在它的某个领域内的局部均值，$k > 0$ 是一个控制参数，其大小直接影响到图像的处理质量。

数字图像的增强过程可以转化为寻求最优参数 $k$ 的过程。将问题的解空间映射为个体基因串。假设图像为 256 色的二维矩阵，则可将个体编码成以各像素的灰度值为元素的二维矩阵。例如，如果待增强图像尺寸为 $M \times N$，则个体基因值 $x_{ij}$（$i = 0, 1, \cdots, N-1$；$j = 0, 1, \cdots, N-1$）表示为推测图像上第 $i$ 行、第 $j$ 列的灰度值。由于灰度值是 $[0, 255]$ 内的整数，所以算法采用整数编码进行交叉和变异。种群数 $M$ 的设定值主要是考虑到图像本身已经包含大量数据，而每一代群体的 $M$ 个个体又关系到 $M$ 幅图像，大大增加的数据量会造成运算速度缓慢，因此选取较小的 $M$ 值，此时的 GA 种群是小种群。对于小种群，一般采用较大的变异率和交叉率，典型值为交叉率取 0.9、变异率取 0.01。由于三种遗传算子相互作用会影响实验结果，而目前却没有很好的标准进行算子的选取。一般可在进行多次实验的基础上，根据实验效果的好坏和实验是否易于实现，选取三种遗传算子为优胜劣汰算子、单点交叉算子、均匀变异算子。

由于图像的特殊性，在实验中采用窗口交叉，即在每个个体矩阵中选择相同大小的窗口，在各块内随机产生窗口的位置和大小，进行窗口交叉操作。变异操作采用平均值替换法，即当某一基因需要变异时，用其邻近小范围内各值的平均值替换该值。该操作可用下式表示

$$X_{ij} = \frac{\sum\limits_{i=-n}^{n} \sum\limits_{j=-m}^{m} X_{(i+n)(j+n)}}{n \times m} \tag{7.12}$$

式中，$X_{ij}$ 是需要变异的基因，$m$ 和 $n$ 是变化范围的宽度。在应用中，$m$ 和 $n$ 可根据实际情况选定。

实验目的是通过对参数 $k$ 的优化从而实现图像增强，适应度函数在 GA 中评价群体中每个个体的优劣程度，在该算法中选取一种图像质量评价准则。最常用的图像质量评价准则是信噪比（SNR）和绝对平均误差（MAE）等。读者在实验中可用 SNR 和 MAE 作为适应度函数实现 GA，并将处理结果与传统的图像增强方法的处理结果进行比较。

图像增强过程描述如下：

（1）设置进化代数计数器 $t$ 为 1。

（2）随机生成 $M=40$ 个初始个体组成初始群体 $p(t)$，然后解码得到参数 $k$ 的 40 个预测值，代入转化模型可得到 40 幅图像，并求出各个个体的适应度 $F_i(i=1, 2, \cdots, 40)$（或是由解码后的 $k$ 得到的 40 幅图像的某种评价指标）。

（3）依据计算得出的适应度，找出适应度最大 $k$，将它的二进制编码保留到下一代，并用它代替适应度最小时的 $k$ 的二进制编码，即对群体 $P(t)$ 进行优胜劣汰选择运算，得到 $P'(t)$。

（4）交叉运算。对选择出的个体集合 $P'(t)$ 进行单点交叉运算，得到 $P''(t)$。

（5）变异运算。对 $P''(t)$ 进行均匀变异操作，得到 $P'''(t)$。

（6）计算各个新个体的适应度。

（7）终止条件判断。预先设置进行代数 $T$，若满足 $t=T$，则计算终止，否则 $t=t+1$，然后重复过程步骤（3）~（5）。

**2. 基于 GA 的彩色图像增强**

近年来，彩色图像的处理日益受到学者们的关注。彩色图像包含的信息更加丰富，计算量也更大。有学者利用 GA 对彩色图像进行增强：将彩色图像理解为是由 RGB 三个色彩通道组合而成的，把这 3 个通道看作 3 张灰度图像，则整张彩色图像就是由这些灰度图像组成。首先分别对各通道对应的数据使用 GA，快速搜索由 Otsu 图像阈值选取理论确定的最佳阈值，其次使用该阈值对各通道进行增强，最后将各通道数据合成，从而实现了彩色图像的增强。有学者根据模糊理论提出了一种改进的评价图像质量的测量函数，并将其作为 GA 的适应度函数，通过对非完全 beta 函数的参数进行自适应动态调节，结果表明该方法能够成功实现彩色图像的自适应增强。有学者提出将输出图像与输入图像的灰度对应关系进行编码，利用一定的图像质量评价标准，采用 GA 去搜索效果最好的对应关系，从而取得较好的红外图像的增强效果。使用 GA 进行彩色图像增强的过程如图 7.7 所示。

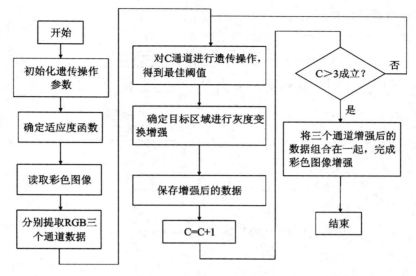

图 7.7　基于 GA 的彩色图像增强方法流程图

在图 7.7 中，灰度变换是彩色图像增强的一个重要步骤。图 7.8 给出四种典型的灰度变换图，横坐标为原图像的灰度，纵坐标为处理后的灰度。图中，(a) 类变换适合对较暗区域进行拉伸；(b) 类变换适合对较亮区域进行拉伸；(c) 类变换适合对中间区域进行拉伸而对两端压缩；(d) 类变换则比较适应对两端进行拉伸而对中间区域压缩。

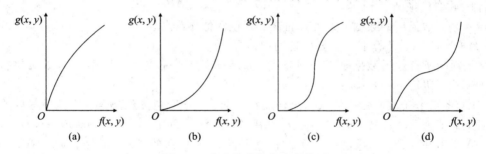

图 7.8　几种典型的灰度变换图

下面为基于 GA 的彩色图像增强的步骤：

(1) 设置遗传操作参数。包括 GA 中编码规则、种群大小、交叉率、变异率等参数。

(2) 确定适应度函数 $\sigma_B^2 = \omega_0 \omega_1 (\beta_0 - \beta_1)^2$，参见第六章的 Otsu 方法。

(3) 读取彩色图像。以 RGB 的形式读取待增强的彩色图像。

(4) 分别提取 R、G、B 三个通道的数据。将原始彩色图像以 R、G、B 三个通道分别存储，编号分别为 1、2、3 号。设初始值 $C = 1$ 为当前要处理 1 号通道的数据，即 R 通道的数据。

(5) 对 $C$ 通道分别进行遗传操作，得到最佳阈值。遗传操作的具体流程如图 7.9 所示。

随机产生一个遗传种群，该种群是通道灰度值（即某通道的数据）的集合，如 $\{t_1, t_2, \cdots, t_{count}\}$，其中 count 为种群大小；再对个体编码、计算适应度值、判断是否满足终止条件。如果不满足，就进行选择、交叉、变异等一系列遗传操作，得到一个新的种群，不断重复，直到终止条件满足。遗传操作过程中设计一个最优个体保存器。在每一次交叉与变异后选出适应度最高的个体，并与保存器中的个体相比较，如果大于保存器的个体的适应度，则用该个体替换保存器中的个体。选择个体操作按传统遗传操作中的轮转法选择个体。最后，通过解码过程就得到最佳阈值。

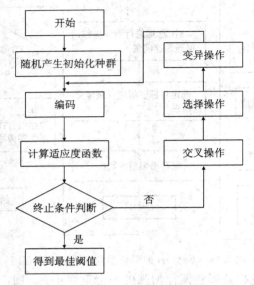

图 7.9　遗传操作流程图

（6）确定目标区域进行灰度变换增强。图像一般可以理解为由目标区域和背景区域组成，通过步骤（5）得到图像分割的最佳阈值，将小于最佳阈值的灰度数据进行增强，由此增强目标区域图像细节。

（7）保存增强后的数据。为最后的合成彩色图像做准备。

（8）$C=C+1$。计算下一个要处理的通道号。

（9）判断所有通道数据是否处理完成。如果没有处理完成，转入第（5）步继续执行。如果处理完成，执行下一步。

（10）将三个通道增强后的数据组合成在一起，完成彩色图像增强。增强后彩色图像每个像素点的值为 R、G、B 三通道相应位置增强值的合成，即 $P(x, y)=(R(x, y), G(x, y), B(x, y))$，其中，$P(x, y)$ 表示增强后彩色图像 $x$ 行 $y$ 列的像素，$R(x, y)$、$G(x, y)$ 和 $B(x, y)$ 分别表示 R、G、B 三个通道分别增强后的 $x$ 行 $y$ 列的像素。

**3. 基于三段线性变换和 GA 的图像增强方法**

图像的灰度变换是将采集的原始灰度图像 $f(x, y)$ 经过一个变换函数 $T$ 变换成一个新的图像函数 $g(x, y)$，表示为：

$$g(x, y) = T(f(x, y)) \tag{7.13}$$

为了突出图像中感兴趣的目标或灰度区间，通常采用分段线性变换，即首先将图像灰度区间分成多段，然后对分段后的灰度区间分别进行线性变化。实际应用中常用三段线性变换法（见图 7.10）对图像进行处理，其数学表达式如下：

$$g(x, y) = \begin{cases} f(x, y) \times \dfrac{H_1}{t_1}, & f(x, y) < T_1 \\[2mm] H_1 + (f(x, y) - T_1) \times \dfrac{H_2 - H_1}{T_2 - T_1}, & T_1 \leqslant f(x, y) \leqslant T_2 \\[2mm] H_2 + (f(x, y) - T_2) \times \dfrac{255 - H_2}{255 - T_2}, & f(x, y) > T_2 \end{cases} \tag{7.14}$$

图 7.10 中，$(T_1,H_1)$ 和 $(T_2,H_2)$ 是两个折线拐点位置，通过对两个折线拐点的位置和分段直线的斜率进行调整原始图像，实现对任意灰度区间进行图像增强（或扩展或压缩）。因此，如何获得最优参数 $T_1$、$H_1$ 和 $T_2$、$H_2$ 是进行图像增强的关键，有学者采用 GA 自适应确定 $T_1$、$H_1$ 和 $T_2$、$H_2$ 的值。

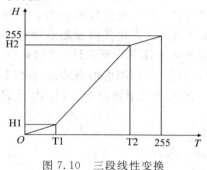

图 7.10　三段线性变换

下面为图像增强算法步骤：

（1）对原始图像灰度 $f(x,y)$ 进行归一化处理，将其变换到 $[0,1]$，即

$$g(x,y)=\frac{f(x,y)-L_{\min}}{L_{\max}-L_{\min}} \qquad (7.15)$$

式中，$L_{\max}$ 和 $L_{\min}$ 分别表示该图像灰度的最大值和最小值。

（2）设定种群规模，采用随机方式产生初始种群，并设置遗传算法的交叉、变异概率以及最大进化代数。

（3）编码设计。由于要优化的目标为四个参数 $T_1$、$H_1$ 和 $T_2$、$H_2$ 的值，因此每个个体采用一个一维 4 元数组 $[T_1,H_1,T_2,H_2]$ 表示，每一个参数对应一个基因位，采用实数编码，这样问题就转化为求目标规划下的 4 个参数组合。采用式 (7.14) 对灰度图像进行处理，得到 $g'(x,y)$。

（4）适应度函数设计。GA 中个体进化的动力来自设计的适应度函数。在图像增强处理过程中，适应度函数需要兼顾图像的整体与局部，结构和细节间的平衡关系，因此采用图像质量评价函数作为个体的适应度函数，该算法设计为

$$\text{Fitness}(i)=\frac{1}{n}\sum_{x=1}^{M}\sum_{y=1}^{N}f^2(x,y)-\left[\frac{1}{2}\sum_{x=1}^{M}\sum_{y=1}^{N}f(x,y)\right]^2 \qquad (7.16)$$

式中，$f(x,y)$ 表示原始图像，$n=M\times N$，$i$ 表示个体。

从式 (7.16) 可知，适应度值越大，表示图像对比度越高，图像灰度分布越均匀，则图像质量越好。

（5）对 $g'(x,y)$ 进行反归一化处理，得到输出图像 $f'(x,y)$。反归一化公式具体为

$$f'(x,y)=(L_{\max}-L_{\min})g'(x,y)+L_{\min} \qquad (7.17)$$

（6）对种群进行选择、交叉和变异操作，产生新的种群，不断重复以上步骤。

① 遗传操作。将规模为 p 的群体 pop$=\{a_1,a_2,\cdots,a_i,\cdots,a_p\}$，根据个体适应度值大小进行降序排列，然后选择部分最优个体直接进入下一代种群，其余个体进行交叉和变异操作。

② 交叉操作。采用算术交叉进行交叉操作，公式为

$$\begin{cases} x_1' = ax_1 + (1-a)x_2, & f(x_1) \leqslant f(x_2) \\ x_2' = ax_2 + (1-a)x_1, & f(x_1) > f(x_2) \end{cases} \qquad (7.18)$$

式中，$x_1$ 和 $x_2$ 表示父代个体，$x_1'$ 和 $x_2'$ 表示交叉后产生的子代个体。

③ 变异操作。对于一个个体，如果它的元素 $x_k$ 被选择要进行变异操作，可采用 0 与 1 直接互换，即"1→0"和"0→1"方式，产生变异后的子代个体为 $x' = (x_1, \cdots, x_k, \cdots, x_n)$。

（7）算法结束条件。如果达到最大进化代数或是获得较优的个体，把当前适应度值最大的个体作为最优解输出，对最优个体进行反编码，得到最优参数。

（8）对最优代入到式（7.14）中，得到图像增强的最优结果。

下面为网上下载的基于 GA 的图像增强的 MATLAB 代码：

```
clc, close all, clear all
[imf]=sunlightopenpic; imhist(imf);
imf=imread('image.bmp');
imf=double(imf);
[row, colume]=size(imf);
num_pixel=row * colume;
Lmax=max(imf(:));
Lmin=min(imf(:));    %全局最大最小值
tic
g_imf=(imf-Lmin)./(Lmax-Lmin);    %图像归一化处理
gc_imf=round(g_imf. * 255);
% 调用 GA 寻找最优的 alpha、beta 值
%alpha、beta 在[0, 10]区间取值, 取使 F(g(x, y))最大的那组 alpha、beta 值
[alpha, bet]=ga_image_opt(Lmax, Lmin, g_imf, row, colume, num_pixel);
% alpha=7.5;    % bet=8.5;
sprintf('The final alpha is %d.', alpha);
sprintf('The final bet is %d.', bet)
alpha_bet_time_cost=toc
% 使用以最优 alpha、bet 值为参数的处理函数 F(g(x, y))对图像进行优化处理
looktab=zeros(256, 1);
% syms t;
  kk=beta(alpha, bet);
% fu=t^(alpha-1) * (1-t)^(bet-1);
for ii=0:255

looktab(ii+1, 1)=myint(alpha, bet, 0, double(ii/255));
    end
    for i=1:row
     for j=1:colume
       tt=round(gc_imf(i, j));

out_imf(i, j)=double(looktab(tt+1, 1)/kk);
      end, end
```

```
imft=out_imf.*(Lmax−Lmin)+Lmin;
figure(1)
subplot(2，2，1)；imshow(imf)；title('原图像')；
subplot(2，2，2)；imhist(imf)；title('原图像直方图')；
subplot(2，2，3)；imshow(imft)；title('增强图像')；
subplot(2，2，4)；imhist(imft)；title('增强图像的直方图')；
s1=strcat(strcat(strcat('C:\Users\Desktop\result\GA_'，num2str(alpha))，'_b')，num2str(bet));
s2=strcat('_runtime'，num2str(alpha_bet_time_cost))；
s3=strcat(strcat(s1，s2)，'image.jpg')；
imwrite(imf，s3)；
function y=myint(alpha，bet，x0，x1)  %自定应的数值积分函数
%alpha，bet
%  x0，x1 被积函数下、上界
if x1<=x0 y=0；else
t=x0:(x1−x0)/1000:x1；
%  syms t；
fu=t.^(alpha−1).*(1−t).^(bet−1)；
y=trapz(t，fu)；end
function
[alpha，beta]=ga_image_opt(Lmax，Lmin，g_imf，row，colume，num_pixel)
    %  g_imf 归一化图像
    %row，colume 图像的行数、列数
    %  num_pixel 图像总的像素个数
    %  该模块利用遗传算法寻找最优的 alpha、beta 参数值
    %该模块需要调用如下几个函数:init_ga()、observe()、evaluate()、update()
    %  初始化种群每个个体包含两个染色体 x1 和 x2，
    %  染色体用 10 个量子位表示，群体中包含 10 个体数目
    %define the order of chromosome to be 2，which can be modified
    O_h=2；
    %define the initial mutation probability to be 0.5
    p_mut=0.5；num_of_singles=16；
    num_of_chrom=1；　  %  染色体的数目
    num_of_genes=2；　  %  基因的数目
    %  define the lenth of gene to be 8 bit，i.e.，L=8
    L=8；
    N=L*7/24；　　%N is in the range of (L/4，L/3)
    %  生成等概率的初始种群
    flag_eq_prob=0；loop=50；　  %50
    fitness_ever_best=zeros(1，loop)；
    fitness=zeros(1，num_of_singles)；
    %the following two lines initiate the binary value of two genes，each of wich
    %lasts 8 bits；the initial value is 01010101
    %sing=ones(num_of_singles，1)；
```

```
%the initial chromosome
gene_array＝zeros(num_of_singles, 2 * L);
for i＝1:num_of_singles
 for j＝1:2 * L
  if (rand(1, 1)＜0.5)
    gene_array(i, j)＝1;
end, end end,
%gene_array＝chorom;
%Q＝ones(num_of_genes * 2, 2, num_of_singles);
%Q＝Q/sqrt(2);
%pop＝Q;
%pop＝init_ga(flag_eq_prob, num_of_singles, num_of_chrom, num_of_genes);
m＝zeros(1, num_of_singles);
for iteration＝1:loop
% r＝zeros(num_of_singles, num_of_genes * num_of_chrom);
%对应 num_of_genes * num_of_chrom
[best_index, fitness, best_fitness, worst_fitness, best_alpha, best_beta]＝evaluate_image_
opt(Lmax, Lmin, gene_array, g_imf, row, colume, num_pixel, num_of_singles, L);
fitness_ever_best(1, iteration)＝best_fitness;
 alpha_array(1, iteration)＝best_alpha;
 beta_array(1, iteration)＝best_beta;
 diff＝best_fitness ＝＝ worst_fitness;
 if diff ＝＝ 0 diff ＝0.0001; end
 for i＝1:num_of_singles

m(i)＝round(N * (best_fitness－fitness(i))/diff);
 end
 gene_array＝mutate(gene_array, num_of_singles, L, p_mut, m, O_h);
 %pop＝upgate(pop, num_of_singles, num_of_chrom, num_of_genes, best_index, iteration);
 end
 alpha_array, beta_array , fitness_ever_best
 [fitness_best_best k]＝max(fitness_ever_best(:));
 alpha＝alpha_array(1, k); beta＝beta_array(1, k);
```

# 7.5　基于 GA 的图像碎片拼接方法

　　碎片拼接方法是指将一组物品的碎片依据其轮廓拼接出物品原来的形状的技术。该技术应用于各个领域，包括文物、瓷器、照片等碎片的拼接。三维物品的碎片拼接是模式识别领域的重点研究对象之一。对于三维物品的碎片拼接问题，在采集图像信息时需要考虑角度、光线等各个因素，需要将三维物品采集成二维的图像进行碎片的图像拼接，所以二维图像的拼接便是三维实物拼接技术中的关键因素。所以，本节主要讨论二维图像的碎片拼接方法。传统的碎片拼接算法需要大量繁琐的计算，大大增加了算法的时间复杂度。针对传统算法的不足，有学者将改进 GA 应用于碎片拼接算法中，提高了算法的效率和准确率。

## 7.5.1　基础知识

图像采集是对碎片数字化的过程，将采集的图像转化为二值图像，对图像进行匹配处理，得到原始图像的最优组合，从而实现碎片拼接的目的。传统的碎片拼接技术主要是基于局部最优的，考虑局部边界、局部角点来判断是否达到最佳匹配的效果。图像拼接方法很多，不同算法的步骤会有一定差异，但大致过程基本相同，可分为以下五步：

（1）图像预处理。图像预处理主要指对图像进行去噪、边缘提取、直方图处理、几何畸变校正和噪声抑制等，让参考图像和待拼接图像不存在明显的几何畸变，能够满足图像配准的要求。在图像质量不理想的情况下进行图像拼接，如果不经过图像预处理，很容易造成一些误匹配。

（2）图像配准。图像拼接成功的关键在于两幅存在重叠区域的图像的配准。图像拼接的成功与否主要是图像的配准。待拼接的图像之间可能存在平移、旋转、缩放等多种变换或大面积的同色区域等很难匹配的情况，一个好的图像配准算法应该能够在各种情况下准确找到图像间的对应信息，将图像对齐。一般采用一定的匹配策略，找出待拼接图像中的模板或特征点在参考图像中对应的位置，进而确定两幅图像之间的变换关系。主要指对参考图像和待拼接图像中的匹配信息进行提取，在提取出的信息中寻找最佳的匹配，完成图像间的对齐。

（3）建立变换模型。根据模板或图像特征之间的对应关系，计算出数学模型中的各参数值，从而建立两幅图像的数学变换模型。

（4）统一坐标变换。根据建立的数学变换模型，将待拼接图像转换到参考图像的坐标系中，完成统一坐标变换。

（5）融合重构。由于任何两幅相邻图像在采集条件上都不可能做到完全相同，因此，图像拼接时容易产生缝隙。图像拼接缝隙就是从一幅图像的图像区域过渡到另一幅图像的图像区域时，由于图像中的某些相关特性发生了跃变而产生的。图像融合指在完成图像匹配以后，对图像进行缝合，并对缝合的边界进行平滑处理。将待拼接图像的重合区域进行融合，得到拼接重构的平滑无缝全景图像，让缝合自然过渡。

图 7.11 为图像拼接的基本流程图。

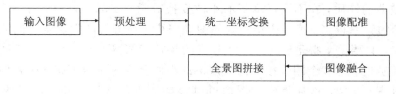

图 7.11　图像拼接的基本流程图

## 7.5.2　消除图像碎片拼接缝方法

一般情况下，进行图像拼接时，在拼接的边界上不可避免地会产生拼接缝。这是因为两幅待拼接图像在灰度上的细微差别都会导致明显的拼接缝。在实际的成像过程中，这种细微差别很难避免。以往在寻找拼接线时，只要找到一个最佳拼接点，以此点做一条直线作为拼接线。现在一些学者通过设置一个阈值，在阈值范围内寻找出每个拼接点，把这些点连成的折线作为拼接线进行拼接。传统的消除拼接缝的方法很多，常用的有中值滤波法、加权平滑法和小波变换法等。

### 1. 中值滤波法消除拼接缝

中值滤波法是对接缝附近的区域进行中值滤波。对与周围灰度值差比较大的像素取与周围像素接近的值，从而消除光强的不连续性。中值滤波器处理接缝附近的狭长区域。该方法速度快，但质量不高。平滑的结果会使图像的分辨率下降，使图像细节分辨不出，产生图像模糊。

### 2. 加权平滑消除拼接缝

在实际中，最常用的方法是对重叠区域进行加权平滑。该方法的思路是：图像重叠区域中像素点的灰度值 Pixel 由两幅图像中对应点的灰度值 LPixel 和 RPixel 加权平均得到，即：Pixel＝$k$×LPixel＋$(1-k)$×RPixel。其中 $k$ 是渐变因子，$0<k<1$。在重叠区域中，按照从左图像到右图像的方向，$k$ 由 1 渐变至 0，由此实现在重叠区域中由左边重叠区慢慢过渡到右边重叠区的平滑拼接。寻找最佳拼接线时，采用一个滑动窗口在图像重叠区上逐行选择灰度值差异最小的像元作为最佳拼接点。但是，如果按照这种拼接点选择法往往会出现上下行拼接点位置相差较远的现象，这样拼接有时会因上下行之间灰度差异较大而造成新的接缝。为避免这类现象发生，不仅要考虑相邻拼接点的灰度值差异，而且还要考虑相邻拼接点的位置不能太远。有学者引进一个阈值 $T$，把选择最佳拼接点的范围限制在这个阈值内。除第一行按灰度值差异最小的原则处理外，其他各行的拼接点从一个选定区域中选取：即与上一行所选拼接点同列的点及以该点为中心左右宽度为 $T$ 的区域中的点。在这个区域中选取一个最佳拼接点。选出每行的拼接点后连接成一条拼接线。所以，这条拼接线可能是条折线。这样，由于各行都是选择规定邻域内灰度差异最小的点作为拼接点，接缝现象就会得到很大的改观。实际应用中，$T$ 的值不能选取得太大，在 1～5 之间选取为佳。找出最佳拼接缝后，按前面所述的加权平滑对重叠区域再进行过渡，得到的图像质量有很大改观。

### 3. 利用小波变换消除拼接缝

充分利用小波变换的多分辨率特性，能够很好地解决拼接图像的接缝问题。小波变换具有带通滤波器的性质，在不同尺度下的小波变换分量，实际上占有一定的频宽，尺度 $j$ 越大，该分量的频率越高。把要拼接的两幅图像先按小波分解的方法将它们分解成不同频率的小波分量，只要分解得足够细，小波分量的频宽就能足够小。然后在不同尺度下，选取不同的拼接宽度，把 2 个图像按不同尺度下的小波分量先拼接下来，然后再利用小波逆变换，恢复到整个图像。这样得到的图像可以很好地兼顾清晰度和光滑度两个方面的要求。但小波变换也存在缺点，如小波变换的算法比较复杂，需要在小波变换域内先进行拼接处理，在计算过程中涉及大量的浮点运算和边界处理问题，对实际生产中的大容量图像进行处理时计算机内存开销很大，且处理时间较长，拼接速度慢。

下面是把一副完整的图像分割后再拼接起来的程序代码：

```
I=imread(z2.jpg′);    %假设要处理的图像是 z2.jpg
heights=size(I, 1);    %图像的高
```

```
widths=size(I, 2);    %图像的宽
m=4; n=5;    %假设纵向横向各分成 4 幅和 5 幅图
% 考虑到 rows 和 cols 不一定能被 m 和 n 整除，所以对行数和列数均分后要取整
rows=round(linspace(0, heights, m+1));    %各子图像的起始和终止行标
cols=round(linspace(0, widths, n+1));    %各子图像的起始和终止列标
blocks=cell(m, n);    %用一个单元数组容纳各个子图像
for k1=1:m
    for k2=1:n
    blocks{k1, k2}=I(rows(k1)+1:rows(k1+1), cols(k2)+1:cols(k2+1), :);
    subimage=blocks{k1, k2};
    %以下是对 subimage 进行边缘检测
    %加入边缘检测的代码
    blocks{k1, k2}=subimage;
    figure, imshow(subimage)
end，end
processed=I;    % processed 为处理后的图像，用原图像对其初始化
%以下为拼接图像
for k1=1:m
    for k2=1:n
processed(rows(k1)+1:rows(k1+1), cols(k2)+1:cols(k2+1), :)=blocks{k1, k2};
end，end
figure, imshow(processed)
```

本程序可对灰度图像和真彩图像进行碎片拼接。

## 7.5.3　基于 GA 的图像拼接

基于 GA 的图像拼接方法在维持匹配准确性的同时能够极大减少计算量。

### 1. GA 求解

传统的模块匹配方法是在前幅图像的重叠区域内取一块像素作为模板，遍历第二幅图像中所有可能的配准位置，在每个配准位置上都计算对应像素灰度差值的平方和，然后取平方和最小的位置作为最佳配准位置。假设选取的模板大小为 $10 \times 10$，遍历一幅 $300 \times 300$ 的源图像，则需要在 84 100 个配准模块上计算 100 个对应像素差值的平方和，所以这种方法的计算量非常大。GA 是一种不需要穷举的优化算法，它能很好地利用前一代的信息，通过编码、选择、交叉、变异以及解码在解空间中快速地寻找使适应度函数达到最优化的值。要运用 GA 求解最佳配准位置，需要解决的问题如下：

（1）适应度函数的确定。选择每个匹配点上对应像素灰度差值的平方和作为适应度函数值。如果直接将配准位置的坐标值作为适应度函数的自变量，那么适应度函数就成为一个仅在整数坐标点上有意义的离散二维函数，这样就存在着解码时下标越界（解码得到的下标可能为非整数）和收敛成功率较低的问题。为解决这些问题，首先需要把适应度函数的定义域从二维正整数空间扩展到二维正实数空间中。

$$F(x, y) = \begin{cases} f(x, y), & x=1, 2, \cdots, n, \cdots, y=1, 2, \cdots, n, \cdots \\ f(m, n), & m<x<m+1, n<y<n+1 \end{cases} \tag{7.19}$$

当 $(x, y)$ 为正整数时，$f(x, y) = \sum\limits_{i=1}^{i=s} \sum\limits_{j=1}^{j=t} (M(i, j) - I_2(x+i, y+j))^2$。式中，$(x, y)$ 表示所选模块在第二幅图像上的配准位置，$M(\cdot)$ 为模板上像素点的灰度值，$I_2(\cdot)$ 为第二幅图像的灰度值；若两幅图像为 RGB 图像，则 $M(\cdot)$ 和 $I_2(\cdot)$ 都取其中同一种颜色分量，$s \times t$ 表示模板的大小，$m$ 和 $n$ 为正整数。

（2）选择、交叉、变异操作。一般采用轮盘赌的选择算法、单点交叉算法。由于本节所选取的适应度函数较为特殊，为了避免未成熟收敛问题，需要将变异概率适当放大。

（3）停止准则。采用最大进化代数的算法停止准则。由于在配准实验中发现，算法几乎都在迭代 30 次左右时就收敛了，因此可以将最大迭代次数设定为 50 次。当算法终止时，适应度值最小的个体即是模板在第二幅图像中配准位置的左上角像素的坐标。

### 2. 图像缝合

由于两幅图像之间存在一定的光照差异，因此当确定了两幅相邻图像的重叠区域之后，如果直接简单地将第二幅图像的非重叠部分拼接在前幅图像之后，将会造成拼接部分存在明显的边界。为了实现两幅图像之间的平滑过渡，需要对重叠区域像素的灰度值进行局部线性插值：

$$\begin{cases} I = d \times I_1 + (1-d) \times I_2, & d \in [0, 1] \\ d = \dfrac{L-w}{L}, & w \in [0, L] \end{cases} \tag{7.20}$$

式中，$I$ 为缝合图像重叠区域的灰度值，$I_1$ 为前幅图像重叠部分的灰度值，$I_2$ 为第二幅图像重叠部分的灰度值，$d$ 为渐变因子，$L$ 为两幅图像重叠区域的宽度，$w$ 为插值处到重叠区域左端的距离。

### 3. 拼接实验及结果分析

实验中采用的遗传参数为：初始种群规模为 30；最大迭代次数为 50；编码方式为二值编码，编码精度为 0.01；单点交叉概率 $p_c = 0.6$；另外经过反复实验发现当变异概率 $p_m$ 取缺省值 0.05 时，收敛成功率仅为 35% 左右(仅当 GA 收敛到全局最优解时，认为算法成功收敛)，这是由于所选取的适应度函数的特殊性引起的。当 $p_m$ 取值为 0.1 时，算法效果最好，收敛成功率可达到 60%～70%。

为了进一步提高算法搜寻全局最优解的成功率，使用了对同一初始种群连续 5 次运行 GA，并记录每次的最优解，然后比较所得的 5 个解，来确定最终解的方法，这样收敛成功率就达到 $1 - 0.4^5$，可以认为 100% 成功收敛。另外考虑到 GA 运行过程中可能多次使用同一个配准位置的适应度值，为了避免重复计算同一个配准位置坐标的适应度值，可以采用如下算法来减少计算量：

（1）开辟一个全局数组变量 $Record_{m \times n}$，并初始化为零矩阵，其中 $m$ 和 $n$ 为模板在第二幅图像中的配准范围；

（2）当 GA 运行过程中需要使用配准位置 $(i, j)$ 的适应度值 $F(i, j)$ 时，若 $Record(i, j) \neq 0$，则 $F(i, j) = Record(i, j)$，否则转入步骤（3）；

（3）计算配准位置 $(i, j)$ 的适应度值 $F(i, j)$，并令 $Record(i, j) = F(i, j)$。

通过上述步骤，可以有效利用所有已经计算过的适应度值，避免重复计算所带来的额外负担，并且最终通过查看矩阵 $Record_{m \times n}$ 中非零元素的个数，可以准确知道所计算适应度函数值的次数，即所枚举过的配准点的个数。图 7.12 为实验结果，其中图 7.12(c)为图 7.12(a)和图 7.12(b)的拼接图像。

(a) 待拼接源图像1　　　　　(b) 待拼接源图像2　　　　　(c) 拼接后的图像

图 7.12　图像拼接

实验中可以发现，对于重叠区域有较明显变化（通常重叠区域占源图像 30％～50％）的两幅源图像，该算法能够准确地找到配准位置，并实现平滑无缝的拼接，对于某些质量稍差的图像也能实现较好的拼接，说明该方法具有一定的鲁棒性。该方法与传统的枚举方法在拼接能力上基本无差别，但是计算花费却小得多，对于一幅配准范围为 $300 \times 300$ 的待拼接图像，若按照传统方法在每个配准位置都计算模板灰度差值的平方和，则共需要计算 90 000 次，而使用上述算法却可以控制在 8500 次左右，极大地减少了计算量，充分发挥了 GA 不需要穷举而得到最优解的特性。

# 7.6　基于 GA 的图像匹配

图像匹配是计算机视觉及图像分析与处理中的一项非常重要的技术，在航空摄影测量、地理分析、医学等领域中都得到广泛应用。图像匹配是对不同源数据的集成工作，是在图像分析过程中获取最终图像信息的重要一步。其主要研究的问题是寻找两幅图像之间的最优空间位置和灰度的映射，从而使两幅图像实现最佳的匹配。在计算机识别事物的过程中，常需要把不同传感器或同一传感器在不同时间、不同成像条件下对同一景物获取的两幅或多幅图像在空间上对准，或根据已知模式到另一幅图中寻找相应的模式，这就叫做匹配。在图像匹配领域中，主要研究的不仅是如何提高图像匹配的精度，而且还要减小与其相关算法的计算量。图像匹配的应用场合非常广，涉及的领域有计算机视觉、遥感图像处理、医学图像处理等。传统匹配算法的搜索策略是遍历性区域相关匹配寻优，其绝大部分时间都是在非最优匹配点上作匹配计算，计算量大、效率低，难以应用于实时性要求高的场合中。为加快匹配速度，近年来人们提出了许多图像匹配的理论和方法。研究表明，在各种匹配算法中，传统的相关匹配算法能够获得较高的匹配精度，对各类匹配问题具有很强的适应性。但由于其需要搜寻区域上所有点，所以效率很低。而在实际应用中，待搜寻的目标在搜寻区域上往往是少数，这意味着大量计算浪费在根本不可能是目标的点上。如果能找到一种有效的搜索策略实现非遍历性搜索，则可大大提高匹配速度。因此，根据 GA 的特点，可以将其引入到图像匹配中。

## 7.6.1　图像匹配方法分类

图像匹配是在图像中寻找是否有所关心的目标，包括模板匹配、目标匹配和动态模式匹配，其中模板（子图像或窗）匹配是最常见的匹配方法。如何提高图像匹配的精度和计算速度一直是研究的热点。图像匹配可以描述为如下的问题：

给定同一景物从不同的视角或在不同的时间获取的两个图像 $I_1$、$I_2$，和两个图像间的相似度量 $S(I_1，I_2)$，找出 $I_1$ 和 $I_2$ 中的同名点，确定图像间的最优变换 $T$，使得 $S(T(I_1)，I_2)$ 达到最大值。

图像匹配总是相对于多幅图像来讲的，在实际工作中，通常取其中的一幅图像作为配准的基准，称它为参考图，另一幅图像为搜索图。图像匹配的一般做法是，首先在参考图上选取以某一目标点为中心的图像子块，并称它为图像配准的模板，然后让模板在搜索图上有秩序地移动，每移到一个位置，把模板与搜索图中的对应部分进行相关比较，直到找到配准位置为止。

图像匹配问题的一般性描述：给定两幅大小分别为 $M \times N$ 和 $m \times n$ 的灰度图

$$R_1 = \{f_1(x，y)，1 \leqslant x \leqslant M，1 \leqslant y \leqslant N\}$$
$$R_2 = \{f_2(x，y)，1 \leqslant x \leqslant m，1 \leqslant y \leqslant n\}$$

(7.21)

式中，$f_1$，$f_2$ 为图像的灰度值，$m \leqslant M$，$n \leqslant N$。

如果以 $R_1$ 为源图，$R_2$ 为模板，则匹配问题变成寻求映射函数 $T: R_2 = T(R_1)$，使得定义的某种测度 $F(f_1，f_2)$ 取最大值或最小值，其中 $f_1(x，y) \in R_1$，$f_2(x，y) \in R_2$。

如果在模板的范围内，同一目标的两幅图像完全相同，那么完成图像匹配并不困难。然而，实际上图像匹配中所遇到的同一目标的两幅图像常常是在不同条件下获得的，如不同的成像时间、不同的成像位置、甚至不同的成像系统等，再加上成像中各种噪声的影响，使同一目标的两幅图像不可能完全相同，只能做到某种程度的相似，因此图像匹配是一个相当复杂的技术过程。图像匹配方法很多，如基于图像灰度相关匹配、基于图像特征匹配、基于神经网络配匹、基于 GA 配匹等。大致分为三类：

(1) 基于灰度的匹配方法。该算法是把参与图像匹配的数据进行二维傅立叶变换后，然后在经过一系列的图像处理后的基础上进行匹配，整个图像像素数据都参与到运算当中。

(2) 基于对图像理解和解释的匹配方法。该算法是通过计算机自动识别图像特征，它涉及人工智能领域的研究，目前还处于研究阶段，没有达到实用的要求。

(3) 基于图像特征的匹配方法。该算法首先提取图像的特征区域、边缘、特征点等，在此基础上对图像的特征集通过相似度的测定来进行匹配。

基于灰度的匹配方法是从匹配图像中提取目标区域模板，然后通过计算模板与匹配图像区域之间灰度相似性来进行匹配。该类算法之间的主要差别在于相关度量标准和搜索算法的选择。由于该类算法的运算量一般比较大，从而限制了它们的应用范围。互相关法是一种基于灰度统计量的图像匹配方法，在图像模板匹配领域和模式识别领域中被广泛使用。很多匹配算法的相似度度量都用到互相关法。对一个模板 $T$ 和图像 $f$，设 $T$ 的区域比 $f$ 小，则二维归一化的互相关函数为

$$c(u，v) = \frac{\sum_x \sum_y T(x，y)f(x-u，y-v)}{\sqrt{\sum_x \sum_y T(x，y)f^2(x-u，y-v)}}$$

(7.22)

式中，$T(x，y)$ 和 $f(x，y)$ 分别表示模板图像和待匹配图像在坐标 $(x，y)$ 处的灰度值。

更直观的度量方法是计算模板与图像的平方差

$$D(u, v) = \sum_x \sum_y \{T(x, y) - f(x - u, y - v)\}^2 \qquad (7.23)$$

函数值是随相似性度量值的上升而下降。假定 $\mu_T$、$\sigma_T$ 代表模板 $T$ 的均值和方差，$\mu_j$、$\sigma_f$ 代表图像 $f$ 的均值和方差，定义归一化平方差为

$$D'(u, v) = \frac{\text{cov}(f, T)}{\sigma_f \sigma_T} = \frac{\displaystyle\sum_x \sum_y [T(x, y) - \mu_T][f(x - u, y - v) - \mu_f]}{\sqrt{\displaystyle\sum_x \sum_y [T(x, y) - \mu_T]^2 [f(x - u, y - v) - \mu_f]^2}}$$

$$\qquad (7.24)$$

式中，cov 表示图像的协方差。

由上式可以计算出模板和图像匹配的概率。当图像有噪声时，函数 $D'(u, v)$ 比前面所述的函数 $c(u, v)$ 和 $D(u, v)$ 的效果好。

由卷积定理将时域相关计算转换为傅立叶变换积的形式，即

$$F\left[\sum_x \sum_y T(x, y) f(x - u, y - v)\right] = T(m, n) \overline{F}(m, n) \qquad (7.25)$$

式中，$T(m, n)$ 和 $F(m, n)$ 分别是时域 $T(x, y)$ 和 $f(x, y)$ 的傅立叶变换。$\overline{F}$ 表示 $F$ 的复共扼。

一些学者将快速傅立叶变换(FFT)的相关算法应用于图像匹配中，即通过快速傅立叶分析，将相关运算变换到频域中进行，但相关系数的计算在频域内难以实现。

### 7.6.2　基于 GA 的图像匹配方法

基于 GA 的图像匹配方法利用 GA 进化思想改进了传统模板匹配算法的搜索策略，在选择操作中结合排序方法和最优保存模型，并在整个遗传过程中引入并行处理的概念。通过基于 GA 的全局最优化方法，从未校准图像中提取角点进行匹配。根据挑选出的控制点(角点)估计两幅图像间的空间变换，并把实时图像中的实际瞄准点变换到存储图像中进行定位。该方法不仅减小了算法陷于局部极值的可能性，有效地发挥了全局寻优能力，同时 GA 的并行处理能力还大大提高了算法的搜索速度。

#### 1. 基于标准 GA 的图像匹配

图像相关匹配穷尽搜索的总计算量定义为所采用的相似性测量函数的计算量与搜索位置数之积，即总计算量＝相似性测量函数的计算量×搜索位置数。如何减少总计算量，提高相关处理的速度，对于尺寸较大的图像显得尤为重要。为此，可以一方面设法减少相关算法的计算量，另一方面减少搜索位置的数目。GA 通过减少搜索位置的数目从而减少相关的总计算量。

下面给出基于标准 GA 的图像匹配算法的基本过程：通过匹配模板和待匹配图像的大小设定等位基因的上下限。随机初始化种群个体的等位基因。目标函数对个体适应度的评价值需归一化，并且设定适应度值大的表示匹配相关度大。进化操作采用传统的算子，进化后对种群进行整体评价，计算平均适应度、标准差等指标，终止函数根据指标判断是否结束进化。将最优个体解码作为最佳匹配位置输出。该算法的步骤归纳如下：

(1) 由于匹配位置的搜索空间随待匹配图像的大小而变化，对模式匹配搜索的位置点进行实数编码。编码的每一位等位基因的范围可根据匹配位置的搜索范围设定。

(2) 对种群进行随机初始化，即对个体初始化。

（3）计算种群中个体的适应度值，为进化做准备。构造适应度函数有很多种方法，可以采用灰度相关匹配法、归一化积相关匹配算法和时序相似性检测算法。

（4）通过选择、交叉和变异等遗传操作算子对当前种群进行操作，以产生新的个体。

（5）判断种群是否收敛，如果收敛则停止进化。

（6）判断种群是否达到了规定的繁衍代数，如果达到则算法停止并返回最好的个体；否则返回（3）继续执行。

基于标准 GA 的匹配算法流程如图 7.13 所示。

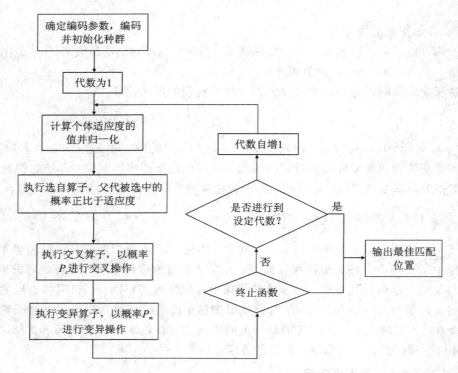

图 7.13    基于标准 GA 的匹配算法流程

### 2. 基于 GA 和直方图的图像匹配

灰色关联分析是指对一个系统发展变化态势的定量描述和比较的方法，其基本思想是通过确定参考数据列和若干个比较数据列的几何形状相似程度来判断其联系是否紧密，它反映了曲线间的关联程度。采用灰色关联分析来分析模板图像和子图像直方图之间的相似关系，并将它们之间的相关系数作为 GA 中的适应度函数来衡量图像匹配程度。

设计思路为将模板图像 $T$（大小为 $m \times m$ 个像素点）的直方图信息作为参考序列 $x_T$，子图 $S_{ij}$ 的直方图信息作为比较序列 $x_S$，其中 $(i, j)$ 为子图 $S_{ij}$ 左上角像素点在待匹配图像（$n \times n$ 个像素点）中的位置（$1 \leqslant i, j \leqslant n-m+1$）。则两个序列间的欧几里德关联程度为

$$R_{TS} = 1 - \frac{1}{\sqrt{\text{nbins}}} \Big[ \text{nbins}(\overline{R}_{TS} - 1)^2 + \sum_{k=1}^{\text{nbins}} \delta_{TS}^2(k) \Big]^{\frac{1}{2}} \qquad (7.26)$$

式中，nbins 为关联序列的长度，取值为图像直方图的灰度级数。

$$\overline{R}_{TS} \approx \frac{1}{\text{nbins}} \times \sum_{k=1}^{\text{nbins}} \xi_{TS}(k), \quad \delta_{TS}(k) = \xi_{TS}(k) - \overline{R}_{TS}, \quad \sum_{k=1}^{\text{nbins}} \delta_{TS}(k) = 0$$

$$\xi_{TS}(k) = \frac{\Delta_{\min} + \zeta\Delta_{\max}}{\Delta_{TS}(k) + \zeta\Delta_{\max}}$$

$$\Delta_{\min} = \min_{\forall k} \mid x_T(k) - x_s(k) \mid$$

$$\Delta_{\max} = \max_{\forall k} \mid x_T(k) - x_s(k) \mid, \quad \Delta_{TS}(k) = \mid x_T(k) - x_s(k) \mid$$

根据公式(7.26)知，$R_{TS} \in (0, 1)$，且其取值越大，表明参考序列 $x_T$ 与比较序列 $x_S$ 的关联度越大，即该位置子图的直方图与模板的直方图的相似度越大，越接近于最佳匹配位置。当两幅图像完全匹配时，$R_{TS}$ 达到最大值 1。所以可将 $R_{TS}$ 作为基于 GA 的图像匹配算法的适用度函数，该算法的步骤描述如下：

(1) 参数空间的确定及基因编码。图像匹配的目的是找到最佳的匹配位置 $(i, j)$，将匹配位置从解空间转换到算法编码空间的过程即为编码。这里采用 Holland 的二进制编码，即选择基因的编码方法为两个二进制编码的串联，分别代表水平坐标 $i$ 和竖直坐标 $j$。

(2) 初始化种群。确定种群规模，在搜索空间中随机产生初始群体(通常要求它们均匀地分布在搜索空间中)，群体规模为 $N$，代数 $t=1$。

(3) 定义适应度函数。将式(7.26)的匹配函数作为 GA 的适应度函数，即 $f = R_{TS}$。$f$ 越大表明参考序列 $x_T$ 和比较序列 $x_S$ 的关联度越大，即该位置子图的直方图与模板的直方图的相似度越大，该位置对应的个体存活能力和繁殖机会就越大。

(4) 遗传算子的设计。从第 $t$ 代群体中随机地选取 $\mu$ 个父体；对 $\mu$ 个父体通过多父体杂交算子产生 $\lambda$ 个后代；从 $\lambda$ 个后代选取两个后代(其中一个为 $\lambda$ 个后代中适应度最大的个体；另一个后代从剩下的 $\lambda - 1$ 个后代中随机选取)替换掉当前群体中两个最差个体，并形成新的群体，然后再按照事先设定的变异率进行变异。

(5) 算法终止条件。判断进化代数是否达到最大迭代，或最优个体的适应度值接近 1，否则 $t=t+1$，转步骤(4)。

### 3. 基于改进 GA 的图像相关匹配

图像匹配的过程主要涉及匹配特征、相似性测度和匹配策略三个方面的确定，而其中选择一个合适的匹配策略尤为重要。设模板 $T(x, y)$ 尺寸为 $m \times n$，搜索图 $S$ 的尺寸为 $M \times N$，$T$ 在 $S$ 上叠放平移，模板 $T$ 下覆盖的搜索子图为 $Z(x, y)$，其中 $(x, y)$ 是模板及其对应子图左下角像素点在 $S$ 中的坐标，很明显 $1 < x < M - m + 1$，$1 < y < N - n + 1$，于是模板与搜索图的相似性测度可以采用经典的归一化互相关函数(NCCF)：

$$0 \leqslant \mathrm{NCCF}(x, y) = \frac{\sum_{x=1}^{m} \sum_{y=1}^{n} Z(x, y) T(x, y)}{\left[\sum_{x=1}^{m} \sum_{y=1}^{n} Z^2(x, y)\right]^{1/2} \times \left[\sum_{x=1}^{m} \sum_{y=1}^{n} T^2(x, y)\right]^{1/2}} \tag{7.27}$$

下面从编码、初始群体和算子三个方面叙述基于 GA 的图像相关匹配方法，步骤如下：

(1) 个体编码和群体初始化。搜索目标为最佳匹配点，对于图像中各点可以用直角坐标 $x$, $y$ 确定。因此，可以将个体定义为两个坐标编码的串联，考虑像素的唯一确定性，采用二进制编码。初始种群的选取直接关系到迭代次数，针对图像相关匹配的具体应用，主要可以采用以下三种初始化方法，指定概率分布法、降分辨率择优法、降维择优法。有学者将这三种初始化方法得到的初始群体进行综合，计算适应度排序，然后从汉明距离最近的开始剔除，直至达到初始群体规模。其优点是一方面保证初始群体的足够平均适应度以提高搜索效率，另一方面保证初始群体的多样化。

（2）遗传算子设计。GA 的算子主要包括选择、交叉、变异三种操作子。

选择算子为经典的轮盘赌操作，即规模为 $L$ 的群体中每一个个体 $C_i$ 被选择的概率为

$$P_{C_i} = \frac{f(C_i)}{\sum\limits_{i=1}^{L} f(C_i)} \tag{7.28}$$

确保适应度函数高的个体有更大的几率参与交叉、变异运算。

交叉算子为考虑图像匹配搜索的点为二维参考点，采用随机的一点交叉。

变异算子采用三种变异相结合，利用半确定性变异算子加强局部搜索能力，提高优化效率；利用普通变异和大变异操作提高全局优化能力。半确定性的变异算子描述为：产生一个随机整数 $k \in [1, N]$，在最优个体中选出 $k$ 个基座，由右至左在每个变量的 $1/3$ 的低位进行循环变异操作得到最优个体的新子体群，从中选出最优个体参与选择。半确定性算子在每代最优个体附近旋转搜索以提高局部搜索能力。普通变异和大变异操作描述为：设个体 $C$ 中基因座为 $G$，一般变异操作采用点变异操作，即 $P(g_i = g_j) = 1 - P_m$。

由于一般变异概率都较小，所以当群体中每个个体过于接近时采用大变异操作以提高全局搜索能力，即当条件 $af_{max}(C) < f(C) < f_{avg}(C)$ 时，以大于 $4P_m$ 对最优个体进行变异，形成新个体群，其中 $f_{max}(C)$，$f_{avg}(C)$ 分别为函数 $f(C)$ 的最大值和平均值，a 为一合适参数。

有学者利用一个特殊算子保持每代最优解的同时尽可能的维持群体多样性。首先代内进行汉明距离计算，对于距离过近的个体将适应度较小的进行 0－1 反转，然后将本代的最优个体和上代的予以比较，如果劣于上代，将两者交叉，形成四条个体替代本代的最差解。图 7.14 为算法流程。

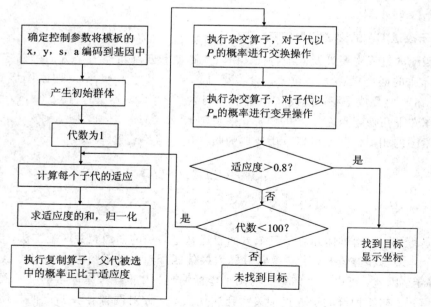

图 7.14　遗传算法图像匹配流程

### 4. 基于改进 GA 和相似性测度的图像匹配方法

有学者针对图像匹配的数学特点，设计一种基于改进 GA 的相关图像匹配方法。该方

法描述为：

（1）个体编码。图像匹配目的是寻找模板在图像中的最优匹配位置，该位置的坐标就是匹配的最优解。因此，编码应能表示取值范围较大的目标变量，并且能够便于处理目标变量之间复杂的约束条件。为此，可采用浮点数编码的方法。

（2）初始群体设计。初始群体的特性对计算结果和计算效率均有重要影响。要实现全局最优解，初始群体在解空间中应尽量分散。采用种群适应度最大值 $f_{\max}$ 和种群适应度平均值 $f_{\text{avg}}$ 来衡量种群个体间的相似程度。当 $f_{\text{avg}}/f_{\max}>a$ 时，其中 $0.5<a<1$，表示种群个体间相似程度高，反之则相似程度低，个体分散性好。按随机方法产生一组种群，计算该种群的 $f_{\max}$ 和 $f_{\text{avg}}$，当 $f_{\text{avg}}/f_{\max}>a$ 时，将该种群作为 GA 的初始种群。

（3）定义适应度函数。衡量模板和匹配对象之间差别的参数是误差平方和。假设模板的大小为 $m\times m$，参考图即原始搜索图的大小为 $n\times n$。设模板中的某点坐标为 $(i,j)$，该点的灰度值为 $T(i,j)$；与之重合的图像中对应点的坐标为 $(x-i,y-i)$，灰度值为 $f(x-i,y-j)$，可用如下函数衡量匹配的结果：

$$G=\sum_i\sum_j[f(x-i,y-j)-T(i,j)]^2 \tag{7.29}$$

模板与全部子图像进行匹配后，得到最小 $G$ 值的即为匹配结果。在 GA 中，以个体适应度的大小来确定该个体被遗传到下一代群体中的概率。式（7.29）对模板与参考图在 $(x,y)$ 坐标处图像之间匹配的程度提供了度量。因此，可初步定义算法的适应度函数为式（7.29）。将该式展开并进行求和计算，得到：

$$G=\sum_{i=1}^m\sum_{j=1}^m f^2(x-i,y-j)-2\sum_{i=1}^m\sum_{j=1}^m f(x-i,y-j)T(i,j)+\sum_{i=1}^m\sum_{j=1}^m T^2(i,j) \tag{7.30}$$

上式中第 1 项是图像中所关注点亮度的平方和，与参考图和模板之间的匹配无关。第 3 项是模板中各元素平方的和，是一个常值，不影响模板在参考图中的位置。显然，第 2 项是匹配与否的关键。因此，假设图像之间不存在较大的尺度变换和角度差异，则可定义适应度函数为相似性测度：

$$F(x,y)=T(x,y)=\frac{\sum_{i=1}^m\sum_{j=1}^m f(x-i,y-j)T(i,j)}{\left\{\left[\sum_{i=1}^m\sum_{j=1}^m f^2(x-i,y-j)\right]\left[\sum_{i=1}^m\sum_{j=1}^m T^2(i,j)\right]\right\}^{1/2}} \tag{7.31}$$

考虑到函数 $f$ 和 $T$ 对幅度值的变化比较明显，且系统对精度的要求很高。为避免对最终匹配结果的影响，将式（7.31）改写为以下公式：

$$F(x,y)=T(x,y)=\frac{\sum_{i=1}^m\sum_{j=1}^m[f(x-i,y-j)-\overline{f}][T(i,j)-\overline{T}]}{\left\{\left[\sum_{i=1}^m\sum_{j=1}^m f(x-i,y-j)-\overline{f}\right]^2\left[\sum_{i=1}^m\sum_{j=1}^m T(i,j)-\overline{T}\right]^2\right\}^{1/2}} \tag{7.32}$$

式中，$\overline{f}$ 是当前与模板 $T$ 匹配的子参考图的均值，$\overline{T}$ 是模板 $T$ 的均值。该式将相似性测度尺度变换到区间 $[-1,1]$，即可消除幅度变化的影响。

（4）遗传算子的设计。采用比例选择算子结合最优保存策略的方法。其中，比例选择算子能够缩小个体间在适应度上的差距，使得适应度较低的父代也有一定的复制概率，避免算法过早收敛限于局部最优解；而最优保存策略保证迄今为止所得到的最优个体不会被遗传操作所破坏。另外，可以在现有最优保存策略的基础上引入群体平均适应度，通过考察群体的性能提高了该策略对全局概念的把握能力，同时也保留了较优群体中的较优个体，保证 GA 的收敛性。交叉运算采用算术交叉，变异算子采用均匀变异算子，目的是使搜索过程摆脱局部最优区域。

（5）遗传操作的具体步骤：

① 种群初始化。$p(t)=\{p_1(t), p_2(t), \cdots, p_n(t)\}$，$n$ 为分组数。分组计算各 $p(t)$ 中个体的适应度及平均适应度 $F$ 和 $\overline{F}$。对各 $p(t)$ 进行分组独立进化。

② 选择操作：对各 $p(t)$ 中的个体按适应度大小进行排序，在所有适应度大于 $\overline{F}$ 的个体中随机提取 $k$ 个个体进行适应度大小的比较，得到一个适应度最高的个体 $h$；比较当前群体的 $F$ 值和以往最大的适应度平均值 $F_{max}$（对应 $F_{max}$ 的进化代也有一个 $H_{max}$）；若 $F>F_{max}$，则令 $F_{max}=F$、$H_{max}=H$，且保留个体 $H$ 不参与交叉运算和变异运算，否则用 $H_{max}$ 替换当前群体中 $F$ 值最低的个体。过程表示为：$p'(t)\leftarrow$ selection $[p(t)]$。

③ 交叉操作：选用算数交叉算子 $p''(t)\leftarrow$ crossover$[p'(t)]$。

④ 变异操作：选用均匀变异算子 $p''(t)\leftarrow$ mutation$[p''(t)]$。分组计算各 $p'''(t)$ 中的个体适应度；进行各 $p'''(t)$ 之间对适应度最高个体的交换，得到下一代群体：$p(t+1)\leftarrow$ exchang$[p(t), p'''(t)]$。

⑤ 终止条件判断，若不满足则转到第②步。

**5. 基于自适应 GA(AGA)的图像匹配**

设有一 $N\times N$ 像素的图像 $S$ 和 $M\times M$ 像素的模板 $T(M\leqslant N)$，$T$ 在 $S$ 上平移，$T$ 覆盖下的那块图像称为子图 $S^{i,j}$，$(i, j)$ 为这块子图的左上角像点在 $S$ 图中的坐标，称为参考点，$1<i, j<N-M+1$。比较 $T$ 和 $S^{i,j}$ 的内容，定义误差为：

$$D(i, j) = \sum_{m=1}^{M} \sum_{n=1}^{M} [S^{i,j}(m, n) - T(m, n)]^2 \tag{7.33}$$

将式（7.33）展开，则

$$D(i, j) = \sum_{m=1}^{M} \sum_{n=1}^{M} [S^{i,j}(m, n)]^2 - 2\sum_{m=1}^{M} \sum_{n=1}^{M} S^{i,j}(m, n) \times T(m, n) + \sum_{m=1}^{M} \sum_{n=1}^{M} [T(m, n)]^2 \tag{7.34}$$

式（7.34）右边第三项表示模板的总能量，是一个常数；第一项是模板覆盖下的那块子图的能量，它随 $(i, j)$ 位置的改变而缓慢改变；第二项是子图和模板的互相关随 $(i, j)$ 位置的改变而改变。$T$ 和 $S^{i,j}$ 匹配时这一项最大，因此可用下列互相关函数作相似性测度（经归一化处理）：

$$R(i, j) = \frac{\sum_{m=1}^{M} \sum_{n=1}^{M} S^{i,j}(m, n) \times T(m, n)}{\sqrt{\sum_{m=1}^{M} \sum_{n=1}^{M} [S^{i,j}(m, n)]^2} \sqrt{\sum_{m=1}^{M} \sum_{n=1}^{M} [T(m, n)]^2}} \tag{7.35}$$

传统的序贯相似性检测算法（SSDA）是逐像素计算 $R$ 值，计算量比较大，不能满足实时性要求。针对 $R$ 值是一个多峰值函数，有学者利用自适应 GA 进行寻优，以确保全局收敛，具体操作过程如下：

(1) 基因编码：搜索目标是最佳匹配参考点 $(i, j)$，据此选择基因的编码方法为 2 个二进制编码的串联，这 2 个二进制编码分别代表坐标 $i$ 和 $j$。

(2) 随机产生一定数量的初始化群体，该初始群体尽可能遍布整个图像 S。

(3) 将适应度函数定义为相似性测度 R。

(4) 确定 GA 的参数和变量，如群体规模 N 和最大代数目 M 等，并取 $k_1 = 1.0$，$k_2 = 1.0$，$k_3 = 0.5$，$k_4 = 0.5$。

(5) 算法执行到最大代数后停止。取执行过程中适应度最高的个体为最佳匹配位置。

图 7.15 为基于 AGA 的图像匹配框图。

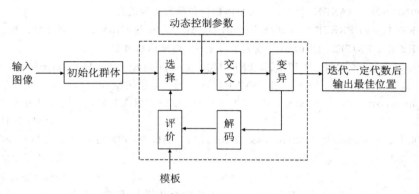

图 7.15　基于 AGA 的图像匹配框图

下面给出基于 GA 的图像匹配程序代码：实现基于 hausdorff 距离和 GA 的图像匹配（只有旋转和平移，不考虑缩放）

```
%本文把模板简称为 mb，把图像简称为 tx
clear, clc
mb=imread('t2.bmp');    %读取模板图像
if isrgb(mb) %判断模板图像是否彩色图，若是，转化为灰度图
  mb=rgb2gray(mb);    %转化为灰度图
end
figure, imshow(mb); title('模板图像');
mby=mb;    %保留原始模板图像，便于后面对原始模板图像旋转
mb=edge(mb, 'canny', 0.6);    %边缘检测
figure, imshow(mb);    %显示边缘检测后的模板图像
[mbr, mbc]=size(mb);    %获取模板图像的大小
tx=imread('t3.bmp');    %读取待匹配图像
if isrgb(tx)    %判断模板图像是否彩色图，若是，转化为灰度图
  tx=rgb2gray(tx);    %转化为灰度图
end
tx3=tx;
figure, imshow(tx);
title('待匹配图像');
% tx=imnoise(tx, 'gaussian', 0, 0.01);    %加高斯噪声
```

```
tx5＝tx;
tx＝edge(tx, 'canny', 0.1);    %边缘检测
tx＝double(tx);    %边缘检测后灰度值变换为 0 和 1, 便于其转换成 double 型
figure, imshow(tx);    %显示边缘检测后的待匹配图像
imwrite(tx, 's1. bmp');    %保存待匹配图像的边缘图, 保存下来便于观察
[txr, txc]＝size(tx);    %获取待匹配图像的大小
tx＝dist34(tx);    %3×3 模板距离变换
figure, imshow(tx, [0, 255]);    %显示距离变换图像
imwrite(tx, 's2. bmp');    %保存距离变换图像, 便于观察
%以下为 GA 寻求最优解, 涉及到的函数为 GATBX 工具箱中的函数
NIND＝25; MAXGEN＝40;    %个体数目和最大遗传代数
PRECI1＝9; PRECI2＝9; PRECI3＝9; GGAP＝0.9; NVNR＝3;    %参数设置, 三变量
PRICE1、PRICE2、PRICE3 分别表示行坐标、列坐标和角度
FieldD＝[rep([PRECI1 PRECI2 PRECI3], [1 1]); rep([0 0 －180; txr-mbr txc-mbc 180],
[1 1]); rep([1; 0; 1; 1], [1, NVNR])];    %区域描述器
Chromls1＝crtbp(5 * NIND, (PRECI1 ＋ PRECI2 ＋ PRECI3));    %群体初始化, 生成 5×
                                                              NIND 个个体
ObjVls2＝hausdorff01232(mb, tx, bs2rv(Chromls1, FieldD));    %计算目标函数值, 输入参
                                                              数: 模板图象矩阵, 待匹配
                                                              图像矩阵, 变量十进制值
[num index2]＝sort(ObjVls2);    %对生成的个体进行排序, 排序后的个体是 num(从小到
                                 大), index2 排序后的个体在原始个体中对应的序号
ObjV2＝num(1:NIND);    %对排序后的个体取前 NIND 个
indexls2＝index2(1:NIND);    %将 NIND 个个体的序号赋给 indexls2
for i＝1:NIND    %求前 NIND 个个体对应的二进制值
  Chrom2(i, :)＝Chromls1(indexls2(i), :);
end
Pc＝0.8; Pm＝0.05;    %交叉率和变异率
gen＝0;    %初始代数为 0
while gen＜MAXGEN
  FitnV2＝1. /(1＋ObjV2);    %计算适应度
  SelCh2＝select('sus', Chrom2, FitnV2, GGAP);    %选择
  SelCh2＝recombin('xovdp', SelCh2, Pc);    %交叉
  SelCh2＝mut(SelCh2, Pm);    %变异
ObjVSel2＝hausdorff01232(mb, tx, bs2rv(SelCh2, FieldD));    %计算子代目标函数值
  [Chrom2 ObjV2]＝reins(Chrom2, SelCh2, 1, [1, 0.5], ObjV2, ObjVSel2);    %重插入
  gen＝gen＋1;
end
ab2＝bs2rv(Chrom2, FieldD);    %解码, 位置转换为二进制值
[Y2, I2]＝min(ObjV2);    %求出具有最小函数值的位置
ac＝[round(ab2(I2, 1:2)) ab2(I2, 3)];    %具有最小函数值的位置值
[round(ab2(:, 1:2)) ab2(:, 3) ObjV2]    %显示所有的位置值和目标函数值
%按求出的位置, 将模板显示在图像上
```

```
mb12＝imrotate(mb，ac(3));
[mbii，mbjj]＝find(mb12);　　%求模板中点不为 0 的坐标
u＝mbii＋ac(1);　v＝mbjj＋ac(2);
for i＝1:length(u)
 tx3(u(i)，v(i))＝1;
end
figure，imshow(tx3);　figure，imshow(tx5);
hold on;
for i＝1:length(u)

  plot(v(i)，u(i)，'MarkerEdgeColor'，'k'，'MarkerSize'，10);
end
```

## 7.6.3　基于云 GA(CGA)的图像匹配

在连续变量空间中，全局最优解周围存在一个邻域。在该邻域内，以最优解为中心，目标函数值由远及近逼近该值。在当前解的适应度较大时，应该在较小的邻域内进行搜索，相反则在较大的邻域内搜索。从而可以逐步对最优解所在的区域进行定位，并最终逼近最优解。

云 GA(CGA)结合 GA 思想，沿用 GA 的交叉、变异操作概念，由正态云模型的 Y 条件云生成算法实现交叉操作，基本云生成算法实现变异操作。由于正态云模型具有随机性和稳定倾向性的特点，随机性可以保持个体多样性从而避免搜索陷入局部极值，而稳定倾向性又可以很好地保护较优个体从而对全局最值进行自适应定位。CGA 采用实数编码，由云模型进行个体更新。其计算步骤如下：

Step1 初始化种群；

Step2 计算适应度；

Step3 选择操作；

Step4 交叉：

① 随机生成或人为制定确定度 $\mu$。

② $E_s=\dfrac{F_f}{F_f+F_m}x_f+\dfrac{F_f}{F_f+F_m}x_m$。

③ $E_n=$ 变量搜索范围$/C_1$。

④ $H_e=E_n/C_2$。

⑤ 由算法 3 产生一对儿女。

Step5 变异：

① $E_x$ 取原个体。

② $E_n$ 变量搜索范围$/C_3$。

③ $H_e=E_n/C_4$。

④ 执行算法 1，并生成随机数 Temp，当时 $\mu>$Temp，更新个体。

Step6 转到 Step2，直到满足停止条件。

在算法中，$C_1\sim C_4$ 为控制系数，一般 $6\leqslant C_{1,3}\leqslant 3p$，$p$ 为种群大小，$5\leqslant C_{2,4}\leqslant 15$，本

节实验取 $C_{1,3}=3p$，$C_{2,3}=10$。$x_f$，$x_m$ 分别为交叉操作的父个体和母个体，$F_f$，$F_m$ 分别对应它们的适应度，这意味着交叉操作中的 $E_x$ 由父母双方按适应度大小加权确定，并向适应度大的一方靠拢。显然，交叉操作实现了个体（个体）的整体进化，而变异操作则是反映个体中某个基因在一定范围内的突变，因此，CGA 没有必要再引入交叉变异概率。

# 7.7　基于交互式 GA 的图像检索

基于内容的图像检索方法是根据图像所包含的色彩、纹理、形状以及对象的空间关系等信息，通过建立图像的特征矢量，并将其作为图像的索引来进行图像检索的技术，其检索效果与图像特征矢量编码方式以及具体的图像检索方法都有密切关系。GA 在基于内容的图像检索中主要是用来提取图像的特征向量，利用 GA 的全局寻优的特性，挖掘出图像的本质信息，最终提高检索的精度。有学者提出了一种基于交互式 GA（IGA）的图像检索方法。该方法通过交互过程来获取用户对个体的评价，并使用用户评价作为适应度值进行选择操作。系统以随机方式从图像库中提取 $S$ 幅图像作为 IGA 的第一代样本群体，呈献给用户；用户依据每幅图像与自己的要求对图像的相关性进行评价；系统根据用户的评价得到与每幅图像对应的个体的适应度值，对该个体群体进行一系列的遗传操作。该方法具有简捷、高效的特点。

交互式 GA 进行基于内容的图像检索过程步骤大致如下：

### 1. 提取图像颜色特征

在图像检索应用中，颜色特征不仅是被广泛应用的视觉特征之一，而且它十分简单，不受复杂的背景情况的影响，并且独立于图像的尺寸和方向。鉴于颜色特征的简单、灵活，故本节使用图像的 $R$、$G$、$B$ 颜色值作为其物理特征的代表。假设图像 I 的分辨率为 $m \times n$，则对其中位置 $(i,j)$ 处的像素 $p$ 而言，有 $(0 \leqslant i < m, 0 \leqslant j < n)$，令 $C_{i \times n+j}$ 代表像素 $p$ 的颜色特征向量 $[R_{i,j}, G_{i,j}, B_{i,j}]^T$，其中，$\boldsymbol{R}, \boldsymbol{G}, \boldsymbol{B}$ 分别是描述图像 I 中红、绿、蓝三原色的数值的矩阵，$R_{i,j}, G_{i,j}, B_{i,j}$ 分别是矩阵中 $(i,j)$ 处的元素值，如果将图像 I 的颜色特征表示为向量 $F = (C_0, C_1, \cdots, C_{m \times n-1})$，那么对于每幅图像，特征数据的个数至少为 $m \times n \times 3$。如果直接使用所有这些数据作为图像的特征表述，并用于图像的检索过程，则会产生以下一些困难：一方面，由于多数图像的分辨率不同，因而图像的颜色特征向量长度也就有所不同，而在 GA 中，图像个体将由对应图像的特征向量的元素组成，不同长度的特征向量将导致个体的长度也不尽相同，这将使 GA 复杂化而难于控制；另一方面，由于图像的分辨率一般都比较大，不管是在图像特征的分析、提取过程中，还是在 GA 的具体实现过程中，都将消耗系统大量的时空资源，因而，必须对原始特征数据进行一定的预处理。另外，在实验中还发现，如果将每个像素的特征值都加以考虑是没有必要的，尤其是在"图像检索"领域中，因为人们注重的往往是图像大体的特征，或是图像较为突出的特点。于是，本节采用"变单元均分"法对图像进行平均分割，并对分割所得到的每一区域中所含的像素的颜色特征值进行综合平均，即首先确定图像将被分割的数目，令其为某一正整数 $N$，如果仍以图像 I 为例，应有 $N < m \times n$，那么 I 将被均分为 $N$ 个不重叠的正方形图像区域（见图 7.16）。

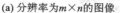

(a) 分辨率为 $m \times n$ 的图像　　　　　(b) 划分为 $N$ 个分辨率为 $l \times l$ 的图像块

图 7.16　"变均分单元"法划分图像

其中，每个正方形图像区域的边长 $l = \left\lceil \sqrt{\dfrac{m \times n}{N}} \right\rceil$，但应当注意的是在每幅图像均分后，可能存在数目为 $\left\lceil N - N\left\lceil\sqrt{\dfrac{m \times n}{N}}\right\rceil \right\rceil^2$ 的像素"余量"。一般而言，这些像素将分布于图像的边缘，忽略它们不会对检索结果有太大影响。

将图像按照上述方法进行分割后，即得到原图像的 $N$ 个子图像，然后对每个子图像所包含的所有像素的颜色特征值求算术平均，则与原图像对应的颜色特征矩阵 $\boldsymbol{R}$，$\boldsymbol{G}$，$\boldsymbol{B}$ 变为 $\overline{\boldsymbol{R}}$，$\overline{\boldsymbol{G}}$，$\overline{\boldsymbol{B}}$，对位于 $(i, j)$ 的子图像，若满足 $(0 \leqslant i < l, 0 \leqslant j < l)$，则其所包含像素的颜色特征向量的算术平均为 $\overline{C}_{i \times l + j} = (\overline{R}_{i,j}, \overline{G}_{i,j}, \overline{B}_{i,j})$，因此，图像 I 的颜色特征向量可以表示为 $\overline{\boldsymbol{F}} = \{\overline{C}_0, \overline{C}_1, \cdots, \overline{C}_{l \times l - 1}\}$。

**2. 遗传编码**

在图像检索过程中，由于每幅图像的不同部分对于用户而言，其所具有的重要性往往是不同的。在多数情况下，用户对图像的中间区域的重视程度较高，而对边缘部分几乎忽略。因而，在图像个体编码的过程中，应能对用户的这些趋向有所反映，即与图像对应的个体在遗传过程中最好能保留图像中那些用户所重视或感兴趣的部分，以加速图像检索过程。

在使用"变均分单元"法均分图像后，即得到数目为 $N$ 的大小相同的正方形图像区域，再通过对每个区域中所含像素的颜色值求算术平均来得到图像的特征向量 $\overline{\boldsymbol{F}}$。为了得到图像个体向量的编码形式，有学者采用一种"螺旋编码"的方法进行编码（见图 7.17）。对图像 I 而言，其图像特征向量为 $\overline{\boldsymbol{F}}$，而个体向量则是由 $\overline{\boldsymbol{F}}$ 中所有元素组成的向量，两者的区别只是向量中相同元素的排列位置不同。

**3. 遗传操作**

在图像检索过程中，GA 是根据用户对每一代中图像的评价情况，并以该代中的图像个体为对象进行一系列遗传操作来生成新一代群体的。由于新产生的一代图像可以更大的概率包含上一代图像中用户所感兴趣的特征，因而可在检索过程中更多地体现出用户的意愿。

（1）选择算子。以适应度比例方法作为选择算子，其选择过程为：设定每代个体群体规模为 $S$（也就是在图像检索过程中，每次用户所要评价的图像数目），对任一幅待评价的图像来说，评价等级分为"Perfect"、"Very Good"、"Good"、"So-so"和"Bad"等 5 级，分别对应适应度值 1、0.175、0.15、0.125 和 0。例如，其中第 $i$ 个个体满足 $i \in [1, S]$，且适应度值为 $f_i$，并有 $f_i = [0, 1]$，得该个体被选中的概率 $P_i$ 为

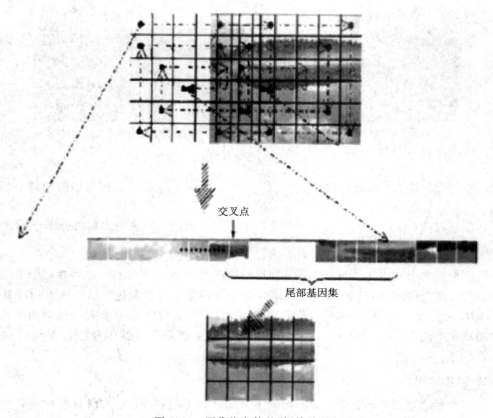

交叉点

尾部基因集

图 7.17　图像染色体的"螺旋编码"

$$P_i = \frac{f_i}{\sum\limits_{j=1}^{s} f_j}, \ i = 1, 2, \cdots, s \tag{7.36}$$

　　因为 $P_i$ 值的大小是个体 $i$ 的适应度值与群体中所有个体的适应度值之和的比，所以在该代个体群体中，$P_i$ 越大，个体就越有可能被遗传算子选中，以用于下面的遗传操作。

　　(2) 非均匀交叉算子。采用单点、非均匀交叉算子来对子代个体进行操作。非均匀交叉遗传算子的特点为：

　　① 交叉操作在两条个体之间进行，交叉点只有一个。

　　② 交叉点的选择概率从个体的首部到尾部，依次降低。

　　对交互式 GA 用于图像检索方法在使用交叉算子时，是以图像之间的关联性来决定个体中交叉点的选择，而在选择交叉点时，则主要是依据图像在空间上分布不同的某些部分，对于用户而言，它们具有不同的重要性。图 7.18 为图像染色体的单点"非均匀"交叉。

　　(3) 变异算子。在图像检索的过程中，一定形式的变异操作可以在用户将要评价的每一代图像中，产生一定数目的"差异"图像，这些图像与用户的要求可能相去甚远，其目的是：

　　① 由于在检索过程中，用户的目标往往并不十分明确，因而一定数目"差异"图像的存在可使它在算法进行了若干步后，仍有机会改变"检索要求"。

　　② 变异算子的存在，使 GA 不至于过早地陷入"局部最小"的窘境（在此，指算法只在

若干幅与用户要求特征相近的图像中来回操作，可能将其他的选择忽略掉）。

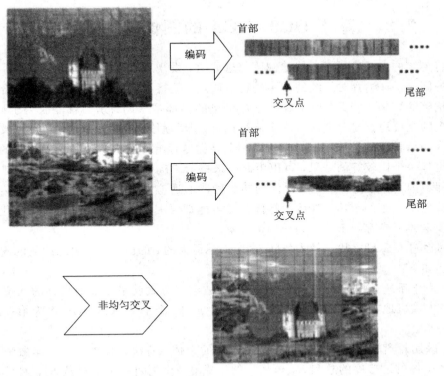

图 7.18　图像染色体的单点"非均匀"交叉

本节采用的变异算子的步骤为：

① 从个体中随机选取一个基因作为变异基因。

② 将该个体串中位于该变异基因之前的部分，与位于该变异基因之后的部分位置调换。

（4）新群体的确定。经过一系列的遗传操作之后，群体中的个体就发生了变化，可能有新型的个体产生；从图像个体的编码方式可以知道，图像库中的图像所具有的特征直接决定了与其对应的个体的编码情况，而图像库的局限性就决定了新型的个体未必在图像库中存在对应项。当这种情况发生时，要想产生新一代的样本图像群体时，就不得不采用一种折中的方法——最近邻居法。

在由所有可能存在的图像个体组成的空间 $O$ 中，可用 $T$ 代表由新近生成的一代个体构成的集合，而由所有与图像库中图像对应的个体构成的集合用 $V$ 来表示，从上文可知，可能存在情况 $T \not\subset V$。由于目标是要求一个集合 $\tilde{T}$ 满足 $\tilde{T} \subset V$，并且在空间 $O$ 中和最近邻居的意义下，集合 $T$ 与集合 $\tilde{T}$ 最为接近，因此使用 $s(i, j)$ 代表个体 $i$ 与染色体 $j$ 之间的相似度，若其值越小，则两个个体越为接近。该相似度公式表达如下：

$$s(i, j) = \frac{1}{N} \sum_{k=1}^{N} \sqrt{(\tilde{R}_{i,k} - \tilde{R}_{j,k})^2 + (\tilde{G}_{i,k} - \tilde{G}_{j,k})^2 + (\tilde{B}_{i,k} - \tilde{B}_{j,k})^2} \qquad (7.37)$$

式中，向量 $[\tilde{R}_{i,k}, \tilde{G}_{i,k}, \tilde{B}_{i,k}]^{\mathrm{T}}$ 代表第 $i$ 条个体中第 $k$ 个基因的值，因而对于新一代群体中的某个个体而言，必须从集合 $V$ 中找到与之相似度最小的个体，以代替该个体，并将其作为下一代个体中的成员。

（5）算法终止。其终止条件与 GA 在其他应用中的基本相同。

# 7.8　　基于 Otsu 和 GA 的图像边缘检测方法

在将传统的 GA 应用于边缘检测阈值选取时，发现存在着收敛速度慢，且容易陷入过早收敛的问题。有学者对传统的 GA 进行了改进，使得在提高收敛速度的同时给出非常接近于最优解的结果，只要在此基础上进行少量的局部搜索的计算，就能获得全局最优解。改进 GA 的主要思路是分两次寻求全局最优解，即利用第一次搜寻到的解的结果确定第二次寻优的初始种群的选取范围，由于第一次寻优尽管给出的不一定是全局最优的结果，但它肯定也是一个比较好的结果，可以由此解来将第二次寻优过程的初始种群限制在这个解的一个邻域内。显然此时第二次寻优的初始种群的适应度都是较高的。根据遗传理论，两个基因都比较优秀的个体，其后代是优秀的可能性要大于一般的两个个体的后代，所以这样分两步走的策略有利于搜寻到全局最优解。

通过改进 GA 可以找出使得类间方差 $\sigma(t)^2$ 最大的 $t$ 的值，作为边缘检测的阈值。算法步骤描述如下：

（1）由于系统给出的是 256 级灰度图像，故编码方式就采用前面提到的八位长自然编码的方式。随机地在 $0\sim255$ 之间以同等概率生成 10 个个体 A1～A10 作为第一次寻优的初始的种群。

（2）采用轮盘转的方式选择进行杂交操作的个体，每次选取两个。具体做法是先计算群体中各个体的适应度的总和 $S$，再随机的生成 $0\sim S$ 之间一个随机数 $S_e$，然后从第一个个体开始累加，直到累加值大于此随机数 $S_e$，此时最后一个累加的个体便是要选择的个体。选出两个个体后，根据一定的杂交概率 $p_h$ 随机地选取在某一位开始进行杂交运算，生成两个新个体。如此重复，直到生成新一代的群体 NA1*～NA10*。

（3）根据一定的变异概率 $p_m$，随机地从 NA1*～NA10* 中选择若干个个体，再随机地在这若干个个体中选择某一位进行变异运算，形成群体 NA1~～NA10~，为了防止杂交和变异操作破坏上一代群体中的适应度最高的解，我们用上一代群体 A1～A10 中适应度最高的个体与群体 NA1~～NA10~ 中适应度最低的个体进行比较，若前者的适应度比后者的适应度高，则用前者替换掉后者，否则什么也不做。这样做的目的是防止种群的退化而导致收敛速度过慢，能显著地加快收敛速度。经过这一步，就形成最终的新一代的群体 NA1～NA10。

（4）判断停机条件是否满足，若不满足，则以新的群体作为 A1～A10 转到（2），否则转到步骤（5）。

（5）选取第一次寻优最终产生的群体中适应度最大的那个个体 $A_{max}$ 作为第二次寻优初始群体的产生区间的中心，在 $A_{max}-A\sim A_{max}+A$ 中以同等概率生成第二次寻优的初始种群 B1～B10。

（6）重复类似于步骤（2）～（4），直到最终生成满足停机条件的最终的群体。

（7）将第二次寻优的最终生成的群体中适应度最大的个体与第一次寻优的 $A_{max}$ 进行比较，若前者大，则以前者作为最终的阈值，否则保留后者作为最终的阈值。这样做是因为有可能第一次寻优的结果已经很接近最优解，但第二次寻优的结果却收敛到了一个不太好的值，这种可能性是存在的，尽管概率非常小。这样以保证寻得的是一个较好的准最优解。

在上面的算法流程步骤中，比较关键的是：

（1）在每一代新种群中都保证了此代群体中适应度最大的个体的适应度不会小于上一代个体中适应度最大的个体，从而能够防止因种群中最优个体的退化而导致的寻优速度的变慢，从而加快了寻优的速度；

（2）在前面提到过的两次寻优策略，这一步骤是为了保证寻优的质量，尽管不能保证每次都能搜索到全局最优解，但通过这一步骤，能够保证搜寻到一个非常接近全局最优解的准最优解。

实验仿真：为了验证算法的效果，我们首先用标准 Lena 图像进行计算，其中边缘检测算子采用是 Sobel 算子。其步骤为：先用 Sobel 算子模板对原图像进行运算，然后对用 Sobel算子计算后的边缘图，采用 GA 进行阈值的自动选取，然后再用选取的阈值对图像进行阈值处理，从而获得干净的边缘图像。在用 GA 寻取阈值时，对 GA 的编码方式，因为我们是对 256 级灰度图像进行处理，所以自然而然的采用 8 位长自然编码。而对于杂交率和变异率，根据试验选取杂交率 $p_c$ 为 0.9，变异率 $p_m$ 为 0.02。停止条件为：如果达到设定的迭代最大次数，或是新群体的平均适应度与上一代群体的平均适应度的比值在 1.0～1.005 之间，则停止。而第二次寻优初始种群的生成范围为第一次寻优结果的半径为 50 的邻域内，即 $A=50$。

# 参 考 文 献

[1] Chen CB，Wang LY. A modified genetic algorithm for product family optimization with platform specified by information theoretical approach [J]. Journal of Shanghai Jiao tong University：Science，2008，13(6)：304-311.

[2] Chun D N，Yang H S. Robust im age segmentation using genetic algorithm with a fuzzy m easure [J]. Pattern R ecognition，1996，29(7)：1195-1211.

[3] Knoll P，Mirzaei S. Validat ion of a parallel genetic algorithm for image reconstruction from projections [J]. Journal of Parallel and Distributed Computing，2003，63(3)：356-359.

[4] Yu CY，Gao DY. High-resolution radar image reconstruction based on genetic algorithm s [J]. Microave and Optical Technology Letters，1997，16(5)：290-292.

[5] 边霞，米良. 遗传算法理论及其应用研究进展[J]. 计算机应用研究，2010，27(7)：2425-2429，2434.

[6] 陈国良，王熙法，庄镇泉，等. 遗传算法及其应用[M]. 北京：人民邮电出版社，1996.

[7] 陈佳娟，陈晓光，纪寿文，等. 基于遗传算法的图像模糊增强处理方法的研究[J]. 计算机工程与应用，2001，37(21)：109-111.

[8] 崔光照，李小广，张勋才，等. 基于改进的粒子群遗传算法的 DNA 编码序列优化[J]. 计算机学报，2010，33(2)：311-316.

[9] 崔明义，邵超. 基于适应小波收缩的浮点数编码遗传算法[J]. 计算机应用，2014，34(7)：2071-2073，2079.

[10] 邓亮，赵进，王新. 基于遗传算法的网络编码优化[J]. 软件学报，2009，20(8)：2269-2279.

[11] 方睿，朱碧颖，粟藩臣. 基于模拟退火思想的遗传算法参数选择[J]. 计算机应用，2014，34(S1)：114-116，126.

[12] 甘早斌，朱春喜，马尧，等. 基于遗传算法的关联议题并发谈判[J]. 软件学报，2012，23(11)：2987-2999.

[13] 高巍巍. 基于遗传算法优化储存环线性及非线性动力学参数[D]. 合肥：中国科学技术大学，2012.

[14] 巩敦卫，陈健. 基于精英集选择进化个体的交互式遗传算法[J]. 电子学报，2014，42(8)：1538-1544.

[15] 巩固，赵向军，郝国生等. 优化搜索空间划分的 GA 的研究与实现[J]. 河南大学学报(自然科学版)，2009，39(6)：631-636.

[16] 黄聪明，陈湘秀. 小生境 GA 的改进[M]. 北京理工大学学报，24(8)：675-678.

[17] 江中央，蔡自兴，王勇. 求解全局优化问题的混合自适应正交遗传算法[J]. 软件学报，2010，21(6)：1296-1307.

[18] 金聪. 改进型遗传算法及其性能分析[J]. 小型微型计算机系统，2000，21（9）：950-952.

[19] 雷英杰. MATLAB 遗传算法工具箱及应用[M]. 西安：西安电子科技大学出版社，2010.

[20] 李蓓智，李利强，杨建国，等. 基于 GA-SVM 的质量预测系统设计和实现[J]. 计算机工程，2011，37（1）：167-169.

[21] 李宏贵，李兴国，李国桢，等. 一种基于遗传算法的红外图像增强方法[J]. 系统工程与电子技术，1999，21（7）：44-46.

[22] 李军华. 基于知识和多种群进化的遗传算法研究[D]. 南京：南京航空航天大学，2009.

[23] 梁亚澜，聂长海. 覆盖表生成的遗传算法配置参数优化[J]. 计算机学报，2012，35（7）：1522-1538.

[24] 林磊，王晓龙，刘家锋. 基于遗传算法的手写体汉字识别系统优化方法的研究[J]. 计算机研究与发展，2001，38（6）：658-661.

[25] 刘传领. 基于势场法和遗传算法的机器人路径规划技术研究[D]. 南京：南京理工大学，2012.

[26] 刘健庄，谢维信，高新波，等. 基于 Hausdorff 距离和遗传算法的物体匹配方案[J]. 电子学报，1996，24（4）：1-6.

[27] 刘全，王晓燕，傅启明，等. 双精英协同进化遗传算法[J]. 软件学报，2012，34（4）：765-775.

[28] 刘智明，周激流. 基于遗传算法的有效人脸检测法[J]. 计算机辅助设计与图形学学报，2002，14（10）：940-944.

[29] 卢丽敏，周海银. 一种基于遗传算法的图像增强方法[J]. 数学理论与应用，2003，23（1）：82-88.

[30] 马晓岩，倪骏. 一种改进型遗传算法及其收敛性分析. 系统工程与电子技术，Vol. 122，No192000，58-61.

[31] 马永杰，云文霞. 遗传算法研究进展[J]. 计算机应用研究，2012，29（4）：1201-1206，1210.

[32] 潘永湘，李守智，刘庆丰. 多种群遗传算法在图像恢复中的应用研究[J]. 西安理工大学学报，2001，Vol.17（2）：156-169.

[33] 潘永湘，李守智，刘庆丰. 多种群遗传算法在图像恢复中的应用研究[J]. 西安理工大学学报，2001，17（2）：156-158.

[34] 史静平，章卫国，李广文，等. 小生境遗传算法在广义逆控制分配法中的应用[J]. 系统仿真学报，2009，V21（20）：6593-6596.

[35] 孙靖. 用于区间参数多目标优化问题的遗传算法[D]. 北京：中国矿业大学，2012.

[36] 孙思扬；基于改进遗传算法的小型化宽带微带天线设计[D]. 北京邮电大学，2011.

[37] 谭志存，鲁瑞华. 基于最大类间方差的图像分割改进遗传算法[J]. 西南大学学报（自然科学版），2009，31（1）：87-90.

[38] 檀晓红. 基于推荐及遗传算法的个性化课程生成与进化研究[D]. 上海：上海交通大

学，2013.

[39] 汤可宗. 遗传算法与粒子群优化算法的改进及应用研究[D]. 南京：南京理工大学，2011.

[40] 田莹，苑玮琦. 遗传算法在图像处理中的应用[J]. 中国图像图形学报，2007，12(13)：289-296.

[41] 王曼. 一种基于 GA 的改进图像匹配方法[J]. 软件导刊，2008，7(6)：72-74.

[42] 王世卿，曹彦. 基于遗传算法和支持向量机的特征选择研究[J]. 计算机工程与设计，2010，31(18)：4088-4092.

[43] 吴鹏. MATLAB 高效编程技巧与应用：25 个案例分析[M]. 北京：北京航空航天大学出版社，2010.

[44] 徐立中，张敏. 模糊方法与遗传算法相结合的图像恢复[J]. 仪器仪表学报，2001，22(2)：149-153.

[45] 玄光南. 遗传算法与工程优化[M]. 北京：清华大学出版社，2012.

[46] 阳波. 基于最大类间方差遗传算法的图像分割方法[J]. 湖南师范大学自然科学学报，2003，26(1)：32-36.

[47] 杨杰. 数字图像处理及 MATLAB 实现[M]. 2 版. 北京：电子工业出版社，2013.

[48] 于莹莹，陈燕，李桃迎. 改进的遗传算法求解旅行商问题[J]. 控制与决策，2014，29(8)：1483-1488.

[49] 岳嵘，冯珊. 遗传算法的计算性能的统计分析[J]. 计算机学报，2009，32(12)：2389-2392.

[50] 詹腾，张屹，朱大林，等. 基于多策略差分进化的元胞多目标遗传算法[J]. 计算机集成制造系统，2014，20(6)：1342-1351.

[51] 张艳，宦飞. 一种应用遗传算法的彩色图像分割方法[J]. 计算机应用与软件，2011，28(3)：237-240.

[52] 张涛. MATLAB 图像处理编程与应用[M]. 北京：机械工业出版社，2014.

[53] 张文修. 遗传算法的数学基础[M]. 西安：西安交通大学出版社，2006.

[54] 赵宁，赵永志，付晨曦. 具有适应值预测机制的遗传算法[J]. 国防科技大学学报，2014，36(3)：116-121.

[55] 种劲松，周孝宽，王宏琦. 基于遗传算法的最佳熵阈值图像分割法[J]. 北京航空航天大学学报，1999，6：747-750.

[56] 周激流，吕航. 一种基于新型遗传算法的图像自适应增强算法的研究[J]. 计算机学报，2001，24(9)：959-964.

[57] 朱筱蓉，张兴华. 基于小生境遗传算法的多峰函数全局优化研究[J]. 南京工业大学学报，2006，(3)：39-42.

[58] 庄健，杨清宇，杜海峰等. 一种高效的复杂系统遗传算法[J]. 软件学报，2010，21(11)：2790-2801.